EINFÜHRUNG IN DIE VEKTORRECHNUNG

EINFÜHRUNG IN DIE VEKTORRECHNUNG

FÜR NATURWISSENSCHAFTLER, CHEMIKER UND INGENIEURE

Von

DR. HUGO SIRK†

weil. Professor an der Universität Wien

3. neubearbeitete Auflage

von

DR.-ING. OTTO RANG

Professor an der Fachhochschule für Technik Mannheim und
Honorarprofessor an der Technischen Hochschule Darmstadt

Mit 151 Abbildungen und 148 Übungsaufgaben

SPRINGER-VERLAG BERLIN HEIDELBERG GMBH

1974

Originally published by Dr. Dietrich Steinkopff Verlag, Darmstadt 1974
Softcover reprint of the hardcover 1st edition 1974

ISBN 978-3-7985-0402-8 ISBN 978-3-642-72313-1 (eBook)
DOI 10.1007/978-3-642-72313-1

Gesamtherstellung: Druckerei Dr. A. Krebs, Hemsbach/Bergstr.

Aus dem Vorwort zur ersten Auflage

Aus einer langjährigen Lehrerfahrung an der Wiener Universität ist dieses Buch entstanden. Ich hatte die Aufgabe, Studenten der Naturwissenschaften in die Vektorrechnung einzuführen. Meine Lehrtätigkeit hat mich überzeugt, daß die Studenten anschließend an die Erlernung der Elemente der Differential- und Integralrechnung in die Vektorrechnung eingeführt werden sollen. Dementsprechend werden in diesem Buch Grundbegriffe der Differential- und Integralrechnung vorausgesetzt.

Ich folge der Methode meiner Vorlesungen, die Begriffe der Vektorrechnung an Beispielen aus den Naturwissenschaften zu entwickeln und ihre praktische Brauchbarkeit sogleich durch wichtige Anwendungen zu zeigen. Diese Gliederung des Stoffes bringt es mit sich, daß oft ein und dasselbe naturwissenschaftliche Problem an mehreren Stellen behandelt wird. Meinem Bestreben, die gebrachten Formeln möglichst vielseitig anzuwenden, wurde nur durch den verhältnismäßig engen Rahmen des Buches eine Grenze gesetzt.

Wien, im April 1957 H. Sirk

Vorwort zur zweiten, völlig neu bearbeiteten Auflage

Bei der Überarbeitung des Buches ließ ich mich von dem Wunsch leiten, es möge in erster Linie ein *Lernbuch* bleiben, nicht aber zu einem nach Perfektion strebenden Lehrbuch im üblichen Sinne werden. Infolgedessen ist nach wie vor der methodischen Anschaulichkeit der Vorzug gegenüber axiomatischer Strenge gegeben.

Im Interesse leichter Einprägsamkeit wurden fast sämtliche Abbildungen neu entworfen, ihre Anzahl wurde erheblich vermehrt. Der Text wurde fast völlig neu formuliert, wobei vor allem auf eine übersichtlichere Gliederung geachtet wurde. Jedes Kapitel wurde um entsprechende Übungsaufgaben erweitert. Hinzugekommen ist die Behandlung von Zylinder- und Kugelkoordinaten, und der Rahmen für die Vektoranalysis erfuhr eine merkliche Erweiterung. Schließlich finden auch Tensoren im Zusammenhang mit dem dyadischen Produkt und dem Vektorgradient ganz am Rande Erwähnung.

Darmstadt, im Juni 1969 O. Rang

Vorwort zur dritten Auflage

Die dritte Auflage unterscheidet sich von der zweiten vor allem dadurch, daß Lösungen für alle Übungsaufgaben hinzugefügt wurden. Damit ist einem oft geäußerten Wunsch Rechnung getragen.

Um den Preis des Buches niedrig zu halten, wurde hingegen der Lehrtext trotz des einen oder anderen Wunsches nach mehr Strenge nicht geändert. Abgesehen von ein paar wirklich minimalen Korrekturen wurden lediglich Druckfehler berichtigt.

Darmstadt, im Sommer 1974 O. Rang

Inhaltsverzeichnis

§ 2. Produkte zweier Vektoren

§ 3. Die Differentiation von Vektoren nach Skalaren

§ 4. Mehrfache Produkte von Vektoren

§ 5. Der Gradient

§ 6. Die Divergenz und die Rotation

§ 8. Zylinder- und Kugelkoordinaten

Abb. 1. Von A nach B gerichtete Strecke

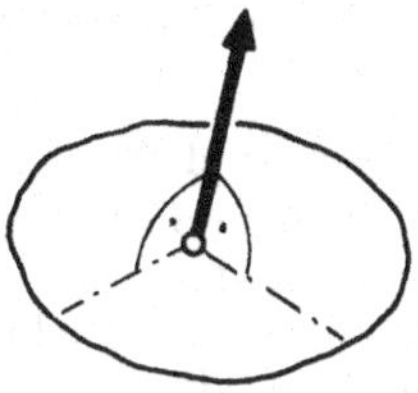

Abb. 2. Kennzeichnung einer im Raum orientierten ebenen Fläche durch eine gerichtete Strecke

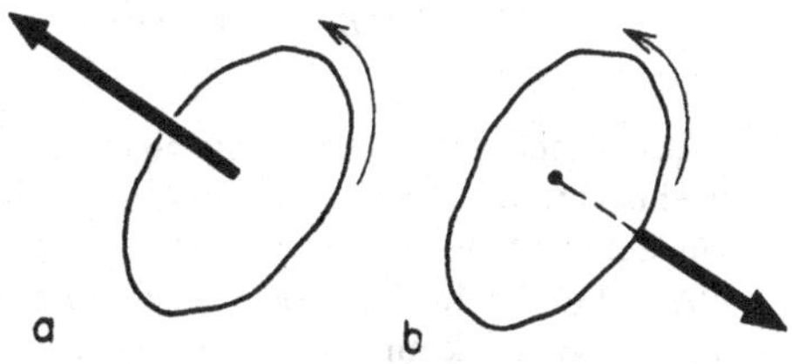

Abb. 3. Pfeilrichtung und Umlaufsinn einer Fläche
a) Rechtssystem; b) Linkssystem

§ 1. Die Vektordefinition und einfachere Gesetzmäßigkeiten

1.1 Skalare und Vektoren

Skalare. Die ihrer Struktur nach einfachsten physikalischen Größen sind durch Angabe einer einzigen Zahl (in Verbindung mit der entsprechenden Maßeinheit) vollständig beschrieben. Da in vielen Fällen diese Zahl an einer Skala ablesbar sein kann, nennt man sie *skalare* Größen oder kurz *Skalare*. Beispiele für Skalare sind Druck, Dichte, Temperatur, Zeit; auch Längen von Strecken, bei denen auf eine Richtungsangabe kein Wert gelegt wird, sind Skalare.

Wir kennzeichnen im folgenden Skalare durch kursiv gedruckte lateinische oder griechische Groß- oder Kleinbuchstaben.

Z. B.	Druck .... p	Zeit .... t	
	Dichte .... ρ	Länge .... s, l	
	Temperatur ..... ϑ, T	usw.	

Vektoren. In den Naturwissenschaften hat man aber oft auch mit Größen zu tun, die sich gerichteten Strecken (Abb. 1) in umkehrbar eindeutiger Weise zuordnen lassen. Eine gerichtete Strecke hat eine Länge, eine Richtung und einen Richtungssinn z. B. von A nach B, der durch einen Pfeil angegeben wird. Eine derartige Größe ist z. B. die Kraft. Die Länge der ihr zugeordneten gerichteten Strecke gibt ihre Intensität. Ihre Richtung und ihr Richtungssinn werden durch Richtung und Richtungssinn der Strecke gegeben.

Die Zuordnung zwischen physikalischer Größe und gerichteter Strecke liegt beim Kraftbegriff auf der Hand. Ähnlich einleuchtend ist sie auch bei Größen wie Geschwindigkeit, Beschleunigung, Impuls. Es gibt aber auch Größen, bei denen eine durch eine gerichtete Strecke angebbare Orientierung zunächst nicht unmittelbar einleuchtet. Solch eine Größe ist z. B. eine im Raum orientierte *ebene* Fläche (Abb. 2). Der Flächeninhalt (nicht aber die Form!) läßt sich durch die Länge des Pfeils wiedergeben; die räumliche Lage der Ebene liegt ebenfalls eindeutig fest, wenn man vereinbart, die der Fläche zugeordnete gerichtete Strecke möge stets senkrecht auf ersterer stehen. Nach welcher Seite der Fläche der Pfeil zeigen soll, bleibt dabei offen. Das bietet die Möglichkeit, eine weitere Information über die Fläche in den Pfeil hineinzupacken.

Wenn die (ebene) Fläche ein Teil der Begrenzung eines geschlossenen Raumes, also Teil einer Oberfläche ist, dann läßt man üblicherweise den Pfeil in den Außenraum zeigen und gibt somit eine Information darüber, welche Seite der Fläche die Innenseite, welche die Außenseite ist.

Meist aber benutzt man die Pfeilrichtung, um den Umlaufsinn der dargestellten Fläche auszudrücken (Abb. 3).

Bei sogenannten Rechtssystemen sind Umlaufsinn und Pfeilrichtung im Sinne einer Rechtsschraube miteinander verknüpft: Blickt man in Pfeilrichtung, dann geht der Umlauf rechts herum (Abb. 4). Bei Linkssystemen erfolgt die Zuordnung im Sinne einer Linksschraube. Im folgenden werden wir die Zuordnung von Pfeil und Umlaufsinn stets unter Zugrundelegung eines Rechtssystems vornehmen, also im Sinne von Abb. 3a.

Beispiele von gerichteten Größen der am Beispiel der ebenen Fläche geschilderten Art, sogenannte Plangrößen, sind z. B. viele Größen, die mit einer Drehbewegung zusammenhängen wie Winkelgeschwindigkeit, Winkelbeschleunigung, Drehimpuls, Drehmoment.

Auch der Drehwinkel bei einer Drehung eines Körpers um eine Achse läßt sich umkehrbar eindeutig einer gerichteten Strecke zuordnen. Die Richtung der als Bild dienenden Strecke muß dabei gleich der Richtung der Drehachse gewählt werden, die Größe des Drehwinkels läßt sich durch die Länge der Strecke ausdrücken, der Drehsinn läßt sich durch die Vereinbarung eines Rechtssystems festlegen. Allerdings zeigt sich hierbei ein wesentlicher Unterschied gegenüber den vorher genannten „gerichteten" Größen. Er betrifft ihre Addition.

Abb. 4. Merkregel für Rechtsdrehung und für Linksdrehung

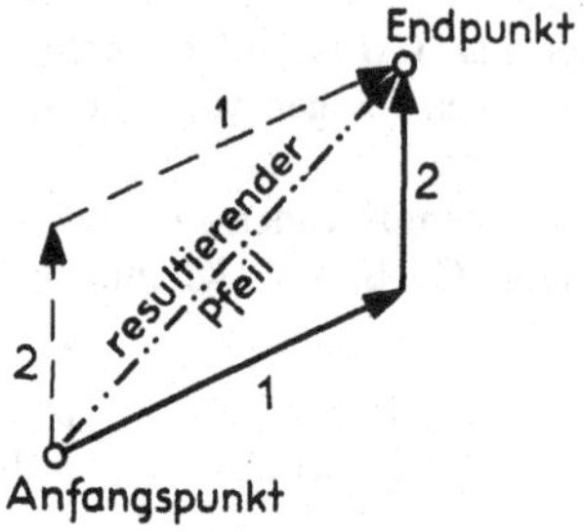

Abb. 5. Unabhängigkeit der Endpunkte von der Reihenfolge der Teilstrecken

Fügt man zwei gerade, aber verschieden gerichtete Wegstrecken aneinander, so ist der Endpunkt, der sich durch einen *resultierenden* Pfeil darstellen läßt, unabhängig von der Reihenfolge der Teilstrecken (Abb. 5).

Anders ist es beim Beispiel der Verdrehung eines starren Körpers. Wir stellen uns einen starren Körper vor, zeichnen aber der Einfachheit halber nicht den Körper, sondern nur ein in ihm festes Koordinatensystem a, b, c (Abb. 6). Zunächst drehen wir den Körper aus der Anfangslage 1 um eine durch den Ursprung O gehende Achse, die parallel zur gegenwärtigen Lage der a-Achse ist, um einen rechten Winkel und bringen ihn so in die Lage 2. Diese Drehung kann man durch die gerichtete Strecke α charakterisieren. Dann drehen wir ihn um eine durch O gehende Achse, die der gegenwärtigen Lage der b-Achse parallel ist, wieder um einen rechten Winkel, in die Lage 3. Diese Drehung wird durch die gerichtete Strecke β charakterisiert. α und β sind gleich lang.

Lassen wir nun die beiden Drehungen wieder auf die Ausgangslage des Körpers wirken, jedoch in umgekehrter Folge, so ergibt sich die Endlage 6, die von 3 verschieden ist. Bei diesem Beispiel können also die durch Strecken dargestellten Größen, die Drehungen, in ihrer Reihenfolge nicht ohne Änderung des Ergebnisses vertauscht werden.

Außerdem läßt sich der Übergang des Körpers aus Stellung 1 (Stellung 4) weder in Stellung 3 noch in Stellung 6 mit Hilfe der Drehung bewerkstelligen, die durch den aus α und β resultierenden Pfeil dargestellt wird.

Vektoren sind nun dahingehend definiert, daß es Größen sind, die durch gerichtete Wegstrecken dargestellt werden können und deren Addition darüber hinaus der geometrischen Aneinanderreihung dieser Wegstrecken entspricht.

Der Drehwinkel, bzw. die Drehung, ist also *kein* Vektor.

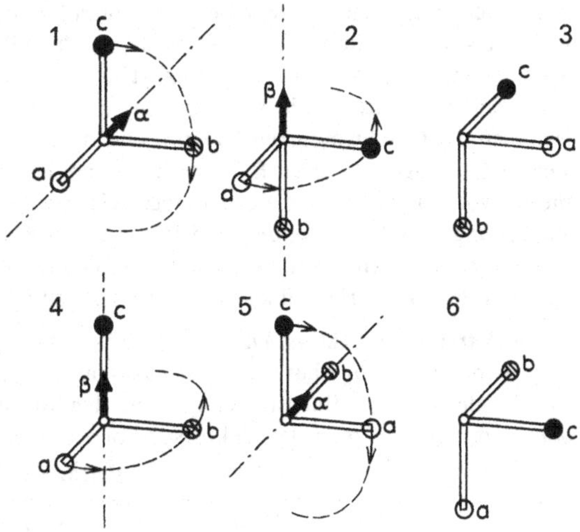

Abb. 6. Mehrfache Drehung eines starren Körpers

Steht der Richtungscharakter eines Vektors von vornherein fest, dann handelt es sich um einen sogenannten *polaren Vektor*.

Muß der Richtungssinn eines Vektors mit Hilfe eines Rechtssystems (Linkssysteme sind nicht üblich) festgelegt werden, dann spricht man von einem *axialen Vektor*. Die Bezeichnung axial deutet auf die Verwandtschaft solcher Vektoren mit der Drehbewegung hin.

Im folgenden werden Rechnungsregeln für Vektoren durch Betrachtung gerichteter Strecken abgeleitet und dann in Form von Gleichungen ausgedrückt. Um zu erkennen, daß diese Gleichungen sich auf Vektoren beziehen, werden die Vektoren durch halbfett gedruckte Kursivbuchstaben, oder durch Kursivbuchstaben mit einem darübergesetzten kleinen Pfeil gekennzeichnet. Z. B.

Kraft .... $\boldsymbol{F}$ oder $\vec{F}$
Geschwindigkeit .... $\boldsymbol{v}$ oder $\vec{v}$
ebene Fläche .... $\boldsymbol{A}$ bzw. $\boldsymbol{f}$ oder $\vec{A}$ bzw. $\vec{f}$
Winkelgeschwindigkeit ...... $\vec{\omega}$
usw.

Denkt man sich verschiedene Verschiebungen eines gedachten Punktes immer vom selben festen Punkt, dem Ursprung O, ausgehend, so definieren deren Endpunkte, die Spitzen der Verschiebungsvektoren, verschiedene Punkte im Raum, ebenso wie die drei kartesischen Koordinaten eines Punktes seinen Ort im Raume festlegen. Derartige von einem festen Bezugspunkt ausgehende Vektoren nennt man *Fahrstrahlen* oder auch *Ortsvektoren*. Eine ältere Bezeichnung, radius vector, wurde von Kepler bei Beschreibung der Planetenbewegung für den von der Sonne als Ursprung zum Planeten gezogenen Fahrstrahl gebraucht.

Häufig findet man in der einführenden Literatur eine Einteilung von Vektoren in sogenannte freie und gebundene Vektoren. Diese Einteilung ist in gewissem Sinne irreführend, denn der Gesichtspunkt, der dieser Einteilung zugrunde liegt, ist dem Vektor wesensfremd. Jede bestimmte physikalische Größe muß einen Bezug auf die Umwelt haben, muß irgendwie sachbezogen sein. Wenn z. B. ein Automobil fährt, dann hat es eine Geschwindigkeit, der Geschwindigkeitsvektor bezieht sich auf das Automobil. Vergleicht man die Geschwindigkeitsvektoren verschiedener Automobile, die zu verschiedenen Zeiten die gleiche Straße befahren, dann könnte man – um ein für unsere Zwecke geeignetes Beispiel auszuwählen – feststellen, daß alle Automobile ihre Geschwindigkeit an einer ins Auge gefaßten Ortseinfahrt auf 50 km/h drosseln. Die Geschwindigkeitsvektoren aller Automobile sind am Ortseingang gleich, man kann eine Verbindung zwischen der Geschwindigkeit 50 km/h und dem Ortseingang konstatieren. Liegen noch weitere Bindungen zwischen Raumpunkten und den Geschwindigkeitsvektoren der Automobile vor, dann spricht man von einem Geschwindigkeits*feld*. Allgemein: Besteht eine Zuordnung zwischen Vektoren und Punkten des Raumes, dann spricht man von einem *Vektorfeld*, die Vektoren heißen dann *Feldvektoren* oder gebundene Vektoren. Das hat aber mit dem Vektorbegriff als solchem nichts zu tun.

Der Betrag eines Vektors. Der Betrag eines Vektors, d. h. sein Wert ohne Berücksichtigung seines Richtungscharakters, ist ein Skalar. Man bezeichnet ihn oft mit dem entsprechenden mageren Buchstaben, oder mit dem Buchstaben ohne darübergesetzten Pfeil, oder dadurch, daß man das Vektorsymbol zwischen zwei vertikale Striche setzt. Z. B.

Vektor	Betrag des Vektors
$\boldsymbol{A}$	A oder $\lvert \boldsymbol{A} \rvert$
$\boldsymbol{s}$	s oder $\lvert \boldsymbol{s} \rvert$
$\vec{\omega}$	ω oder $\lvert \vec{\omega} \rvert$

1.2 Die Summe und die Differenz von Vektoren

Eigenschaften der Vektorsumme. Wie durch die Vektor-Definition festgelegt, addieren sich Vektoren wie gerichtete, geradlinige Wegstrecken, also durch geometrisches An-

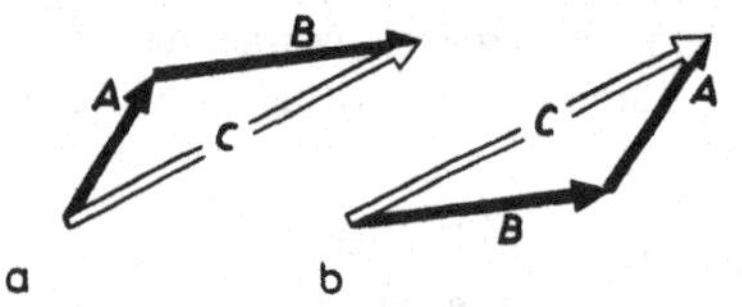

Abb. 7. Vektoraddition

einanderfügen der Vektorpfeile. Die Addition gemäß Abb. 7a drückt man durch die Gleichung

$$\boldsymbol{A} + \boldsymbol{B} = \boldsymbol{C}$$

aus, die Addition gemäß Abb. 7b durch

$$\boldsymbol{B} + \boldsymbol{A} = \boldsymbol{C}\,.$$

Da die Reihenfolge der Summanden bei der Vektoraddition ohne Einfluß auf das Resultat, auf die *Resultierende* ***C*** ist, gehorcht die Vektoraddition dem Gesetz der Vertauschbarkeit der Summanden, dem *kommutativen Gesetz*:

■ Kommutativgesetz für die Vektoraddition:

$$\boldsymbol{A} + \boldsymbol{B} = \boldsymbol{B} + \boldsymbol{A} \qquad [1]$$

Es ist nicht auf zwei Summanden beschränkt, es gilt für beliebig viele. Z. B. ist

$$\boldsymbol{A} + \boldsymbol{B} + \boldsymbol{C} = \boldsymbol{A} + \boldsymbol{C} + \boldsymbol{B} = \boldsymbol{B} + \boldsymbol{A} + \boldsymbol{C} = \boldsymbol{B} + \boldsymbol{C} + \boldsymbol{A} = \quad \text{usw.},$$

wie man sich durch Aufzeichnen entsprechender Vektoren selbst überzeugen kann. Beweisen läßt es sich leicht durch Kongruenz verschiedener, bei der Zeichnung entstehender Dreiecke.

Aus der Abb. 7 entnimmt man weiter, daß

$$|\boldsymbol{A}| + |\boldsymbol{B}| > |\boldsymbol{A} + \boldsymbol{B}|,$$

was nichts anderes ist als die vektoriell geschriebene Ungleichung für den Satz: Zwei Dreieckseiten zusammen sind stets länger als die dritte Seite. Nur für den Fall, daß $\boldsymbol{A}$ und $\boldsymbol{B}$ gleichsinnig parallel sind, ist

$$|\boldsymbol{A} + \boldsymbol{B}| = |\boldsymbol{A}| + |\boldsymbol{B}|.$$

Allgemein gilt also

$$|\boldsymbol{A} + \boldsymbol{B}| \leqq |\boldsymbol{A}| + |\boldsymbol{B}|.$$

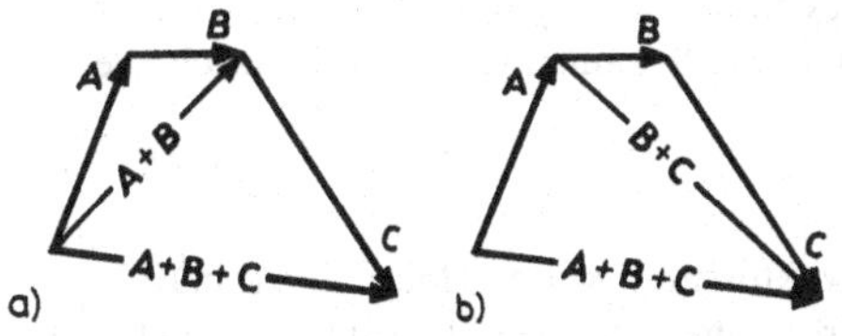

Abb. 8. Zur Assoziativität der Vektoraddition

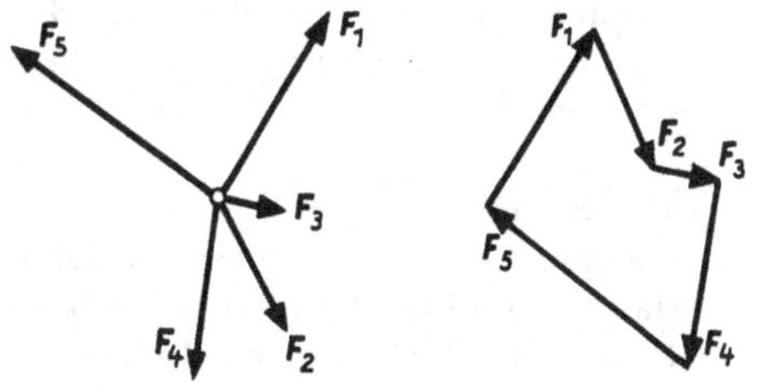

Abb. 9. Kräftegleichgewicht

Wir addieren drei Vektoren $\boldsymbol{A}$, $\boldsymbol{B}$ und $\boldsymbol{C}$ (die nicht in einer Ebene zu liegen brauchen) zunächst so, daß wir $\boldsymbol{C}$ zur Summe $(\boldsymbol{A} + \boldsymbol{B})$ hinzufügen (Abb. 8a). Als Ergebnis erhält man den vom Anfangspunkt (Fußpunkt) von $\boldsymbol{A}$ zur Spitze von $\boldsymbol{C}$ gezogenen Vektor. Verfährt man gemäß Abb. 8b, indem man zu $\boldsymbol{A}$ die Summe $(\boldsymbol{B} + \boldsymbol{C})$ hinzufügt, dann erhält man dasselbe Resultat. Es ist also gleichgültig, welche Vektoren man zuerst miteinander verknüpft. Dieses Verknüpfungsgesetz bezeichnet man als *Assoziativgesetz*:

■ Assoziativgesetz für die Vektoraddition:

$$(\boldsymbol{A} + \boldsymbol{B}) + \boldsymbol{C} = \boldsymbol{A} + (\boldsymbol{B} + \boldsymbol{C}) \qquad [2]$$

Es gilt für eine beliebige Anzahl von Summanden und läßt auch beliebige Kombinationen unter ihnen zu.

Das Kraftpolygon. Greifen n Kräfte $\boldsymbol{F}_i$ an einem Körper – im einfachsten Fall an einem Punkte – an, so ist die Resultierende $\boldsymbol{R}$ gegeben durch

$$\boldsymbol{R} = \sum \boldsymbol{F}_i .$$

In der Konstruktion erscheinen die n Kräfte als n Seiten des räumlichen *Kraftpolygons*. Der vom Anfangspunkt der ersten zum Endpunkt der letzten Kraft gerichtete Vektor ist seine $(n + 1)$-te Seite, ist die *Resultierende*.

Wenn die n Kräfte im Gleichgewicht sind, ist also $\sum \boldsymbol{F}_i = 0$. Die Konstruktion macht dies kenntlich, indem der Endpunkt der n-ten Kraft mit dem Anfangspunkt der ersten zusammenfällt. Das Kraftpolygon schließt sich (Abb. 9).

Die Vektordifferenz $\boldsymbol{R}$ zweier Vektoren $\boldsymbol{A} - \boldsymbol{B}$ ist analog zur algebraischen Differenz wie folgt definiert: Wenn zur Differenz $\boldsymbol{R}$ der Vektor $\boldsymbol{B}$ (Subtrahend) hinzugefügt wird, dann erhält man den Vektor $\boldsymbol{A}$ (Minuend). Es muß also gelten

$$\boldsymbol{R} + \boldsymbol{B} = \boldsymbol{A}.$$

Abb. 10 zeigt den geometrischen Sachverhalt, und zwar Abb. 10a die beiden voneinander zu subtrahierenden Vektoren, Abb. 10b die Konstruktion gemäß $\boldsymbol{R} + \boldsymbol{B} = \boldsymbol{A}$.

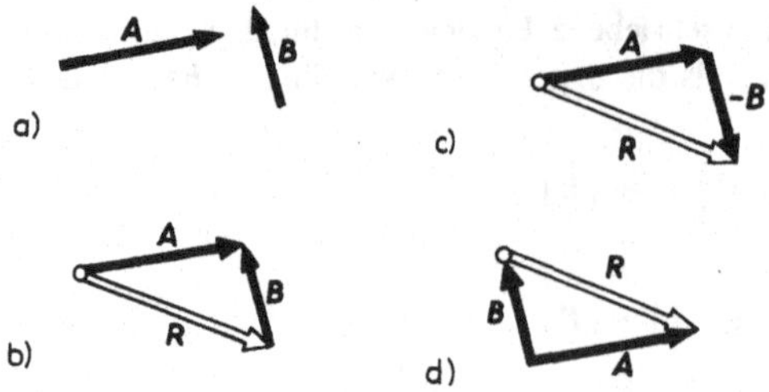

Abb. 10. Zur Vektorsubtraktion

Durch Definition eines Vektors $-\boldsymbol{B}$, also eines Vektors mit gleichem Betrag, gleicher Richtung, aber entgegengesetztem Richtungssinn wie $\boldsymbol{B}$ kann man $\boldsymbol{R}$ auch durch die Addition

$$\boldsymbol{A} + (-\boldsymbol{B}) = \boldsymbol{R}$$

erhalten (Abb. 10c).

Eine weitere, oft sehr bequeme Ausführung der Vektorsubtraktion ist folgende (Abb. 10d). Man trägt zur Ermittlung von $\boldsymbol{A} - \boldsymbol{B}$ beide Vektoren vom selben Punkt ab auf. Der Vektor $\boldsymbol{A} - \boldsymbol{B}$ ist von der Spitze von $\boldsymbol{B}$ zur Spitze von $\boldsymbol{A}$ gerichtet. In der Tat ist

$$\boldsymbol{B} + (\boldsymbol{A} - \boldsymbol{B}) = \boldsymbol{A}\,.$$

Ein einfaches Beispiel für die Summe und für die Differenz zweier Vektoren geben uns die beiden Diagonalen eines Parallelogramms (Abb. 11), das die beiden Vektoren $\boldsymbol{A}$ und $\boldsymbol{B}$ aufspannen. Wenn man beide Vektoren vom Endpunkt O ausgehen läßt, sind unter Berücksichtigung des Richtungssinnes die beiden Diagonalen durch $\boldsymbol{A} + \boldsymbol{B}$ bzw. $\boldsymbol{A} - \boldsymbol{B}$ gegeben.

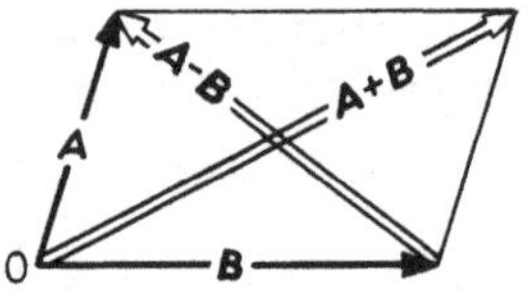

Abb. 11. Die Diagonalen eines Parallelogramms

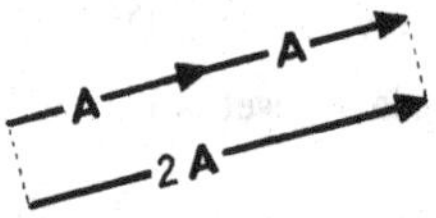

Abb. 12. Zur Multiplikation eines Vektors mit einem Skalar

1.3 Die Multiplikation eines Vektors mit einem Skalar

Zur Definition. Wenn man $\boldsymbol{A}$ zu $\boldsymbol{A}$ addiert, dann erhält man einen Vektor, dessen Betrag doppelt so groß ist wie der von $\boldsymbol{A}$, dessen Richtung und Richtungssinn (auch *Orientierung* genannt) die gleichen sind wie bei $\boldsymbol{A}$ (Abb. 12). Man nennt diesen resultierenden Vektor $2\boldsymbol{A}$. Das Verfahren läßt sich auf beliebig viele, z. B. n Vektoren $\boldsymbol{A}$ anwenden. Das Ergebnis ist dann $n\boldsymbol{A}$. Man bezeichnet es als das *Produkt* aus der Zahl n und dem Vektor $\boldsymbol{A}$.

Man sieht leicht ein, daß der Betrag des Vektors $n\boldsymbol{A}$ gleich dem n-fachen Betrag von $\boldsymbol{A}$ ist:

■ $$|n\boldsymbol{A}| = |n|\;|\boldsymbol{A}| \qquad [3a]$$

Wir haben rechts bewußt $|n|$ und nicht nur n geschrieben, um auch die Fälle negativer n mit zu erfassen.

Die Richtung von nA ist die gleiche wie die von A, der Richtungssinn richtet sich nach dem Vorzeichen von n. Ist n negativ, dann ist nA entgegengesetzt gerichtet wie A. Man kann dies wie folgt zum Ausdruck bringen:

■ $$\text{Richtungssinn von } |n|A = \text{Richtungssinn von } A \qquad [3b]$$

Die Feststellungen [3a] und [3b] über das Produkt nA sind einer Verallgemeinerung fähig. Man kann sie nämlich zu *Definitionsgleichungen* für das Produkt eines Vektors mit einem Skalar erklären. Das bedeutet, daß n nicht nur irgendeine (dimensionslose) Zahl, sondern jede beliebige skalare (also dimensionsbehaftete) Größe sein kann.

Beim Produkt eines Vektors mit einem Skalar sind die Faktoren vertauschbar, das Produkt ist also kommutativ:

$$nA = An.$$

Das Produkt eines Vektors mit mehreren Skalaren ist assoziativ, also

$$mnA = (mn)A = m(nA) = n(mA).$$

Eines Beweises dieser beiden Sätze bedarf es nicht, sie leuchten unmittelbar ein, bzw. können als naheliegende Definitionen aufgefaßt werden.

Die Division eines Vektors durch einen Skalar ist in den Definitionsgleichungen [3] mit enthalten. Denn da für alle reellen Zahlen und für alle skalaren Größen reziproke Größen existieren, ist die Division durch einen Skalar dasselbe wie die Multiplikation mit dessen Kehrwert. Es ist also

$$A/m = (1/m)A.$$

Beispiele aus der Physik. Produkte von Vektoren mit Skalaren kommen in der Physik oft vor. So lautet z.B. das sogenannte Grundgesetz der (*Newton*schen) Dynamik in Vektorform

$$F = m_{tr}\, a,$$

worin F die auf einen Körper der Trägheit (Masse) m_{tr} wirksame Kraft ist, die ihm die Beschleunigung a erteilt. Aus dieser Formel erkennt man nicht nur, daß der Betrag der Kraft gleich ist dem Produkt aus Masse und Betrag der Beschleunigung, sondern auch, daß die Beschleunigung dieselbe Richtung und Orientierung hat wie die Kraft. (Denn negative Massen gibt es nicht).

Das angeführte Grundgesetzt – das sei nur nebenbei gesagt – gilt in der vorgelegten Form allerdings nur im Bereich kleiner Geschwindigkeiten. Werden sie der Lichtgeschwindigkeit vergleichbar, dann darf die der Formel zugrundeliegende sogenannte träge Masse nicht mehr als Skalar angesehen werden.

Unbeschränkte Gültigkeit hat dagegen die Gesetzmäßigkeit, die zwischen Bewegungsgröße (Impuls) p und der Geschwindigkeit v eines Körpers mit der Impulsmasse m besteht:

$$p = mv.$$

Ein drittes Beispiel für das Produkt eines Skalars mit einem Vektor ist die Definitionsgleichung für die elektrische Feldstärke E an einem Punkte eines elektrischen Feldes. Ist Q die (skalare) elektrische Ladung eines punktförmigen Körpers und F die Kraft, die dieser Körper an der betreffenden Stelle des (bereits vorhandenen) Feldes erfährt, dann gilt

$$F = QE.$$

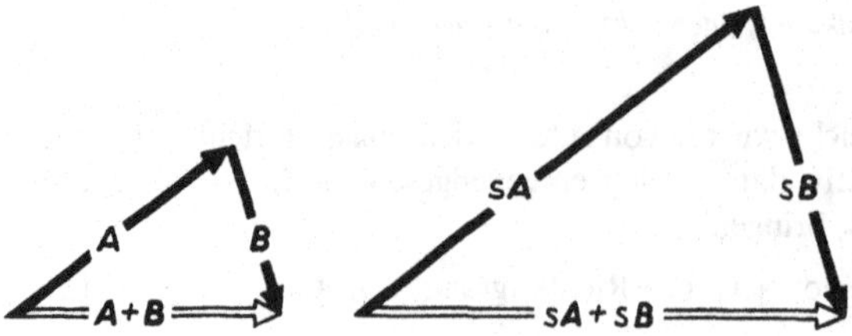

Abb. 13. Zum Distributivgesetz für die Multiplikation von $(A + B)$ mit s

Als Definition für die Feldstärke E ist damit festgelegt

$$|E| = |F|/Q;$$

$$\text{Richtung von } E = \text{Richtung von } F, \text{ wenn } Q > 0;$$
$$= \text{Richtung von } -F, \text{ wenn } Q < 0.$$

Bezüglich der Dimensionen von Vektoren ist zu bemerken, daß ein Vektor stets die Dimension seines Betrages hat:

$$\dim A = \dim |A|.$$

Das distributive Gesetz. Wir fragen uns, ob $s(A + B)$ gleich ist $sA + sB$, ob also für die Multiplikation von Vektoren mit einem Skalar das *distributive Gesetz* gilt.

In den beiden mit A, B, $(A + B)$ bzw. sA, sB, $(sA + sB)$ gezeichneten Dreiecken der Abb. 13 ist $\sphericalangle A, B = \sphericalangle sA, sB$ und außerdem ist $|A| : |B| = |sA| : |sB|$. Also sind die Dreiecke einander ähnlich. Daher hat die dem $\sphericalangle sA, sB$ gegenüberliegende Seite den Betrag $s|A + B|$. Andererseits ist sie als geometrische Summe gleich $sA + sB$. Es gilt also tatsächlich das

■ Distributivgesetz für die Multiplikation von Vektoren mit einem Skalar

$$s(A + B) = sA + sB \qquad [4a]$$

Dieses Gesetz läßt sich, wie leicht einzusehen, für eine Summe einer beliebigen Anzahl von Vektoren erweitern. Es ist also

$$s \sum v_i = \sum (s\, v_i).$$

Auch für die Multiplikation einer Summe von Skalaren mit einem Vektor gilt, wie ohne weiteres einzusehen, das

■ Distributivgesetz

$$(s_1 + s_2)\, V = s_1 V + s_2 V \qquad [4b]$$

1.4 Einsvektoren

Vektoren, die den (dimensionslosen) Betrag 1 haben, heißen *Einsvektoren*, oft auch *Einheitsvektoren*. Zwischen einem Vektor A und dem gleich orientierten Einsvektor e_A besteht, wie man leicht einsieht, die Beziehung

■

$$A = |A|\, e_A \qquad [5]$$

(Definition des Einsvektors e_A)

Durch Multiplikation dieser Gleichung mit dem Skalar $1/|A|$ erhält man

$$\frac{1}{|A|} \cdot A = \frac{1}{|A|} \cdot |A|\, e_A = e_A,$$

da ja $(1/|A|) \cdot |A| = 1$ ist. Man findet somit den zugeordneten Einsvektor, indem man den Vektor durch seinen Betrag dividiert.

1.5 Die lineare Abhängigkeit von Vektoren

Die Kollinearität. Vektoren, die gleiche Richtung haben, sind zueinander *kollinear*. Die Orientierung braucht dabei nicht gleich zu sein (Abb. 14).

Mit Hilfe eines entsprechenden skalaren Parameters λ lassen sich alle zueinander

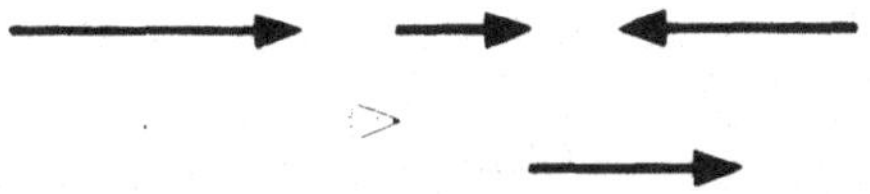

Abb. 14. Kollineare Vektoren

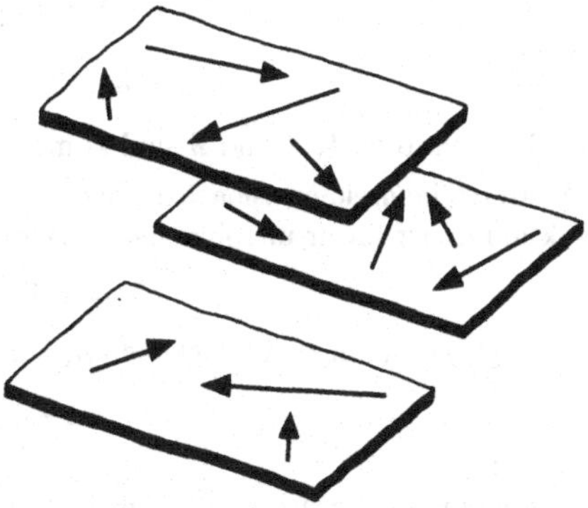

Abb. 15. Komplanare Vektoren

kollinearen Vektoren $\boldsymbol{V}$ als Produkte von der Form $\lambda\, \boldsymbol{A}$ ausdrücken, wenn $\boldsymbol{A}$ einer dieser Vektoren ist:

$$\boldsymbol{V} = \lambda\, \boldsymbol{A}\,.$$

Man sagt: „Der Vektor $\boldsymbol{V}$ ist *linear abhängig* von $\boldsymbol{A}$". Die lineare Abhängigkeit kollinearer Vektoren läßt sich auch anschreiben als

$$\boldsymbol{V} - \lambda\, \boldsymbol{A} = 0$$

oder als sogenannte

■ Kollinearitätsbedingung

$$m\, \boldsymbol{V} + n\, \boldsymbol{A} = 0, \qquad [6]$$

wobei jedoch die beiden skalaren Größen m und n nicht unabhängig von einander sind, sondern der Bedingung

$$n/m = -\lambda$$

genügen. Erfüllen zwei Vektoren $\boldsymbol{V}$ und $\boldsymbol{A}$ die Gleichung [6], so sind sie kollinear.

Die Komplanarität. Vektoren, die in zueinander parallelen Ebenen liegen, sind zueinander **komplanar** (Abb. 15).

Sind $\boldsymbol{A}$ und $\boldsymbol{B}$ von einander linear unabhängig (also nicht kollinear), dann läßt sich jeder zu ihnen komplanare Vektor $\boldsymbol{V}$ mit Hilfe zweier skalarer Parameter λ und μ als lineare Vektorfunktion von $\boldsymbol{A}$ und $\boldsymbol{B}$ darstellen (Abb. 16):

$$\boldsymbol{V} = \lambda\, \boldsymbol{A} + \mu\, \boldsymbol{B}\,.$$

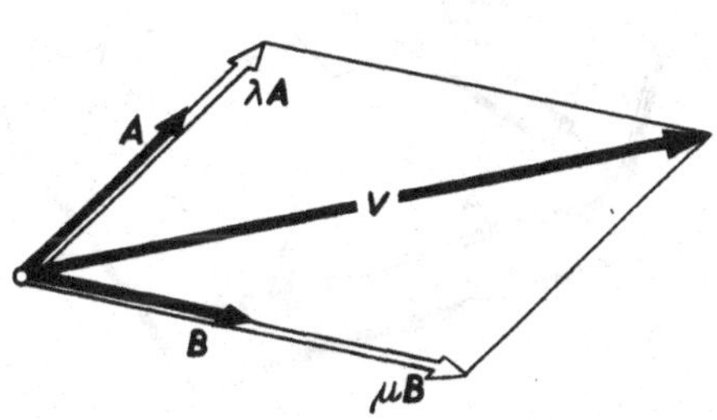

Abb. 16. Lineare Abhängigkeit dreier komplanarer Vektoren

Man sagt: „V ist linear abhängig von A und B“. Diese Abhängigkeit läßt sich auch anschreiben als

$$V-\lambda A-\mu B=0$$

oder als sogenannte

■ Komplanaritätsbedingung

$$m V+n A+p B=0, \qquad [7]$$

wobei

$$n/m=-\lambda \quad \text{und} \quad p/m=-\mu$$

ist. Drei Vektoren V, A und B sind komplanar, wenn sie die Gleichung [7] erfüllen.

Vektoren im dreidimensionalen Raum. Hier läßt sich jeder Vektor V als lineare Vektorfunktion dreier linear unabhängiger Vektoren A, B und C darstellen (Abb. 17):

$$V=\lambda A+\mu B+\nu C$$

Man sagt: „V ist linear abhängig von A, B und C.“ Auch hier kann man umformen zu:

$$V-\lambda A-\mu B-\nu C=0,$$

oder zur

■ Bedingung für lineare Abhängigkeit im Raum

$$m V+n A+p B+q C=0, \qquad [8]$$

wobei

$$n/m=-\lambda; \; p/m=-\mu; \; q/m=-\nu$$

ist. Wenn vier Vektoren im Raum untereinander weder kollinear noch komplanar sind, dann besteht Gleichung [8] im Raume immer: Vier Vektoren im Raume sind stets voneinander linear abhängig.

Bezeichnet man eine Gerade als eindimensionalen Raum, eine Ebene als zweidimensionalen und den Raum unserer Vorstellungswelt als dreidimensionalen, dann gibt die folgende Tabelle einen Überblick über die jeweiligen Bedingungen für lineare Abhängigkeit und über die Höchstzahlen der linear unabhängigen Vektoren:

Raum	Gleichung der linearen Abhängigkeit	Höchstzahl der linear unabhängigen Vektoren
eindimensional	$m V+n A=0$	1
zweidimensional	$m V+n A+p B=0$	2
dreidimensional	$m V+n A+p B+q C=0$	3

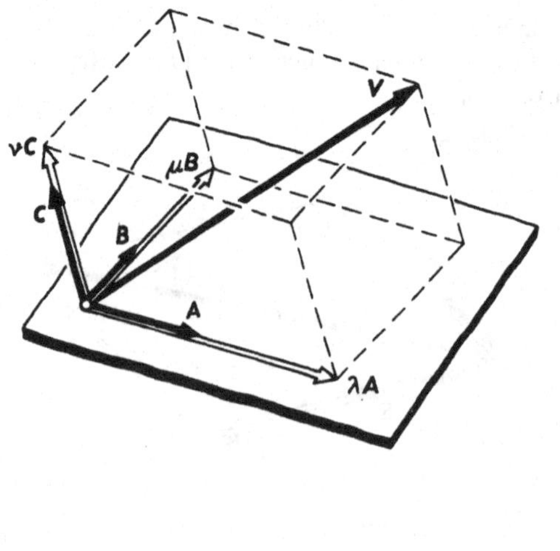

Abb. 17. Lineare Abhängigkeit von vier Vektoren im Raum

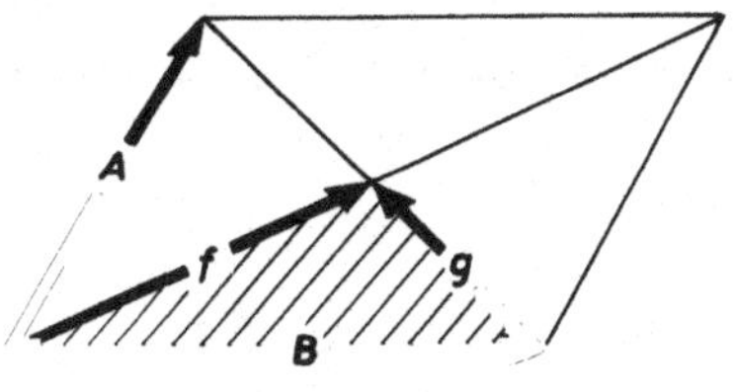

Abb. 18. Zum Beweis des Satzes, daß sich die Diagonalen in einem Parallelogramm gegenseitig halbieren

Der Beweis durch Vektorrechnung, daß sich die Diagonalen in einem Parallelogramm gegenseitig halbieren. Dieser Beweis läuft darauf hinaus, daß $\boldsymbol{f}$ in Abb. 18 die Hälfte der Diagonale $(\boldsymbol{A} + \boldsymbol{B})$ und $\boldsymbol{g}$ die Hälfte der Diagonale $(\boldsymbol{A} - \boldsymbol{B})$ ist:

Da $\boldsymbol{f}$ und $(\boldsymbol{A} + \boldsymbol{B})$ kollinear sind, setzen wir

$$\boldsymbol{A} + \boldsymbol{B} = m\,\boldsymbol{f} \tag{a}$$

und analog

$$\boldsymbol{A} - \boldsymbol{B} = n\,\boldsymbol{g}\,. \tag{b}$$

Nun berechnen wir die Zahlen m und n:
Subtraktion der Gleichung (b) von Gleichung (a) ergibt

$$2\,\boldsymbol{B} = m\,\boldsymbol{f} - n\,\boldsymbol{g} \quad \text{bzw.} \quad \boldsymbol{B} = \frac{m}{2}\boldsymbol{f} - \frac{n}{2}\boldsymbol{g}. \tag{c}$$

Aus dem schraffierten Dreieck der Abb. 18 folgt

$$\boldsymbol{B} = \boldsymbol{f} - \boldsymbol{g}. \tag{d}$$

Aus (c) und (d) ergibt sich sofort

$$\frac{m}{2}\boldsymbol{f} - \frac{n}{2}\boldsymbol{g} = \boldsymbol{f} - \boldsymbol{g} \quad \text{bzw.} \quad \left(\frac{m}{2} - 1\right)\boldsymbol{f} - \left(\frac{n}{2} - 1\right)\boldsymbol{g} = 0. \tag{e}$$

Weil aber $\boldsymbol{f}$ und $\boldsymbol{g}$ verschiedene Richtung haben, kann die linke Seite der Gleichung (e) nur Null sein, wenn die beiden Klammerausdrücke jeder für sich Null sind. Wir haben damit zwei Bestimmungsgleichungen für m und n:

$$\frac{m}{2} - 1 = 0 \quad \text{und} \quad \frac{n}{2} - 1 = 0.$$

Daraus folgt

$$m = 2 \quad \text{und} \quad n = 2\,.$$

$\boldsymbol{f}$ ist also nach (a) die Hälfte von $(\boldsymbol{A} + \boldsymbol{B})$ und $\boldsymbol{g}$ ist nach (b) die Hälfte von $(\boldsymbol{A} - \boldsymbol{B})$, was zu beweisen war.

Das Raumgitter. Der Vektor $\boldsymbol{r} = s\,\boldsymbol{a}$ sei ein Ortsvektor; $\boldsymbol{a}$ ist ein konstanter Vektor von der Dimension einer Länge, s dagegen ist eine Zahl, die verschiedene Werte annehmen kann. Die auf diese Weise entstehenden Ortsvektoren $\boldsymbol{r}$ bestimmen verschiedene Punkte einer Geraden, welche die Richtung von $\boldsymbol{a}$ hat. Setzt man fest, daß s alle ganzen Werte annehmen kann, dann haben diese Punkte den gegenseitigen Abstand a. Gelten für s nicht nur positive ganze Werte, sondern auch Null und negative, so bilden die durch $\boldsymbol{r}$ gekennzeichneten Punkte ein *lineares Gitter*, das sich auf der Geraden beiderseits ins Unendliche erstreckt (Abb. 19a).

Nimmt man zwei nicht parallele, konstante Vektoren $\boldsymbol{a}$ und $\boldsymbol{b}$ und legt man mit Hilfe von zwei, aller möglichen Werte fähigen Zahlen s_1 und s_2 Ortsvektoren

$$\boldsymbol{r} = s_1\,\boldsymbol{a} + s_2\,\boldsymbol{b}$$

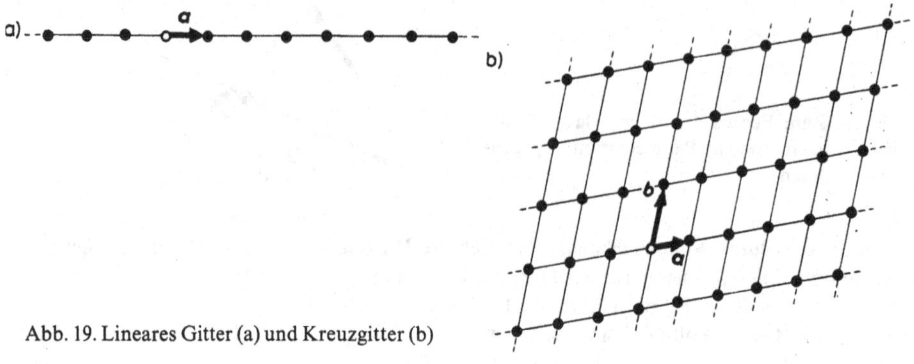

Abb. 19. Lineares Gitter (a) und Kreuzgitter (b)

fest, so liegen alle durch die verschiedenen $\boldsymbol{r}$ gegebenen Punkte auf einer durch den Ursprung gehenden, von $\boldsymbol{a}$ und $\boldsymbol{b}$ aufgespannten Ebene. Sind s_1 und s_2 nur ganzzahlig (auch Null), so bilden die dadurch festgelegten Punkte ein *ebenes Gitter*, auch *Kreuzgitter* genannt (Abb. 19b).

Durch drei nicht komplanare (also auch nicht zueinander parallele) konstante Vektoren $\boldsymbol{a}$, $\boldsymbol{b}$ und $\boldsymbol{c}$ und durch drei variable Zahlen s_1, s_2 und s_3 können gemäß

$$\boldsymbol{r} = s_1\, \boldsymbol{a} + s_2\, \boldsymbol{b} + s_3\, \boldsymbol{c}$$

alle Punkte des Raumes beschrieben werden. Jedem Raumpunkt entspricht dabei ein und nur ein Wertetripel s_1, s_2, s_3.

Haben die Zahlen s_1, s_2, s_3 alle möglichen ganzen Werte (mit Einschluß der Null), so ist durch die $\boldsymbol{r}$ ein *Raumgitter* (Abb. 20) definiert, ein für die Kristallographie grundlegender Begriff.

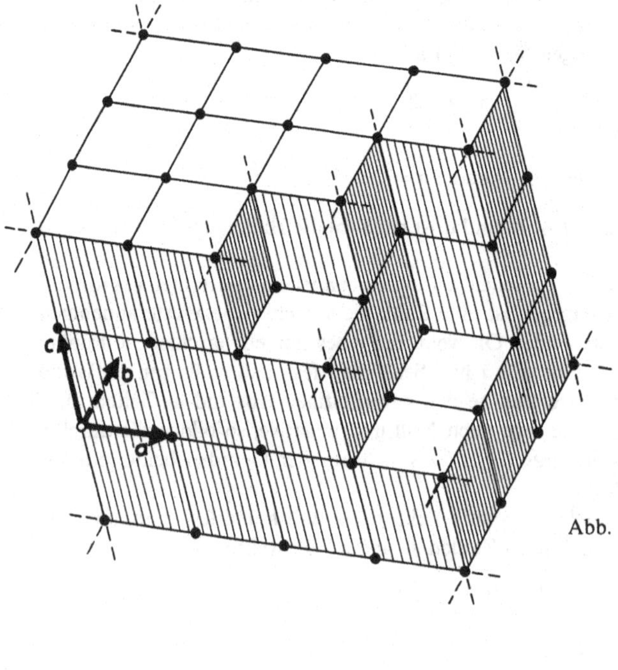

Abb. 20. Raumgitter

Das so erhaltene Gitter ist ein Beispiel für ein einfaches *triklines Translationsgitter*. Es kann durch fortgesetzte Verschiebungen eines Gitterpunktes um die *Achsenvektoren* ***a***, ***b***, ***c*** entstanden gedacht werden. In der Kristallographie nimmt man an, daß sich in jedem Gitterpunkt der Schwerpunkt eines Gitterbausteines (Atom, Ion usw.) befinde.

Man sieht aus Abb. 20, daß sich durch je drei Gitterpunkte, die nicht in einer Geraden liegen, immer eine Ebene legen läßt, in der sich die durch die drei Gitterpunkte festgelegte Figur regelmäßig wiederholt, so daß in dieser Ebene ein ebenes Punktgitter entsteht. Eine derartige Ebene nennt man eine *Netzebene* des Raumgitters. Die Abbildung zeigt, daß in dem ins Unendliche fortgesetzten Raumgitter sich zu jeder Netzebene eine Schar paralleler Netzebenen, die alle dasselbe ebene Gitter tragen, finden läßt. Die für die Kristallographie wichtige Berechnung des Abstandes zweier paralleler Netzebenen aus den Achsenvektoren wird uns später beschäftigen (S. 92).

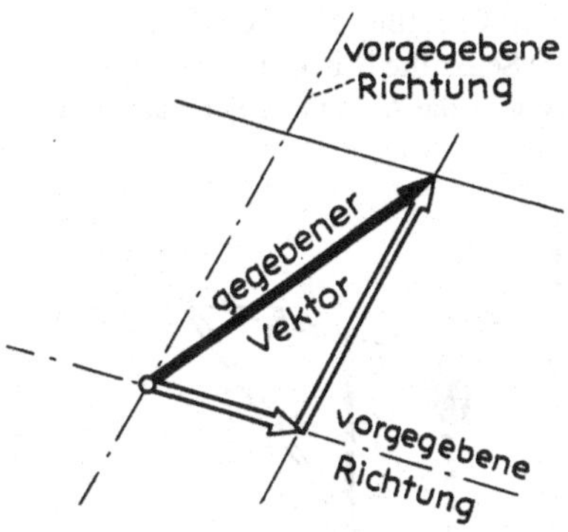

Abb. 21. Zerlegung eines Vektors in zwei Komponenten

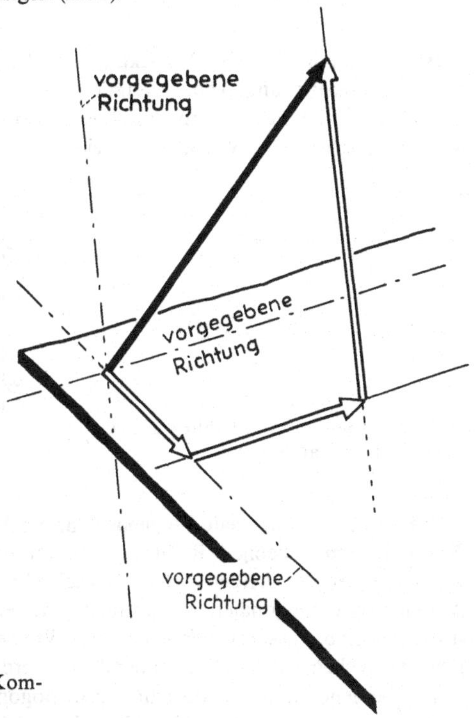

Abb. 22. Zerlegung eines Vektors in drei Komponenten

1.6 Die Zerlegung eines Vektors in Komponenten

Definition der Vektorzerlegung. Unter Komponenten eines Vektors versteht man ganz allgemein die Summanden, aus denen sich der Vektor als Vektorsumme darstellen läßt. Sehr oft jedoch sind nur solche Summanden gemeint, die von einander linear unabhängig sind. Eine Zerlegung eines Vektors in lediglich kollineare Komponenten oder in mehr als zwei komplanare Komponenten oder im allgemeinsten Fall in mehr als drei Komponenten widerspricht dann der Forderung nach ihrer linearen Unabhängigkeit.

Die Aufgabe der Zerlegung eines Vektors in Komponenten stellt sich stets so, daß die Richtungen der drei (oder weniger) Komponenten vorgegeben sind. Sie läuft auf eine Art Umkehrung der Vektoraddition hinaus (Abb. 21 und Abb. 22).

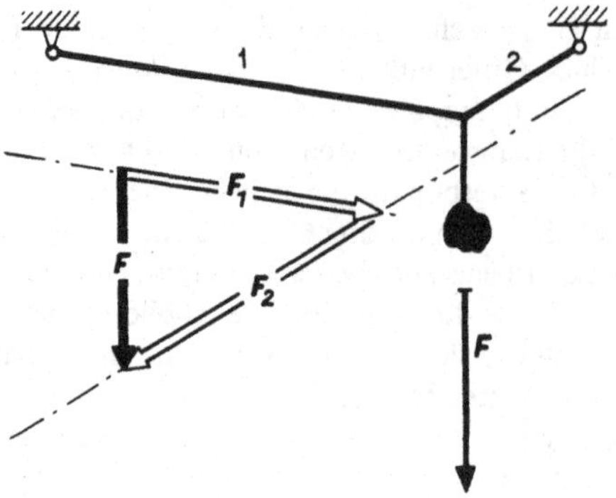

Abb. 23. Ermittlung von Seilkräften

Beispiele aus der Physik. Das bekannteste Beispiel für die Ermittlung von Komponenten ist die Kräftezerlegung. Abb. 23 zeigt die Ermittlung der Seilkräfte bei einem (gewichtslos gedachten) Seil, an dem irgendeine Last hängt. Abb. 24 gibt die Aufteilung der Lastkraft auf zwei Streben eines Wandkranes wieder.

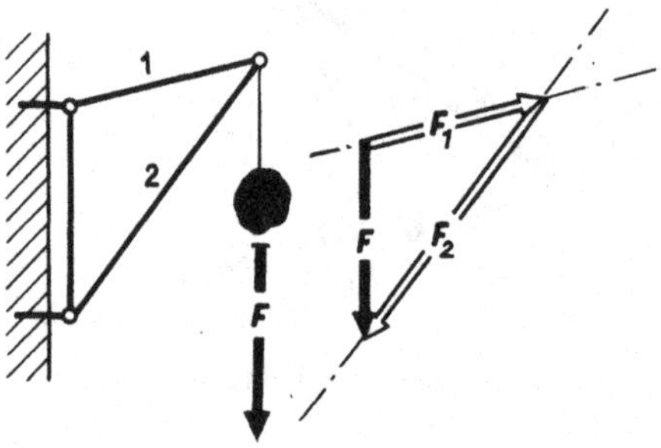

Abb. 24. Ermittlung von Kräften in zwei Streben eines Wandkranes

Zerlegung in orthogonale Komponenten. Noch öfter als die Zerlegung eines Vektors in Komponenten beliebiger Richtung, kommt die Zerlegung in zueinander *orthogonale* Komponenten vor. Leider wird im Sprachgebrauch nicht zwischen allgemeinen Komponenten und orthogonalen Komponenten unterschieden, so daß man im Einzelfall oft überlegen muß, was eigentlich gemeint ist. Wir werden zunächst von orthogonalen Komponenten sprechen, wenn solche gemeint sind, werden aber später zu der üblichen Ausdrucksweise übergehen und die Bezeichnung orthogonal weglassen.

Wenn man – wie z. B. in Abb. 25 – einen Vektor $\boldsymbol{A}$ in zwei orthogonale Komponenten zerlegt, dann sind die Beträge der beiden Komponenten die Projektionen von $\boldsymbol{A}$ auf die beiden senkrechten, durch die Vektoren $\boldsymbol{p}$ und $\boldsymbol{q}$ gegebenen Geraden. Bezeichnen wir die beiden orthogonalen Komponenten mit $\boldsymbol{A}_p$ und $\boldsymbol{A}_q$, dann gilt für ihre Beträge

$$|\boldsymbol{A}_p| = |\boldsymbol{A}|\cos\alpha \quad \text{und} \quad |\boldsymbol{A}_q| = |\boldsymbol{A}|\cos\beta = |\boldsymbol{A}|\sin\alpha .$$

Die Beträge orthogonaler Komponenten nennen wir *Projektionen.*

Haben wir es mit einer Zerlegung in drei orthogonale Komponenten zu tun (Abb. 26), so gilt für die Projektionen

$$\begin{aligned} |\boldsymbol{A}_p| &= |\boldsymbol{A}|\cos\alpha, \\ |\boldsymbol{A}_q| &= |\boldsymbol{A}|\cos\beta, \\ |\boldsymbol{A}_r| &= |\boldsymbol{A}|\cos\gamma. \end{aligned}$$

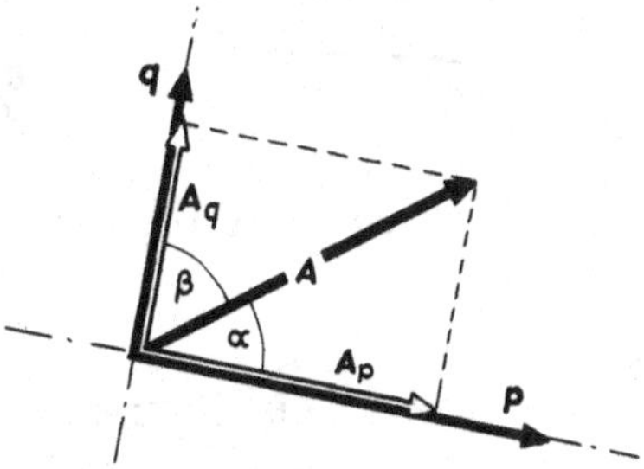

Abb. 25. Vektorzerlegung in zwei orthogonale Komponenten

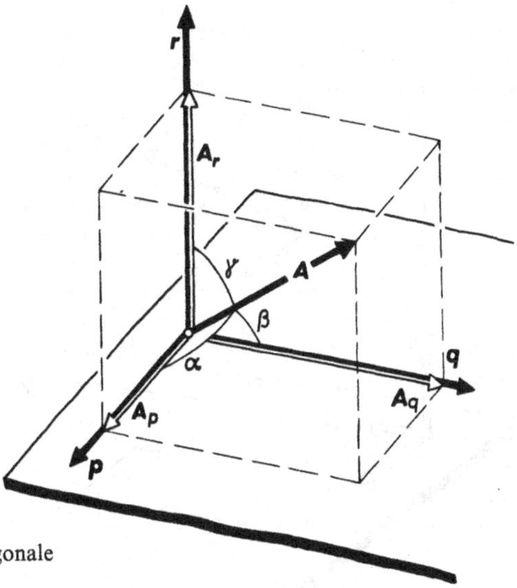

Abb. 26. Vektorzerlegung in drei orthogonale Komponenten

Die Winkel α, β und γ sind nicht unabhängig voneinander. Denn wenn wir die drei Gleichungen quadrieren und dann addieren, so folgt

$$|A_p|^2 + |A_q|^2 + |A_r|^2 = |A|^2 (\cos^2\alpha + \cos^2\beta + \cos^2\gamma).$$

Da A die Diagonale in dem aus den Vektoren A_p, A_q und A_r gebildeten Quader ist, ist die zweite Potenz seines Betrages $|A|$ aufgrund des pythagoreischen Lehrsatzes

$$|A|^2 = |A_p|^2 + |A_q|^2 + |A_r|^2;$$

somit ist

$$|A|^2 = |A|^2 (\cos^2\alpha + \cos^2\beta + \cos^2\gamma),$$

was nach Division durch $|A|^2$ den sogenannten

■ pythagoreischen Lehrsatz der Trigonometrie

$$\cos^2\alpha + \cos^2\beta + \cos^2\gamma = 1 \qquad [9]$$

ergibt.

1.7 Das kartesische Koordinatensystem

Die Kennzeichnung des kartesischen Systems durch seine Koordinatenvektoren. Nach Gleichung [8] kann jeder Vektor V in umkehrbar eindeutiger Weise durch

$$V = \lambda\, \boldsymbol{p} + \mu\, \boldsymbol{q} + \nu\, \boldsymbol{r}$$

dargestellt werden, wenn $\boldsymbol{p}$, $\boldsymbol{q}$ und $\boldsymbol{r}$ linear unabhängig voneinander sind. Wir wählen nun statt $\boldsymbol{p}$, $\boldsymbol{q}$, $\boldsymbol{r}$ drei aufeinander senkrechte Einsvektoren, die sogenannten *Koordinatenvektoren* $\boldsymbol{i}$, $\boldsymbol{j}$, $\boldsymbol{k}$. Es ist also festgelegt

$$|\boldsymbol{i}| = |\boldsymbol{j}| = |\boldsymbol{k}| = 1.$$

In der Reihenfolge $\boldsymbol{i} \to \boldsymbol{j} \to \boldsymbol{k}$ sollen die Koordinatenvektoren ein Rechtssystem bilden, d. h. wenn man in Richtung von $\boldsymbol{i}$ blickt, soll $\boldsymbol{j}$ in $\boldsymbol{k}$ durch eine *Rechts*drehung um 90° überführbar sein.

Abb. 28. Zu Aufgabe 1

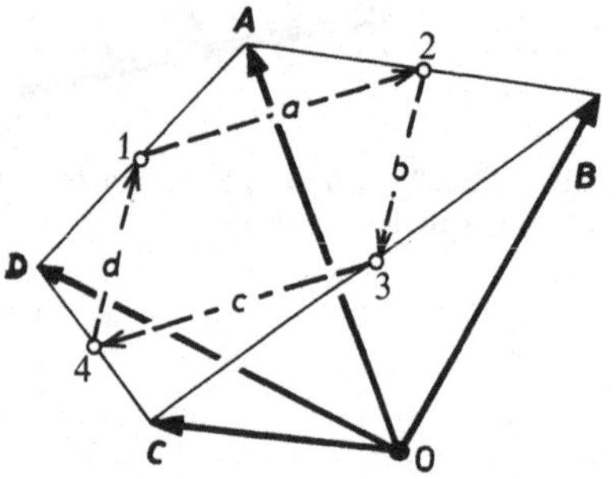

Abb. 29. Zu Aufgabe 4

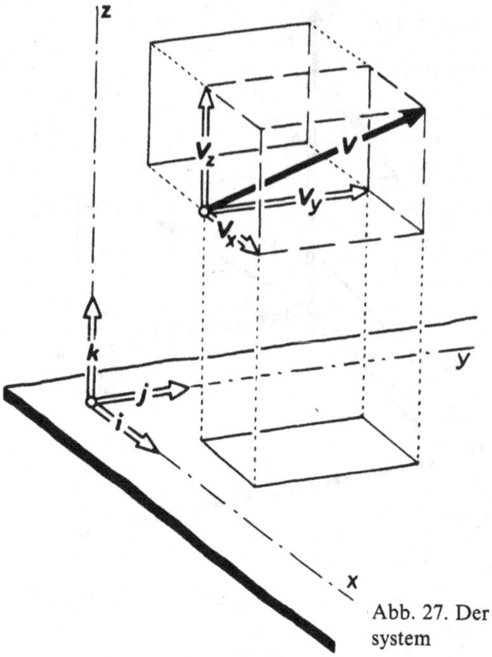

Abb. 27. Der Vektor V in einem kartesischen Koordinatensystem

Die drei Grundvektoren $\boldsymbol{i}$, $\boldsymbol{j}$, $\boldsymbol{k}$ definieren die x-, y- und z-Achse eines räumlichen kartesischen Rechtskoordinatensystems. Wir bezeichnen die kartesischen Komponenten eines Vektors V in diesen Richtungen mit V_x, V_y, V_z (Abb. 27). Die entsprechenden Projektionen seien V_x, V_y, V_z; wir nennen sie im folgenden *skalare kartesische Komponenten.*

Damit ist der

■ Vektor V, dargestellt in kartesischen Komponenten:

$$V = V_x \boldsymbol{i} + V_y \boldsymbol{j} + V_z \boldsymbol{k}. \qquad [10]$$

Aus Abschnitt 1.6 dieses Paragraphen folgt, daß

$$V_x = |V| \cos\alpha; \quad V_y = |V| \cos\beta; \quad V_z = |V| \cos\gamma, \qquad [10\text{a}]$$

wenn α, β, γ die Winkel des Vektors mit den Koordinatenachsen sind. Man bezeichnet $\cos\alpha$, $\cos\beta$, $\cos\gamma$ als *Richtungskosinusse* des Vektors V. Es gilt nach [10a]:

■
$$\begin{aligned} \cos\alpha &= V_x/|V| \\ \cos\beta &= V_y/|V| \\ \cos\gamma &= V_z/|V| \end{aligned} \quad \text{(Richtkosinusse des Vektors } V\text{)} \qquad [11]$$

Durch Quadrieren und Addieren der Gleichungen [10a] erhält man den

■ Betrag des Vektors V:

$$|V| = \sqrt{V_x^2 + V_y^2 + V_z^2}. \qquad [12]$$

Ortsvektoren. Punkte in einem kartesischen Koordinatensystem können durch Vektoren dargestellt werden, die vom Koordinatenursprung zu dem jeweiligen Punkt verlaufen. Man nennt solche Vektoren *Ortsvektoren.* Sie haben nur im Zusammenhang mit dem verwendeten Koordinatensystem einen Sinn, denn sie hängen von der willkürlichen Wahl des Koordinatenursprungs ab.

Vektorgleichungen in kartesischen Koordinaten. Wenn zwei Vektoren einander gleich sind, sind auch ihre kartesischen Komponenten einander gleich. Eine Vektorgleichung ist also äquivalent drei Gleichungen, die sich auf die Komponenten beziehen. Z. B. ist die Vektorgleichung

$$\boldsymbol{D} = \boldsymbol{A} + \boldsymbol{B} + \boldsymbol{C}$$

äquivalent den drei skalaren Gleichungen

$$D_x = A_x + B_x + C_x,$$
$$D_y = A_y + B_y + C_y,$$
$$D_z = A_z + B_z + B_z.$$

Ebenso ist die Vektorgleichung

$$\boldsymbol{V} = l\,\boldsymbol{D} + m\,\boldsymbol{E} + n\,\boldsymbol{F}$$

äquivalent den drei skalaren Gleichungen

$$V_x = l\,D_x + m\,E_x + n\,F_x,$$
$$V_y = l\,D_y + m\,E_y + n\,F_y,$$
$$V_z = l\,D_z + m\,E_z + n\,F_z.$$

Die Formulierung physikalischer Gesetzmäßigkeiten in kartesischen Koordinaten. Die Gleichgewichtsbedingung für ein aus mehreren Kräften $\boldsymbol{F}_i$ bestehendes Kraftsystem wurde Seite 5 gegeben durch

$$\sum \boldsymbol{F}_i = 0.$$

Bezeichnen wir die skalaren Komponenten der einzelnen Kräfte in der x-, y-, z-Richtung mit X_i, Y_i, Z_i, so folgt

$$\sum X_i = 0, \quad \sum Y_i = 0, \quad \sum Z_i = 0$$

als Gleichgewichtsbedingung für die Komponenten. Diese müssen sich also in den einzelnen Richtungen gegenseitig das Gleichgewicht halten.

Das Grundgesetz der Dynamik wurde auf Seite 7 vektoriell formuliert als

$$\boldsymbol{F} = m\,\boldsymbol{a}.$$

Bezeichnen X, Y, Z wiederum die skalaren Komponenten der Kraft, und a_x, a_y, a_z die der Beschleunigung, so lauten die Bewegungsgleichungen in kartesischen Koordinaten

$$X = m\,a_x, \quad Y = m\,a_y, \quad Z = m\,a_z.$$

1.8 Übungsaufgaben

1. Man zeige am Beispiel der beiden in Abb. 28 angegebenen Vektoren $\boldsymbol{A}$ und $\boldsymbol{B}$, daß die Vektorsumme (hier also $\boldsymbol{A} + \boldsymbol{B}$) kleiner sein kann als die Vektordifferenz (hier z. B. $\boldsymbol{A} - \boldsymbol{B}$).
2. Zu zwei Punkten P und Q in einem Koordinatensystem führen vom Ursprung aus die Ortsvektoren $\boldsymbol{A}$ und $\boldsymbol{B}$. Man schreibe die Vektorausdrücke für den Verbindungsvektor von P nach Q und von Q nach P an.
3. Zwei Punkte P und Q in einem Koordinatensystem sind durch die Ortsvektoren $\boldsymbol{A}$ und $\boldsymbol{B}$ gekennzeichnet. Der Vektorausdruck für den Ortsvektor des Mittelpunktes M zwischen P und Q ist anzuschreiben.
4. Durch Vektorrechnung ist unter Benutzung der Abb. 29 zu beweisen: „Die Mittelpunkte der Seiten eines beliebigen Viereckes sind Eckpunkte eines Parallelogramms."

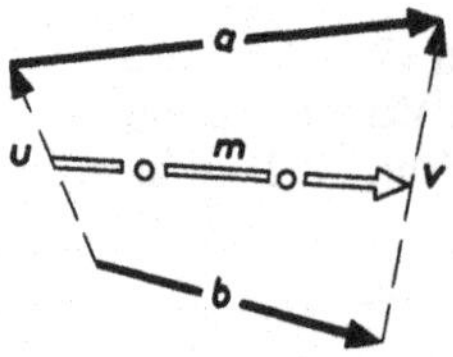

Abb. 30. Zu Aufgabe 5

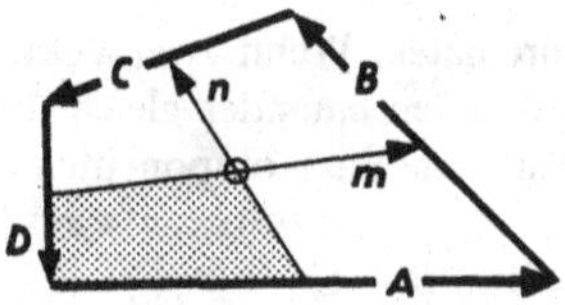

Abb. 31. Zu Aufgabe 6

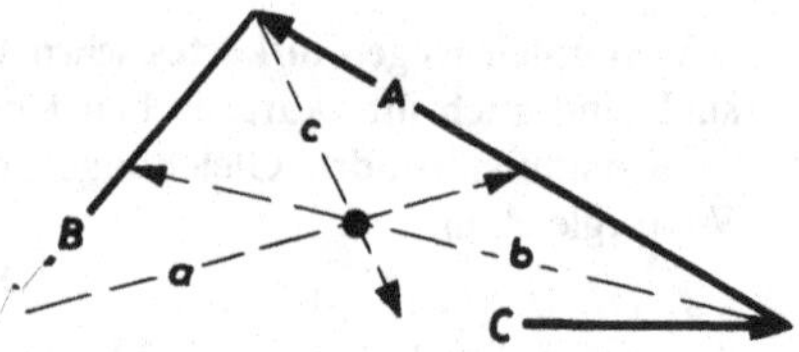

Abb. 32. Zu Aufgabe 7

5. Durch Vektorrechnung ist unter Benutzung von Abb. 30 folgender Satz zu beweisen: „Verbindet man die Anfänge und die Spitzen zweier Vektorpfeile, so ist der durch die Mittelpunkte der Verbindungslinien gekennzeichnete Vektor unabhängig von jeder Parallelverschiebung der beiden Vektorpfeile". (Seine Lage im Raum kann sich selbstverständlich ändern, nicht aber Betrag und Richtung!).
6. Durch Vektorrechnung ist unter Benutzung von Abb. 31 folgender Satz zu beweisen: „Die Verbindungsstrecken der Mittelpunkte je zweier Gegenseiten eines windschiefen (also nicht in einer Ebene liegenden) Viereckes schneiden und halbieren einander."
7. Durch Vektorrechnung ist unter Benutzung von Abb. 32 folgender Satz zu beweisen: „Die Schwerlinien eines Dreieckes lassen sich unter Beibehaltung ihrer Richtung zu einem Dreieck zusammensetzen."
8. Durch Vektorrechnung ist folgender Satz zu beweisen: „Jede Schwerlinie eines Dreiecks teilt die beiden anderen im Verhältnis 2:1."
9. Von einem Punkt O (Abb. 33) gehen drei komplanare Vektoren $\boldsymbol{A}$, $\boldsymbol{B}$ und $\boldsymbol{C}$ aus. Es gelte

$$a\,\boldsymbol{A} + b\,\boldsymbol{B} + c\,\boldsymbol{C} = 0\,.$$

Welcher Zusammenhang besteht zwischen den Koeffizienten a, b und c, wenn die Endpunkte von $\boldsymbol{A}$, $\boldsymbol{B}$ und $\boldsymbol{C}$ auf einer Geraden liegen?

Abb. 33. Zu Aufgabe 9

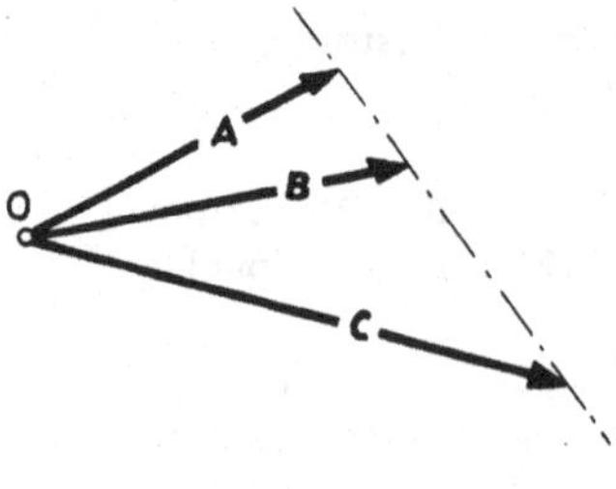

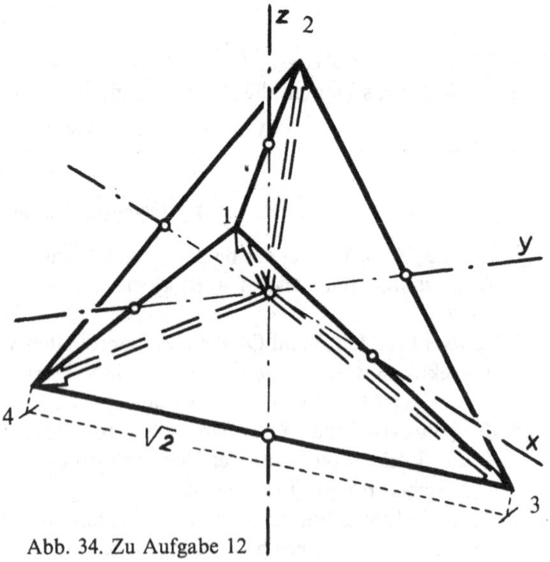

Abb. 34. Zu Aufgabe 12

10. Ein Ortsvektor im ersten Oktanten eines kartesischen Koordinatensystems bilde mit den Koordinatenachsen gleiche Winkel. Wie groß sind diese?
11. Ein Vektor wird dargestellt durch die Gleichung

$$\boldsymbol{A} = 6\,\boldsymbol{i} - 2\,\boldsymbol{j} + 3\,\boldsymbol{k}.$$

Man ermittle die skalaren Komponenten seines Einsvektors und seine Winkel mit den positiven Richtungen der Koordinatenachsen.
12. Ein regelmäßiges Tetraeder mit der Kantenlänge $\sqrt{2}$ ist – wie in der Kristallographie üblich – so in ein kartesisches Koordinatensystem eingebettet, daß die Verbindungslinien der Mitten der Gegenkanten in die Koordinatenachsen zu liegen kommen. Welche Ortsvektoren führen zu den Ecken? (Abb. 34).

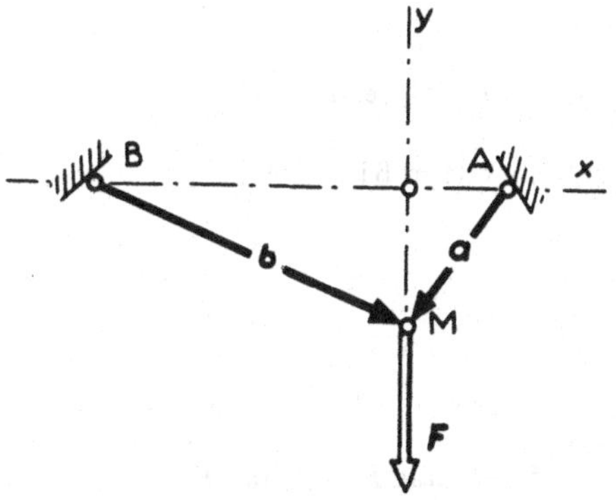

Abb. 35. Zu Aufgabe 13

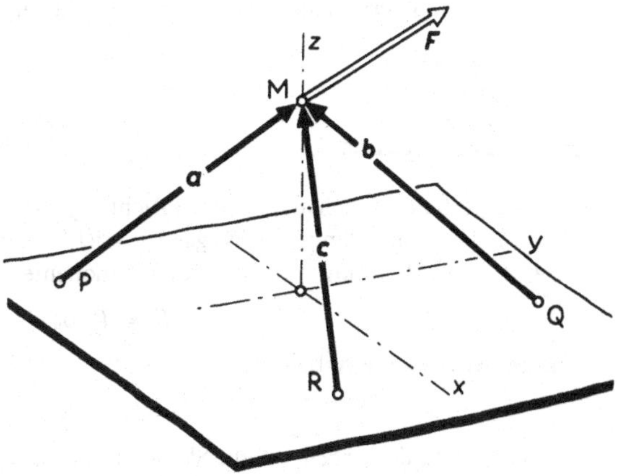

Abb. 36. Zu Aufgabe 14

13. Die Seilkräfte in den beiden Seilen (*a* und *b*) der Abb. 35 sind rein rechnerisch zu ermitteln:
Zahlenangaben: $\boldsymbol{F} = -56\,\boldsymbol{j}$ N

Die Koordinaten der Punkte sind: M ... 0; −20 cm
A ... 15 cm; 0
B ... −48 cm; 0

14. Drei Stäbe *a*, *b* und *c* (Abb. 36) sind in den Punkten P, Q und R im Erdboden (drehbar) verankert und im Punkte M (drehbar) miteinander verbunden, so daß sie ein Bockgerüst bilden. In M greift eine Kraft *F* an. Wie verteilt sich *F* auf die drei Stäbe, welche Stäbe sind auf Druck, welche auf Zug beansprucht?
Zahlenangaben: $\boldsymbol{F} = (12\,\boldsymbol{j} + 5\,\boldsymbol{k})$ kN;

Die Koordinaten der Punkte sind: M ... 0; 0; 2 m
P ... −1 m; −2 m; 0
Q ... 1 m; 2 m; 0
R ... 2 m; −1 m; 0

§ 2. Produkte zweier Vektoren

2.1 Das skalare Produkt

Definitionsmöglichkeiten von Produkten von Vektoren. Während es nur *eine* Art der Addition bzw. Subtraktion von Vektoren und der Multiplikation eines Vektors mit einem Skalar gibt, läßt sich die Multiplikation zweier Vektoren auf drei verschiedene Arten definieren. Die eine Art ergibt einen Skalar, die zweite einen Tensor (genauer: einen singulären Tensor zweiter Stufe), die dritte einen Vektor. Wir behandeln zunächst jenes Produkt, das ein Skalar ist, und das deshalb *skalares Produkt* genannt wird. Andere Bezeichnungen sind *inneres Produkt* oder – vor allem im Englischen – *Punktprodukt.*

Ein Beispiel aus der Physik. Eine konstante Kraft $\boldsymbol{F}$ wirke auf einen Punkt P, der sich um die Strecke $\boldsymbol{s}$ verschiebt (Abb. 37). Der Punkt sei irgendwie, beispielsweise durch eine

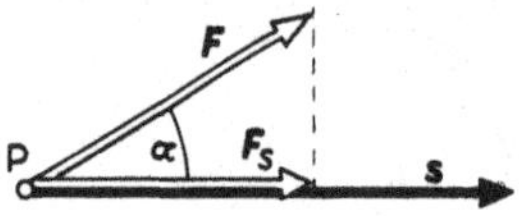

Abb. 37. Zur Arbeit der Kraft $\boldsymbol{F}$ längs des Weges $\boldsymbol{s}$

Führung, verhindert, sich anders als in Richtung von $\boldsymbol{s}$ zu bewegen. Wie groß ist die Arbeit, die mit Hilfen von $\boldsymbol{F}$ längs des Weges $\boldsymbol{s}$ verrichtet wird?

Da in dieser Richtung nur die Kraftkomponente

$$F_s = F \cos \alpha$$

wirksam wird, ist die Arbeit

$$A = F_s s = F s \cos \alpha .$$

Das Resultat, die Arbeit, ist ein Skalar. Er ist proportional dem Betrag F der Kraft $\boldsymbol{F}$ und dem Betrag s des Wegvektors $\boldsymbol{s}$, wobei als Proportionalitätsfaktor der Kosinus des Winkels zwischen Kraftrichtung und Wegrichtung in Erscheinung tritt. Wenn z. B. die Kraft auf dem Weg senkrecht steht, ist die Arbeit gleich Null. Ist der Winkel α stumpf, so wird die Arbeit negativ, d. h. die Energie in Form von Arbeit wird dem durch P symbolisierten System nicht zugeführt, sondern entzogen*⁾. Vertauschen $\boldsymbol{F}$ und $\boldsymbol{s}$ beide ihre Richtung, dann bleibt die Arbeit unverändert.

Die Definition des skalaren Produktes. Man schreibt statt des Ausdrucks $F s \cos \alpha$ in vektorieller Schreibweise

$$A = \boldsymbol{F} \cdot \boldsymbol{s} .$$

Die mit Hilfe eines Punktes ausgedrückte Multiplikation der beiden Vektoren $\boldsymbol{F}$ und $\boldsymbol{s}$ führt demnach zu einem Skalar. Nach diesem Vorbild kommt man zur

■ Definitionsgleichung für das skalare Produkt

$$\boldsymbol{A} \cdot \boldsymbol{B} = A B \cos \vartheta, \qquad [13]$$

worin A und B die Beträge von $\boldsymbol{A}$ und $\boldsymbol{B}$ sind, und ϑ der von den *positiven* Richtungen von $\boldsymbol{A}$ und $\boldsymbol{B}$ eingeschlossene Winkel (Abb. 38).

Man kann das skalare Produkt auch als Produkt der Projektion des einen Vektors auf den anderen mit dem Betrag des anderen auffassen:

$$\boldsymbol{A} \cdot \boldsymbol{B} = A (B \cos \vartheta) = A B_A$$

---

*⁾ In der physikalischen Chemie ist die Arbeit oft mit entgegengesetztem Vorzeichen definiert.

oder

$$A \cdot B = AB\cos\vartheta = B(A\cos\vartheta) = BA_B = A_B B .$$

Aus der Definitionsgleichung [13] für das skalare Produkt folgt für den Kosinus des Winkels, den die *positiven* Richtungen zweier Vektoren miteinander bilden.

$$\cos\vartheta = A \cdot B/AB .$$

An dem Vorzeichen des skalaren Produktes kann man übrigens erkennen, ob der Winkel zwischen den beiden Vektoren spitz oder stumpf ist. Denn für spitze Winkel ϑ ist $\cos\vartheta > 0$, für stumpfe gilt $\cos\vartheta < 0$. Damit ist aber auch das Vorzeichen des skalaren Produktes festgelegt, denn die Beträge der Vektoren sind definitionsgemäß immer positiv.

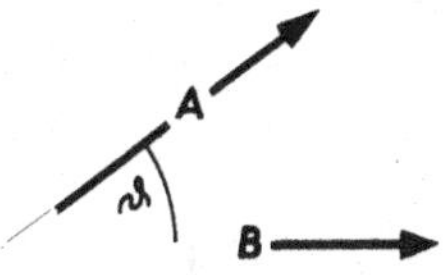

Abb. 38. Zur Definition des skalaren Produktes

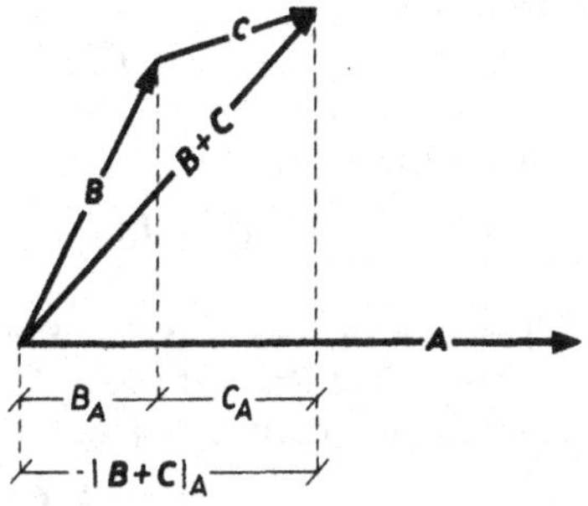

Abb. 39. Zur Distributivität des skalaren Produktes

Eigenschaften des skalaren Produktes.

1. Das skalare Produkt zweier Vektoren ist *kommutativ*, denn es gilt

$$A \cdot B = AB\cos\vartheta = BA\cos\vartheta .$$

Letzterer Ausdruck aber kann als $B \cdot A$ angesehen werden. Selbst wenn man dem Winkel ϑ einen vorgeschriebenen Drehsinn geben wollte (z. B. positiv bei Drehung von A nach B), so würde auch dies an der Vertauschbarkeit der Faktoren des skalaren Produktes nichts ändern, denn es ist ja $\cos(-\vartheta) = \cos\vartheta$. Also gilt immer

$$A \cdot B = B \cdot A .$$

2. Das skalare Produkt zweier Vektoren ist *assoziativ gegenüber der Multiplikation mit einem Skalar.* Der Beweis für diese Aussage läßt sich leicht aus der Definitionsgleichung [13] herleiten; wir verzichten darauf. Es gilt jedenfalls

$$s(A \cdot B) = (sA) \cdot B = A \cdot (sB) .$$

Man beachte die Stellung des Multiplikationspunktes. Er steht immer zwischen zwei Vektoren, auch wenn einer von ihnen ein Klammerausdruck ist, z. B. (sA).

3. Das skalare Produkt zweier Vektoren ist *distributiv gegenüber einer Vektorsumme,* was man leicht aufgrund der Abb. 39 einsieht. Es ist

$$A \cdot (B + C) = A\,|B + C|_A .$$

Weil aber die Projektion

$$|B + C|_A = B_A + C_A$$

ist, folgt

$$A\,|B + C|_A = A(B_A + C_A) = AB_A + AC_A = A \cdot B + A \cdot C ;$$

also ist

$$A \cdot (B + C) = A \cdot B + A \cdot C .$$

Dieses distributive Gesetz ist nicht auf zwei Summanden in der Klammer beschränkt, es läßt sich auf beliebig viel Vektoren erweitern:

$$A \cdot (\sum V_i) = \sum (A \cdot V_i)$$

Aber auch der Vektor A kann selbst wieder eine Summe von beliebig viel vektoriellen Summanden sein, beispielsweise

$$A = \sum_k U_k .$$

Dann gilt

$$(\sum_k U_k) \cdot (\sum_i V_i) = \sum_k \sum_i (U_k \cdot V_i) .$$

Zum Beispiel:

$$(A + B + C) \cdot (D + E) = A \cdot D + A \cdot E + B \cdot D + B \cdot E + C \cdot D + C \cdot E .$$

Eigenschaften, die das skalare Produkt nicht hat, sind ebenfalls wichtig zu wissen:

1. Das skalare Produkt zweier Vektoren ist nicht assoziativ gegenüber der Multiplikation mit einem dritten Vektor:

$$A (B \cdot C) \neq B (C \cdot A) \neq C (A \cdot B) .$$

Die Verschiedenheit dieser drei Produkte, die wegen der Kommutativität auch noch mit anderen Reihenfolgen der Faktoren geschrieben werden können, bringt man rein äußerlich durch die Stellung des Multiplikationspunktes zum Ausdruck. Daß diese drei Produkte im allgemeinen verschieden sind, erkennt man sofort, wenn man sich klar geworden ist, daß jedes als ein Produkt eines Vektors mit einem Skalar – nämlich mit dem skalaren Produkt der anderen beiden Vektoren – ein Vektor ist. Dabei hat

$A (B \cdot C)$ die Richtung von A,
$B (C \cdot A)$ die Richtung von B,
$C (A \cdot B)$ die Richtung von C.

Im allgemeinen haben die durch die Produkte dargestellten Vektoren aber unterschiedliche Richtung, sie sind infolgedessen verschieden.

2. Eine Umkehroperation für das skalare Produkt ist nicht definiert. Mit anderen Worten, eine Gleichung von der Form

$$P = A \cdot B$$

läßt sich weder nach A noch nach B auflösen. Dennoch ist eine, wenn auch nicht erschöpfende, Aussage über den unbekannten Vektor – nehmen wir an, es sei B – möglich. Denn wegen

$$P = A B_A$$

ist

$$B_A = P/A .$$

Es läßt sich also über den unbekannten Vektor B sagen, daß seine Projektion auf A den Wert P/A haben muß. Die zu A senkrechte Komponente von B – in Abb. 40 mit X bezeichnet – bleibt unbestimmt. Sind A und B Ortsvektoren, dann liegen die Spitzen aller möglichen B auf einer – in Abb. 40 eingezeichneten – senkrechten Ebene zu A.

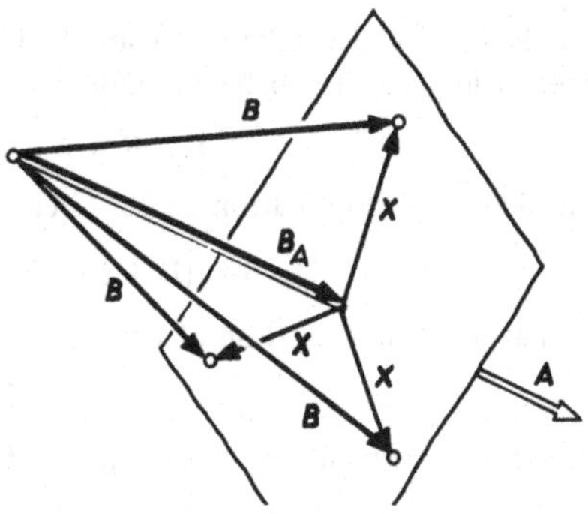

Abb. 40. Zur Aussage über einen unbekannten Faktor in einem skalaren Produkt

Sonderfälle von skalaren Produkten liegen vor, wenn die beiden Vektoren kollinear (parallel bzw. antiparallel) sind, oder wenn sie zueinander orthogonal sind.

Ist in dem skalaren Produkt $P = \boldsymbol{A} \cdot \boldsymbol{B}$ der Vektor $\boldsymbol{A}$ parallel zum Vektor $\boldsymbol{B}$, so ist der von ihren positiven Richtungen gebildete Winkel gleich Null, und es gilt

$$P = AB\cos 0 = AB .$$

Noch spezieller ist der Fall, wenn $\boldsymbol{B} = \boldsymbol{A}$ ist. Dann wird das skalare Produkt

$$P = \boldsymbol{A} \cdot \boldsymbol{A} = AA\cos 0 = A^2 .$$

Dafür ist auch die Schreibweise $\boldsymbol{A}^2$ üblich:

$$\boldsymbol{A}^2 = A^2 .$$

Bei Antiparallelität, wenn also $\boldsymbol{B}$ genau entgegengesetzt zu $\boldsymbol{A}$ orientiert ist, beträgt der eingeschlossene Winkel 180°, und damit ist

$$P = AB\cos 180° = -AB .$$

Stehen $\boldsymbol{A}$ und $\boldsymbol{B}$ senkrecht aufeinander, so ist $\vartheta = 90°$, also $\cos 90° = 0$, und es folgt

$$P = AB\cos 90° = 0 .$$

Aus der Tatsache, daß ein skalares Produkt den Wert Null hat, folgt demnach nicht, daß mindestens einer der beiden Faktoren Null sein muß, vielmehr kann auch der Fall vorliegen, daß die beiden „Faktoren“ zueinander orthogonal sind.

Zwei Beispiele zu den Sonderfällen des skalaren Produktes.

1. Unter welchen Bedingungen ist $\boldsymbol{A} \cdot \boldsymbol{B} = \boldsymbol{A} \cdot \boldsymbol{C}$?

Es wäre vorschnell zu sagen, *nur* wenn $\boldsymbol{B} = \boldsymbol{C}$ ist. Aus der gegebenen Gleichung folgt vielmehr

$$\mathbf{A} \cdot \mathbf{B} - \mathbf{A} \cdot \mathbf{C} = 0 ,$$

oder wegen der Distributivität des skalaren Produktes

$$\mathbf{A} \cdot (\mathbf{B} - \mathbf{C}) = 0 .$$

Das Verschwinden dieses skalaren Produktes kann aber mehrere Ursachen haben:

a) $\boldsymbol{A} = 0$,

b) $\boldsymbol{B} - \boldsymbol{C} = 0$, also $\boldsymbol{B} = \boldsymbol{C}$,

c) $\boldsymbol{A}$ senkrecht zu $(\boldsymbol{B} - \boldsymbol{C})$, bzw. abgekürzt $\boldsymbol{A} \perp (\boldsymbol{B} - \boldsymbol{C})$.

Handelt es sich bei $\boldsymbol{B}$ und $\boldsymbol{C}$ um Ortsvektoren, also um Vektoren, die nicht frei im Raume verschiebbar sind, dann besagt die Möglichkeit c), daß die Spitzen von $\boldsymbol{B}$ und $\boldsymbol{C}$ in einer zu $\boldsymbol{A}$ senkrechten Ebene liegen müssen. Denn $\boldsymbol{B} - \boldsymbol{C}$ ist ja der Verbindungsvektor der Spitzen.

2. Beweis für den Satz des Thales: „Jeder Winkel im Halbkreis ist ein Rechter.“ Aus Abb. 41 folgt für den beliebig auf den Halbkreis angenommenen Punkt P:

$$\boldsymbol{A} = \boldsymbol{R} + \boldsymbol{S} \quad \text{und} \quad \boldsymbol{B} = \boldsymbol{R} - \boldsymbol{S}.$$

Die skalare Multiplikation beider Gleichungen ergibt

$$\boldsymbol{A} \cdot \boldsymbol{B} = (\boldsymbol{R} + \boldsymbol{S}) \cdot (\boldsymbol{R} - \boldsymbol{S}) = \boldsymbol{R}^2 - \boldsymbol{S}^2 = R^2 - S^2.$$

Weil aber die Beträge R und S der Vektoren $\boldsymbol{R}$ und $\boldsymbol{S}$ gleich sind, wird $R^2 - S^2 = 0$, also

$$\boldsymbol{A} \cdot \boldsymbol{B} = 0.$$

Das aber ist bei nicht verschwindendem $\boldsymbol{A}$ und $\boldsymbol{B}$ die Bedingung für ihre Orthogonalität.

Die skalaren Produkte der Koordinatenvektoren $\boldsymbol{i}, \boldsymbol{j}, \boldsymbol{k}$ haben besonders einfache Werte. Denn wegen $|\boldsymbol{i}| = |\boldsymbol{j}| = |\boldsymbol{k}| = 1$, ist

$$\boldsymbol{i}^2 = \boldsymbol{j}^2 = \boldsymbol{k}^2 = 1,$$

und wegen ihrer Orthogonalität ist

$$\boldsymbol{i} \cdot \boldsymbol{j} = \boldsymbol{j} \cdot \boldsymbol{k} = \boldsymbol{k} \cdot \boldsymbol{i} = 0.$$

Die skalare Multiplikation eines Vektors mit einem Einsvektor $\boldsymbol{e}$ liefert die Projektion des Vektors auf die durch $\boldsymbol{e}$ gegebene Richtung (Abb. 42). Denn es ist wegen $|\boldsymbol{e}| = 1$ das skalare Produkt

$$\boldsymbol{A} \cdot \boldsymbol{e} = A \cos \vartheta = A_e.$$

Das skalare Produkt zweier Einsvektoren liefert wegen $|\boldsymbol{e}_1| = |\boldsymbol{e}_2| = 1$ den Kosinus des von ihnen (genauer: von ihren positiven Richtungen) gebildeten Winkels ϑ:

$$\boldsymbol{e}_1 \cdot \boldsymbol{e}_2 = |\boldsymbol{e}_1| |\boldsymbol{e}_2| \cos \vartheta = \cos \vartheta.$$

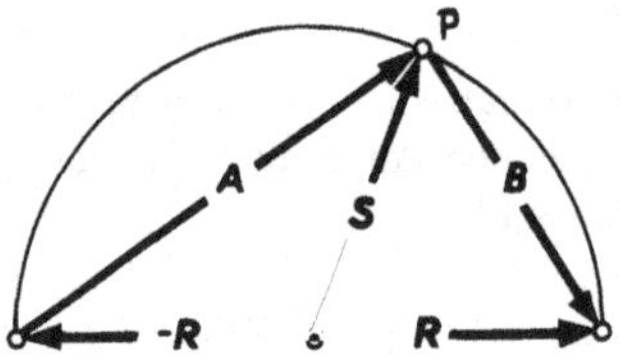

Abb. 41. Zum Satz des Thales

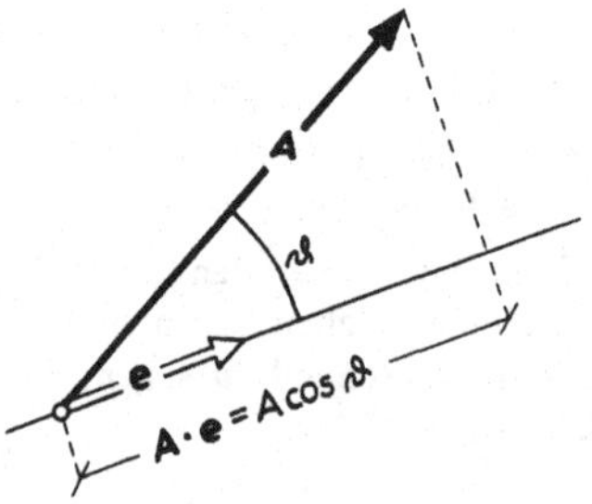

Abb. 42. Projektion eines Vektors

2.2 Geometrische und physikalische Anwendungsbeispiele zum skalaren Produkt

Der Kosinussatz der ebenen Trigonometrie. Wir wollen (Abb. 43) c aus a, b und dem Winkel γ berechnen.

Wegen der Gültigkeit des distributiven Gesetzes ist

$$c^2 = (\boldsymbol{a} + \boldsymbol{b})^2 = (\boldsymbol{a} + \boldsymbol{b}) \cdot (\boldsymbol{a} + \boldsymbol{b}) = \boldsymbol{a}^2 + \boldsymbol{b}^2 + 2\,\boldsymbol{a} \cdot \boldsymbol{b}.$$

Unter Berücksichtigung, daß der Winkel zwischen den positiven Richtungen von $\boldsymbol{a}$

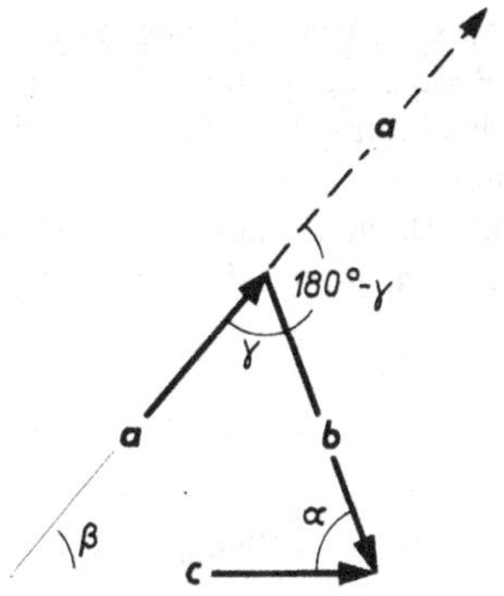

Abb. 43. Zum Kosinussatz

und $\boldsymbol{b}$ nicht γ, sondern $180°-\gamma$ ist, folgt wegen $\boldsymbol{c}^2 = c^2$, $\boldsymbol{a}^2 = a^2$ und $\boldsymbol{b}^2 = b^2$ schließlich

$$c^2 = a^2 + b^2 + 2ab\cos(180°-\gamma) = a^2 + b^2 - 2ab\cos\gamma .$$

Durch zyklische Vertauschung erhält man leicht die Ausdrücke für die beiden anderen Dreiecksseiten:

$$a^2 = b^2 + c^2 - 2bc\cos\alpha$$

und

$$b^2 = c^2 + a^2 - 2ca\cos\beta$$

Satz: Die Summe der Quadrate über den Diagonalen eines Parallelogramms ist gleich der Summe der Quadrate über den vier Seiten. Da die Diagonalen in Abb. 44 durch $(\boldsymbol{A} + \boldsymbol{B})$ und $(\boldsymbol{A} - \boldsymbol{B})$ ausdrückbar sind, ergibt die Summe der Quadrate ihrer Beträge

$$|\boldsymbol{A} + \boldsymbol{B}|^2 + |\boldsymbol{A} - \boldsymbol{B}|^2 = (\boldsymbol{A} + \boldsymbol{B})^2 + (\boldsymbol{A} - \boldsymbol{B})^2 = (\boldsymbol{A}^2 + \boldsymbol{B}^2 + 2\,\boldsymbol{A}\cdot\boldsymbol{B}) + \\ + (\boldsymbol{A}^2 + \boldsymbol{B}^2 - 2\,\boldsymbol{A}\cdot\boldsymbol{B}) = \boldsymbol{A}^2 + \boldsymbol{B}^2 + \boldsymbol{A}^2 + \boldsymbol{B}^2 = A^2 + B^2 + A^2 + B^2 ,$$

was zu beweisen war.

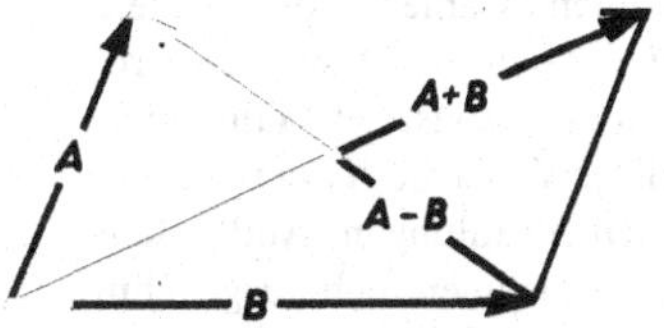

Abb. 44. Zum Satz über die Summe der Quadrate über den Diagonalen eines Parallelogramms

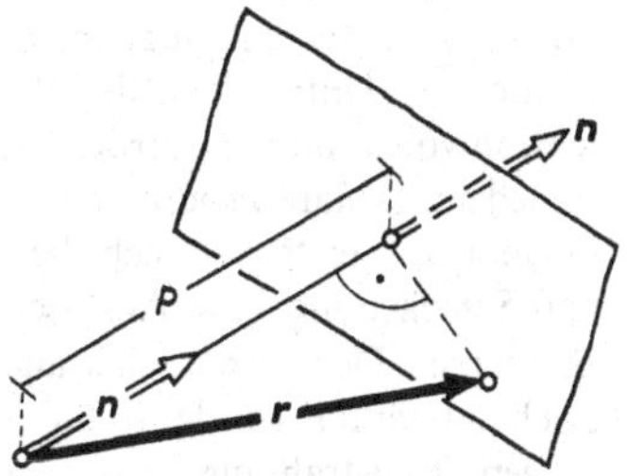

Abb. 45. Zur Ableitung der Ebenengleichung

Die Gleichung einer Ebene. Die Ebene in Abb. 45 habe vom Koordinatenursprung den (skalaren) Abstand p, ihre räumliche Orientierung sei durch den Normalenvektor (senkrechten Einsvektor) $\boldsymbol{n}$ gegeben. Die Ortsvektoren der Punkte der Ebene seien $\boldsymbol{r}$. Jeder hat dieselbe Projektion in Richtung $\boldsymbol{n}$, nämlich p. Da $\boldsymbol{n}$ ein Einsvektor ist, wird diese Projektion durch das skalare Produkt $\boldsymbol{r}\cdot\boldsymbol{n}$ ausgedrückt. Die Gleichung der Ebene in Vektorform lautet somit

$$\boldsymbol{r}\cdot\boldsymbol{n} = p .$$

Jeder Punkt, dessen Ortsvektor $\boldsymbol{r}$ diese Gleichung erfüllt, liegt auf der Ebene.

Laues Interferenzbedingungen. Das skalare Produkt benützen wir bei der Herleitung der Bedingungen, unter denen Röntgenstrahlen, die in der Richtung des Einsvektors $\boldsymbol{s}_0$ auf das Raumgitter eines Kristalls einfallen, in die Richtung des Einsvektors $\boldsymbol{s}$ abgebeugt werden.

Betrachten wir zunächst ein lineares Gitter (Abb. 46) mit Gitterpunkten (Atomen) im Abstand a, auf das die parallele Röntgenstrahlung in der Richtung $\boldsymbol{s}_0$ auffällt. Die Atome

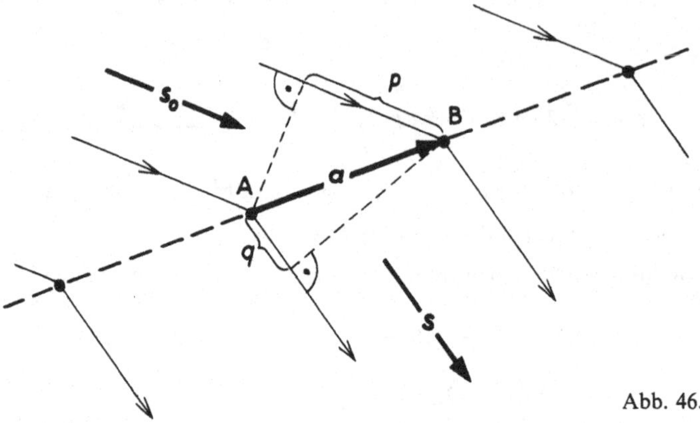

Abb. 46. Zur LAUEbedingung

werden durch sie so angeregt, daß sie nach allen Richtungen Strahlung mit derselben Frequenz und in derselben Phase aussenden wie die aufs Atom fallende Strahlung. In welchen Richtungen tritt eine Verstärkung der Röntgenwellen mit der Wellenlänge λ durch Interferenz ein? Irgendeine Streurichtung sei durch den Einsvektor $\boldsymbol{s}$ charakterisiert. Die Wellenfront der einfallenden Strahlung, die Normale auf $\boldsymbol{s}_0$, hat überall die gleiche Schwingungsphase. Die angeregten Atome B und A entsenden Strahlung derselben Phase wie die auftreffende Strahlung. Die Wellenfront der austretenden Strahlung ist normal auf $\boldsymbol{s}$. Es besteht zwischen den von B und A ausgesendeten Strahlen in den Wellenfronten ein Unterschied der Weglängen, ein *Gangunterschied* $q-p$. p läßt sich als Projektion von $\boldsymbol{a}$ auf $\boldsymbol{s}_0$ ausdrücken zu $p = \boldsymbol{a} \cdot \boldsymbol{s}_0$, analog ist $q = \boldsymbol{a} \cdot \boldsymbol{s}$. Also ist der Gangunterschied das skalare Produkt $\boldsymbol{a} \cdot (\boldsymbol{s}-\boldsymbol{s}_0)$. Beträgt er ein ganzzahliges Vielfache H_1 der Wellenlänge λ, so verstärken sich die von den Atomen abgebeugten Strahlungen. Andernfalls tritt Schwächung, bzw. Auslöschung ein, sofern man das Gitter als unendlich ausgedehnt betrachtet. Denn wenn sich auch die Streustrahlung zweier benachbarter Gitterpunkte noch verstärken würde, so läßt sich zu jedem Gitterpunkt irgendwo ein anderer finden, dessen Streustrahlung (in der ins Auge gefaßten Richtung) gegenüber der Streustrahlung des betrachteten Gitterpunktes um 180° phasenverschoben ist und sich demnach mit ihr auslöscht. Nur, wenn der Gangunterschied $\boldsymbol{a} \cdot (\boldsymbol{s}-\boldsymbol{s}_0)$ ein genau ganzzahliges Vielfache von λ ist, kann trotz unendlich ausgedehntem Gitter niemals Auslöschung eintreten. Die LAUEsche Interferenzbedingung für ein lineares Gitter lautet somit

$$\boldsymbol{a} \cdot (\boldsymbol{s}-\boldsymbol{s}_0) = H_1 \lambda .$$

Das ganzzahlige H_1 gibt die Ordnung der Interferenz.

Die Richtung $\boldsymbol{s}$ braucht nicht in der Zeichenebene zu liegen. Alle Richtungen $\boldsymbol{s}$, die mit $\boldsymbol{a}$ denselben Winkel einschließen, sind gleichwertig. Sie liegen alle auf einem Kegelmantel mit der Achse $\boldsymbol{a}$ und der Erzeugenden $\boldsymbol{s}$. Sind aber auch gleichzeitig als Beugungszentren wirkende Atome im vektoriellen Abstand $\boldsymbol{b}$ vorhanden, liegt also ein *Kreuzgitter* vor, dann muß auch die analoge Gleichung

$$\boldsymbol{b} \cdot (\boldsymbol{s} - \boldsymbol{s}_0) = H_2 \lambda$$

gelten. Beim *Raumgitter* schließlich sind auch noch Beugungszentren im vektoriellen Abstand $\boldsymbol{c}$ vorhanden, so daß zusätzlich

$$\boldsymbol{c} \cdot (\boldsymbol{s} - \boldsymbol{s}_0) = H_3 \lambda$$

ist. Beim Raumgitter müssen alle drei Gleichungen erfüllt sein, was nur dort der Fall ist, wo sich alle *drei* für $\boldsymbol{s}$ zuständigen Kegelmäntel schneiden.

Durch die drei Gleichungen, die man als *Lauesche Interferenzbedingungen* bezeichnet, wird die Richtung $\boldsymbol{s}$ festgelegt, in welche ein in Richtung $\boldsymbol{s}_0$ einfallender Strahl gebeugt wird.

Die Millerschen Indizes. In der Kristallographie bezeichnet man Ebenen im Kristall, die gleichmäßig mit Bausteinen (Atomen) besetzt sind, als *Netzebenen.* Ihre Kennzeichnung erfolgt durch die sogenannten *Millerschen Indizes.* Zu ihnen gelangt man wie folgt: Jede durch ein räumliches Gitter gelegte Ebene läßt sich durch ihre Achsenabschnitte a', b', c' kennzeichnen (Abb. 47). Für parallele Ebenen sind die Verhältnisse ihrer Achsenabschnitte gleich. In der Kristallographie genügt es meist, eine dieser parallelen Ebenen zu kennen, es genügt die Kenntnis der *Stellung* einer dieser Ebenen, während ihre *Lage* gleichgültig ist. Wenn die betreffende Ebene eine Netzebene des Punktgitters ist, verhalten sich die Achsenabschnitte wie ganzzahlige Vielfache der entsprechenden Achsenvektoren, genauer ihrer Beträge a, b, c. Also $a' : b' : c' = \lambda a : \mu b : \nu c$ ($\lambda, \mu, \nu \ldots$ ganzzahlig). Es hat sich aber in der Kristallographie eingebürgert, nicht λ, μ und ν zur Festlegung einer Netzebenschar zu verwenden, sondern Größen, die deren Kehrwerten proportional sind, und die man ganzzahlig und teilerfremd wählt. Diese Größen sind die MILLERschen Indizes h, k, l der Netzebenenschar, und für sie gilt

$$h : k : l = \frac{1}{\lambda} : \frac{1}{\mu} : \frac{1}{\nu}.$$

Wir werden im folgenden allerdings die MILLERschen Indizes immer mit h_1, h_2, h_3 bezeichnen.

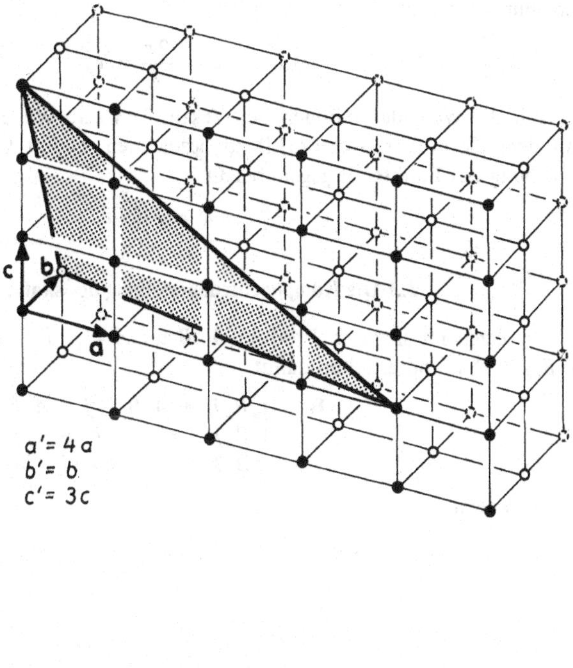

Abb. 47. Zur Kennzeichnung von Netzebenen

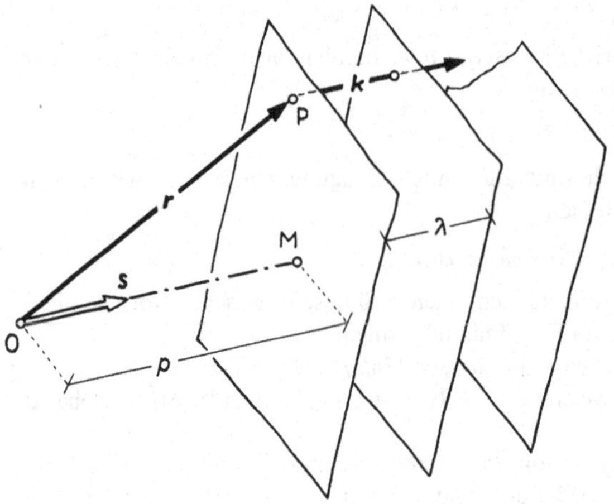

Abb. 48. Zur örtlichen Phasenverschiebung einer ebenen Welle

Die Phase einer ebenen Welle. Eine in Richtung des Einsvektors $\boldsymbol{s}$ fortschreitende ebene Welle hat zu einem festgehaltenen Zeitpunkt an der Stelle P (Abb. 48) gegenüber O eine Phasenverzögerung vom Betrage $|\varphi|$, die die gleiche ist wie im Punkte M. Bei Vergrößerung des senkrechten Abstandes p von O um eine Wellenlänge λ nimmt die Phasenverzögerung genau um 360° bzw. 2π zu, so daß man die Proportion

$$\frac{|\varphi|}{|\varphi| + 2\pi} = \frac{p}{p + \lambda}$$

anschreiben kann, woraus

$$|\varphi| = 2\pi p/\lambda$$

folgt. Da die Phase sich mit wachsendem p vermindert, es sich also um eine Phasenverzögerung handelt, setzt man

$$\varphi = -2\pi p/\lambda,$$

worin jetzt φ die Bedeutung einer Phasenvoreilung hat.

Der Abstand p ist die Projektion von $\boldsymbol{r}$ auf $\boldsymbol{s}$, also $p = \boldsymbol{s} \cdot \boldsymbol{r}$, womit sich die Phasenverschiebung wie folgt ausdrücken läßt:

$$\varphi = \frac{2\pi}{\lambda} \boldsymbol{s} \cdot \boldsymbol{r}.$$

Es ist in der Wellenlehre üblich, den Vektor $2\pi\, \boldsymbol{s}/\lambda$ als Wellenvektor $\boldsymbol{k}$ (nicht verwechseln mit dem Koordinatenvektor $\boldsymbol{k}$!) zu bezeichnen. Damit wird die örtliche Phasenverschiebung des Punktes P gegenüber O

$$\varphi = -\boldsymbol{k} \cdot \boldsymbol{r}.$$

2.3 Die Komponentendarstellung des skalaren Produktes

Wir setzen im skalaren Produkt $\boldsymbol{A} \cdot \boldsymbol{B}$ für $\boldsymbol{A} = A_x \boldsymbol{i} + A_y \boldsymbol{j} + A_z \boldsymbol{k}$ und für $\boldsymbol{B} = B_x \boldsymbol{i} + B_y \boldsymbol{j} + B_z \boldsymbol{k}$ und erhalten damit

$$\begin{aligned}\mathbf{A} \cdot \mathbf{B} = {} & A_x B_x \boldsymbol{i}^2 + A_x B_y \boldsymbol{i} \cdot \boldsymbol{j} + A_x B_z \boldsymbol{i} \cdot \boldsymbol{k} \\ & + A_y B_x \boldsymbol{j} \cdot \boldsymbol{i} + A_y B_y \boldsymbol{j}^2 + A_y B_z \boldsymbol{j} \cdot \boldsymbol{k} \\ & + A_z B_x \boldsymbol{k} \cdot \boldsymbol{i} + A_z B_y \boldsymbol{k} \cdot \boldsymbol{j} + A_z B_z \boldsymbol{k}^2,\end{aligned}$$

wovon wegen

$$\mathrm{i}^2 = \mathrm{j}^2 = \mathrm{k}^2 = 1 \quad \text{und} \quad \mathrm{i} \cdot \mathrm{j} = \mathrm{j} \cdot \mathrm{k} = \mathrm{k} \cdot \mathrm{i} = 0$$

als Formel für das

■ skalare Produkt in kartesischen Koordinaten

$$\boldsymbol{A} \cdot \boldsymbol{B} = A_x B_x + A_y B_y + A_z B_z \qquad [14]$$

übrig bleibt.

Diese Formel gestattet z. B., die bei einer Verschiebung von einer Kraft verrichtete Arbeit durch Kraft- und Verschiebungskomponenten auszudrücken. Bezeichnet man die kartesischen (skalaren) Kraftkomponenten mit F_x, F_y, F_z, die Verschiebungskomponenten mit x, y, z, dann ist die Arbeit

$$A = \boldsymbol{F} \cdot \boldsymbol{r} = F_x x + F_y y + F_z z \,.$$

Man erkennt hieran unmittelbar, daß jede Kraftkomponente nur Arbeit in ihrer Richtung verrichtet, nicht aber in den beiden anderen, zu ihr senkrechten.

Durch Einführung kartesischer Koordinaten kommt man von der Vektordarstellung der Ebene (Abb. 45) zur *Hesseschen Normalform.* Denn da die Komponenten des Normalenvektors $\boldsymbol{n}$

$$\begin{aligned} n_x &= \boldsymbol{n} \cdot \boldsymbol{i} = |\boldsymbol{n}|\,|\boldsymbol{i}| \cos\alpha \,, \\ n_y &= \boldsymbol{n} \cdot \boldsymbol{j} = |\boldsymbol{n}|\,|\boldsymbol{j}| \cos\beta \,, \\ n_z &= \boldsymbol{n} \cdot \boldsymbol{k} = |\boldsymbol{n}|\,|\boldsymbol{k}| \cos\gamma \,, \end{aligned}$$

sind, ist

$$\boldsymbol{n} = \boldsymbol{i} \cos\alpha + \boldsymbol{j} \cos\beta + \boldsymbol{k} \cos\gamma$$

und man kommt mit

$$\boldsymbol{r} = x\,\boldsymbol{i} + y\,\boldsymbol{j} + z\,\boldsymbol{k}$$

von

$$\boldsymbol{r} \cdot \boldsymbol{n} = p$$

durch Substitution für $\boldsymbol{r}$ und $\boldsymbol{n}$ sofort zu

$$x \cos\alpha + y \cos\beta + z \cos\gamma = p \,.$$

Dies ist die HESSEsche Normalform einer Ebene. Daß in ihr vier konstante Parameter, nämlich $\cos\alpha$, $\cos\beta$, $\cos\gamma$ und p vorkommen, steht nicht in Widerspruch zu der Tatsache, daß eine Ebene durch drei Punkte, allgemeiner durch drei voneinander unabhängige Parameter bestimmt ist. Denn die Richtungskosinusse des Normalenvektors $\boldsymbol{n}$ gehorchen dem pythagoreischen Lehrsatz der Trigonometrie

$$\cos^2\alpha + \cos^2\beta + \cos^2\gamma = 1 \,,$$

sind also nicht voneinander unabhängig.

2.4 Die Transformation kartesischer Komponenten

Die Verschiebung des Koordinatensystems. Hier müssen wir unterscheiden zwischen den echten Vektoren und den Ortsvektoren. Wenn das gestrichene Koordinatensystem (Abb. 49a) um den Vektor $\boldsymbol{s} = a\,\boldsymbol{i} + b\,\boldsymbol{j} + c\,\boldsymbol{k}$ gegenüber dem ungestrichenen verschoben ist, dann gilt zwischen den Ortsvektoren eines jeden Punktes P die Beziehung

$$\boldsymbol{r} = \boldsymbol{r}' + \boldsymbol{s}$$

bzw. für die Komponenten

$$x = x' + a\,,$$
$$y = y' + b\,,$$
$$z = z' + c\,.$$

Jeder echte Vektor dagegen ist definitionsgemäß unabhängig von der Lage des Koordinatenursprungs, für ihn gilt

$$V = V'\,,$$

woraus für seine kartesischen Komponenten ebenfalls Invarianz gegenüber einer Verschiebung des Koordinatensystems folgt:

$$V_x = V'_x, \quad V_y = V'_y, \quad V_z = V'_z\,.$$

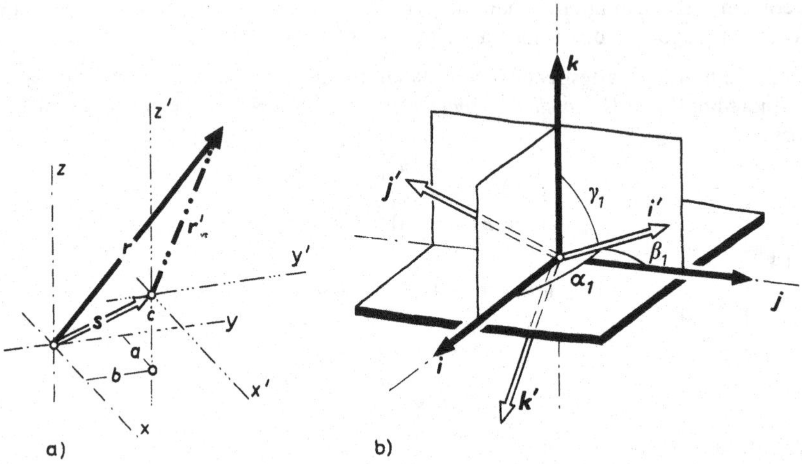

Abb. 49. Zur Transformation kartesischer Komponenten. a) Verschiebung; b) Drehung

Die Drehung des Koordinatensystems. Ortsvektoren verändern hierbei ihre kartesischen Komponenten in gleicher Weise wie echte Vektoren, die Vektoren selbst sind definitionsgemäß unabhängig von der räumlichen Orientierung der Koordinatenachsen.

Da die Richtungskosinusse von Einsvektoren zugleich deren kartesische Komponenten sind, lassen sich z. B. die Koordinatenvektoren $\boldsymbol{i}'$, $\boldsymbol{j}'$, $\boldsymbol{k}'$ des gestrichenen Systems im ungestrichenen gemäß Abb. 49b darstellen als

$$\left.\begin{aligned} \boldsymbol{i}' &= \boldsymbol{i}\cos\alpha_1 + \boldsymbol{j}\cos\beta_1 + \boldsymbol{k}\cos\gamma_1 \\ \boldsymbol{j}' &= \boldsymbol{i}\cos\alpha_2 + \boldsymbol{j}\cos\beta_2 + \boldsymbol{k}\cos\gamma_2 \\ \boldsymbol{k}' &= \boldsymbol{i}\cos\alpha_3 + \boldsymbol{j}\cos\beta_3 + \boldsymbol{k}\cos\gamma_3 \end{aligned}\right\} \qquad [a]$$

Setzen wir diese Ausdrücke für $\boldsymbol{i}', \boldsymbol{j}', \boldsymbol{k}'$ in der folgenden Invarianzgleichung $V = V'$, die wir in Komponenten als

$$V_x \boldsymbol{i} + V_y \boldsymbol{j} + V_z \boldsymbol{k} = V'_x \boldsymbol{i}' + V'_y \boldsymbol{j}' + V'_z \boldsymbol{k}' \qquad [b]$$

schreiben, auf der rechten Seite ein, so folgt eine Vektorgleichung, die nur noch Komponenten in $\boldsymbol{i}$-, $\boldsymbol{j}$- und $\boldsymbol{k}$-Richtung enthält. Durch Gleichsetzen dieser jeweiligen Komponenten links und rechts in der Gleichung [b] folgen die

■ Transformationsgleichungen für eine Drehung des Koordinatensystems

$$\begin{aligned} V_x &= V_x' \cos\alpha_1 + V_y' \cos\alpha_2 + V_z' \cos\alpha_3 \\ V_y &= V_x' \cos\beta_1 + V_y' \cos\beta_2 + V_z' \cos\beta_3 \\ V_z &= V_x' \cos\gamma_1 + V_y' \cos\gamma_2 + V_z' \cos\gamma_3 . \end{aligned} \qquad [15]$$

Löst man dieses Gleichungssystem nach V_x', V_y', V_z' auf, dann erhält man

$$\begin{aligned} V_x' &= V_x \cos\alpha_1 + V_y \cos\beta_1 + V_z \cos\gamma_1 , \\ V_y' &= V_x \cos\alpha_2 + V_y \cos\beta_2 + V_z \cos\gamma_2 , \\ V_z' &= V_x \cos\alpha_3 + V_y \cos\beta_3 + V_z \cos\gamma_3 . \end{aligned} \qquad [15a]$$

Zwischen den Koeffizienten der Transformationsgleichungen bestehen ganz bestimmte Beziehungen, denn die Richtungskosinusse, die diese Koeffizienten bilden, sind nicht unabhängig voneinander.

Multipliziert man beispielsweise die erste Gleichung des Gleichungssystems [a] mit sich selbst, so folgt

$$1 = \cos^2\alpha_1 + \cos^2\beta_1 + \cos^2\gamma_1 ,$$

während die Multiplikation der ersten mit der zweiten

$$0 = \cos\alpha_1 \cos\alpha_2 + \cos\beta_1 \cos\beta_2 + \cos\gamma_1 \cos\gamma_2$$

ergibt. Durch Quadrieren, bzw. Multiplizieren je zweier Gleichungen, erhält man insgesamt sechs Gleichungen, nämlich

$$\begin{aligned} &\cos^2\alpha_1 + \cos^2\beta_1 + \cos^2\gamma_1 = 1; \ \cos\alpha_1\cos\alpha_2 + \cos\beta_1\cos\beta_2 + \cos\gamma_1\cos\gamma_2 = 0; \\ &\cos^2\alpha_2 + \cos^2\beta_2 + \cos^2\gamma_2 = 1; \ \cos\alpha_2\cos\alpha_3 + \cos\beta_2\cos\beta_3 + \cos\gamma_2\cos\gamma_3 = 0; \\ &\cos^2\alpha_3 + \cos^2\beta_3 + \cos^2\gamma_3 = 1; \ \cos\alpha_3\cos\alpha_1 + \cos\beta_3\cos\beta_1 + \cos\gamma_3\cos\gamma_1 = 0. \end{aligned}$$

Gehen wir nicht vom Gleichungssystem [a] aus, sondern von der Darstellung der ungestrichenen Koordinatenvektoren $\boldsymbol{i}$, $\boldsymbol{j}$, $\boldsymbol{k}$ im gestrichenen System, so erhalten wir sechs andere Beziehungen zwischen den Transformationskoeffizienten: Aus [a] folgt durch Auflösung nach $\boldsymbol{i}$, $\boldsymbol{j}$ und $\boldsymbol{k}$:

$$\begin{aligned} \boldsymbol{i} &= \boldsymbol{i}' \cos a_1 + \boldsymbol{j}' \cos\alpha_2 + \boldsymbol{k}' \cos\alpha_3 \\ \boldsymbol{j} &= \boldsymbol{i}' \cos\beta_1 + \boldsymbol{j}' \cos\beta_2 + \boldsymbol{k}' \cos\beta_3 \\ \boldsymbol{k} &= \boldsymbol{i}' \cos\gamma_1 + \boldsymbol{j}' \cos\gamma_2 + \boldsymbol{k}' \cos\gamma_3 \end{aligned} \qquad [c]$$

und daraus analog wie aus [a]

$$\begin{aligned} &\cos^2\alpha_1 + \cos^2\alpha_2 + \cos^2\alpha_3 = 1; \ \cos\alpha_1\cos\beta_1 + \cos\alpha_2\cos\beta_2 + \cos\alpha_3\cos\beta_3 = 0; \\ &\cos^2\beta_1 + \cos^2\beta_2 + \cos^2\beta_3 = 1; \ \cos\beta_1\cos\gamma_1 + \cos\beta_2\cos\gamma_2 + \cos\beta_3\cos\gamma_3 = 0; \\ &\cos^2\gamma_1 + \cos^2\gamma_2 + \cos^2\gamma_3 = 1; \ \cos\gamma_1\cos\alpha_1 + \cos\gamma_2\cos\alpha_2 + \cos\gamma_3\cos\alpha_3 = 0 . \end{aligned}$$

Die zwölf Beziehungen zwischen den Transformationskoeffizienten heißen *Orthogonalitätsbedingungen* oder noch besser *Orthonormierungsbedingungen*, denn sie sind nur gültig, wenn beide Koordinatensysteme – also das gestrichene und das ungestrichene – Orthogonalsysteme (kartesische Systeme) sind, und wenn die jeweiligen Koordinatenvektoren Einsvektoren sind, also „auf Eins normiert" sind. Die verschiedenen Orthonormierungsbedingungen sind keine voneinander unabhängig bestehenden Gleichungen. Sie bieten lediglich verschiedene Möglichkeiten, aus drei dafür geeigneten Transformationskoeffizienten die übrigen sechs zu berechnen.

Ein Beispiel: Drehung des Koordinatensystems um die z-Achse. Der Winkel zwischen der positiven x'-Achse und der positiven x-Achse betrage φ. Die Transformationsgleichungen für die Koordinaten eines Punktes P sind anzuschreiben.

Die zu transformierenden Komponenten des Vektors sind im vorliegenden Fall die des Ortsvektors, es handelt sich also um eine Koordinatentransformation. Da die Drehung um die z-Achse erfolgt, ist

$$\boldsymbol{k}' = \boldsymbol{k}\,,$$

Für $\boldsymbol{i}'$, bzw. $\boldsymbol{j}'$ folgt (Abb. 50)

$$\begin{aligned} \boldsymbol{i}' &= \boldsymbol{i}\cos\varphi + \boldsymbol{j}\sin\varphi \\ \boldsymbol{j}' &= -\boldsymbol{i}\sin\varphi + \boldsymbol{j}\cos\varphi\,, \end{aligned}$$

woraus durch Vergleich mit [a] folgt:

$$\begin{array}{lll} \cos\alpha_1 = \cos\varphi & \cos\beta_1 = \sin\varphi & \cos\gamma_1 = 0 \\ \cos\alpha_2 = -\sin\varphi & \cos\beta_2 = \cos\varphi & \cos\gamma_2 = 0 \\ \cos\alpha_3 = 0 & \cos\beta_3 = 0 & \cos\gamma_3 = 1 \end{array}$$

Die Transformationsgleichungen werden damit gemäß [15]

$$\begin{aligned} x &= x'\cos\varphi - y'\sin\varphi\,, \\ y &= x'\sin\varphi + y'\cos\varphi\,, \\ z &= z'. \end{aligned}$$

Sie lassen sich leicht nach x', y' und z' umstellen.

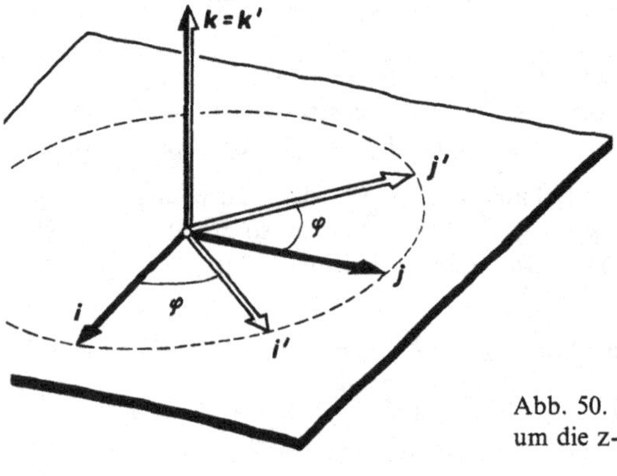

Abb. 50. Zur Drehung des Koordinatensystems um die z-Achse

2.5 Übungsaufgaben zum skalaren Produkt

15. Gegeben seien drei Vektoren $\boldsymbol{A}$, $\boldsymbol{B}$ und $\boldsymbol{C}$. Gesucht ist irgendein Vektor $\boldsymbol{V}$ in der durch $\boldsymbol{B}$ und $\boldsymbol{C}$ aufgespannten Ebene, der zu $\boldsymbol{A}$ orthogonal ist. Hinweis: Man setze $\boldsymbol{V} = \boldsymbol{B} + \alpha\boldsymbol{C}$ und bestimme den skalaren Parameter α.
16. Es ist zu beweisen, daß der Vektor

$$\boldsymbol{V} = \boldsymbol{B} - \boldsymbol{A}\,(\boldsymbol{A}\cdot\boldsymbol{B})/A^2$$

senkrecht auf dem Vektor $\boldsymbol{A}$ steht.
17. Der pythagoreische Lehrsatz ist mittels Vektorrechnung zu beweisen. Man setze hierzu die Hypotenuse als Vektorsumme aus den Katheten an.
18. Durch Vektorrechnung ist herauszufinden, welche Bedingung die Seiten $\boldsymbol{A}$ und $\boldsymbol{B}$ eines Parallelogramms erfüllen müssen, damit die Diagonalen aufeinander senkrecht stehen.

19. Durch Vektorrechnung ist herauszufinden, welche Bedingung die Seiten $\boldsymbol{A}$ und $\boldsymbol{B}$ eines Parallelogramms erfüllen müssen, damit die Diagonalen gleich lang sind. Hinweis: Wenn die Diagonalen gleich lang sind, dann trifft dies auch für deren Quadrate zu.
20. Durch Vektorrechnung ist folgender Satz zu beweisen: Die Differenz der Quadrate über den Diagonalen eines Parallelogramms ist gleich dem Vierfachen eines Rechtecks, dessen Grundlinie eine Parallelogrammseite ist und dessen Höhe gleich der Projektion der anderen Parallelogrammseite auf die Grundlinie ist.

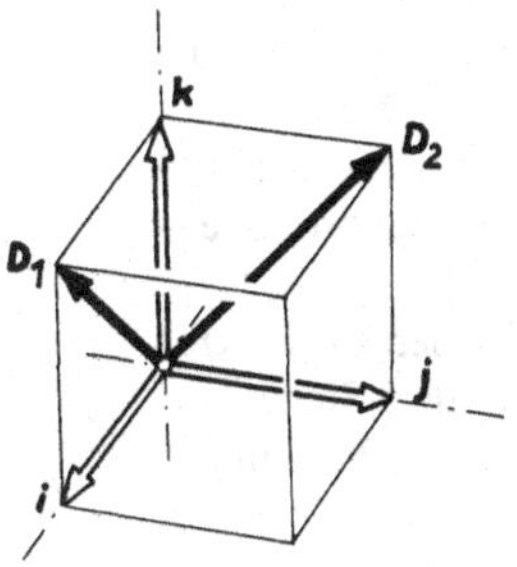

Abb. 51. Zu Aufgabe 25

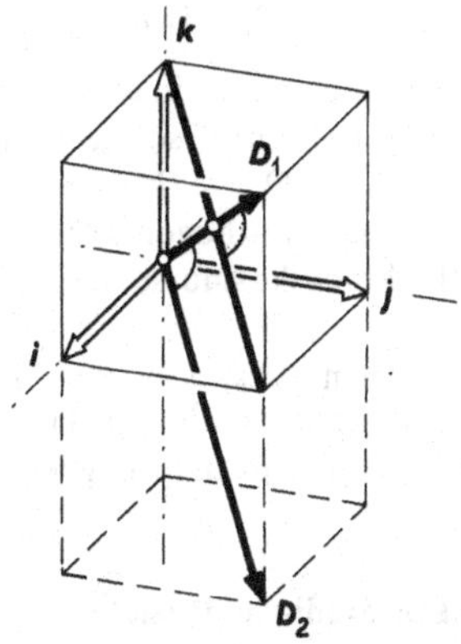

Abb. 52. Zu Aufgabe 26

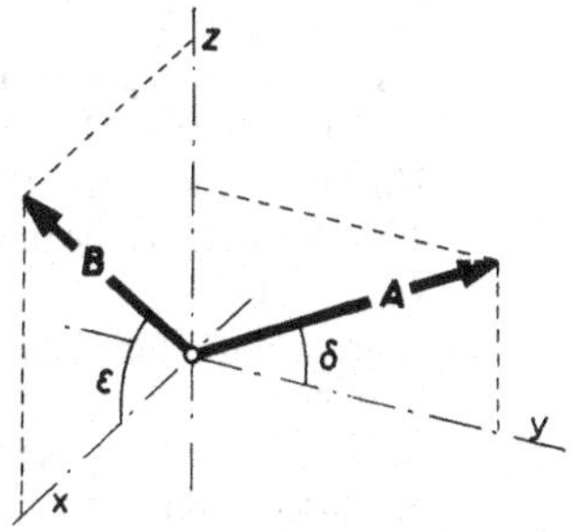

Abb. 53. Zu Aufgabe 27

21. Der Ausdruck für den durch Projektion von $\boldsymbol{A}$ auf $\boldsymbol{B}$ entstehenden Vektor $\boldsymbol{V}$ ist anzuschreiben. Gegeben sind $\boldsymbol{A}$ und $\boldsymbol{B}$.
22. Der allgemeine Ausdruck für den Kosinus des Winkels zwischen den beiden Einsvektoren

$$e_1 = \boldsymbol{i}\cos\alpha_1 + \boldsymbol{j}\cos\beta_1 + \boldsymbol{k}\cos\gamma_1$$

und

$$e_2 = \boldsymbol{i}\cos\alpha_2 + \boldsymbol{j}\cos\beta_2 + \boldsymbol{k}\cos\gamma_2$$

ist anzuschreiben.
23. Der Winkel zwischen den beiden Vektoren $\boldsymbol{R} = \boldsymbol{i} + 2\boldsymbol{j} + 3\boldsymbol{k}$ und $\boldsymbol{S} = 3\boldsymbol{i} + \boldsymbol{j} + 4\boldsymbol{k}$ ist zu berechnen.
24. Die Zahl λ ist so zu bestimmen, daß $\boldsymbol{U} = 2\boldsymbol{i} + \lambda\boldsymbol{j} + \boldsymbol{k}$ senkrecht auf $\boldsymbol{V} = 4\boldsymbol{i} - 2\boldsymbol{j} - 2\boldsymbol{k}$ steht.
25. Welchen Winkel bilden die Flächendiagonalen zweier aneinander grenzender Flächen eines Würfels? (Abb. 51).
26. Welchen Winkel bilden die Raumdiagonalen eines Würfels miteinander? (Abb. 52).
27. Der Vektor $\boldsymbol{A}$ in Abb. 53 verlaufe in der y-z-Ebene unter $\delta = 30°$, der Vektor $\boldsymbol{B}$ in der x-z-Ebene unter $\varepsilon = 45°$. Welchen Winkel bilden die beiden Vektoren miteinander?
28. Der Einsvektor $\boldsymbol{n}$ senkrecht zu der durch die beiden Vektoren $\boldsymbol{R} = 3\boldsymbol{i} - \boldsymbol{j} + 4\boldsymbol{k}$ und $\boldsymbol{S} = -6\boldsymbol{i} - 3\boldsymbol{j} + 2\boldsymbol{k}$ aufgespannten Ebene ist zu ermitteln.
29. Man ermittle die Vektorgleichung der Ebene durch den Punkt $(-7; -3; 2)$, die senkrecht zu der Geraden durch die Punkte A $(4; 2; -1)$ und B $(-2; 4; 2)$ verläuft.
30. Welchen Abstand hat die Ebene $\boldsymbol{A} \cdot \boldsymbol{r} + B = 0$ vom Koordinatenursprung ($\boldsymbol{r}$ ... Ortsvektor)? Welchen speziellen Wert nimmt dieser Abstand für $\boldsymbol{A} = 3\boldsymbol{i} - 4\boldsymbol{k}$ und $B = 15$ an? Hinweis: Die Orientierung des Normalenvektors auf die Ebene liegt

nicht eindeutig fest. Sie ist beim Zahlenbeispiel so zu wählen, daß der Abstand der Ebene zum Ursprung einen positiven Wert bekommt.

31. Welchen Winkel bilden die beiden Ebenen $\boldsymbol{A} \cdot \boldsymbol{r} + B = 0$ und $\boldsymbol{C} \cdot \boldsymbol{r} + D = 0$ miteinander? Das Resultat ist in kartesischen Komponenten darzustellen. (Der Winkel zwischen zwei Ebenen ist der gleiche wie zwischen ihren Normalen-Vektoren.)
32. Die Zahlen λ und μ sind so zu bestimmen, daß der Vektor $\boldsymbol{C} = \lambda \boldsymbol{i} + \mu \boldsymbol{j} + \boldsymbol{k}$ zu den Vektoren $\boldsymbol{A} = -2\boldsymbol{i} - \boldsymbol{j} + 2\boldsymbol{k}$ und $\boldsymbol{B} = 28\boldsymbol{i} + 3\boldsymbol{j} + 5\boldsymbol{k}$ orthogonal ist.
33. In einem kartesischen System sei der Vektor

$$\boldsymbol{V} = 20\boldsymbol{i} + 8\boldsymbol{j} - 12\boldsymbol{k}$$

vorgegeben. Man berechne seine Komponenten in einem (gestrichenen) Koordinatensystem, das gegenüber dem ursprünglichen so gedreht ist, daß $\sphericalangle(\boldsymbol{i}'\boldsymbol{i}) = 30°$; $\sphericalangle(\boldsymbol{i}'\boldsymbol{j}) = 90°$; $\sphericalangle(\boldsymbol{j}'\boldsymbol{j}) < 90°$; $\sphericalangle(\boldsymbol{k}'\boldsymbol{i}) < 90°$; $\sphericalangle(\boldsymbol{k}'\boldsymbol{j}) = 30°$; $\sphericalangle(\boldsymbol{k}'\boldsymbol{k}) < 90°$ ist.
Hinweis: Man ermittle mit Hilfe der Orthogonalitätsbedingungen zunächst alle Transformationskoeffizienten (Richtungskosinusse der gestrichenen Koordinatenvektoren).
34. Man ermittle für einen Punkt mit dem Ortsvektor $\boldsymbol{r} = 3\boldsymbol{i} + \boldsymbol{j} - 3\boldsymbol{k}$ den Ortsvektor in einem kartesischen Koordinatensystem, dessen Ursprung an der Stelle $\boldsymbol{s} = -3\boldsymbol{i} + \boldsymbol{j} + \boldsymbol{k}$ liegt und das gegenüber dem ursprünglichen System um 30° um die x-Achse gedreht ist.

2.6 Das dyadische Produkt

Zur Definition. Setzt man die Symbole zweier Vektoren, z. B. $\boldsymbol{A}$ und $\boldsymbol{B}$ einfach nebeneinander, also $\boldsymbol{A}\boldsymbol{B}$, so drückt man damit das sogenannte *dyadische Produkt* von $\boldsymbol{A}$ und $\boldsymbol{B}$ aus, während $\boldsymbol{A} \cdot \boldsymbol{B}$ das skalare Produkt bedeutet*).

Was man sich unter einem dyadischen Produkt vorzustellen hat, bzw. wozu es nützlich sein kann, mag uns das folgende einfache Beispiel zeigen. Durch einen Einsvektor $\boldsymbol{e}$ sei irgendeine Richtung im Raume gegeben. Wir sollen nun den Ausdruck anschreiben für den Vektor $\boldsymbol{V}$ in Richtung $\boldsymbol{e}$, der durch Projektion eines Vektors $\boldsymbol{R}$ auf $\boldsymbol{e}$ entsteht. Der Betrag V des gesuchten Vektors ist die Projektion von $\boldsymbol{R}$ auf $\boldsymbol{e}$, also

$$V = \boldsymbol{R} \cdot \boldsymbol{e} = \boldsymbol{e} \cdot \boldsymbol{R}$$

Der Vektor $\boldsymbol{V}$ hat die Richtung $\boldsymbol{e}$, also ist

$$\boldsymbol{V} = (\boldsymbol{R} \cdot \boldsymbol{e})\,\boldsymbol{e} = \boldsymbol{e}\,(\boldsymbol{e} \cdot \boldsymbol{R}).$$

Die anderen, auch noch möglichen Schreibweisen $\boldsymbol{e}\,(\boldsymbol{R} \cdot \boldsymbol{e})$ und $(\boldsymbol{e} \cdot \boldsymbol{R})\,\boldsymbol{e}$ lassen wir – obgleich auch an ihnen das dyadische Produkt aufgezeigt werden könnte – der Einfachheit wegen außer Betracht.

Um von $\boldsymbol{R}$ mit Hilfe des Einsvektors $\boldsymbol{e}$ zu dem Projektionsvektor $\boldsymbol{V}$ zu kommen, müssen wir „mit $\boldsymbol{R}$ irgendetwas machen", wir müssen etwas, das mit dem Vektor $\boldsymbol{e}$ zusammenhängt, auf $\boldsymbol{R}$ „einwirken" lassen, kurz: wir bilden (aus dem Einsvektor $\boldsymbol{e}$) einen Operator, der uns $\boldsymbol{R}$ in $\boldsymbol{V}$ verwandelt. Damit der Charakter des Operators sichtbar wird, wählen

*) Diese Art der Kennzeichnung entspricht einer international empfohlenen Norm. Allerdings hat sich diese nicht so allgemein eingebürgert, daß man sich blindlings darauf verlassen kann. So finden sich auch Autoren, die bezüglich der Kennzeichnung von skalarem und dyadischem Produkt genau umgekehrt wie die Norm verfahren. Insofern sollte der Leser sich also nicht allzu sehr auf die eine oder andere Darstellungsart festlegen. Auch die Schreibweise $\boldsymbol{A}\,;\boldsymbol{B}$ findet man manchmal für das dyadische Produkt aus $\boldsymbol{A}$ und $\boldsymbol{B}$.

wir die Schreibweise

$$\boldsymbol{V} = \boldsymbol{R} \cdot (\boldsymbol{e}\,\boldsymbol{e}) \quad \text{oder} \quad (\boldsymbol{e}\,\boldsymbol{e}) \cdot \boldsymbol{R},$$

wobei wir die Klammer auch fortlassen können, also

$$\boldsymbol{e}\,\boldsymbol{e} \cdot \boldsymbol{R} \quad \text{bzw.} \quad \boldsymbol{R} \cdot \boldsymbol{e}\,\boldsymbol{e}$$

schreiben können. Der Ausdruck $\boldsymbol{e}\,\boldsymbol{e}$ hat die Form eines dyadischen Produktes – und zwar zufällig eines dyadischen Produktes eines Vektors mit sich selbst. Wir sehen, daß wir dieses dyadische Produkt „von links“ mit dem Vektor $\boldsymbol{R}$ multiplizieren können oder „von rechts“, wobei es sich um eine *skalare* Multiplikation handelt.

Wir haben damit unser spezielles dyadisches Produkt $\boldsymbol{e}\,\boldsymbol{e}$ wie folgt definiert:

1. $\boldsymbol{e}\boldsymbol{e}$ ist ein Operator, der bei Einwirkung – dargestellt als skalare Multiplikation – auf den Vektor $\boldsymbol{R}$ als Ergebnis den Projektionsvektor $\boldsymbol{V}$ ergibt.
2. Schreiben wir $\boldsymbol{R} \cdot \boldsymbol{e}\,\boldsymbol{e}$, so soll das soviel bedeuten wie $(\boldsymbol{R} \cdot \boldsymbol{e})\,\boldsymbol{e}$, während $\boldsymbol{e}\,\boldsymbol{e} \cdot \boldsymbol{R}$ die Bedeutung $\boldsymbol{e}\,(\boldsymbol{e} \cdot \boldsymbol{R})$ hat.

Nur zufällig ist es in unserem Fall gleichgültig, ob wir $\boldsymbol{e}\,\boldsymbol{e}$ von links oder von rechts mit $\boldsymbol{R}$ skalar multiplizieren!

Das Verfahren, aus zwei Vektoren einen Operator zu bilden, um diesen dann auf weitere Vektoren „einwirken“ lassen zu können, erweist sich nicht nur im aufgezeigten Fall $\boldsymbol{e}\,\boldsymbol{e}$ als zweckmäßig, sondern auch bei anderen Gelegenheiten. Wir können darauf aber jetzt noch nicht zu sprechen kommen. Jedenfalls definiert man unter Verallgemeinerung unseres speziellen Operators $\boldsymbol{e}\,\boldsymbol{e}$ das dyadische Produkt zweier Vektoren $\boldsymbol{A}$ und $\boldsymbol{B}$, das wir durch einen großen, aufrecht stehenden, fettgedruckten Buchstaben, z. B. $\mathbf{D}$ kennzeichnen wollen, wie folgt:

■ Definition des dyadischen Produktes $\mathbf{D} = \boldsymbol{A}\,\boldsymbol{B}$:

$\mathbf{D}$ ist ein Operator, der durch skalare Multiplikation von links bzw. von rechts auf jeden Vektor $\boldsymbol{R}$ dergestalt „einwirkt“, daß

$$\mathbf{D} \cdot \boldsymbol{R} = \boldsymbol{A}\,\boldsymbol{B} \cdot \boldsymbol{R} = \boldsymbol{A}\,(\boldsymbol{B} \cdot \boldsymbol{R})$$

und

$$\boldsymbol{R} \cdot \mathbf{D} = \boldsymbol{R} \cdot \boldsymbol{A}\,\boldsymbol{B} = (\boldsymbol{R} \cdot \boldsymbol{A})\,\boldsymbol{B} \qquad [16]$$

bedeutet.

Eigenschaften des dyadischen Produktes

1. Das dyadische Produkt ist *assoziativ* gegenüber der Multiplikation mit einem Skalar:

$$s\,(\boldsymbol{A}\,\boldsymbol{B}) = (s\,\boldsymbol{A})\,\boldsymbol{B} = \boldsymbol{A}\,(s\,\boldsymbol{B}).$$

Das leuchtet unmittelbar ein, wenn man $s\,(\boldsymbol{A}\,\boldsymbol{B})$ auf ein Vektor $\boldsymbol{R}$ wirken läßt. Z. B.

$$s\,(\boldsymbol{A}\,\boldsymbol{B}) \cdot \boldsymbol{R} = s\,\{\boldsymbol{A}\,(\boldsymbol{B} \cdot \boldsymbol{R})\} = (s\,\boldsymbol{A})\,(\boldsymbol{B} \cdot \boldsymbol{R}) = \boldsymbol{A}\,\{(s\,\boldsymbol{B}) \cdot \boldsymbol{R}\} = \ldots$$

2. Das dyadische Produkt ist *distributiv* gegenüber einer Vektorsumme:

$$\boldsymbol{A}\,(\boldsymbol{B} + \boldsymbol{C}) = \boldsymbol{A}\,\boldsymbol{B} + \boldsymbol{A}\,\boldsymbol{C}.$$

Dies folgt unmittelbar aus der Distributivität des skalaren Produktes $(\boldsymbol{B} + \boldsymbol{C}) \cdot \boldsymbol{R}$, wenn man $\boldsymbol{A}\,(\boldsymbol{B} + \boldsymbol{C})$ auf $\boldsymbol{R}$ einwirken läßt.

3. Durch gleichartige Einwirkung eines dyadischen Produktes auf beliebige Vektoren entstehen stets kollineare Vektoren. Denn alle Vektoren der Form

$$\boldsymbol{V} = \boldsymbol{A}\,\boldsymbol{B} \cdot \boldsymbol{R} = \boldsymbol{A}\,(\boldsymbol{B} \cdot \boldsymbol{R})$$

haben die Richtung von $\boldsymbol{A}$, während die Vektoren

$$U = R \cdot A B = (R \cdot A) B$$

alle die Richtung von B aufweisen. Lediglich die Orientierung (Richtungssinn) kann gleichsinnig oder entgegengesetzt zu A bzw. B sein. Das aber ist für die Kollinearität nicht entscheidend.

Eine wesentliche *Eigenschaft, die das dyadische Produkt nicht hat*, ist die Kommutativität. Denn

$$A B \cdot R \neq B A \cdot R .$$

Der linke Ausdruck ist der Vektor $A(B \cdot R)$, der die Richtung von A hat, während der rechte Ausdruck $B(A \cdot R)$ ein Vektor in der Richtung von B ist.

Die Nichtvertauschbarkeit der Faktoren eines dyadischen Produktes ist gleichbedeutend damit, daß es als Vorfaktor (also bei der Einwirkung von links nach rechts) ein anderes Ergebnis liefert als als Nachfaktor (Einwirkung von rechts nach links):

$$A B \cdot R \neq R \cdot A B .$$

Der erste Faktor eines dyadischen Produktes wird manchmal *Antezedent*, der zweite *Konsequent* genannt.

Das dyadische Produkt ist ein Sonderfall eines Tensors zweiter Stufe. Tensoren zweiter Stufe sind wie das dyadische Produkt Operatoren, die bei skalarer „Einwirkung" auf Vektoren zu anderen Vektoren führen. Im Fall des dyadischen Produktes sind die entstehenden Vektoren alle kollinear. Es handelt sich, wie gesagt, um einen Sonderfall eines Tensors zweiter Stufe, um einen sogenannten *singulären* Tensor.

2.7 Die Komponentendarstellung des dyadischen Produktes

Aus der Distributivität des dyadischen Produktes gegenüber Vektorsummen folgt

$$\begin{aligned} A B = A(B_x i + B_y j + B_z k) &= B_x A i + B_y A j + B_z A k = \\ &= B_x(A_x i + A_y j + A_z k) i + \\ &+ B_y(A_x i + A_y j + A_z k) j + \\ &+ B_z(A_x i + A_y j + A_z k) k , \end{aligned}$$

also – unter Abänderung der Reihenfolge –

$$\begin{aligned} A B = A_x B_x i i + A_x B_y i j + A_x B_z i k &+ \\ + A_y B_x j i + A_y B_y j j + A_y B_z j k &+ \\ + A_z B_x k i + A_z B_y k j + A_z B_z k k &. \end{aligned}$$

Wegen der Nichtkommutativität der dyadischen Produkte ij, ik, jk usw. läßt sich dieser Ausdruck nicht weiter vereinfachen. Man kann die Koeffizienten $A_x B_x$, $A_x B_y$ usw. in einem Schema, einer sogenannten quadratischen Matrix anordnen. Diese Matrix entspricht dann dem dyadischen Produkt:

$$A B \mathrel{\hat{=}} \begin{pmatrix} A_x B_x & A_x B_y & A_x B_z \\ A_y B_x & A_y B_y & A_y B_z \\ A_z B_x & A_z B_y & A_z B_z \end{pmatrix} .$$

Läßt man AB auf einen Vektor R z. B. als Vorfaktor einwirken, so findet man die kartesischen Komponenten des entstehenden Vektors V wie folgt:

$$V = A B \cdot R = A(B \cdot R) = (A_x i + A_y j + A_z k)(B \cdot R) ;$$

dabei ist

$$B \cdot R = B_x R_x + B_y R_y + B_z R_z ,$$

so daß

$$\begin{aligned} V &= (A_x B_x R_x + A_x B_y R_y + A_x B_z R_z)\,\boldsymbol{i} + \\ &= (A_y B_x R_x + A_y B_y R_y + A_y B_z R_z)\,\boldsymbol{j} + \\ &+ (A_z B_x R_x + A_z B_y R_y + A_z B_z R_z)\,\boldsymbol{k} \end{aligned}$$

folgt. Zum gleichen Ergebnis kommt man auch, wenn man den neungliedrigen Ausdruck ($A_x B_x \boldsymbol{i}\boldsymbol{i} + A_x B_y \boldsymbol{i}\boldsymbol{j} + \cdots$) als Vorfaktor nimmt und mit dem Vektor $\boldsymbol{R} = R_x \boldsymbol{i} + R_y \boldsymbol{j} + R_z \boldsymbol{k}$ skalar multipliziert. Man muß dabei lediglich berücksichtigen, daß

$$\begin{aligned} \boldsymbol{i}\boldsymbol{i}\cdot\boldsymbol{i} &= \boldsymbol{i}(\boldsymbol{i}\cdot\boldsymbol{i}) = \boldsymbol{i} \\ \boldsymbol{i}\boldsymbol{i}\cdot\boldsymbol{j} &= \boldsymbol{i}(\boldsymbol{i}\cdot\boldsymbol{j}) = 0 \\ &\text{usw.} \\ \boldsymbol{i}\boldsymbol{j}\cdot\boldsymbol{i} &= \boldsymbol{i}(\boldsymbol{j}\cdot\boldsymbol{i}) = 0 \\ \boldsymbol{i}\boldsymbol{j}\cdot\boldsymbol{j} &= \boldsymbol{i}(\boldsymbol{j}\cdot\boldsymbol{j}) = \boldsymbol{i} \\ &\text{usw.} \end{aligned}$$

ist. Auf ein spezielles Anschreiben der daraus ersichtlichen Regeln für die Koordinatenvektoren $\boldsymbol{i}, \boldsymbol{j}, \boldsymbol{k}$ wollen wir verzichten.

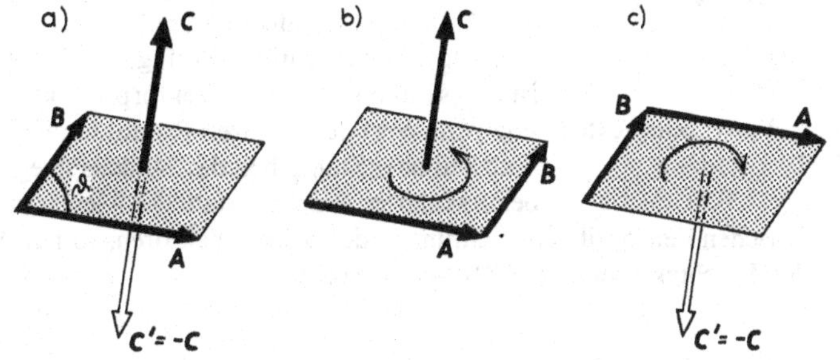

Abb. 54. Zum Vektorprodukt

2.8 Das Vektorprodukt

Außer der skalaren und der dyadischen Multiplikation zweier Vektoren gibt es noch eine dritte Art. Sie ist so definiert, daß das Ergebnis ein Vektor ist. Man nennt es demzufolge *Vektorprodukt*, aber auch *äußeres Produkt* oder — vor allem im Englischen — *Kreuzprodukt*.

Ein Beispiel aus der Geometrie. Wenn zwei Vektoren $\boldsymbol{A}$ und $\boldsymbol{B}$ (Abb. 54a) ein Parallelogramm bilden, so läßt sich der so entstandenen Fläche ein Vektor $\boldsymbol{C}$ zuordnen, dessen Betrag den Flächeninhalt und dessen Richtung die Stellung der Ebene im Raum angibt (vgl. Abb. 2 auf Seite 1). Der dem Flächeninhalt des Parallelogramms zugeordnete Betrag C des Vektors $\boldsymbol{C}$ ist $AB \sin \vartheta$, während für die Richtung zunächst die des orthogonalen Vektors $\boldsymbol{C}$ in Abb. 54a oder die des ebenfalls orthogonalen Vektors $\boldsymbol{C}' = -\boldsymbol{C}$ denkbar wäre. Wie Seite 3 bereits ausgeführt, ist es üblich, Pfeilrichtung und Umlaufsinn der Fläche im Sinne einer Rechtsschraubung einander zuzuordnen. Ob also $\boldsymbol{C}$ oder $\boldsymbol{C}' = -\boldsymbol{C}$ die „richtige" Kennzeichnung des Parallelogramms ist, hängt davon ab, ob man es im Sinne der Abb. 54b oder der Abb. 54c umfährt. Der Umlaufsinn ergibt sich dabei zwangsläufig durch die Reihenfolge, die man den beiden Vektoren $\boldsymbol{A}$ und $\boldsymbol{B}$ gibt.

Die Definition des Vektorproduktes. Die Bildung des Flächenvektors $\boldsymbol{C}$ aus den Parallelogrammseiten $\boldsymbol{A}$ und $\boldsymbol{B}$ schreibt man als Multiplikation der Vektoren $\boldsymbol{A}$ und $\boldsymbol{B}$ an, wobei als

Multiplikationssymbol das schräge Multiplikationskreuz verwendet wird, also

$$\boldsymbol{C} = \boldsymbol{A} \times \boldsymbol{B}.$$

Die Richtung von $\boldsymbol{C}$ wird durch die Reihenfolge der Faktoren $\boldsymbol{A}$ und $\boldsymbol{B}$ zum Ausdruck gebracht. So wie sie im Vektorprodukt aufeinanderfolgen, so ist auch die unterstellte Reihenfolge beim Umlauf um das Parallelogramm. Die Formel $\boldsymbol{C} = \boldsymbol{A} \times \boldsymbol{B}$ entspricht demnach der Reihenfolge in Abb. 54b, während $\boldsymbol{C}' = \boldsymbol{B} \times \boldsymbol{A}$ die Reihenfolge in Abb. 54c widerspiegelt. Aus dem für das Parallelogramm Gesagten folgt als

■ Definition des Vektorproduktes:

Betrag ... $|\boldsymbol{A} \times \boldsymbol{B}| = AB \sin \vartheta$; $(\vartheta \leqq 180°)$; [17]
Richtung ... $(\boldsymbol{A} \times \boldsymbol{B}) \perp \boldsymbol{A}$ und $\perp \boldsymbol{B}$;
Orientierung ... $\boldsymbol{A}$, $\boldsymbol{B}$ und $\boldsymbol{A} \times \boldsymbol{B}$ bilden in der angegebenen Reihenfolge ein Rechtssystem.

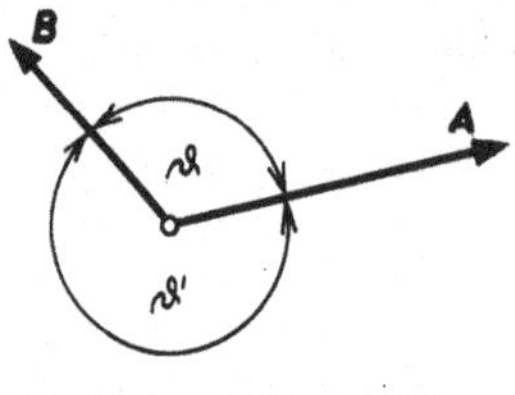

Abb. 55. Winkel beim Vektorprodukt

Dabei ist ϑ der von den positiven Richtungen von $\boldsymbol{A}$ und $\boldsymbol{B}$ gebildete Winkel. Von beiden möglichen Winkeln ist der kleinere zu wählen, also ϑ in Abb. 55, nicht aber ϑ'! Auch bei der Aufeinanderfolge von $\boldsymbol{A}$ und $\boldsymbol{B}$ zur Bildung des Rechtssystems ist der Winkel ϑ von Abb. 55 zugrunde zu legen.

Infolge der eindeutigen Verfügung über die Wahl des Winkels ϑ ist der (skalare) Betrag des Vektorproduktes stets positiv, im Gegensatz zum Wert des skalaren Produktes, wo sich im Vorzeichen die Spitzheit oder Stumpfheit des Winkels spiegelt. Wählt man übrigens beim skalaren Produkt statt des kleineren den größeren Winkel zwischen den positiven Richtungen der beiden Vektoren, so hat dies keinen Einfluß auf das Ergebnis. Denn $\cos(360° - \vartheta) = \cos \vartheta$.

Eigenschaften des Vektorproduktes

1. Das hervorstechendste Merkmal des Vektorproduktes zweier Vektoren ist die *Antikommutativität*. Aufgrund der Definition, daß die Faktoren $\boldsymbol{A}$, $\boldsymbol{B}$ und das Vektorprodukt $(\boldsymbol{A} \times \boldsymbol{B})$ *in der angegebenen Reihenfolge* ein Rechtssystem bilden müssen, folgt unmittelbar, daß bei Vertauschung der Faktoren das Vektorprodukt seinen Richtungssinn umkehren muß, damit wieder ein Rechtssystem besteht. Das Ergebnis $\boldsymbol{C}'$ in Abb. 54c hat zwar den gleichen Betrag wie das Ergebnis $\boldsymbol{C}$ in Abb. 54b, ist ihm aber entgegengerichtet. Es gilt somit

■ $$\boldsymbol{B} \times \boldsymbol{A} = -(\boldsymbol{A} \times \boldsymbol{B}). \qquad [18]$$
(Antikommutativität des Vektorproduktes)

2. Das Vektorprodukt zweier Vektoren ist *assoziativ gegenüber der Multiplikation mit einem Skalar*. Der Beweis läßt sich aus der Definitionsgleichung [17] leicht herleiten. Man geht dabei von dem Gedanken aus, daß der skalare Faktor nur den Betrag eines der vektoriellen Faktoren oder des Vektorproduktes beeinflußt. Bezüglich der ins Spiel kommenden Richtungen ist es aber gleichgültig, welcher Betrag durch den skalaren Faktor geändert wird. Der Betrag des Vektorproduktes hinwiederum rechnet sich nicht nach einer vektoriellen Formel, sondern nach einer skalaren aus. Diese gehorcht als solche aber den gewohnten Regeln der Multiplikation, ist also assoziativ gegenüber der Multiplikation mit einem Skalar. Somit gilt

$$s(\boldsymbol{A} \times \boldsymbol{B}) = (s\boldsymbol{A}) \times \boldsymbol{B} = \boldsymbol{A} \times (s\boldsymbol{B}).$$

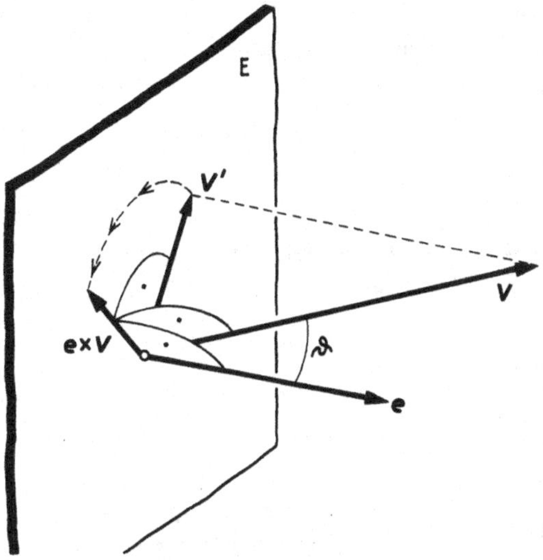

Abb. 56. Zur vektoriellen Multiplikation eines Einsvektors mit einem Vektor

3. Das Vektorprodukt zweier Vektoren ist *distributiv gegenüber einer Vektorsumme*. Um diesen Satz anschaulich beweisen zu können, machen wir uns zunächst klar, was die vektorielle Multiplikation eines Einsvektors $\boldsymbol{e}$ mit einem Vektor $\boldsymbol{V}$ bedeutet (Abb. 56). Der Betrag von $\boldsymbol{e} \times \boldsymbol{V}$ ist

$$|\boldsymbol{e} \times \boldsymbol{V}| = V \sin \vartheta ,$$

man erhält ihn, wenn man $\boldsymbol{V}$ auf die zu $\boldsymbol{e}$ senkrechte Ebene E projiziert, denn der so entstehende Vektor $\boldsymbol{V}'$ hat den Betrag $V \sin \vartheta$. Die Richtung von $\boldsymbol{e} \times \boldsymbol{V}$ ergibt sich durch geeignet gerichtete Drehung des Projektionsvektors $\boldsymbol{V}'$ in der Ebene um 90°.

Um die Distributivität des Vektorproduktes $\boldsymbol{A} \times (\boldsymbol{B} + \boldsymbol{C})$ zu zeigen, dividieren wir zunächst durch den Betrag A, um ein Vektorprodukt mit einem Einsvektor zu erhalten:

$$\frac{\boldsymbol{A} \times (\boldsymbol{B} + \boldsymbol{C})}{A} = \frac{\boldsymbol{A}}{A} \times (\boldsymbol{B} + \boldsymbol{C}) = \boldsymbol{e}_A \times (\boldsymbol{B} + \boldsymbol{C}) .$$

(Diese Division ist als Multiplikation des Vektorproduktes mit dem Skalar $1/A$ aufzufassen und daher assoziativ. Dadurch, daß wir den Faktor $\boldsymbol{A}$ für die Division heranziehen, erhalten wir den erwünschten Einsvektor $\boldsymbol{e}_A = \boldsymbol{A}/A$.)

Haben wir erst einmal die Distributivität für $\boldsymbol{e}_A \times (\boldsymbol{B} + \boldsymbol{C})$ nachgewiesen, so ist durch Multiplikation mit A sofort auch die Distributivität für $\boldsymbol{A} \times (\boldsymbol{B} + \boldsymbol{C})$ erbracht.

In Abb. 57a sind die Vektoren $\boldsymbol{B}$, $\boldsymbol{C}$ und $\boldsymbol{B} + \boldsymbol{C}$ auf die zu $\boldsymbol{e}_A$ senkrechte Ebene projiziert. Die Projektionen sind mit $\boldsymbol{B}'$, $\boldsymbol{C}'$ und $(\boldsymbol{B} + \boldsymbol{C})'$ bezeichnet. Blickt man entgegen der Richtung von $\boldsymbol{e}_A$ auf die Ebene, dann decken sich die Vektoren mit ihren Projektionen (Abb. 57b). Durch Drehung um 90° werden aus den Projektionen die Vektoren $\boldsymbol{e}_A \times \boldsymbol{B}$, $\boldsymbol{e}_A \times \boldsymbol{C}$ und $\boldsymbol{e}_A \times (\boldsymbol{B} + \boldsymbol{C})$. In Abb. 57b ist sofort erkennbar, daß

$$\boldsymbol{e}_A \times (\boldsymbol{B} + \boldsymbol{C}) = (\boldsymbol{e}_A \times \boldsymbol{B}) + (\boldsymbol{e}_A \times \boldsymbol{C})$$

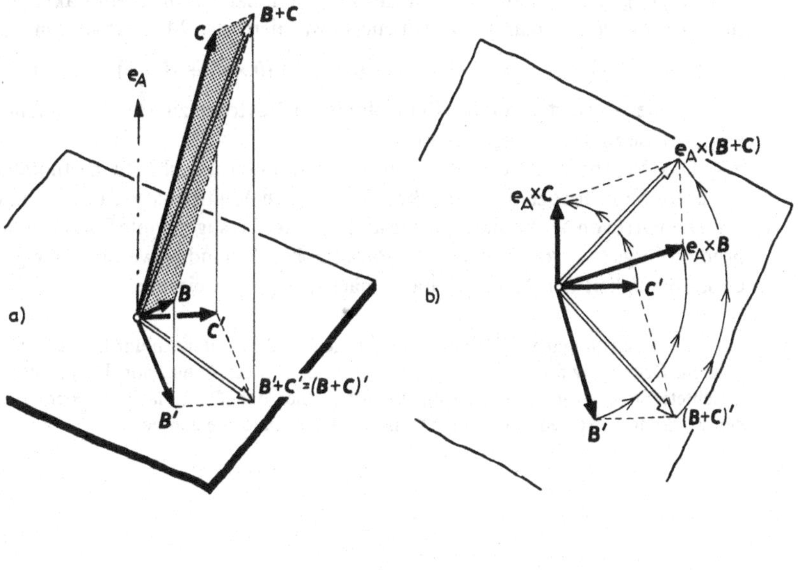

Abb. 57. Zur Distributivität des Vektorproduktes

ist. Durch Multiplikation dieser Gleichung mit dem Betrag A folgt wegen

$$A\,e_A = \boldsymbol{A}$$

schließlich die Distributivität

$$\boldsymbol{A} \times (\boldsymbol{B} + \boldsymbol{C}) = (\boldsymbol{A} \times \boldsymbol{B}) + (\boldsymbol{A} \times \boldsymbol{C}),$$

die zu beweisen war.

Zu beachten ist, daß die Reihenfolge der *Faktoren* auf beiden Seiten der Gleichung dieselbe sein muß. Die *Summanden* dagegen sind vertauschbar.

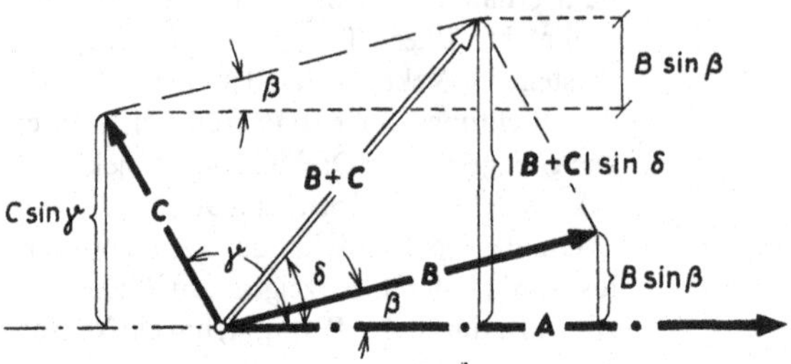

Abb. 58. Zur Distributivität des Vektorproduktes bei komplanaren Vektoren

Für den Fall, daß $\boldsymbol{A}$, $\boldsymbol{B}$ und $\boldsymbol{C}$ komplanar sind, versagt der angeführte Beweis. Aber dafür haben die drei Vektorprodukte $\boldsymbol{A} \times (\boldsymbol{B} + \boldsymbol{C})$, $\boldsymbol{A} \times \boldsymbol{B}$ und $\boldsymbol{A} \times \boldsymbol{C}$ gleiche Richtung und gleichen Richtungssinn, so daß nur noch die Gleichheit der „Parallelogramm-Fläche" $|\boldsymbol{A} \times (\boldsymbol{B} + \boldsymbol{C})|$ mit der Summe $|\boldsymbol{A} \times \boldsymbol{B}| + |\boldsymbol{A} \times \boldsymbol{C}|$ bewiesen werden muß. Auch hier ist es zweckmäßig, überall durch A zu dividieren. Damit ist der Beweis auf den Beweis der „Höhen"-Beziehung

$$B \sin\beta + C \sin\gamma = |\boldsymbol{B} + \boldsymbol{C}| \sin\vartheta$$

reduziert. Diese aber geht aus der Abb. 58 unmittelbar hervor*).

Durch Multiplikation mit A folgt schließlich

$$AB \sin\beta + AC \sin\gamma = A\,|\boldsymbol{B} + \boldsymbol{C}| \sin\vartheta,$$

also die zu beweisende „Flächen"-Beziehung.

Die aufgezeigte Distributivität des Vektorproduktes gilt für beliebig viele Summanden, und zwar sowohl im ersten Faktor wie auch im zweiten. Man kommt zu dieser Verallgemeinerung, indem man zunächst mit zwei Summanden in einem Faktor beginnt, dann für einen dieser Summanden zwei neue substituiert usw. Man erhält dann z. B.

$$(\boldsymbol{a} + \boldsymbol{b} + \boldsymbol{c}) \times (\boldsymbol{u} + \boldsymbol{v}) = (\boldsymbol{a} \times \boldsymbol{u}) + (\boldsymbol{a} \times \boldsymbol{v}) + (\boldsymbol{b} \times \boldsymbol{u}) + (\boldsymbol{b} \times \boldsymbol{v}) + (\boldsymbol{c} \times \boldsymbol{u}) + (\boldsymbol{c} \times \boldsymbol{v}).$$

Auch hierbei ist stets auf die Reihenfolge der Vektoren zu achten, während die Reihenfolge der Summanden beliebig ist.

4. Das Vektorprodukt zweier Vektoren ist unter Beachtung bestimmter Regeln in gewissem Sinne assoziativ gegenüber der skalaren Multiplikation mit einem dritten Vektor. Diese Art von Multiplikation, die als Ergebnis das sogenannte Spatprodukt (Volumenprodukt) ergibt, wird im folgenden Paragraphen behandelt werden. Wir geben hier die Gesetzmäßigkeit der Assoziativität zunächst ohne Beweis wieder:

*) Die Bezeichnungen „Flächen" und „Höhen" stehen unter Anführungszeichen, weil die aufgezeigte Distributivität ja nicht nur für Vektoren von der Dimension Länge, also nicht nur für gerichtete Strecken gilt, sondern für Vektoren aller Art. Die „Flächen" oder „Höhen" können demnach den verschiedensten physikalischen Größenarten entsprechen.

$$(\boldsymbol{A} \times \boldsymbol{B}) \cdot \boldsymbol{C} = (\boldsymbol{B} \times \boldsymbol{C}) \cdot \boldsymbol{A} = (\boldsymbol{C} \times \boldsymbol{A}) \cdot \boldsymbol{B}.$$

Von Eigenschaften, die das Vektorprodukt nicht hat, sind drei erwähnenswert:

1. Das Vektorprodukt zweier Vektoren ist, wie schon gezeigt wurde, antikommutativ, infolgesessen fehlt ihm selbstverständlich die Eigenschaft der Kommutativität:

$$\boldsymbol{A} \times \boldsymbol{B} \neq \boldsymbol{B} \times \boldsymbol{A}, \text{ vielmehr } \boldsymbol{A} \times \boldsymbol{B} = -\boldsymbol{B} \times \boldsymbol{A}.$$

2. Das Vektorprodukt zweier Vektoren ist nicht assoziativ gegenüber der vektoriellen Multiplikation mit einem dritten Vektor:

$$\boldsymbol{A} \times (\boldsymbol{B} \times \boldsymbol{C}) \neq \boldsymbol{B} \times (\boldsymbol{C} \times \boldsymbol{A}) \neq \boldsymbol{C} \times (\boldsymbol{A} \times \boldsymbol{B}).$$

Diese Art von Produkten wird im folgenden Paragraphen besprochen werden. Sie lassen sich auf skalare Produkte zurückführen, und die Regel für diese Zurückführung wird meist als Entwicklungssatz bezeichnet. Wir stellen den Beweis für obige Behauptung bis zur Behandlung des Entwicklungssatzes zurück.

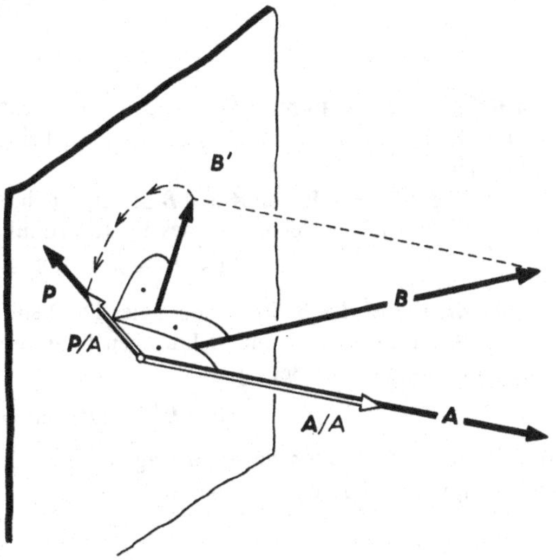

Abb. 59. Zusammenhänge beim Vektorprodukt

3. Eine Umkehroperation für das Vektorprodukt ist nicht definiert. Eine Gleichung von der Form

$$\boldsymbol{P} = \boldsymbol{A} \times \boldsymbol{B}$$

läßt sich demnach weder nach $\boldsymbol{A}$ noch nach $\boldsymbol{B}$ auflösen. Aber ähnlich wie beim skalaren Produkt ist auch hier eine – ebenfalls wieder nicht erschöpfende – Aussage über den unbekannten Vektor (z. B. $\boldsymbol{B}$) möglich. Denn der Betrag des Vektorproduktes $\boldsymbol{P}$ ist

$$P = AB \sin \vartheta = AB',$$

worin B' der Betrag der Projektion $\boldsymbol{B}'$ des Vektors $\boldsymbol{B}$ auf eine Ebene senkrecht zu $\boldsymbol{A}$ ist. Die der Abb. 56 analoge Abb. 59 zeigt dies deutlich. Somit läßt sich über den unbekannten Vektor $\boldsymbol{B}$ sagen, daß seine Projektion auf eine zu $\boldsymbol{A}$ senkrechte Ebene den Betrag P/A haben muß, und daß die Richtung dieser Projektion mit $\boldsymbol{P}$ einen rechten Winkel gemäß

Abb. 60 bildet. Unbestimmt bleibt dagegen die Komponente $\boldsymbol{B}_A$. Sind $\boldsymbol{A}$ und $\boldsymbol{B}$ Ortsvektoren, so liegen die Spitzen aller möglichen $\boldsymbol{B}$ auf einer – in Abb. 60 eingezeichneten – zu $\boldsymbol{A}$ parallelen Geraden.

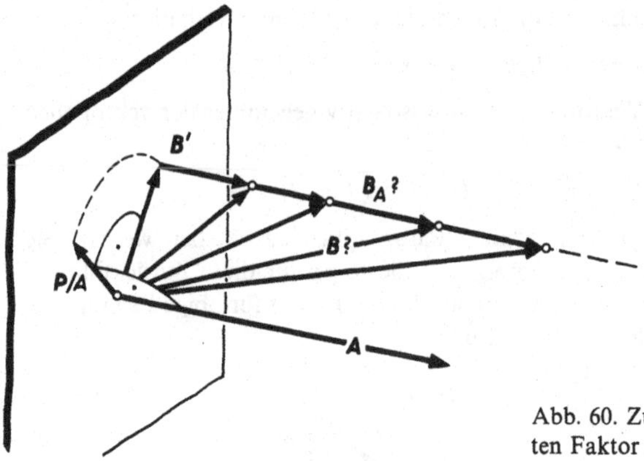

Abb. 60. Zur Aussage über einen unbekannten Faktor in einem Vektorprodukt

Sonderfälle von Vektorprodukten liegen vor, wenn beide als Faktoren auftretende Vektoren kollinear, also parallel bzw. antiparallel sind, oder wenn sie aufeinander senkrecht stehen.

Bei Orthogonalität z. B. von $\boldsymbol{A}$ und $\boldsymbol{B}$ ist der von ihnen eingeschlossene Winkel $\vartheta = 90°$, somit ist $\sin\vartheta = 1$, und der Betrag des Vektorproduktes nimmt den Wert

$$|\boldsymbol{A} \times \boldsymbol{B}| = AB \sin\vartheta = AB$$

an, wobei $\boldsymbol{A}$, $\boldsymbol{B}$ und $\boldsymbol{A} \times \boldsymbol{B}$ ein orthogonales Dreibein bilden.

Bei Kollinearität von $\boldsymbol{A}$ und $\boldsymbol{B}$ hingegen ist entweder $\vartheta = 0$ oder $\vartheta = 180°$, so daß $\sin\vartheta = 0$ und damit der Betrag

$$|\boldsymbol{A} \times \boldsymbol{B}| = AB \sin\vartheta = 0$$

wird. Weil aber ein Vektor, dessen Betrag verschwindet, auch als Vektor nicht mehr vorhanden ist, gilt im Fall der Kollinearität:

$$\boldsymbol{A} \times \boldsymbol{B} = 0\,.$$

Es leuchtet sofort ein, daß dann auch das Vektorprodukt eines Vektors mit sich selbst Null ist:

$$\boldsymbol{A} \times \boldsymbol{A} = 0$$

Aus der Tatsache, daß ein Vektorprodukt den Wert Null hat, folgt also nicht, daß mindestens einer der beiden Faktoren Null sein muß, es kann vielmehr auch sein, daß die beiden vektoriellen Faktoren kollinear, daß sie also linear voneinander abhängig sind.

Zwei Beispiele zu den Sonderfällen des Vektorproduktes

1. Unter welchen Bedingungen ist $\boldsymbol{A} \times \boldsymbol{B} = \boldsymbol{A} \times \boldsymbol{C}$?

Aus der gegebenen Gleichung folgt

$$(\boldsymbol{A} \times \boldsymbol{B}) - (\boldsymbol{A} \times \boldsymbol{C}) = 0\,,$$

woraus man wegen der Distributivität des Vektorproduktes $\boldsymbol{A}$ ausklammern kann:

$$\boldsymbol{A} \times (\boldsymbol{B} - \boldsymbol{C}) = 0\,.$$

Es gibt nun drei Möglichkeiten, diese Bedingung zu erfüllen:

a) $\boldsymbol{A} = 0$
b) $\boldsymbol{B} - \boldsymbol{C} = 0$, also $\boldsymbol{B} = \boldsymbol{C}$,
c) $\boldsymbol{A}$ kollinear mit $\boldsymbol{B} - \boldsymbol{C}$.

Sind $\boldsymbol{B}$ und $\boldsymbol{C}$ Ortsvektoren, so muß im Falle c) die Verbindungslinie ihrer Spitzen parallel zu $\boldsymbol{A}$ sein. Denn $\boldsymbol{B} - \boldsymbol{C}$ ist der Verbindungsvektor dieser Spitzen.

2. Der folgende Beweis des Satzes „Die Vektorsumme der Flächenvektoren eines (unregelmäßigen) Tetraeders ist Null, wenn man vereinbart, daß alle Flächenvektoren nach außen zeigen" enthält den Sonderfall, daß ein Vektorprodukt eines Vektors mit sich selbst auftritt. Wir bringen deshalb den Beweis an dieser Stelle. Wenn drei Kanten des Tetraeders in Abb. 61 mit $\boldsymbol{a}$, $\boldsymbol{b}$ und $\boldsymbol{c}$ bezeichnet werden, dann sind die restlichen drei die Differenzvektoren $\boldsymbol{a} - \boldsymbol{b}$, $\boldsymbol{b} - \boldsymbol{c}$, $\boldsymbol{c} - \boldsymbol{a}$. Die Flächenvektoren der Dreiecksflächen sind dann

$$A_1 = (\boldsymbol{a} \times \boldsymbol{b})/2,$$
$$A_2 = (\boldsymbol{b} \times \boldsymbol{c})/2,$$
$$A_3 = (\boldsymbol{c} \times \boldsymbol{a})/2,$$
$$A_4 = [(\boldsymbol{a} - \boldsymbol{b}) \times (\boldsymbol{c} - \boldsymbol{a})]/2$$

Wir multiplizieren bei A_4 aus:

$$A_4 = [(\boldsymbol{a} \times \boldsymbol{c}) - (\boldsymbol{b} \times \boldsymbol{c}) - (\boldsymbol{a} \times \boldsymbol{a}) + (\boldsymbol{b} \times \boldsymbol{a})]/2,$$

berücksichtigen, daß

$$\boldsymbol{a} \times \boldsymbol{a} = 0$$

ist, und vertauschen unter gleichzeitiger Umkehr des Vorzeichens die Faktoren in der ersten und der letzten runden Klammer:

$$A_4 = [-(\boldsymbol{c} \times \boldsymbol{a}) - (\boldsymbol{b} \times \boldsymbol{c}) - (\boldsymbol{a} \times \boldsymbol{b})]/2.$$

Die Addition $A_1 + A_2 + A_3 + A_4$ ergibt nun den zu beweisenden Wert Null.

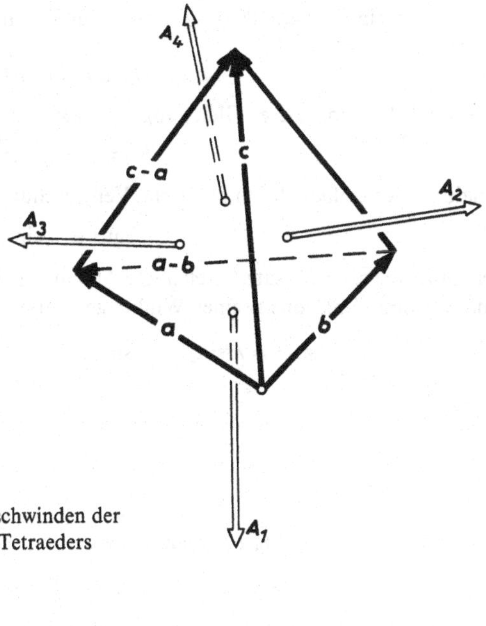

Abb. 61. Zum Beweis des Satzes vom Verschwinden der Vektorsumme der Flächenvektoren eines Tetraeders

Die Vektorprodukte der Koordinatenvektoren $\boldsymbol{i}, \boldsymbol{j}, \boldsymbol{k}$ ergeben wegen deren Orthogonalität

$$\boldsymbol{i} \times \boldsymbol{j} = \boldsymbol{k}; \quad \boldsymbol{j} \times \boldsymbol{k} = \boldsymbol{i}; \quad \boldsymbol{k} \times \boldsymbol{i} = \boldsymbol{j},$$

bzw. die entsprechenden negativen Werte, wenn die Reihenfolge der Faktoren vertauscht ist:

$$\boldsymbol{j} \times \boldsymbol{i} = -\boldsymbol{k}; \quad \boldsymbol{k} \times \boldsymbol{j} = -\boldsymbol{i}; \quad \boldsymbol{i} \times \boldsymbol{k} = -\boldsymbol{j}.$$

Wie bei allen Vektorprodukten aus Vektoren mit sich selbst, ist

$$\boldsymbol{i} \times \boldsymbol{i} = \boldsymbol{j} \times \boldsymbol{j} = \boldsymbol{k} \times \boldsymbol{k} = 0.$$

Die vektorielle Multiplikation eines Vektors mit einem Einsvektor ist Seite 39 bei der Distributivität des Vektorproduktes bereits behandelt worden.

2.9 Geometrische und physikalische Anwendungsbeispiele zum Vektorprodukt

Der Sinussatz der ebenen Trigonometrie. Im Dreieck Abb. 62 ist

$$\boldsymbol{a} + \boldsymbol{b} + \boldsymbol{c} = 0.$$

Das ergibt nach vektorieller Multiplikation mit $\boldsymbol{a}$

$$(\boldsymbol{b} \times \boldsymbol{a}) + (\boldsymbol{c} \times \boldsymbol{a}) = 0$$

oder

$$\boldsymbol{b} \times \boldsymbol{a} = \boldsymbol{a} \times \boldsymbol{c}.$$

Da bei Gleichheit der beiden Vektoren $(\boldsymbol{b} \times \boldsymbol{a})$ und $(\boldsymbol{a} \times \boldsymbol{c})$ deren Beträge gleich sein müssen, folgt

$$ab\sin\gamma' = ac\sin\beta',$$

bzw. nach Kürzen durch a

$$b\sin\gamma' = c\sin\beta'.$$

Die Winkel γ' und β' sind die Außenwinkel

$$\gamma' = 180° - \gamma \quad \text{und} \quad \beta' = 180° - \beta,$$

ihre Sinusse sind

$$\sin\beta' = \sin(180° - \gamma) = \sin\gamma \quad \text{und} \quad \sin\beta' = \sin 180° - \beta = \sin\beta,$$

so daß

$$b\sin\gamma = c\sin\beta$$

ist. Durch Division dieser Gleichung durch $\sin\beta\sin\gamma$ ergibt sich schließlich

$$b/\sin\beta = c/\sin\gamma.$$

Analog (oder einfach durch zyklische Vertauschung) erhält man auch

$$a/\sin\alpha = b/\sin\beta.$$

Damit ist die als Sinussatz bezeichnete Abhängigkeit zwischen den Seiten eines Dreiecks und den Sinusfunktionen seiner Winkel gewonnen:

$$a/\sin\alpha = b/\sin\beta = c/\sin\gamma.$$

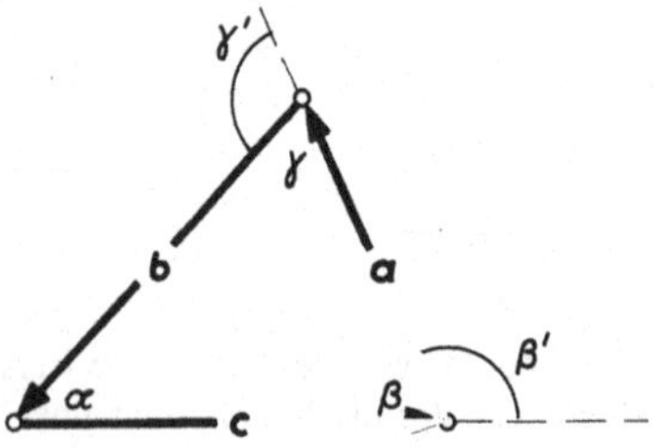

Abb. 62. Zum Sinussatz

Der Abstand zweier Geraden. Die zu den Punkten einer Geraden g führenden Ortsvektoren können dargestellt werden als

$$\boldsymbol{r} = \boldsymbol{a} + \lambda\,\boldsymbol{p},$$

worin $\boldsymbol{a}$ irgendein (konstanter) Ortsvektor eines Punktes der Geraden ist, $\boldsymbol{p}$ ein konstanter, mit der Geraden kollinearer Vektor und λ ein skalarer Parameter, der für jeden Punkt P der Geraden einen anderen Wert hat (Abb. 63). Die Gleichung für $\boldsymbol{r}$ bezeichnet man kurz als die Gleichung der Geraden.

Sind nun

$$\boldsymbol{r}_1 = \boldsymbol{a} + \lambda\,\boldsymbol{p} \quad \text{und} \quad \boldsymbol{r}_2 = \boldsymbol{b} + \mu\,\boldsymbol{q}$$

die Gleichungen zweier windschiefer Geraden, so läßt sich deren kürzester Abstand d wie folgt berechnen. Faßt man ihn als Vektor $\boldsymbol{d}$ auf, so ist er zweifellos die Differenz zweier Ortsvektoren $\boldsymbol{r}_1$ und $\boldsymbol{r}_2$, also

$$\boldsymbol{d} = \boldsymbol{r}_2 - \boldsymbol{r}_1 = \boldsymbol{b} + \mu\,\boldsymbol{q} - \boldsymbol{a} - \lambda\,\boldsymbol{p}.$$

Außerdem steht $\boldsymbol{d}$ senkrecht auf beiden Geraden, also senkrecht auf den zu ihnen kollinearen Vektoren $\boldsymbol{p}$ und $\boldsymbol{q}$. Der Vektor $\boldsymbol{d}$ ist demnach proportional dem Vektorprodukt $\boldsymbol{p} \times \boldsymbol{q}$, das ja ebenfalls zu beiden Geraden orthogonal ist:

$$\boldsymbol{d} = c(\boldsymbol{p} \times \boldsymbol{q}) = c\,\boldsymbol{v} \qquad \text{(wobei } \boldsymbol{p} \times \boldsymbol{q} = \boldsymbol{v} \text{ gesetzt wurde).}$$

Den skalaren Proportionalitätsfaktor c findet man, indem man für beide Ausdrücke für $\boldsymbol{d}$ das skalare Produkt mit $\boldsymbol{v} (= \boldsymbol{p} \times \boldsymbol{q})$ bildet. Damit wird das Skalarprodukt $\boldsymbol{d} \cdot \boldsymbol{v}$ wegen der Orthogonalität von $\boldsymbol{v}$ zu $\boldsymbol{p}$ und $\boldsymbol{q}$ einerseits

$$\boldsymbol{d} \cdot \boldsymbol{v} = (\boldsymbol{b} + \mu\,\boldsymbol{q} - \boldsymbol{a} - \lambda\,\boldsymbol{p}) \cdot \boldsymbol{v} = (\boldsymbol{b} - \boldsymbol{a}) \cdot \boldsymbol{v},$$

andererseits ist es auch

$$\boldsymbol{d} \cdot \boldsymbol{v} = c\,\boldsymbol{v} \cdot \boldsymbol{v} = c\,v^2.$$

Gleichsetzen beider Ausdrücke liefert sofort

$$c = \frac{(\boldsymbol{b} - \boldsymbol{a}) \cdot \boldsymbol{v}}{v^2},$$

was im zweiten Ausdruck für $\boldsymbol{d}$ eingesetzt

$$\boldsymbol{d} = c\,\boldsymbol{v} = \left\{\frac{(\boldsymbol{b} - \boldsymbol{a}) \cdot \boldsymbol{v}}{v}\right\} \frac{\boldsymbol{v}}{v}$$

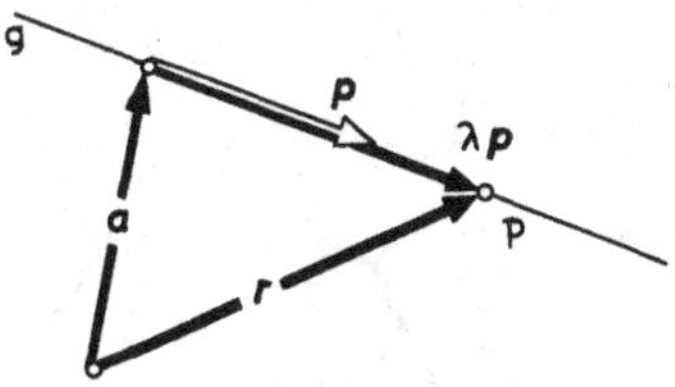

Abb. 63. Zur Gleichung der Geraden

ergibt. Da $\boldsymbol{v}/v$ ein Einsvektor ist, ergibt sich der Betrag von $\boldsymbol{d}$ schließlich zu

$$d = \frac{(\boldsymbol{b} - \boldsymbol{a}) \cdot \boldsymbol{v}}{v} = \frac{(\boldsymbol{b} - \boldsymbol{a}) \cdot (\boldsymbol{p} \times \boldsymbol{q})}{|\boldsymbol{p} \times \boldsymbol{q}|}.$$

Der infinitesimale Winkel. Beschreibt ein Punkt eine Kreisbahn mit dem Radius r, so läßt sich das infinitesimale Wegelement $\overrightarrow{\mathrm{d}s}$ (= d $\boldsymbol{r}$) als Vektor auffassen (Abb. 64a). Auch der Radius $\boldsymbol{r}$ kann als Vektor aufgefaßt werden. Seine Richtungsänderung bei der verschwindend kleinen Drehung dφ ist ebenfalls verschwindend klein. Legt man dem Winkelelement die Definition

$$\mathrm{d}\varphi = \mathrm{d}s/r$$

zugrunde (Bogenmaß), so ist der Betrag des Wegelementes

$$\mathrm{d}s = \mathrm{d}\varphi\; r.$$

Wegen der Orthogonalität von $\overrightarrow{\mathrm{d}s}$ und $\boldsymbol{r}$ läßt sich dies auch vektoriell schreiben, wenn man $\overrightarrow{\mathrm{d}\varphi}$ als achsialen Vektor in Richtung der Drehachse interpretiert. Dann gilt (Abb. 64b)

$$\overrightarrow{\mathrm{d}s} = \overrightarrow{\mathrm{d}\varphi} \times \boldsymbol{r}\,.$$

Dieser vektorielle Zusammenhang zwischen Wegelement $\overrightarrow{\mathrm{d}s}$ und Winkelelement $\overrightarrow{\mathrm{d}\varphi}$ ist im übrigen nicht darauf beschränkt, daß $\boldsymbol{r}$ den Radius der Kreisbahn darstellt, deren Element $\overrightarrow{\mathrm{d}s}$ ist. Sie ist auch dann gültig, wenn $\boldsymbol{r}$ irgendein Verbindungsvektor zwischen der Drehachse und dem Wegelement $\mathrm{d}s$ ist (Abb. 64c). Denn in diesem Fall gilt für den Betrag

$$\mathrm{d}s = \mathrm{d}\varphi\, r \sin\alpha = |\overrightarrow{\mathrm{d}\varphi} \times \boldsymbol{r}|\,,$$

und $\overrightarrow{\mathrm{d}s}$ ist ebenfalls orthogonal zu $\overrightarrow{\mathrm{d}\varphi}$ und $\boldsymbol{r}$.

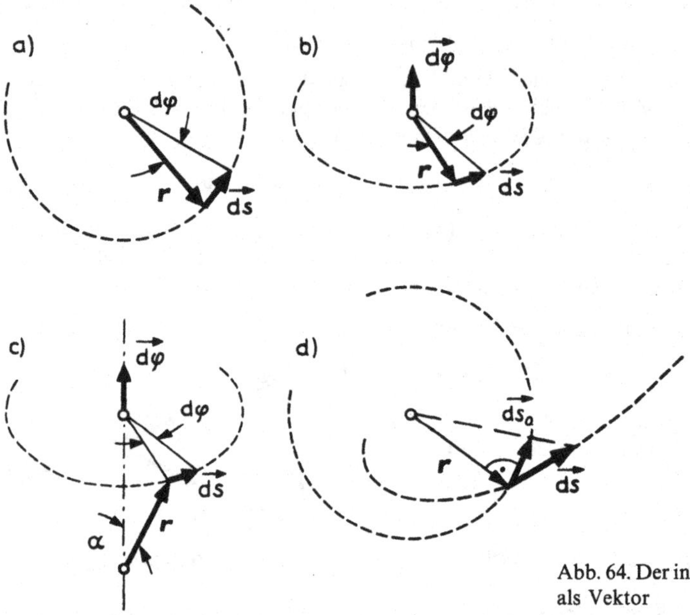

Abb. 64. Der infinitesimale Winkel als Vektor

Die Definition des infinitesimalen Winkels ist gleichfalls durch ein Vektorprodukt möglich. Man geht hierzu von der erweiterten Definitiònsformel

$$\mathrm{d}\varphi = \frac{\mathrm{d}s}{r} = \frac{r\,\mathrm{d}s}{r^2}$$

aus, in der r den Radius der Kreisbahn bildet. Da die Vektoren $\boldsymbol{r}$, $\overrightarrow{\mathrm{d}s}$ und $\overrightarrow{\mathrm{d}\varphi}$ ein orthogonales Dreibein bilden, wird ihr Zusammenhang durch die Vektorgleichung

$$\overrightarrow{\mathrm{d}\varphi} = \frac{\boldsymbol{r} \times \overrightarrow{\mathrm{d}s}}{r^2}$$

wiedergegeben. Auch diese Formel ist einer Verallgemeinerung fähig: Sie gilt auch für Wegelemente $\overrightarrow{\mathrm{d}s}$, die *nicht* Teile eines Kreises um den Ausgangspunkt von $\boldsymbol{r}$ sind. Abb. 64d macht dies deutlich. Die beiden Vektorprodukte $\boldsymbol{r} \times \overrightarrow{\mathrm{d}s}$ und $\boldsymbol{r} \times \overrightarrow{\mathrm{d}s_0}$ sind gleich!

Es sei jedoch ausdrücklich betont, daß nur der *infinitesimale* Winkel als Vektor darstellbar ist. Daß z. B. das Additionsgesetz für endliche Winkel nicht gilt, wurde bereits Seite 2 gezeigt. Aber auch die Definition

$$\mathrm{d}\varphi = \frac{\boldsymbol{r} \times \overrightarrow{\mathrm{d}s}}{r^2}$$

verlöre ihren Sinn, wollte man sie auf endliche Winkel anwenden. Dann müßte nämlich an die Stelle des infinitesimalen Bogens ds ein endlicher Bogen s treten, der als gekrümmte Linie kein Vektor sein kann.

Der Beweis, daß der infinitesimale Winkel – im Gegensatz zum endlichen Winkel – die Forderung nach vektorieller Addierbarkeit erfüllt, wird auf Seite 63 gebracht werden.

Die magnetische Kraft auf eine bewegte elektrische Punktladung. Bewegt sich eine elektrische Punktladung Q in einem Magnetfeld, das am Ort der Ladung die Feldstärke $\boldsymbol{H}$ hat, mit der Geschwindigkeit $\boldsymbol{v}$, so wirkt auf die Ladung eine Kraft $\boldsymbol{F}$, die senkrecht zu $\boldsymbol{v}$ und $\boldsymbol{H}$ gerichtet ist. Die Vektoren $\boldsymbol{v}$, $\boldsymbol{H}$ und $\boldsymbol{F}$ bilden in der angegebenen Reihenfolge ein Rechtssystem. Der Betrag F ist dabei proportional den Beträgen Q, v, H und dem Sinus des Winkels zwischen $\boldsymbol{v}$ und $\boldsymbol{H}$. Dies berechtigt dazu, die Kraft $\boldsymbol{F}$ dem Vektorprodukt $\boldsymbol{v} \times \boldsymbol{H}$ proportional zu setzen:

$$\boldsymbol{F} = \mathrm{prop}\, Q(\boldsymbol{v} \times \boldsymbol{H}).$$

Der Proportionalitätsfaktor hängt von dem Medium ab, in dem die Bewegung stattfindet, und vom Begriffsystem, das man der Beschreibung der elektrodynamischen Vorgänge zugrundelegt*). Im weit verbreiteten MKSA-Maßsystem bzw. im entsprechenden Begriffsystem wird über den Proportionalitätsfaktor so verfügt, daß man ihn bei Bewegungen im Vakuum gleich

$$\mu = \mu_0 = 4\pi \cdot 10^{-7}\,\mathrm{V\,s/A\,m} \quad \text{(„Induktionskonstante")}$$

setzt, woraus sich dann Definition und Meßvorschriften für $\boldsymbol{H}$ zwangsläufig ergeben. Darüber hinaus faßt man das Produkt $\mu \boldsymbol{H}$ zum Vektor $\boldsymbol{B}$ (Kraftflußdichte, Induktion) zusammen. Somit folgt für die Kraft

$$\boldsymbol{F} = Q(\boldsymbol{v} \times \boldsymbol{B}).$$

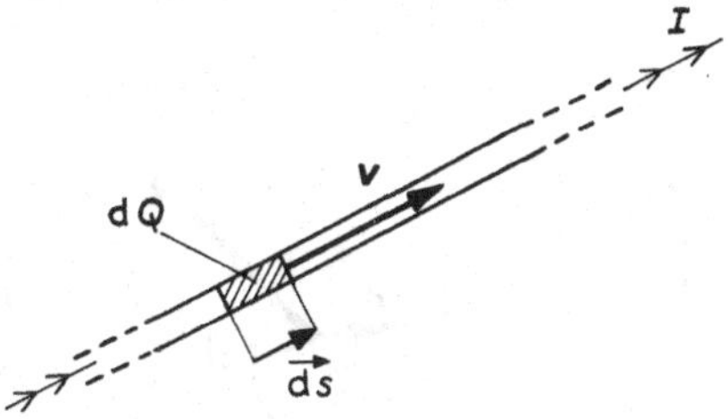

Abb. 65. Zur Kraft auf einen stromdurchflossenen Leiter; anstelle von dQ kann man sich bei einem geraden Leiter in einem homogenen Magnetfeld Q, und anstelle von $\overrightarrow{\mathrm{d}s}$ kann man sich s denken

Die Kraft auf einen stromdurchflossenen Leiter. Aus der Gesetzmäßigkeit

$$\boldsymbol{F} = Q\,\boldsymbol{v} \times \boldsymbol{B}$$

für die bewegte Punktladung läßt sich leicht die magnetische Kraft $\boldsymbol{F}$ berechnen, die auf ein vom elektrischen Strom I durchflossenes gerades Stück s eines unendlich dünnen Leiters wirkt, das sich in einem homogenen Magnetfeld mit der Kraftflußdichte $\boldsymbol{B}$ befindet (Abb. 65). Die im Leiterstück in Bewegung befindliche Ladung sei Q, ihre Driftgeschwindigkeit sei $\boldsymbol{v} = \boldsymbol{s}/t$. Für die auf Q wirksame Kraft $\boldsymbol{F}$ erhalten wir

*) Die obigen Betrachtungen gelten nur für isotrope Medien, d. h. für Medien, in denen die Richtungen gleichwertig sind.

$$F = Q\,v \times B = \frac{Q\,s}{t} \times B\,.$$

Weil nun $Q/t = I$ (Stromstärke) ist, folgt schließlich

$$F = I\,s \times B\,.$$

Diese Formel läßt sich auf nicht geradlinige Leiter und auf inhomogene Felder verallgemeinern. Betrachtet man nämlich ein infinitesimales Leiterstück $\overrightarrow{\mathrm{d}s}$, so darf an seiner Stelle das Feld als homogen angenommen werden. Somit gilt obige Formel für die auf dieses infinitesimale Leiterstück ausgeübte (infinitesimale) Kraft $\mathrm{d}F$:

$$\mathrm{d}F = I\,\overrightarrow{\mathrm{d}s} \times B\,.$$

Das Drehmoment einer Kraft. Das Drehmoment einer Kraft stellt ein besonders häufig vorkommendes Beispiel für ein Vektorprodukt dar. Wirkt im vektoriellen Abstand $\boldsymbol{r}$ vom Drehpunkt O eines starren Körpers eine Kraft $\boldsymbol{F}$, so ist ihre Wirksamkeit bezüglich der Drehung des Körpers proportional ihrem Betrage F, dem Abstand r ihres Angriffspunktes vom Drehpunkt und dem Sinus des Winkels ϑ zwischen $\boldsymbol{r}$ und $\boldsymbol{F}$ (Abb. 66a). Die Drehwirksamkeit hat darüber hinaus einen Richtungs-Charakter, denn sie legt ja eine Drehachse fest. Dieser Richtungs-Charakter läßt sich durch einen Vektor in Richtung der Drehachse wiedergeben. Läßt man nämlich zwei (oder mehrere) Kräfte am starren Körper angreifen, so kann man diese Kräfte durch ihre Resultierende ersetzen. Ordnet man der Drehwirkung dieser Resultierenden einen Vektorpfeil wie für die Drehwirkung jeder einzelnen Kraft zu, so ist er die Vektorsumme der Pfeile, die den Drehwirkungen der einzelnen Kräfte entsprechen. Die Drehwirksamkeit gehorcht also neben ihrem Richtungs-Charakter dem Additionsgesetz für Vektoren, sie ist also eine vektorielle Größe. Man nennt sie Drehmoment $\boldsymbol{M}$ und definiert sie durch

$$M = r \times F\,,$$

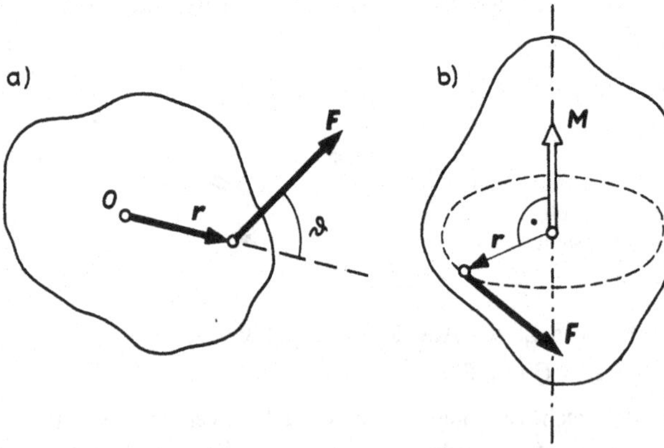

Abb. 66. Zum Drehmoment einer Kraft

worin sich nicht nur die Proportionalität zu r, F und dem $\sin\vartheta$ spiegelt, sondern auch die Tatsache, daß die von $\boldsymbol{F}$ bewirkte Drehung (im Falle einer Drehung um einen festen *Punkt*!) stets um eine zu $\boldsymbol{r}$ und $\boldsymbol{F}$ senkrechte Achse erfolgt (Abb. 66b). Man hätte auch einen Proportionalitätsfaktor hinzufügen können, doch hat man ihn aus Gründen, auf die wir Seite 84 näher eingehen werden, gleich Eins gesetzt.

Das Drehmoment eines Kräftepaares. Angenommen, es greifen die gleich großen, antiparallelen Kräfte $\boldsymbol{F}$ und $-\boldsymbol{F}$ an einem starren Körper an (Abb. 67). In bezug auf einen beliebigen Drehpunkt O sind ihre Drehmomente $\boldsymbol{r}_1 \times \boldsymbol{F}$ bzw. $\boldsymbol{r}_2 \times (-\boldsymbol{F})$. Das resultierende Drehmoment ist daher

$$\boldsymbol{M} = \boldsymbol{r}_1 \times \boldsymbol{F} - \boldsymbol{r}_2 \times \boldsymbol{F} = (\boldsymbol{r}_1 - \boldsymbol{r}_2) \times \boldsymbol{F}.$$

Der Drehmomentvektor $\boldsymbol{M}$ ist nicht nur orthogonal zu $\boldsymbol{F}$ und $(\boldsymbol{r}_1 - \boldsymbol{r}_2)$, sondern auch zum Vektor $\boldsymbol{a}$, der den senkrechten Abstand von $-\boldsymbol{F}$ zu $\boldsymbol{F}$ darstellt (Abb. 67a). Der Betrag von M ist

$$M = |\boldsymbol{r}_1 - \boldsymbol{r}_2| F \sin\vartheta = aF,$$

denn $|\boldsymbol{r}_1 - \boldsymbol{r}_2| \sin\vartheta$ ist ja der Abstand a. Somit läßt sich das Drehmoment eines Kräftepaares stets ausdrücken durch

$$\boldsymbol{M} = \boldsymbol{a} \times \boldsymbol{F},$$

gleichgültig auf welchen Drehpunkt man es bezieht. An die Stelle des senkrechten Abstandes $\boldsymbol{a}$ kann schließlich jeder beliebige Vektor $\boldsymbol{l}$ treten, der auf der Wirkungslinie von $-\boldsymbol{F}$ beginnt und auf der von $+\boldsymbol{F}$ endet:

$$\boldsymbol{M} = \boldsymbol{l} \times \boldsymbol{F}.$$

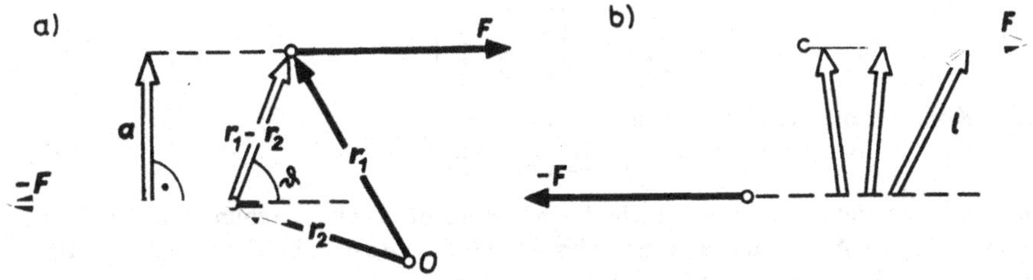

Abb. 67. Zum Drehmoment eines Kräftepaares

2.10 Die Komponentendarstellung des Vektorproduktes

Um $\boldsymbol{A} \times \boldsymbol{B}$ in kartesischen Koordinaten darzustellen, substituiert man

$$\boldsymbol{A} = A_x \boldsymbol{i} + A_y \boldsymbol{j} + A_z \boldsymbol{k}$$
$$\boldsymbol{B} = B_x \boldsymbol{i} + B_y \boldsymbol{j} + B_z \boldsymbol{k}$$

und erhält

$$\begin{aligned}\boldsymbol{A} \times \boldsymbol{B} = {} & A_x B_x (\boldsymbol{i} \times \boldsymbol{i}) + A_x B_y (\boldsymbol{i} \times \boldsymbol{j}) + A_x B_z (\boldsymbol{i} \times \boldsymbol{k}) + \\ & + A_y B_x (\boldsymbol{j} \times \boldsymbol{i}) + A_y B_y (\boldsymbol{j} \times \boldsymbol{j}) + A_y B_z (\boldsymbol{j} \times \boldsymbol{k}) + \\ & + A_z B_x (\boldsymbol{k} \times \boldsymbol{i}) + A_z B_y (\boldsymbol{k} \times \boldsymbol{j}) + A_z B_z (\boldsymbol{k} \times \boldsymbol{k}).\end{aligned}$$

Unter Berücksichtigung, daß

$$\boldsymbol{i} \times \boldsymbol{i} = \boldsymbol{j} \times \boldsymbol{j} = \boldsymbol{k} \times \boldsymbol{k} = 0,$$

und

$$\begin{aligned}\boldsymbol{i} \times \boldsymbol{j} &= -(\boldsymbol{j} \times \boldsymbol{i}) = \boldsymbol{k}, \\ \boldsymbol{j} \times \boldsymbol{k} &= -(\boldsymbol{k} \times \boldsymbol{j}) = \boldsymbol{i}, \\ \boldsymbol{k} \times \boldsymbol{i} &= -(\boldsymbol{i} \times \boldsymbol{k}) = \boldsymbol{j}\end{aligned}$$

ist, vereinfacht sich das Ergebnis zu

$$\boldsymbol{A} \times \boldsymbol{B} = A_x B_y \boldsymbol{k} - A_x B_z \boldsymbol{j} - A_y B_x \boldsymbol{k} + A_y B_z \boldsymbol{i} + A_z B_x \boldsymbol{j} - A_z B_y \boldsymbol{i}.$$

Faßt man nach $\boldsymbol{i}$, $\boldsymbol{j}$ und $\boldsymbol{k}$ zusammen, so folgt für das

■ Vektorprodukt in kartesischen Koordinaten:

$$\boldsymbol{A} \times \boldsymbol{B} = (A_y B_z - A_z B_y)\,\boldsymbol{i} + (A_z B_x - A_x B_z)\,\boldsymbol{j} + (A_x B_y - A_y B_x)\,\boldsymbol{k} \qquad [19\text{a}]$$

Der Ausdruck läßt sich auch als Determinante darstellen:

■ Vektorprodukt in kartesischen Koordinaten:

$$\boldsymbol{A} \times \boldsymbol{B} = \begin{vmatrix} \boldsymbol{i} & \boldsymbol{j} & \boldsymbol{k} \\ A_x & A_y & A_z \\ B_x & B_y & B_z \end{vmatrix} \qquad [19\text{b}]$$

Die Ausrechnung dieser Determinante führt genau auf den Ausdruck [19a]. Die x-, y-, z-Komponenten von $\boldsymbol{A} \times \boldsymbol{B}$ erscheinen als die Unterdeterminanten nach $\boldsymbol{i}, \boldsymbol{j}, \boldsymbol{k}$.

Um ein Beispiel für die Berechnung eines Vektorproduktes in kartesischen Koordinaten zu bringen, berechnen wir die *Komponenten eines Drehmomentenvektors* $\boldsymbol{M} = \boldsymbol{r} \times \boldsymbol{F}$. Zu diesem Zweck legen wir den Ursprung des Koordinatensystems an den Anfangspunkt von $\boldsymbol{r}$. Die Komponenten von $\boldsymbol{r}$ sind dann x, y, z, die von $\boldsymbol{F}$ nennen wir F_x, F_y, F_z. Dann ist gemäß [19b]

$$\boldsymbol{M} = \begin{vmatrix} \boldsymbol{i} & \boldsymbol{j} & \boldsymbol{k} \\ x & y & z \\ F_x & F_y & F_z \end{vmatrix}.$$

Die x-Komponente beispielsweise ist somit

$$M_x = yF_z - zF_y.$$

Diese Komponente können wir auch als Drehmoment für eine Drehung um die als fest angenommene x-Achse interpretieren. Abb. 68 zeigt eine Ansicht in Richtung der x-Achse. Die Kraftkomponenten F_y und F_z bewirken die Drehmomente yF_z und zF_y, von denen das erstere rechts herum, das letztere links herum zu drehen bemüht ist. Das gesamte Drehmoment um die x-Achse hat somit den Betrag

$$M_x = yF_x - zF_y,$$

wie wir ihn auch schon aufgrund der Formel für das Vektorprodukt gefunden hatten. Analoges gilt für die Komponenten M_y und M_z.

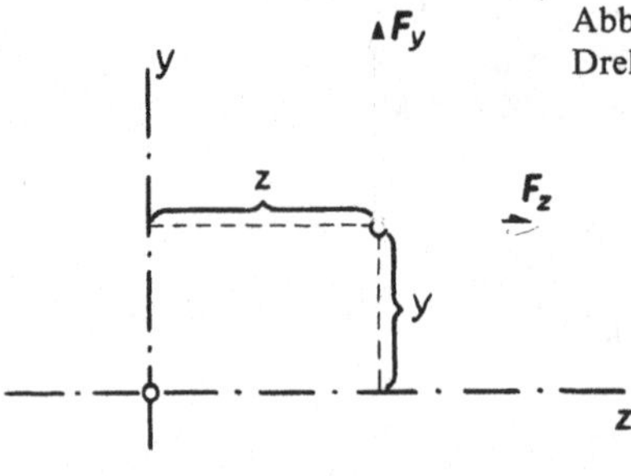

Abb. 68. Zur x-Komponente eines Drehmomentes

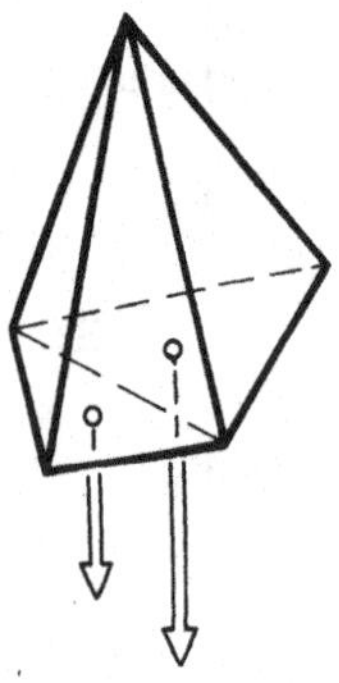

Abb. 69. Zu Aufgabe 36; die unteren Flächen der beiden Tetraeder bilden zusammen eine Fläche eines Fünfflächners

2.11 Übungsaufgaben zum Vektorprodukt und zum dyadischen Produkt

35. Wie groß ist die Summe der nach außen gerichteten Flächenvektoren eines Polyeders? Man gehe von dem auf Seite 43 bewiesenen Satz aus, daß die Summe der Flächenvektoren bei einem Tetraeder Null ist. Durch Hinzufügen eines weiteren Tetraeders gemäß Abb. 69 schließe man auf die bei einem Fünfflächner vorliegenden Verhältnisse und führe dieses Verfahren fort durch die Schlußweise von n auf $n + 1$ Polyederseiten.
36. Es ist durch Vektorrechnung zu zeigen, daß

$$(\boldsymbol{A} + \boldsymbol{B}) \times (\boldsymbol{A} - \boldsymbol{B}) = 2(\boldsymbol{B} \times \boldsymbol{A})$$

ist. (Dies ist die vektoriell geschriebene Aussage des Satzes: „Das aus den Diagonalen eines Parallelogramms gebildete Parallelogramm hat den doppelten Flächeninhalt wie das Parallelogramm selbst").
37. Welcher Determinantenregel entspricht die Aussage

a) $\boldsymbol{A} \times \boldsymbol{A} = 0$,
b) $\boldsymbol{A} \times \boldsymbol{B} = -(\boldsymbol{B} \times \boldsymbol{A})$?

38. Man berechne

a) $\boldsymbol{i} \times (2\boldsymbol{j} - \boldsymbol{k})$
b) $(3\boldsymbol{j} - 2\boldsymbol{k}) \times (\boldsymbol{j} + \boldsymbol{k})$
c) $(\boldsymbol{j} - 4\boldsymbol{i}) \times (\boldsymbol{i} + \boldsymbol{j} + 3\boldsymbol{k})$.

39. Wie groß ist die Fläche eines Dreiecks, zu dessen Eckpunkten folgende Ortsvektoren führen:

$$\boldsymbol{r}_a = \boldsymbol{i} + \boldsymbol{j} + \boldsymbol{k};$$
$$\boldsymbol{r}_b = 5\boldsymbol{i} + \boldsymbol{j} + \boldsymbol{k};$$
$$\boldsymbol{r}_c = 2\boldsymbol{i} - 2\boldsymbol{j} + 5\boldsymbol{k}.$$

40. Der Ausdruck für den Einsvektor $\boldsymbol{n}$, der auf der aus $\boldsymbol{A} = 6\boldsymbol{i} - 2\boldsymbol{j} + 3\boldsymbol{k}$ und $\boldsymbol{B} = -3\boldsymbol{i} - 4\boldsymbol{j} + \boldsymbol{k}$ gebildeten Ebene senkrecht steht, ist anzugeben.
41. Der Vektor $\boldsymbol{V}$ werde auf den Vektor $\boldsymbol{A}$ projiziert.
    a) Durch welchen Operator läßt sich der Übergang von $\boldsymbol{V}$ auf die Projektion $\boldsymbol{V}_A$ darstellen?
    b) Der Ausdruck für $\boldsymbol{V}_A$ ist anzugeben.
42. Man gebe den Projektionsoperator zu Aufgabe 41 für den Vektor

$$\boldsymbol{A} = -\boldsymbol{i} + 3\boldsymbol{k}$$

in Komponentendarstellung an und ermittle die Projektion $\boldsymbol{V}_A$ für den Vektor

$$\boldsymbol{V} = \tfrac{10}{3}\boldsymbol{j} + \tfrac{5}{3}\boldsymbol{k}.$$

43. Man berechne zunächst $\boldsymbol{A}\boldsymbol{B}$, sodann $\boldsymbol{A}\boldsymbol{B} \cdot \boldsymbol{C}$ und $\boldsymbol{C} \cdot \boldsymbol{A}\boldsymbol{B}$ für die Vektoren

$$\boldsymbol{A} = \boldsymbol{i} + \boldsymbol{j} + 2\boldsymbol{k}$$
$$\boldsymbol{B} = 2\boldsymbol{j} - \boldsymbol{k}$$
$$\boldsymbol{C} = 3\boldsymbol{j}.$$

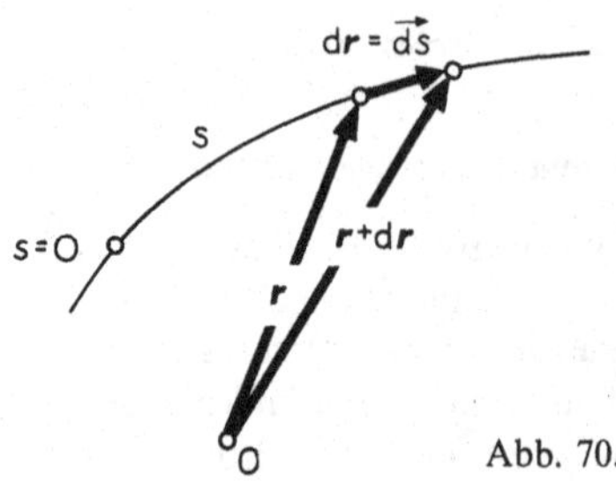

Abb. 70. Zur Geschwindigkeit eines bewegten Punktes

§ 3. Die Differentiation von Vektoren nach Skalaren

3.1 Die Definition des Differentialquotienten eines Vektors nach einem Skalar

Der Differentialquotient als Grenzwert. Man kann einen Vektor mit einem Skalar multiplizieren und durch einen Skalar dividieren. Ein solcher Skalar ist beispielsweise die Zeit, bzw. eine Zeitspanne, die wir mit Δt bezeichnen wollen. Die Änderung ΔA eines zeitabhängigen Vektors $\boldsymbol{A} = \boldsymbol{A}(t)$ während einer Zeitspanne Δt ist die Differenz der beiden Vektoren $\boldsymbol{A}(t + \Delta t)$ und $\boldsymbol{A}(t)$:

$$\Delta \boldsymbol{A} = \boldsymbol{A}(t + \Delta t) - \boldsymbol{A}(t),$$

und als solche selbst ein Vektor. Eine Division durch Δt ist zulässig. Bildet man nun den Grenzübergang für verschwindendes Δt, so bezeichnet man den so entstehenden Grenzwert als den Differentialquotienten $\mathrm{d}\boldsymbol{A}/\mathrm{d}t$. Somit gilt als

■ Definition der Differentiation eines Vektors nach einem Skalar:

$$\frac{\mathrm{d}\boldsymbol{A}}{\mathrm{d}t} = \lim_{\Delta t \to 0} \frac{\boldsymbol{A}(t + \Delta t) - \boldsymbol{A}(t)}{\Delta t} = \lim_{\Delta t \to 0} \frac{\Delta \boldsymbol{A}}{\Delta t} \qquad [20]$$

Der Differentialquotient $\mathrm{d}\boldsymbol{A}/\mathrm{d}t$ ist ein Vektor.

Die skalare Größe t braucht natürlich nicht unbedingt eine Zeit zu sein.

Ein Beispiel: Der Geschwindigkeitsvektor. Ein Punkt bewege sich längs einer Kurve gemäß Abb. 70. Zu irgendeinem Zeitpunkt sei der Fahrstrahl (Ortsvektor) $\boldsymbol{r}$. Während der infinitesimalen Zeitspanne $\mathrm{d}t$ ändert sich der Fahrstrahl um den infinitesimalen Vektor $\mathrm{d}\boldsymbol{r}$, so daß er nach Ablauf von $\mathrm{d}t$ den Wert $\boldsymbol{r} + \mathrm{d}\boldsymbol{r}$ hat. Das Differential $\mathrm{d}\boldsymbol{r}$ ist dabei von der Lage des Koordinatenursprungs unabhängig.

Der Betrag $|\mathrm{d}\boldsymbol{r}|$ dieses Differentials $\mathrm{d}\boldsymbol{r}$ ist dabei die differentielle Bogenlänge $\mathrm{d}s$ der Bahnkurve. Wir hatten es schon früher (Seite 45) mit differentiellen Bogenlängen zu tun gehabt und wir hatten festgestellt, daß sie als Vektoren angesehen werden dürfen. Da jedoch die Bogenlänge s im allgemeinen *kein* Vektor ist, hatten wir den Vektorcharakter des Differentials durch einen Pfeil hervorgehoben, der über d und s darübergesetzt wurde, also durch $\overrightarrow{\mathrm{d}s}$.

Wir unterscheiden also:

s ... Bogenlänge; kein Vektor,
$\mathrm{d}s$ ... Differential von s; kein Vektor,
$\overrightarrow{\mathrm{d}s}$ ... vektoriell genommenes Differential $\mathrm{d}s$; Vektor!

Und

$\boldsymbol{r}$ ... Fahrstrahl (Ortsvektor); Vektor,
$\mathrm{d}\boldsymbol{r}$ ... Differential von $\boldsymbol{r}$; Vektor,
$|\mathrm{d}\boldsymbol{r}|$ ... Betrag des Differentials $\mathrm{d}\boldsymbol{r}$; kein Vektor!

Der Geschwindigkeitsvektor des bewegten Punktes ist

$$\boldsymbol{v} = \mathrm{d}\boldsymbol{r}/\mathrm{d}t\,.$$

Er hat die Richtung von $\mathrm{d}\boldsymbol{r}$, also die Richtung der Tangente im betreffenden Punkt der Kurve und einen Richtungssinn, der durch die Bewegungsrichtung des bewegten Punktes gegeben ist. Der Betrag der Geschwindigkeit ist

$$|\boldsymbol{v}| = v = |\mathrm{d}\boldsymbol{r}/\mathrm{d}t| = |\mathrm{d}\boldsymbol{r}|/\mathrm{d}t = \mathrm{d}s/\mathrm{d}t\,.$$

Im allgemeinen sind Betrag und Richtung von $\boldsymbol{v}$ Zeitfunktionen. Den Einsvektor, der die Bewegungsrichtung anzeigt, nennt man den *Tangentenvektor* $\boldsymbol{t}$. (Nicht verwechseln mit der Zeit t!) Es gilt

$$\boldsymbol{t} = \mathrm{d}\boldsymbol{r}/|\mathrm{d}\boldsymbol{r}| = \mathrm{d}\boldsymbol{r}/\mathrm{d}s\,,$$
$$|\boldsymbol{t}| = 1\,.$$

Die Geschwindigkeit ist mit Hilfe von $\boldsymbol{t}$ darstellbar als

$$\boldsymbol{v} = \boldsymbol{t}\,v\,,$$

was man auch durch mittelbare Differentiation nach s erhalten kann:

$$\boldsymbol{v} = \frac{\mathrm{d}\boldsymbol{r}}{\mathrm{d}t} = \frac{\mathrm{d}\boldsymbol{r}}{\mathrm{d}s}\cdot\frac{\mathrm{d}s}{\mathrm{d}t} = \boldsymbol{t}\,v\,.$$

Die Differentiation einer Vektorsumme. Sind zwei Vektoren $\boldsymbol{A}$ und $\boldsymbol{B}$ Funktionen eines Skalars t, so ist der Differentialquotient ihrer Summe

$$\begin{aligned}\frac{\mathrm{d}(\boldsymbol{A}+\boldsymbol{B})}{\mathrm{d}t} &= \lim_{\Delta t\to 0}\frac{\{\boldsymbol{A}(t+\Delta t)+\boldsymbol{B}(t+\Delta t)\}-\{\boldsymbol{A}(t)+\boldsymbol{B}(t)\}}{\Delta t} = \\ &= \lim_{\Delta t\to 0}\frac{\{\boldsymbol{A}(t+\Delta t)-\boldsymbol{A}(t)\}+\{\boldsymbol{B}(t+\Delta t)-\boldsymbol{B}(t)\}}{\Delta t} = \\ &= \lim_{\Delta t\to 0}\frac{\Delta\boldsymbol{A}}{\Delta t}+\lim_{\Delta t\to 0}\frac{\Delta\boldsymbol{B}}{\Delta t} = \frac{\mathrm{d}\boldsymbol{A}}{\mathrm{d}t}+\frac{\mathrm{d}\boldsymbol{B}}{\mathrm{d}t}\,.\end{aligned}$$

Der Differentialquotient einer Vektorsumme ist also gleich der Vektorsumme der Differentialquotienten seiner Summanden (Komponenten). Dieser Satz ist nicht auf zwei Summanden beschränkt. Man kann auch sagen: Jede Vektorsumme ist *distributiv* gegenüber einer Differentiation nach einem Skalar:

$$\frac{\mathrm{d}}{\mathrm{d}t}(\boldsymbol{A}+\boldsymbol{B}) = \frac{\mathrm{d}\boldsymbol{A}}{\mathrm{d}t}+\frac{\mathrm{d}\boldsymbol{B}}{\mathrm{d}t}\,.$$

Die Differentiation eines Produktes aus Vektor und Skalar. Wenn der Skalar s und der Vektor $\boldsymbol{A}$ Funktionen eines Skalars t sind, dann ist

$$\frac{\mathrm{d}}{\mathrm{d}t}(s\boldsymbol{A}) = \lim_{\Delta t\to 0}\frac{s(t+\Delta t)\,\boldsymbol{A}(t+\Delta t)-s(t)\,\boldsymbol{A}(t)}{\Delta t}\,.$$

Setzen wir für $s(t+\Delta t)$ die Summe $s(t)+\Delta s$, so ist weiter

$$\begin{aligned}\frac{\mathrm{d}}{\mathrm{d}t}(s\boldsymbol{A}) &= \lim_{\Delta t\to 0}\frac{\{s(t)+\Delta s\}\,\boldsymbol{A}(t+\Delta t)-s(t)\,\boldsymbol{A}(t)}{\Delta t} = \\ &= \lim_{\Delta t\to 0}s(t)\cdot\frac{\boldsymbol{A}(t+\Delta t)-\boldsymbol{A}(t)}{\Delta t}+\lim_{\Delta t\to 0}\frac{\Delta s}{\Delta t}\cdot\boldsymbol{A}(t+\Delta t) = \\ &= \lim_{\Delta t\to 0}s(t)\cdot\frac{\Delta\boldsymbol{A}}{\Delta t}+\lim_{\Delta t\to 0}\frac{\Delta s}{\Delta t}\cdot\boldsymbol{A}(t+\Delta t) = s(t)\cdot\frac{\mathrm{d}\boldsymbol{A}}{\mathrm{d}t}+\frac{\mathrm{d}s}{\mathrm{d}t}\cdot\lim_{\Delta t\to 0}\boldsymbol{A}(t+\Delta t)\,.\end{aligned}$$

Nun geht aber $\boldsymbol{A}(t+\Delta t)$ für verschwindendes Δt in $\boldsymbol{A}(t)$ über, so daß wir – nach zulässiger Vertauschung der Summanden – erhalten:

$$\frac{\mathrm{d}}{\mathrm{d}t}(s\boldsymbol{A}) = \frac{\mathrm{d}s}{\mathrm{d}t}\boldsymbol{A} + s\frac{\mathrm{d}\boldsymbol{A}}{\mathrm{d}t}.$$

Die so gefundene Regel ist analog der Differentiationsregel für Produkte algebraischer Funktionen. Sie ist nicht auf *einen* skalaren Faktor beschränkt. So gilt z. B.

$$\frac{\mathrm{d}}{\mathrm{d}t}(rs\boldsymbol{A}) = \frac{\mathrm{d}(rs)}{\mathrm{d}t}\boldsymbol{A} + rs\frac{\mathrm{d}\boldsymbol{A}}{\mathrm{d}t} = \frac{\mathrm{d}r}{\mathrm{d}t}s\boldsymbol{A} + r\frac{\mathrm{d}s}{\mathrm{d}t}\boldsymbol{A} + rs\frac{\mathrm{d}\boldsymbol{A}}{\mathrm{d}t}.$$

Ist der skalare Faktor s eine Konstante, so ist

$$\mathrm{d}s/\mathrm{d}t = 0,$$

und es gilt in diesem speziellen Fall

$$\mathrm{d}(s\boldsymbol{A})/\mathrm{d}t = s\,\mathrm{d}\boldsymbol{A}/\mathrm{d}t.$$

Ist dagegen $\boldsymbol{A}$ ein konstanter Vektor, so ist

$$\boldsymbol{A}(t+\Delta t) = \boldsymbol{A}(t) = \boldsymbol{A}$$

und

$$\mathrm{d}\boldsymbol{A}/\mathrm{d}t = 0.$$

Wir erhalten dann

$$\mathrm{d}(s\boldsymbol{A})/\mathrm{d}t = \boldsymbol{A}\,\mathrm{d}s/\mathrm{d}t.$$

Ein Beispiel: Differentiation eines Vektors, der als Produkt aus Betrag und Einsvektor dargestellt ist. Ist

$$\boldsymbol{A} = \boldsymbol{e}_A A,$$

so erhält man für den Differentialquotienten

$$\frac{\mathrm{d}\boldsymbol{A}}{\mathrm{d}t} = \frac{\mathrm{d}\boldsymbol{e}_A}{\mathrm{d}t}\cdot A + \boldsymbol{e}_A\cdot\frac{\mathrm{d}A}{\mathrm{d}t}.$$

Für das Differential

$$\mathrm{d}\boldsymbol{A} = \frac{\mathrm{d}\boldsymbol{A}}{\mathrm{d}t}\cdot\mathrm{d}t$$

folgt daraus

$$\mathrm{d}\boldsymbol{A} = A\,\mathrm{d}\boldsymbol{e}_A + \boldsymbol{e}_A\,\mathrm{d}A$$

Dies wird anhand der Abb. 71 anschaulich, bei der man sich allerdings $\mathrm{d}\varphi$ verschwindend klein denken muß: $\mathrm{d}\boldsymbol{e}_A$ ist die infinitesimale Änderung von $\boldsymbol{e}_A$. Da $\boldsymbol{e}_A$ vereinbarungsgemäß ein Einsvektor ist, sein Betrag also in jedem Fall

$$|\boldsymbol{e}_A| = 1$$

ist und bleibt, kann eine Änderung von $\boldsymbol{e}_A$ nur darin bestehen, daß sich seine Richtung ändert, daß sich $\boldsymbol{e}_A$ bei einer Veränderung also dreht. Das Differential $\mathrm{d}\boldsymbol{e}_A$ steht somit stets senkrecht auf $\boldsymbol{e}_A$! In Vektorschreibweise drückt man dies durch das Verschwinden des skalaren Produktes aus:

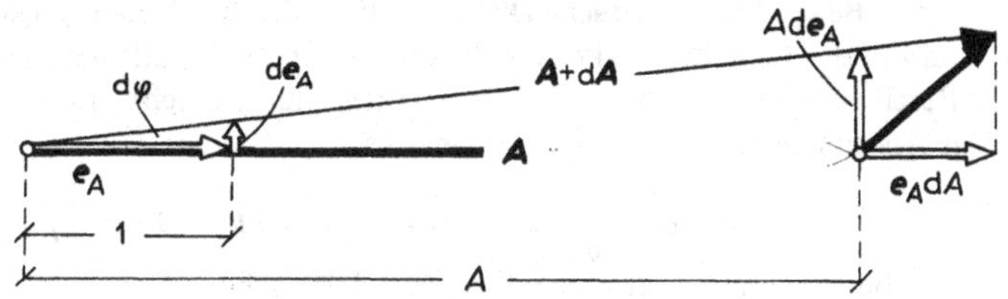

Abb. 71. Zur Veranschaulichung eines Vektordifferentials

$$\boldsymbol{e}_A \cdot \mathrm{d}\boldsymbol{e}_A = 0$$

Der Anteil $A\,\mathrm{d}\boldsymbol{e}_A$ ist somit die zu $\boldsymbol{A}$ senkrechte Komponente von $\mathrm{d}\boldsymbol{A}$. Der zweite Anteil, nämlich $\boldsymbol{e}_A\,\mathrm{d}A$ ist die Komponente in Richtung von $\boldsymbol{A}$. Man beachte:

$$\mathrm{d}A = \mathrm{d}\,|\boldsymbol{A}| \neq |\mathrm{d}\boldsymbol{A}|\,.$$

Das Differential $\mathrm{d}A$ des Betrages A etwas anderes als der Betrag $|\mathrm{d}\boldsymbol{A}|$ des Differentials $\mathrm{d}\boldsymbol{A}$!

Die Differentiation eines Vektors in kartesischen Koordinaten. Ist

$$\boldsymbol{A} = A_x\boldsymbol{i} + A_y\boldsymbol{j} + A_z\boldsymbol{k}\,,$$

so folgt wegen der Distributivität der Vektorsumme gegenüber der Differentiation zunächst

$$\frac{\mathrm{d}\boldsymbol{A}}{\mathrm{d}t} = \frac{\mathrm{d}}{\mathrm{d}t}(A_x\boldsymbol{i}) + \frac{\mathrm{d}}{\mathrm{d}t}(A_y\boldsymbol{j}) + \frac{\mathrm{d}}{\mathrm{d}t}(A_z\boldsymbol{k})\,.$$

Weil weiterhin die Einsvektoren $\boldsymbol{i}, \boldsymbol{j}, \boldsymbol{k}$ des kartesischen Koordinatensystems Konstante sind, ist z. B.

$$\frac{\mathrm{d}}{\mathrm{d}t}(A_x\boldsymbol{i}) = \boldsymbol{i}\frac{\mathrm{d}A_x}{\mathrm{d}t}$$

und somit

$$\mathrm{d}\boldsymbol{A}/\mathrm{d}t = \boldsymbol{i}\,\mathrm{d}A_x/\mathrm{d}t + \boldsymbol{j}\,\mathrm{d}A_y/\mathrm{d}t + \boldsymbol{k}\,\mathrm{d}A_z/\mathrm{d}t\,.$$

Ein Beispiel: die Geschwindigkeit in kartesischen Koordinaten. Da der Ortsvektor eines bewegten Punkten sich in kartesischen Koordinaten darstellt als

$$\boldsymbol{r} = x\boldsymbol{i} + y\boldsymbol{j} + z\boldsymbol{k}\,,$$

erhält man für den Geschwindigkeitsvektor

$$\boldsymbol{v} = \frac{\mathrm{d}\boldsymbol{r}}{\mathrm{d}t} = \frac{\mathrm{d}}{\mathrm{d}t}(x\boldsymbol{i} + y\boldsymbol{j} + z\boldsymbol{k}),$$

was wegen der zeitlichen Konstanz von $\boldsymbol{i}, \boldsymbol{j}, \boldsymbol{k}$ (ruhendes Koordinatensystem!) weiter ergibt

$$\boldsymbol{v} = \frac{\mathrm{d}x}{\mathrm{d}t}\boldsymbol{i} + \frac{\mathrm{d}y}{\mathrm{d}t}\boldsymbol{j} + \frac{\mathrm{d}z}{\mathrm{d}t}\boldsymbol{k} = \dot{x}\boldsymbol{i} + \dot{y}\boldsymbol{j} + \dot{z}\boldsymbol{k}\,.$$

Mit dem Punkt über den Variablen x, y, z ist dabei ihre Differentiation nach t zum Ausdruck gebracht. Die zeitlichen Ableitungen der Koordinaten des bewegten Punktes sind somit die Komponenten seiner Geschwindigkeit:

$$v_x = \dot{x};\; v_y = \dot{y};\; v_z = \dot{z}\,.$$

Ein Beispiel für mehrfache Differentiation: der Beschleunigungsvektor. Durch Differentiation des Geschwindigkeitsvektors nach der Zeit erhält man wieder einen Vektor, den Beschleunigungsvektor $\boldsymbol{a}$. Wir berechnen ihn zunächst in kartesischen Koordinaten (eines ruhenden Koordinatensystems):

$$\boldsymbol{a} = \frac{\mathrm{d}\boldsymbol{v}}{\mathrm{d}t} = \frac{\mathrm{d}}{\mathrm{d}t}(\dot{x}\,\boldsymbol{i} + \dot{y}\,\boldsymbol{j} + \dot{z}\,\boldsymbol{k}) = \ddot{x}\,\boldsymbol{i} + \ddot{y}\,\boldsymbol{j} + \ddot{z}\,\boldsymbol{k}\,.$$

Die Beschleunigungskomponenten sind demnach

$$a_x = \ddot{x};\; a_y = \ddot{y};\; a_z = \ddot{z}\,.$$

Nun berechnen wir $\boldsymbol{a}$ in koordinatenfreier Vektordarstellung:

$$\boldsymbol{a} = \frac{\mathrm{d}\boldsymbol{v}}{\mathrm{d}t} = \frac{\mathrm{d}}{\mathrm{d}t}(v\,\boldsymbol{t}) = \frac{\mathrm{d}v}{\mathrm{d}t}\boldsymbol{t} + v\frac{\mathrm{d}\boldsymbol{t}}{\mathrm{d}t}$$

(Merke: $\boldsymbol{t}$ ... Tangentenvektor; t ... Zeit; $|\boldsymbol{t}| = 1 \neq t$!)

Der erste Summand hat die Richtung von $\boldsymbol{t}$, er heißt daher *Tangentialbeschleunigung:*

$$\boldsymbol{a}_\mathrm{t} = \frac{\mathrm{d}v}{\mathrm{d}t}\boldsymbol{t}\,.$$

Die Tangentialbeschleunigung verschwindet, wenn sich der Betrag der Geschwindigkeit nicht ändert, wenn also

$$\mathrm{d}v/\mathrm{d}t = 0$$

ist.

Der zweite Summand von $\boldsymbol{a}$ hat die Richtung von $\mathrm{d}\boldsymbol{t}/\mathrm{d}t$, steht also senkrecht auf dem Tangentenvektor $\boldsymbol{t}$, weil dieser ein Einsvektor ist (und bleibt!). Er zeigt damit zum momentanen Krümmungsmittelpunkt der Bahn und heißt infolgedessen *Radialbeschleunigung:*

$$\boldsymbol{a}_\mathrm{r} = v\frac{\mathrm{d}\boldsymbol{t}}{\mathrm{d}t}\,.$$

Die Radialbeschleunigung $\boldsymbol{a}_\mathrm{r}$ verschwindet, wenn sich $\boldsymbol{t}$ mit der Zeit nicht ändert, wenn also die Bahn gerade ist.

Wir wollen $\mathrm{d}\boldsymbol{t}/\mathrm{d}t$ durch Geschwindigkeit v und Krümmungsradius ρ der Bahn an der betreffenden Stelle ausdrücken (Abb. 72a). Die von den beiden Tangentenvektoren $\boldsymbol{t}$ und $\boldsymbol{t} + \mathrm{d}\boldsymbol{t}$ gebildete Ebene heißt *Schmiegungsebene* der Bahn an der betreffenden Stelle. Sie fällt für unser (infinitesimales!) Kurvenstück mit der Papierebene zusammen,

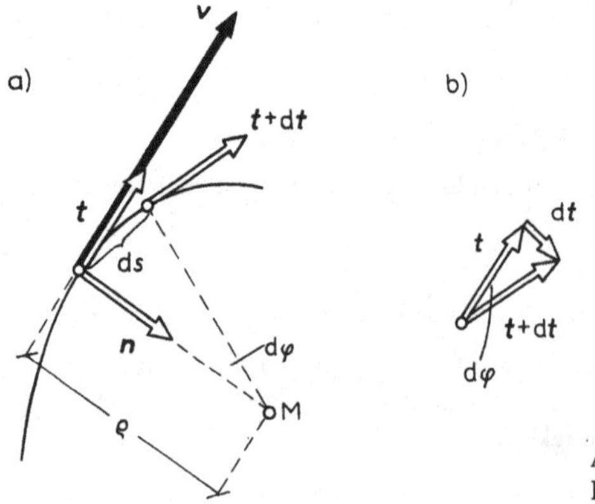

Abb. 72. Beschleunigung auf gekrümmter Bahn

tut dies aber nicht mehr, sobald sich die Bahnkurve aus der Papierebene in den Raum herausschlängelt. In Abb. 72b ist die Vektoraddition $\boldsymbol{t} + \mathrm{d}\boldsymbol{t}$ in der Schmiegungsebene dargestellt. Der in Richtung $\mathrm{d}\boldsymbol{t}$ weisende Einsvektor

$$\boldsymbol{n} = \mathrm{d}\boldsymbol{t}/|\mathrm{d}\boldsymbol{t}|$$

heißt *Normalenvektor*, er zeigt zum Krümmungsmittelpunkt. Man nennt diese Richtung auch die Richtung der *Hauptnormalen* der Raumkurve (Bahnkurve).

Die Richtung des Differentialquotienten $\mathrm{d}\boldsymbol{t}/\mathrm{d}t$ ($\mathrm{d}t$ ... Zeitelement) ist die von $\mathrm{d}\boldsymbol{t}$, also die des Normalenvektors $\boldsymbol{n}$. Um den Betrag $|\mathrm{d}\boldsymbol{t}/\mathrm{d}t|$ zu finden, entnehmen wir aus Abb. 72a das Winkelelement (im Bogenmaß) $\mathrm{d}\varphi = \mathrm{d}s/\rho$ und setzen es gleich dem aus der Abb. 72b entnommenen $\mathrm{d}\varphi = |\mathrm{d}\boldsymbol{t}|/|\boldsymbol{t}| = |\mathrm{d}\boldsymbol{t}|/1 = |\mathrm{d}\boldsymbol{t}|$. Denn es handelt sich in beiden Abbildungen um den gleichen Winkel $\mathrm{d}\varphi$, da die Schenkel paarweise zueinander orthogonal sind. Wir erhalten somit

$$|\mathrm{d}\boldsymbol{t}| = \mathrm{d}s/\rho$$

und damit

$$\left|\frac{\mathrm{d}\boldsymbol{t}}{\mathrm{d}t}\right| = \frac{|\mathrm{d}\boldsymbol{t}|}{\mathrm{d}t} = \frac{\mathrm{d}s}{\rho\,\mathrm{d}t},$$

was wegen $\mathrm{d}s/\mathrm{d}t = v$ zu

$$|\mathrm{d}\boldsymbol{t}/\mathrm{d}t| = v/\rho$$

führt. Durch Multiplikation dieses Ausdruckes mit $\boldsymbol{n}$ erhalten wir schließlich

$$\mathrm{d}\boldsymbol{t}/\mathrm{d}t = \boldsymbol{n}\,v/\rho\,.$$

Für die Radialbeschleunigung $\boldsymbol{a}_\mathrm{r} = v\,\mathrm{d}\boldsymbol{t}/\mathrm{d}t$ kommt man dann zu dem Ausdruck

$$\boldsymbol{a}_\mathrm{r} = \boldsymbol{n}\,v^2/\rho\,.$$

Daß der Betrag a_r der Radialbeschleunigung umgekehrt proportional zum Krümmungsradius ρ ist, leuchtet ein: Je stärker die Bahnkrümmung, also je kleiner ρ ist, desto größer muß die Radialbeschleunigung sein. Die quadratische Abhängigkeit von v läßt sich verstehen, wenn man bedenkt, daß bei größerer Geschwindigkeit erstens eben diese *größere* Geschwindigkeit geändert werden muß, und daß zweitens diese Änderung in kürzerer Zeit zu erfolgen hat.

Die gesamte Beschleunigung stellt sich als Vektorsumme aus Tangentialbeschleunigung $\boldsymbol{a}_\mathrm{t}$ und Radialbeschleunigung $\boldsymbol{a}_\mathrm{r}$ dar:

$$\boldsymbol{a} = \boldsymbol{t}\,\mathrm{d}v/\mathrm{d}t + \boldsymbol{n}\,v^2/\rho\,.$$

Ist in einem speziellen Fall der Betrag v der Geschwindigkeit konstant, dann verschwindet – wie bereits erwähnt – $\mathrm{d}v/\mathrm{d}t$, und als Beschleunigung bleibt die Radialbeschleunigung übrig. Ist darüber hinaus auch die Krümmung der Bahn stets die gleiche, bewegt sich der Punkt also auf einem Kreis, dann ist ρ der Radius dieses Kreises, und $\boldsymbol{a}_\mathrm{r}$ zeigt zum Kreismittelpunkt. Man spricht dann von *Zentripetalbeschleunigung*.

Um einen punktförmigen Körper der Masse m zu bewegen, ist eine Kraft

$$\boldsymbol{F} = m\,\boldsymbol{a}$$

erforderlich. Ihre Tangentialkomponente ist

$$\boldsymbol{F}_\mathrm{t} = m\,\boldsymbol{a}_\mathrm{t}\,,$$

ihre Radialkomponente (bei Kreisbewegung Zentripetalkraft genannt) ist

$$\boldsymbol{F}_r = m\,\boldsymbol{a}_r .$$

Unter *Fliehkraft* (Zentrifugalkraft) versteht man die der Radialkomponente entgegenwirkende Trägheitskraft

$$\boldsymbol{F}_z = -m\,\boldsymbol{a}_r = -\,\boldsymbol{n}\,m v^2/\rho .$$

3.2 Die Differentiation von Produkten von Vektoren

Die Differentiation des skalaren Produktes. Sind die Vektoren $\boldsymbol{A}$ und $\boldsymbol{B}$ Funktionen eines Skalars t, so erhalten wir die Ableitung des skalaren Produktes $\boldsymbol{A}\cdot\boldsymbol{B}$ nach t wie folgt:

$$\frac{\mathrm{d}}{\mathrm{d}t}(\boldsymbol{A}\cdot\boldsymbol{B}) = \lim_{\Delta t\to 0}\frac{\boldsymbol{A}(t+\Delta t)\cdot\boldsymbol{B}(t+\Delta t)-\boldsymbol{A}(t)\cdot\boldsymbol{B}(t)}{\Delta t}.$$

Setzen wir

$$\boldsymbol{A}(t+\Delta t) = \boldsymbol{A}(t) + \Delta\boldsymbol{A},$$

so wird

$$\begin{aligned}\frac{\mathrm{d}}{\mathrm{d}t}(\boldsymbol{A}\cdot\boldsymbol{B}) &= \lim_{\Delta t\to 0}\frac{\{\boldsymbol{A}(t)+\Delta\boldsymbol{A}\}\cdot\boldsymbol{B}(t+\Delta t)-\boldsymbol{A}(t)\cdot\boldsymbol{B}(t)}{\Delta t} = \\ &= \lim_{\Delta t\to 0}\boldsymbol{A}(t)\cdot\frac{\boldsymbol{B}(t+\Delta t)-\boldsymbol{B}(t)}{\Delta t} + \lim_{\Delta t\to 0}\frac{\Delta\boldsymbol{A}}{\Delta t}\cdot\boldsymbol{B}(t+\Delta t) = \\ &= \lim_{\Delta t\to 0}\boldsymbol{A}(t)\cdot\frac{\Delta\boldsymbol{B}}{\Delta t} + \lim_{\Delta t\to 0}\frac{\Delta\boldsymbol{A}}{\Delta t}\cdot\boldsymbol{B}(t+\Delta t) = \\ &= \boldsymbol{A}(t)\cdot\frac{\mathrm{d}\boldsymbol{B}}{\mathrm{d}t} + \frac{\mathrm{d}\boldsymbol{A}}{\mathrm{d}t}\cdot\lim_{\Delta t\to 0}\boldsymbol{B}(t+\Delta t) = \boldsymbol{A}(t)\cdot\frac{\mathrm{d}\boldsymbol{B}}{\mathrm{d}t} + \frac{\mathrm{d}\boldsymbol{A}}{\mathrm{d}t}\cdot\boldsymbol{B}(t).\end{aligned}$$

Die aus der Differentialrechnung bekannte Regel über die Differentiation von Produkten ist demnach auch für skalare Produkte von Vektoren gültig. Wir schreiben sie unter Vertauschung der Summanden nochmals an:

$$\frac{\mathrm{d}}{\mathrm{d}t}(\boldsymbol{A}\cdot\boldsymbol{B}) = \frac{\mathrm{d}\boldsymbol{A}}{\mathrm{d}t}\cdot\boldsymbol{B} + \boldsymbol{A}\cdot\frac{\mathrm{d}\boldsymbol{B}}{\mathrm{d}t}.$$

Zu beachten ist, daß beide Glieder der rechten Seite dieser Gleichung skalare Produkte zweier Vektoren sind.

Für den Spezialfall $\boldsymbol{B} = \boldsymbol{A}$ ergibt sich die Formel

$$\frac{\mathrm{d}}{\mathrm{d}t}\boldsymbol{A}^2 = \frac{\mathrm{d}}{\mathrm{d}t}(\boldsymbol{A}\cdot\boldsymbol{A}) = 2\boldsymbol{A}\cdot\frac{\mathrm{d}\boldsymbol{A}}{\mathrm{d}t}.$$

Wenden wir sie auf einen Vektor an, von dem sich nur die Richtung, nicht aber der Betrag mit t ändert, z. B. auf einen Einsvektor $\boldsymbol{e} = \boldsymbol{e}(t)$, so folgt

$$\mathrm{d}\boldsymbol{e}^2/\mathrm{d}t = 2\boldsymbol{e}\cdot\mathrm{d}\boldsymbol{e}/\mathrm{d}t .$$

Andererseits ist aber $\boldsymbol{e}^2 = e^2 = 1$ und somit

$$\mathrm{d}\boldsymbol{e}^2/\mathrm{d}t = 0 .$$

Daraus folgt, daß

$$\boldsymbol{e}\cdot\mathrm{d}\boldsymbol{e}/\mathrm{d}t = 0$$

ist, daß also $\mathrm{d}\boldsymbol{e}/\mathrm{d}t$ bzw. $\mathrm{d}\boldsymbol{e}$ orthogonal zu $\boldsymbol{e}$ ist. Was wir in Abb. 72 bezüglich des Einsvektors $\boldsymbol{t}$ aus der Anschauung entnommen hatten, haben wir nunmehr auch formal durch Rechnung bewiesen.

Die Differentiation des Vektorproduktes. Die Differentiation des Vektorproduktes $\boldsymbol{A}(t) \times \boldsymbol{B}(t)$ nach t erfolgt nach den gleichen Überlegungen wie die Differentiation des skalaren Produktes, es kommt lediglich die Bedingung hinzu, daß die Reihenfolge der Faktoren nicht vertauscht werden darf, bzw. daß bei eventueller Vertauschung von Faktoren das Vorzeichen geändert werden muß. Die Rechnung sei dem Leser überlassen. Man erhält auf diese Weise wiederum eine der Produktregel der Differentialrechnung analoge Formel:

$$\frac{\mathrm{d}}{\mathrm{d}t}(\boldsymbol{A} \times \boldsymbol{B}) = \left(\frac{\mathrm{d}\boldsymbol{A}}{\mathrm{d}t} \times \boldsymbol{B}\right) + \left(\boldsymbol{A} \times \frac{\mathrm{d}\boldsymbol{B}}{\mathrm{d}t}\right).$$

Die beiden Glieder der rechten Seite der Gleichung sind Vektorprodukte, und die Reihenfolge der Vektoren $\boldsymbol{A}$ und $\boldsymbol{B}$ ist in ihnen die gleiche wie auf der linken Seite!

Ein Spezialfall für die Differentiation eines Vektorproduktes liegt vor, wenn $\boldsymbol{B} = \mathrm{d}\boldsymbol{A}/\mathrm{d}t$, wenn also der eine Faktor die Ableitung des anderen ist. Wir erhalten dann

$$\frac{\mathrm{d}}{\mathrm{d}t}\left(\boldsymbol{A} \times \frac{\mathrm{d}\boldsymbol{A}}{\mathrm{d}t}\right) = \left(\frac{\mathrm{d}\boldsymbol{A}}{\mathrm{d}t} \times \frac{\mathrm{d}\boldsymbol{A}}{\mathrm{d}t}\right) + \left(\boldsymbol{A} \times \frac{\mathrm{d}^2\boldsymbol{A}}{\mathrm{d}t^2}\right).$$

Das erste Glied der Summe rechts ist Null, weil es sich um das Vektorprodukt eines Vektors mit sich selbst handelt (Vgl. Seite 42). Also ist

$$\frac{\mathrm{d}}{\mathrm{d}t}\left(\boldsymbol{A} \times \frac{\mathrm{d}\boldsymbol{A}}{\mathrm{d}t}\right) = \boldsymbol{A} \times \frac{\mathrm{d}^2\boldsymbol{A}}{\mathrm{d}t^2}.$$

3.3 Anwendungsbeispiele aus der Geometrie

Die Frenetschen Formeln. Ordnet man einer Raumkurve eine Richtung zu (z. B. Bewegungsrichtung eines Punktes, der die Raumkurve beschreibt), so versteht man – wie auf Seite 53 bereits ausgeführt wurde – unter dem *Tangentenvektor* $\boldsymbol{t}$ eines Kurvenpunktes

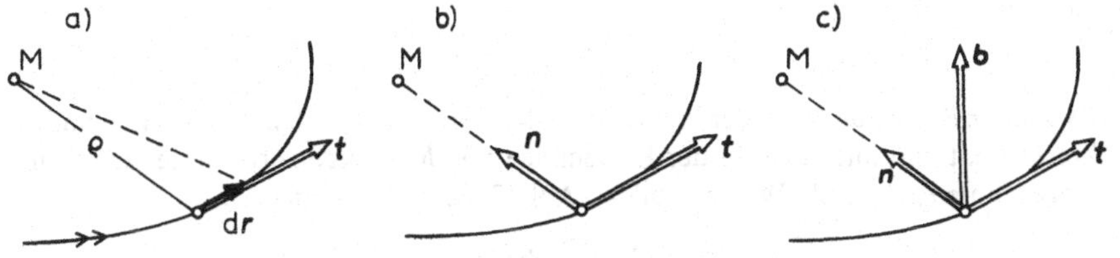

Abb. 73. Zum begleitenden Dreibein

den Einsvektor, der in Richtung der Tangente weist. Er hat die Richtung des Fahrstrahldifferentials $\mathrm{d}\boldsymbol{r}$ (Abb. 73a) und den Betrag 1. Man erhält ihn demnach als den Differentialquotienten

$$\boldsymbol{t} = \mathrm{d}\boldsymbol{r}/|\mathrm{d}\boldsymbol{r}|.$$

Wir bezeichnen – wie auch schon früher – das skalare Kurvenelement, das gleich dem Betrag $|\mathrm{d}\boldsymbol{r}|$ ist, im folgenden stets mit $\mathrm{d}s$. Ableitungen nach der (von irgendeinem festgelegten Kurvenpunkt aus gemessen) skalaren Kurvenlänge s seien durch einen Strich gekennzeichnet. Mit dieser Kennzeichnung ist dann

$$\boldsymbol{t} = \mathrm{d}\boldsymbol{r}/\mathrm{d}s = \boldsymbol{r}'.$$

Der *Normalenvektor* $\boldsymbol{n}$ ist ein Einsvektor, der zum Krümmungsmittelpunkt hinzeigt (Abb. 73b). Für ihn hatten wir auf Seite 57 bereits gefunden

$$\boldsymbol{n} = \mathrm{d}\boldsymbol{t}/|\mathrm{d}\boldsymbol{t}|,$$

und der Betrag $|\mathrm{d}\boldsymbol{t}|$ hatte sich als

$$|\mathrm{d}\boldsymbol{t}| = \mathrm{d}s/\rho$$

mit ρ als Krümmungsradius herausgestellt. Demnach ist

$$\boldsymbol{n} = \rho\, \mathrm{d}\boldsymbol{t}/\mathrm{d}s = \rho\, \boldsymbol{t}'$$

bzw.

$$\boldsymbol{t}' = \boldsymbol{n}/\rho\,.$$

Da eine Verkleinerung des Krümmungsradius eine Verstärkung der Kurvenkrümmung zur Folge hat, definiert man als *Krümmung* K den Kehrwert des Krümmungsradius ρ, also

$$K = 1/\rho\,.$$

Für die Ableitung $\boldsymbol{t}'$ ergibt sich damit

$$\boldsymbol{t}' = K\,\boldsymbol{n}\,.$$

Dieser Zusammenhang wird als *erste Frenetsche Formel* bezeichnet.

Wegen $\boldsymbol{t} = \boldsymbol{r}'$ folgt aus der ersten Frenetschen Formel

$$\boldsymbol{r}'' = K\,\boldsymbol{n}\,,$$

woraus sich die Krümmung K durch skalare Multiplikation beider Seiten der Gleichung mit sich selbst errechnen läßt. Denn die linke Seite liefert

$$\boldsymbol{r}'' \cdot \boldsymbol{r}'' = |\boldsymbol{r}''|^2,$$

die rechte ergibt wegen $\boldsymbol{n}^2 = 1$

$$(K\,\boldsymbol{n}) \cdot (K\,\boldsymbol{n}) = K^2\,\boldsymbol{n}^2 = K^2\,.$$

Daraus folgt

$$K = |\boldsymbol{r}''|\,.$$

Als *Binormalenvektor* $\boldsymbol{b}$ ist der Einsvektor definiert, der auf den Vektoren $\boldsymbol{t}$ und $\boldsymbol{n}$ senkrecht steht und mit ihnen in der Reihenfolge $\boldsymbol{t}$, $\boldsymbol{n}$, $\boldsymbol{b}$ ein rechtsorientiertes Dreibein, das sogenannte *begleitende Dreibein*, bildet (Abb. 73c). Es ist demnach

$$\boldsymbol{b} = \boldsymbol{t} \times \boldsymbol{n}\,.$$

Die Vektoren $\boldsymbol{t}$ und $\boldsymbol{n}$ spannen – wie Seite 56 bereits angeführt – die *Schmiegungsebene* der Kurve für den jeweiligen Kurvenpunkt auf, die von $\boldsymbol{t}$ und $\boldsymbol{b}$ aufgespannte Ebene heißt *rektifizierende Ebene*.

Beim Fortschreiten längs einer Raumkurve dreht sich infolge der Kurvenkrümmung das begleitende Dreibein um den Binormalenvektor, zugleich aber dreht sich im allgemeinen das Dreibein auch um den Tangentenvektor. Die Kurve ist gleichsam zusätzlich verdrillt. Analog zur Definition der Krümmung

$$K = 1/\rho = \mathrm{d}\varphi/\mathrm{d}s$$

definiert man, um die Verdrillung zu beschreiben, eine Größe T mit der Bezeichnung

Torsion durch

$$T = \mathrm{d}\psi/\mathrm{d}s\,.$$

Darin ist $\mathrm{d}\psi$ der infinitesimale Drehwinkel (Abb. 74a), um den sich das Dreibein beim Fortschreiten um das Wegelement $\mathrm{d}s$ um $\boldsymbol{t}$ als Drehachse dreht. (Gelegentlich rechnet man auch mit dem Kehrwert von T, mit $\tau = 1/T$. Dies ist eine Größe von der Dimension einer Länge, sie hat aber keine so unmittelbar anschauliche Bedeutung wie der Krümmungsradius $\rho = 1/K$.)

Aus Abb. 74b entnehmen wir

$$\mathrm{d}\psi = |\mathrm{d}\boldsymbol{b}|/|\boldsymbol{b}| = |\mathrm{d}\boldsymbol{b}|\,,$$

so daß wir für das Vektordifferential $\mathrm{d}\boldsymbol{b}$, das die Richtung von $-\boldsymbol{n}$ hat, schreiben können

$$\mathrm{d}\boldsymbol{b} = -\boldsymbol{n}\,\mathrm{d}\psi = -\boldsymbol{n}\,T\mathrm{d}s\,.$$

Daraus folgt die *zweite Frenetsche Formel*, indem man durch $\mathrm{d}s$ dividiert. Mit der Bezeichnung $\mathrm{d}\boldsymbol{b}/\mathrm{d}s = \boldsymbol{b}'$ lautet sie

$$\boldsymbol{b}' = -T\,\boldsymbol{n}\,.$$

Die Darstellung der Torsion T als Funktion von $\boldsymbol{r}$, bzw. seinen Ableitungen nach s müssen wir auf später (Seite 83) verschieben. Sie ist nicht so einfach wie die Darstellung von K, die wir im Anschluß an die erste Frenetsche Formel durchführten.

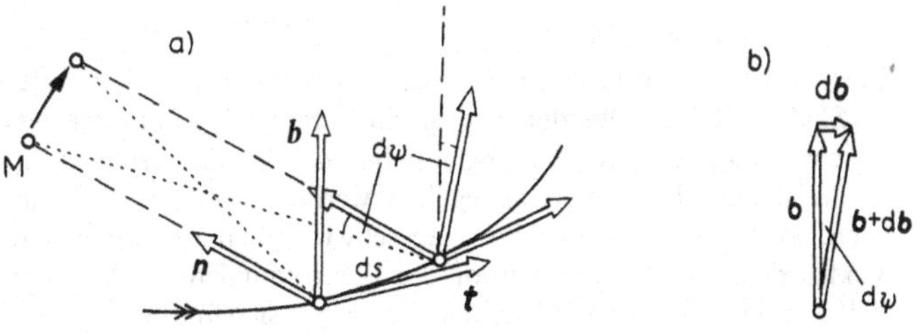

Abb. 74. Zur Torsion einer Raumkurve

Wir wenden uns vielmehr gleich der *dritten Frenetschen Formel* zu, die uns einen Ausdruck für $\boldsymbol{n}'$ liefern wird. Wegen der Orthogonalität von $\boldsymbol{t}$ und $\boldsymbol{n}$ ist

$$\boldsymbol{n}\cdot\boldsymbol{t} = 0\,.$$

Die Differentiation dieser Identität ergibt

$$\boldsymbol{n}'\cdot\boldsymbol{t} + \boldsymbol{n}\cdot\boldsymbol{t}' = 0\,,$$

woraus

$$\boldsymbol{n}'\cdot\boldsymbol{t} = -\boldsymbol{n}\cdot\boldsymbol{t}' = -\boldsymbol{t}'\cdot\boldsymbol{n}$$

folgt, was wegen $\boldsymbol{t}' = K\,\boldsymbol{n}$ schließlich in

$$\boldsymbol{n}'\cdot\boldsymbol{t} = -K\,\boldsymbol{n}\cdot\boldsymbol{n} = -K$$

übergeht. Da $\boldsymbol{t}$ ein Einsvektor ist, stellt also $-K$ die Projektion des Vektors $\boldsymbol{n}'$ auf $\boldsymbol{t}$ dar. Die Komponente von $\boldsymbol{n}'$ in Richtung $\boldsymbol{t}$ ist somit

$$(\boldsymbol{n}')_t = -K\,\boldsymbol{t}\,.$$

Aus $\boldsymbol{n}\cdot\boldsymbol{b}$ erhalten wir durch eine analoge Rechnung, in der wir $\boldsymbol{b}' = -T\,\boldsymbol{n}$ berücksichtigen müssen,

$$\boldsymbol{n}'\cdot\boldsymbol{b} = T\,.$$

Da auch $\boldsymbol{b}$ ein Einsvektor ist, ist also T die Projektion von $\boldsymbol{n}'$ auf $\boldsymbol{b}$, die Komponente von $\boldsymbol{n}'$ in Richtung $\boldsymbol{b}$ ist infolgedessen

$$(\boldsymbol{n}')_b = T\,\boldsymbol{b}\,.$$

Die Komponente von $\boldsymbol{n}'$ in Richtung $\boldsymbol{n}$ verschwindet, weil $\boldsymbol{n}$ ein Einsvektor ist, dessen Betrag immer konstant, nämlich gleich 1 bleibt. Also ist

$$(\boldsymbol{n}')_n = 0\,.$$

Der Vektor

$$\boldsymbol{n}' = (\boldsymbol{n}')_n + (\boldsymbol{n}')_b + (\boldsymbol{n}')_t$$

wird damit

$$\boldsymbol{n}' = T\,\boldsymbol{b} - K\,\boldsymbol{t}\,.$$

3.4 Anwendungsbeispiele aus der Physik

Die Rotationsgeschwindigkeit eines starren Körpers. Dreht sich ein starrer Körper während einer Zeitspanne t um eine feste Achse gleichförmig um den Winkel φ, so versteht man unter seiner Winkelgeschwindigkeit ω den Quotienten

$$\omega = \varphi/t\,.$$

Im Falle ungleichförmiger Drehung wird ω durch einen Differentialquotienten ausgedrückt:

$$\omega = \mathrm{d}\varphi/\mathrm{d}t\,.$$

Liegt – wie im erwähnten Fall – die Drehachse fest, so kann die Winkelgeschwindigkeit als Skalar behandelt werden. Bei Drehung um einen Punkt dagegen muß zur vollständigen Beschreibung des Drehvorganges neben der Winkelgeschwindigkeit auch die Lage der (momentanen) Drehachse angegeben werden. Diese zusätzliche Information läßt sich leicht in die Angabe der Winkelgeschwindigkeit hineinpacken, indem man diese als Vektor definiert. Da der Vektor des infinitesimalen Winkels $\mathrm{d}\varphi$ bereits die Drehachse (mit dem vereinbarten Drehsinn) angibt, bietet sich für den Vektor der Winkelgeschwindigkeit die Definition

$$\vec{\omega} = \overrightarrow{\mathrm{d}\varphi}/\mathrm{d}t$$

an.

Wir wollen nun die Geschwindigkeit $\boldsymbol{v}$ eines Punktes P auf einem starren Körper (oder innerhalb eines starren Körpers) aus dem Vektor der Rotationsgeschwindigkeit (Winkelgeschwindigkeit) berechnen (Abb. 75). Der Punkt P beschreibt um die (momentane) Drehachse ein infinitesimales Stück eines Kreisumfanges, man nennt den Geschwindigkeitsvektor $\boldsymbol{v}$ deshalb Umfangsgeschwindigkeit. In Abb. 75 sind die Vektoren $\overrightarrow{\mathrm{d}\varphi}$, $\boldsymbol{r}$ und $\overrightarrow{\mathrm{d}s}$ eingezeichnet, für welche die auf Seite 46 angegebene Beziehung

$$\overrightarrow{\mathrm{d}s} = \overrightarrow{\mathrm{d}\varphi} \times \boldsymbol{r}$$

besteht. Die Division dieser Gleichung durch das skalare Zeitdifferential $\mathrm{d}t$ ergibt

$$\frac{\overrightarrow{\mathrm{d}s}}{\mathrm{d}t} = \frac{\overrightarrow{\mathrm{d}\varphi} \times \boldsymbol{r}}{\mathrm{d}t} = \frac{\overrightarrow{\mathrm{d}\varphi}}{\mathrm{d}t} \times \boldsymbol{r}\,.$$

Da nun $\overrightarrow{\mathrm{d}s}/\mathrm{d}t$ bereits die gesuchte Umfangsgeschwindigkeit $\boldsymbol{v}$ ist, und $\overrightarrow{\mathrm{d}\varphi}/\mathrm{d}t = \vec{\omega}$, erhalten wir also

$$\boldsymbol{v} = \vec{\omega} \times \boldsymbol{r}\,.$$

Wir stellen uns nun vor, daß sich der starre Körper gleichzeitig mit verschiedenen

Winkelgeschwindigkeiten $\vec{\omega}_1$, $\vec{\omega}_2$, $\vec{\omega}_3$ ... dreht. Die Drehachsen dieser Drehungen gehen alle durch einen Punkt, den wir als Ausgangsprunkt O des eines Fahrstrahles $\mathbf{r}$ wählen. Wären die Rotationsvektoren $\vec{\omega}_1, \vec{\omega}_2, \vec{\omega}_3 \ldots$ jeder für sich allein wirksam, so würde der Endpunkt P von $\mathbf{r}$ die Umfangsgeschwindigkeiten $\mathbf{v}_1, \mathbf{v}_2, \mathbf{v}_3 \ldots$ haben. Ihre Summe ergibt die tatsächliche Geschwindigkeit von P:

$$\mathbf{v} = \mathbf{v}_1 + \mathbf{v}_2 + \mathbf{v}_3 + \cdots$$

Das ist weiter

$$\mathbf{v} = (\vec{\omega}_1 \times \mathbf{r}) + (\vec{\omega}_2 \times \mathbf{r}) + (\vec{\omega}_3 \times \mathbf{r}) + \cdots = (\vec{\omega}_1 + \vec{\omega}_2 + \vec{\omega}_3 + \cdots) \times \mathbf{r}.$$

Man kann demnach der Bewegung des Punktes P eine Rotationsgeschwindigkeit

$$\vec{\omega} = \vec{\omega}_1 + \vec{\omega}_2 + \vec{\omega}_3 + \cdots$$

des starren Körpers zuordnen. Damit ist gezeigt, daß für die Winkelgeschwindigkeit das vektorielle Additionsgesetz gilt.

Die Multiplikation dieser Gleichung mit dem Zeitdifferential dt ergibt

$$\omega \mathrm{d}t = \omega_1 \mathrm{d}t + \omega_2 \mathrm{d}t + \omega_3 \mathrm{d}t + \cdots$$

bzw.

$$\overrightarrow{\mathrm{d}\varphi} = \overrightarrow{\mathrm{d}\varphi_1} + \overrightarrow{\mathrm{d}\varphi_2} + \overrightarrow{\mathrm{d}\varphi_3} + \cdots$$

Damit ist der auf Seite 47 angekündigte Beweis für die vektorielle Addierbarkeit des Winkelelementes erbracht.

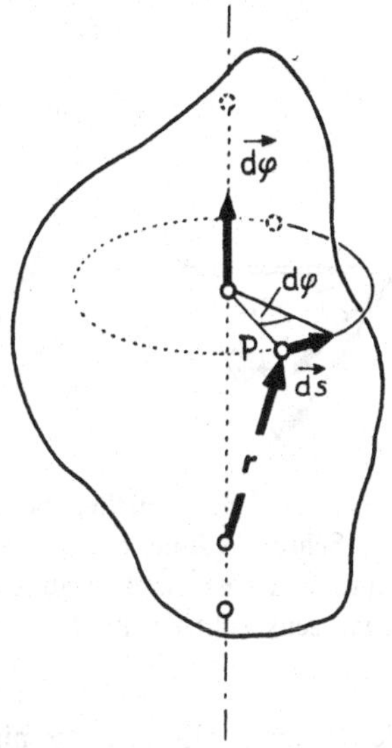

Abb. 75. Zur Berechnung der Umfangsgeschwindigkeit.

Die Bewegung einer elektrischen Ladung in einem homogenen Magnetfeld. Einen Raum, in dem die magnetische Feldstärke überall den gleichen Betrag und die gleiche Richtung hat, nennt man ein homogenes Magnetfeld. Es ist ein Beispiel für ein Vektorfeld. Wir stellen uns ein solches homogenes Magnetfeld vor und nehmen darüber hinaus auch an, daß es sich im Laufe der Zeit nicht verändere. In diesem Felde bewege sich ein elektrisch geladener Körper. Seine (positive) Ladung sei Q, seine Masse sei m und seine momentane Geschwindigkeit sei v.

Allgemein wirkt auf eine (punktförmige) Ladung in einem Magnetfeld mit der Kraftflußdichte $\boldsymbol{B}$ eine Kraft $\boldsymbol{F}$ gemäß

$$\boldsymbol{F} = Q\,(\boldsymbol{v} \times \boldsymbol{B})\,.$$

Man vergleiche hierzu Seite 47. Wie dort bereits dargetan, ist diese Kraft normal auf $\boldsymbol{v}$ und $\boldsymbol{B}$. Wegen $\boldsymbol{F} = m\,\boldsymbol{a}$ ist auch die Beschleunigung $\boldsymbol{a}$ senkrecht zu $\boldsymbol{v}$ und $\boldsymbol{B}$.

Wir fragen, wie sich $\boldsymbol{v}$ unter dem Einfluß des Magnetfeldes ändert. Da $\boldsymbol{a} = \mathrm{d}\boldsymbol{v}/\mathrm{d}t$ wegen seiner Orthogonalität zu $\boldsymbol{v}$ keine Komponente in Richtung von $\boldsymbol{v}$ hat, hat auch die infinitesimale Änderung $\mathrm{d}\boldsymbol{v} = \boldsymbol{a}\,\mathrm{d}t$ niemals eine Komponente in dieser Richtung, so daß der Betrag v stets konstant bleibt. Auch der Winkel α zwischen $\boldsymbol{v}$ und $\boldsymbol{B}$ bleibt stets unverändert (Abb. 76a). Denn wenn man das skalare Produkt $\boldsymbol{v}\cdot\boldsymbol{B}$ nach der Zeit differenziert, so erhält man

$$\frac{\mathrm{d}}{\mathrm{d}t}(\boldsymbol{v}\cdot\boldsymbol{B}) = \frac{\mathrm{d}\boldsymbol{v}}{\mathrm{d}t}\cdot\boldsymbol{B} + \boldsymbol{v}\cdot\frac{\mathrm{d}\boldsymbol{B}}{\mathrm{d}t} = 0\,,$$

weil einerseits wegen

$$\mathrm{d}\boldsymbol{v}/\mathrm{d}t = \boldsymbol{a} = \boldsymbol{F}/m = Q\,(\boldsymbol{v} \times \boldsymbol{B})/m$$

$\mathrm{d}\boldsymbol{v}/\mathrm{d}t$ und $\boldsymbol{B}$ orthogonal sind, so daß $(\mathrm{d}\boldsymbol{v}/\mathrm{d}t)\cdot\boldsymbol{B}$ verschwindet, und weil andererseits wegen $\boldsymbol{B} = \text{konst}$ $\mathrm{d}\boldsymbol{B}/\mathrm{d}t$ auch Null ist. Somit ist $\boldsymbol{v}\cdot\boldsymbol{B} = \text{konst}$, was aber wegen $v = \text{konst}$ und $B = \text{konst}$ die Konstanz des Winkels α bedeutet.

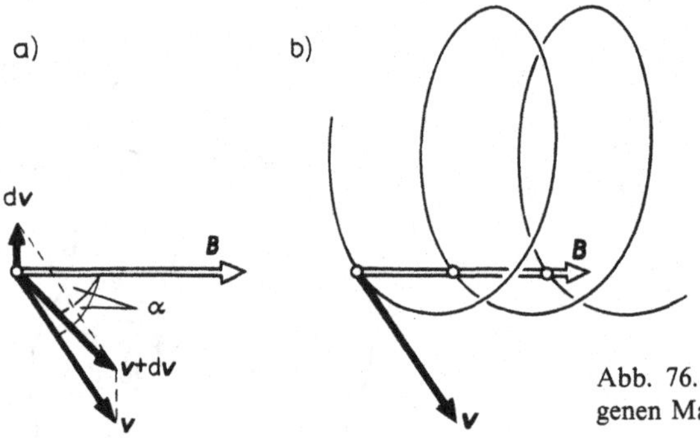

Abb. 76. Zur Teilchenbewegung im homogenen Magnetfeld

Ein geladenes Teilchen beschreibt in einem homogenen Magnetfeld im allgemeinen eine Schraubenlinie, deren Achse in (oder gegen) die Richtung von $\boldsymbol{B}$ zeigt (Abb. 76b). Sonderfälle sind die Bewegung in der (oder entgegen zur) Feldrichtung und die Bewegung genau senkrecht zu ihr. Im ersten Fall ist wegen $\boldsymbol{v} /\!/ \boldsymbol{B}$ bzw. $-\boldsymbol{v} /\!/ \boldsymbol{B}$) die Beschleunigung

$$\mathrm{d}\boldsymbol{v}/\mathrm{d}t = Q\,(\boldsymbol{v} \times \boldsymbol{B})/m = 0\,,$$

die Bewegung also gleichförmig geradlinig, im zweiten Fall verläuft die Bewegung längs einer Kreisbahn mit konstant bleibendem Geschwindigkeitsbetrag v. Die Beschleunigung

$$\boldsymbol{a} = Q\,(\boldsymbol{v} \times \boldsymbol{B})/m$$

ist in diesem Fall die Radialbeschleunigung

$$\boldsymbol{a}_{\mathrm{r}} = \boldsymbol{n}\,v^2/\rho$$

(Vergl. Seite 57), und wegen $\boldsymbol{v} \perp \boldsymbol{B}$ ist ihr Betrag

$$a_{\mathrm{r}} = Q\,v\,B/m = v^2/\rho\,.$$

Daraus folgt für den Bahnradius

$$\rho = mv/QB,$$

und für die Umlaufzeit T auf der Kreisbahn

$$T = 2\rho\pi/v = 2\pi m/QB.$$

Das Beachtenswerte an dem Ausdruck für T ist, daß er die Geschwindigkeit *nicht* enthält. Die Umlaufzeit ist also unabhängig von v. Teilchen mit gleicher *spezifischer Ladung Q/m* beschreiben in einem Magnetfeld mit der Kraftflußdichte $\boldsymbol{B}$ zwar verschieden große Kreise, wenn sie verschieden schnell sind, aber zum Durchlaufen ihrer Kreisbahnen benötigen sie alle die gleiche Zeit*).

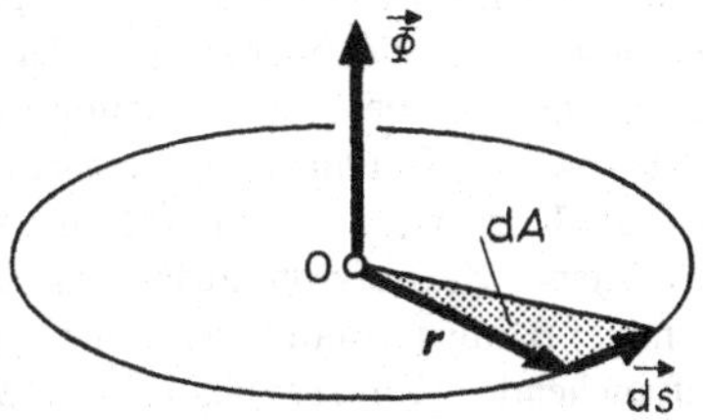

Abb. 77. Zum Flächensatz; der Punkt O muß nicht in der Bahnmitte liegen

Der Flächensatz (zweites Keplersches Gesetz). Das *zweite Keplersche Gesetz* (1509) besagt, daß der von der Sonne zu einem Planeten gezogene Fahrstrahl (Abb. 77) infolge der Planetenbewegung in gleichen Zeiten gleiche Flächen überstreicht. Das bedeutet, daß die sogenannte Flächengeschwindigkeit $\mathrm{d}A/\mathrm{d}t$ konstant ist. Da die Planetenbewegung in einer Ebene erfolgt, haben alle $\mathrm{d}\boldsymbol{A}$ stets die gleiche räumliche Orientierung, es ist also nicht nur der Betrag $\mathrm{d}A/\mathrm{d}t$, sondern auch der Vektor der Flächengeschwindigkeit $\mathrm{d}\boldsymbol{A}/\mathrm{d}t$, den wir mit $\vec{\Phi}$ bezeichnen wollen, konstant.

Der infinitesimale Weg $\vec{\mathrm{d}s}$ des Planeten in der Zeit $\mathrm{d}t$ ist $\boldsymbol{v}\,\mathrm{d}t$, und die überstrichene Fläche $\mathrm{d}\boldsymbol{A}$ ist der Flächeninhalt des infinitesimalen Dreiecks mit den Seiten $\boldsymbol{r}$ und $\vec{\mathrm{d}s}$:

$$\mathrm{d}\boldsymbol{A} = (\boldsymbol{r} \times \vec{\mathrm{d}s})/2 = (\boldsymbol{r} \times \boldsymbol{v}\,\mathrm{d}t)/2.$$

Daraus folgt für die Flächengeschwindigkeit

$$\vec{\Phi} = \frac{\mathrm{d}\boldsymbol{A}}{\mathrm{d}t} = \frac{1}{2} \cdot \frac{\boldsymbol{r} \times \boldsymbol{v}\mathrm{d}t}{\mathrm{d}t} = \frac{\boldsymbol{r} \times \boldsymbol{v}}{2}.$$

Die vektorielle Formulierung des Flächensatzes erhält damit die einfache Form

$$\vec{\Phi} = (\boldsymbol{r} \times \boldsymbol{v})/2 = \text{konst}$$

oder noch einfacher

$$\boldsymbol{r} \times \boldsymbol{v} = \text{konst}.$$

*) Das gilt nur, solange die Masse m als geschwindigkeitsunabhängiger Skalar betrachtet werden darf, also nur bei Geschwindigkeiten, die wesentlich kleiner als die Lichtgeschwindigkeit sind. Nur für diesen Fall ist es sinnvoll, mit der Formel $\boldsymbol{F} = m\,\boldsymbol{a}$ zu rechnen.

Aus dem Flächensatz läßt sich folgern, daß die Beschleunigung (und somit die auf den Planeten wirkende Kraft) parallel oder antiparallel zu $\boldsymbol{r}$ gerichtet ist. Das zeigt man wie folgt:

Wegen der zeitlichen Konstanz von $\boldsymbol{r} \times \boldsymbol{v}$ ist die Ableitung

$$\mathrm{d}(\boldsymbol{r} \times \boldsymbol{v})/\mathrm{d}t = 0 .$$

Die Durchführung der Differentiation ergibt

$$\frac{\mathrm{d}}{\mathrm{d}t}(\boldsymbol{r} \times \boldsymbol{v}) = \left(\frac{\mathrm{d}\boldsymbol{r}}{\mathrm{d}t} \times \boldsymbol{v}\right) + \left(\boldsymbol{r} \times \frac{\mathrm{d}\boldsymbol{v}}{\mathrm{d}t}\right) = (\boldsymbol{v} \times \boldsymbol{v}) + (\boldsymbol{r} \times \boldsymbol{a}) = \boldsymbol{r} \times \boldsymbol{a} .$$

Es ist also das Vektorprodukt

$$\boldsymbol{r} \times \boldsymbol{a} = 0 .$$

Da weder $\boldsymbol{r}$ noch $\boldsymbol{a}$ – die Bahn ist ja gekrümmt! – Null sind, kann $\boldsymbol{r} \times \boldsymbol{a}$ nur verschwinden, wenn $\boldsymbol{a}$ parallel oder antiparallel zu $\boldsymbol{r}$ ist. Im Falle der Planetenbewegung liegt Antiparallelität vor, die Beschleunigung ist zum Zentrum hin, also entgegen $\boldsymbol{r}$ gerichtet.

Der hier für die Planetenbewegung betrachtete Flächensatz gilt allgemein für Bewegungen, die Körper unter dem Einfluß einer zu oder von einem festen Zentrum gerichteten Kraft, einer *Zentralkraft*, ausführen. Er gilt also nicht nur für elliptische (speziell: kreisförmige) Bahnen, sondern auch für hyperbolische Bahnen, wie sie z. B. von nur einmalig auftauchenden Kometen beschrieben werden, oder von α-Partikeln unter der abstoßenden Kraft eines (positiv geladenen) Atomkerns.

Das beschleunigte, jedoch nicht rotierende Bezugssystem. Der Ursprung eines sich nicht drehenden Koordinaten- bzw. Bezugssystems S′ (gestrichenes System) bewege sich relativ zu einem ruhenden (ungestrichenen) System S (Abb. 78). Die Bewegung erfolge beschleunigt. Die Geschwindigkeit von S′, die zugleich die Geschwindigkeit jedes seiner Punkte, also auch von O′ ist, heißt *Führungsgeschwindigkeit* $\boldsymbol{v}_\mathrm{f}$, die Beschleunigung ist die *Führungsbeschleunigung* $\boldsymbol{a}_\mathrm{f} = \mathrm{d}\boldsymbol{v}_\mathrm{f}/\mathrm{d}t$.

Bewegt sich P, dann ist in S seine Geschwindigkeit die zeitliche Ableitung von $\boldsymbol{r}$, in S′ dagegen die von $\boldsymbol{r}'$:

$$\boldsymbol{v} = \mathrm{d}\boldsymbol{r}/\mathrm{d}t \quad \text{und} \quad \boldsymbol{v}' = \mathrm{d}\boldsymbol{r}'/\mathrm{d}t.$$

Zwischen dem gestrichenen und dem ungestrichenen Ortsvektor eines Punktes P besteht gemäß Abb. 78 die Beziehung

$$\boldsymbol{r} = \boldsymbol{s} + \boldsymbol{r}' .$$

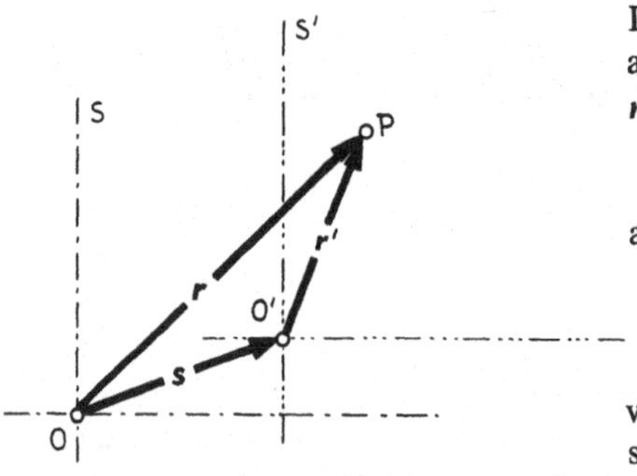

Abb. 78. Bewegtes Bezugssystem

Der Zusammenhang zwischen $\boldsymbol{v}$ und $\boldsymbol{v}'$ folgt aus der Differentiation dieser Gleichung $\boldsymbol{r} = \boldsymbol{s} + \boldsymbol{r}'$ nach der Zeit:

$$\frac{\mathrm{d}}{\mathrm{d}t}(\boldsymbol{r}) = \frac{\mathrm{d}}{\mathrm{d}t}(\boldsymbol{s} + \boldsymbol{r}'),$$

also

$$\boldsymbol{v} = \frac{\mathrm{d}\boldsymbol{s}}{\mathrm{d}t} + \boldsymbol{v}'$$

Nun ist aber $\mathrm{d}\boldsymbol{s}/\mathrm{d}t$ die Geschwindigkeit von O′ gegenüber S, also die Führungsgeschwindigkeit $\boldsymbol{v}_\mathrm{f}$. Wir erhalten damit

$$\boldsymbol{v} = \boldsymbol{v}_\mathrm{f} + \boldsymbol{v}' .$$

Für die Beschleunigungen erhält man durch weitere Differentiation nach t

$$\boldsymbol{a} = \boldsymbol{a}_{\mathrm{f}} + \boldsymbol{a}',$$

bzw.

$$\boldsymbol{a}' = \boldsymbol{a} - \boldsymbol{a}_{\mathrm{f}}.$$

Interpretiert man die Beschleunigungen als Folge von Kräften, die auf einen punktförmigen Körper mit der Masse m einwirken, d. h. setzt man

$$\boldsymbol{a}' = \boldsymbol{F}'/m \quad \text{und} \quad \boldsymbol{a} = \boldsymbol{F}/m,$$

so muß man auch eine Kraft $\boldsymbol{a}_{\mathrm{f}}\, m$ oder $-\boldsymbol{a}_{\mathrm{f}}$ m annehmen, wobei man sich meist für die letztere Form entschließt und sie als Trägheitskraft

$$\boldsymbol{F}_{\mathrm{tr}} = -m\,\boldsymbol{a}_{\mathrm{f}}$$

bezeichnet. Es gilt dann

$$\boldsymbol{F}' = \boldsymbol{F} + \boldsymbol{F}_{\mathrm{tr}}.$$

Die Kraft im System S′ setzt sich also aus der Kraft $\boldsymbol{F}$, die in S festgestellt wird, und der zusätzlichen Trägheitskraft zusammen. Die Trägheitskraft wird anschaulich, wenn wir einen in S′ ruhenden oder zumindest dort nur gleichförmig bewegten Massenpunkt betrachten. Denn in diesem Fall ist $\boldsymbol{a}' = 0$, also $m\,\boldsymbol{a}' = \boldsymbol{F}' = 0$ und somit

$$\boldsymbol{F} + \boldsymbol{F}_{\mathrm{tr}} = 0 \quad \text{oder} \quad \boldsymbol{F}_{\mathrm{tr}} = -\boldsymbol{F}.$$

Wird also ein System beschleunigt, so wirkt auf einen in ihm ruhenden (oder relativ zu ihm gleichförmig bewegten) Körper außer der Beschleunigungskraft $\boldsymbol{F} = m\,\boldsymbol{a}$ eine dieser entgegengerichtete Trägheitskraft $\boldsymbol{F}_{\mathrm{tr}} = -m\,\boldsymbol{a}$. Die Kräftesumme (im beschleunigten System!) ist Null.

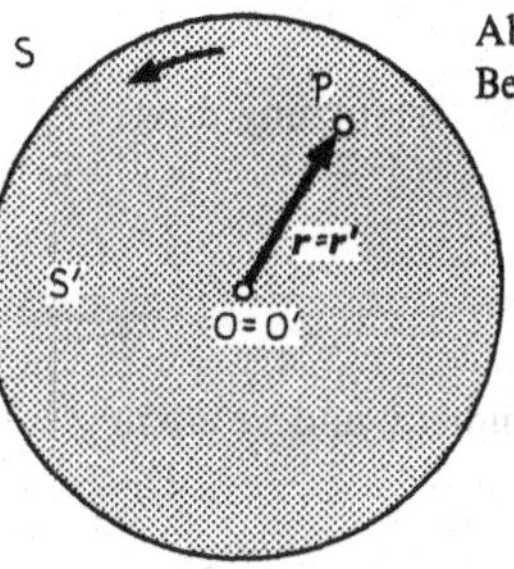

Abb. 79. Rotierendes Bezugssystem

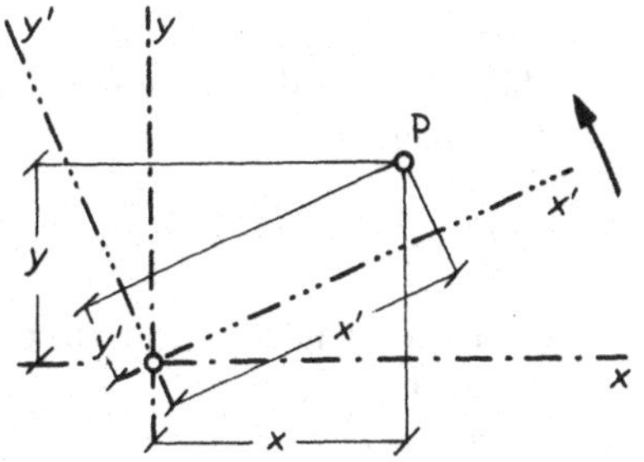

Abb. 80. Geschwindigkeit bei rotierendem Bezugssystem

Das rotierende Bezugssystem. Ein Bezugssystem S′ drehe sich gegenüber einem ruhenden Bezugssystem S. Die Ortsvektoren zu den Punkten des Raumes mögen für beide Bezugssysteme von einem Punkt der Drehachse ausgehen; mit anderen Worten: verbinden wir mit jedem Bezugssystem ein Koordinatensystem, so falle der Ursprung O′ mit O zusammen, und die Drehung erfolge um eine Achse durch O. Die Ortsvektoren, die zu einem Punkt P führen, hängen außer von der Lage von P nur von O bzw. O′ ab, sie sind wegen O = O′ in beiden Bezugssystemen die gleichen (Abb. 79). Die Drehung des Systems S′ hat keinen Einfluß auf den Vektor $\boldsymbol{r} = \boldsymbol{r}'$, wohl aber auf seine Koordinaten. In Abb. 80, wo sich S′ z. B. um die z-Achse drehe und wo der Punkt P relativ zu S ruhen möge, sind zwar die Koordinaten x und y konstant, nicht aber x' und y'. Der Punkt P führt für einen mit S′ rotierenden Beobachter eine Drehbewegung mit der Winkelgeschwindigkeit $-\vec{\omega}$ aus, wenn wir unter $\vec{\omega}$ den Vektor der Winkelgeschwindigkeit von S′ gegenüber S verstehen.

Wir wollen die Geschwindigkeit, die das System S′ an der Stelle P gegenüber S hat, als Umfangsgeschwindigkeit $\boldsymbol{v}_u$ bezeichnen; sie ist

$$\boldsymbol{v}_u = \vec{\omega} \times \boldsymbol{r}.$$

Ruht, wie bereits angenommen, P in S, dann hat er relativ zu S′ eine $\boldsymbol{v}_u$ entgegengerichtete Geschwindigkeit, also $-\boldsymbol{v}_u$.

Bewegt sich der Punkt P relativ zu S mit einer Geschwindigkeit $\boldsymbol{v}$, so wird er sich relativ zu S′ mit

$$\boldsymbol{v}' = \boldsymbol{v} - \boldsymbol{v}_u = \boldsymbol{v} - (\vec{\omega} \times \boldsymbol{r})$$

bewegen. Als Transformationsgleichungen für die Geschwindigkeit erhalten wir also

$$\boldsymbol{v}' = \boldsymbol{v} - (\vec{\omega} \times \boldsymbol{r}) \quad \text{bzw.} \quad \boldsymbol{v} = \boldsymbol{v}' + (\vec{\omega} \times \boldsymbol{r}).$$

Während also für den Beobachter in S

$$\mathrm{d}\boldsymbol{r}/\mathrm{d}t = \boldsymbol{v}$$

ist, ergibt die „gleiche" mathematische Operation im System S′, nämlich die Differentiation nach der Zeit

$$\mathrm{d}\boldsymbol{r}/\mathrm{d}t = \boldsymbol{v}' \qquad (\boldsymbol{r}' = \boldsymbol{r}),$$

also einen anderen Wert. Wir müssen deshalb genau zwischen einer zeitlichen Differentiation in S und einer solchen in S′ unterscheiden, und versehen das Operationssymbol (den Operator) d/dt deshalb mit einem Strich, wenn er in S′ wirksam sein soll, während wir ihn in S ungestrichen lassen. Dann tritt in der mathematischen Schreibweise keine Unklarheit mehr auf, und es ist

$$\mathrm{d}\boldsymbol{r}/\mathrm{d}t = \boldsymbol{v}$$

dagegen

$$\mathrm{d}'\boldsymbol{r}/\mathrm{d}t = \boldsymbol{v}'.$$

Schreiben wir die Transformationsgleichung $\boldsymbol{v} = \boldsymbol{v}' + (\vec{\omega} \times \boldsymbol{r})$ unter Benutzung dieser Darstellungsform, also

$$\frac{\mathrm{d}}{\mathrm{d}t}\boldsymbol{r} = \left(\frac{\mathrm{d}'}{\mathrm{d}t}\boldsymbol{r}\right) + (\vec{\omega} \times \boldsymbol{r}),$$

so können wir auf der rechten Seite den Vektor $\boldsymbol{r}$ symbolisch ausklammern, und sie erhält folgende Form

$$\frac{\mathrm{d}}{\mathrm{d}t}\boldsymbol{r} = \left(\frac{\mathrm{d}'}{\mathrm{d}t} + \vec{\omega} \times\right)\boldsymbol{r}.$$

Wir bringen damit zum Ausdruck, daß die zeitliche Differentiation d/dt in S gleichbedeutend ist mit der zeitlichen Differentiation d′/dt in S′ und der Hinzufügung des Vektorproduktes mit $\vec{\omega}$ als erstem Faktor. Wir schreiben diese Aussage unmittelbar als Transformationsgleichung für die Operation d/dt und d′/dt an:

$$\frac{\mathrm{d}}{\mathrm{d}t} = \frac{\mathrm{d}'}{\mathrm{d}t} + \vec{\omega} \times .$$

Ausgerüstet mit dieser Formel können wir nun auch an die Transformationsgleichung für die Beschleunigung des Punktes P in S bzw. S′ herangehen. Die Beschleunigung $\boldsymbol{a}$ in S ist die in S vorzunehmende zeitliche Ableitung von $\boldsymbol{v}$, die Beschleunigung $\boldsymbol{a}'$ ist die in S′ vorzunehmende zeitliche Ableitung von $\boldsymbol{v}'$, also

$$\boldsymbol{a} = \mathrm{d}\boldsymbol{v}/\mathrm{d}t \quad \text{und} \quad \boldsymbol{a}' = \mathrm{d}'\boldsymbol{v}/\mathrm{d}t.$$

Um den Zusammenhang zwischen $\boldsymbol{a}$ uns $\boldsymbol{a}'$ zu erhalten, differenzieren wir die Transformationsgleichung

$$\boldsymbol{v} = \boldsymbol{v}' + (\vec{\omega} \times \boldsymbol{r})$$

z. B. im System S nach der Zeit:

$$\frac{\mathrm{d}}{\mathrm{d}t}\boldsymbol{v} = \frac{\mathrm{d}}{\mathrm{d}t}\{\boldsymbol{v}' + (\vec{\omega} \times \boldsymbol{r})\} = \frac{\mathrm{d}}{\mathrm{d}t}\boldsymbol{v}' + \frac{\mathrm{d}}{\mathrm{d}t}(\vec{\omega} \times \boldsymbol{r}).$$

Für den ersten Summanden rechts transformieren wir auch den Operator $\mathrm{d}/\mathrm{d}t$; wir erhalten dann

$$\frac{\mathrm{d}}{\mathrm{d}t}\boldsymbol{v} = \left(\frac{\mathrm{d}'}{\mathrm{d}t} + \vec{\omega}\times\right)\boldsymbol{v}' + \frac{\mathrm{d}}{\mathrm{d}t}(\vec{\omega}\times\boldsymbol{r}) = \frac{\mathrm{d}'\boldsymbol{v}'}{\mathrm{d}t} + (\vec{\omega}\times\boldsymbol{v}') + \frac{\mathrm{d}}{\mathrm{d}t}(\vec{\omega}\times\boldsymbol{r}).$$

Da $\vec{\omega}$ als konstant angenommen ist, ergibt die Differentiation des letzten Summanden auf der rechten Seite

$$\frac{\mathrm{d}}{\mathrm{d}t}(\vec{\omega}\times\boldsymbol{r}) = \vec{\omega}\times\frac{\mathrm{d}\boldsymbol{r}}{\mathrm{d}t} = \vec{\omega}\times\boldsymbol{v}.$$

Setzen wir hierin $\boldsymbol{v} = \boldsymbol{v}' + \boldsymbol{v}_{\mathrm{u}}$, so folgt

$$\frac{\mathrm{d}}{\mathrm{d}t}(\vec{\omega}\times\boldsymbol{r}) = (\vec{\omega}\times\boldsymbol{v}') + (\vec{\omega}\times\boldsymbol{v}_{\mathrm{u}}),$$

und wir erhalten als Transformationsgleichung

$$\frac{\mathrm{d}\boldsymbol{v}}{\mathrm{d}t} = \frac{\mathrm{d}'\boldsymbol{v}'}{\mathrm{d}t} + 2(\vec{\omega}\times\boldsymbol{v}') + (\vec{\omega}\times\boldsymbol{v}_{\mathrm{u}}),$$

oder

$$\boldsymbol{a} = \boldsymbol{a}' + 2(\vec{\omega}\times\boldsymbol{v}') + (\vec{\omega}\times\boldsymbol{v}_{\mathrm{u}}).$$

Für $\boldsymbol{a}'$ ergibt sich daraus

$$\boldsymbol{a}' = \boldsymbol{a} - 2(\vec{\omega}\times\boldsymbol{v}') - (\vec{\omega}\times\boldsymbol{v}_{\mathrm{u}}) = \boldsymbol{a} + 2(\boldsymbol{v}'\times\vec{\omega}) + (\boldsymbol{v}_{\mathrm{u}}\times\vec{\omega}).$$

Unterliegt also ein Punkt P im System S einer Beschleunigung $\boldsymbol{a}$, so unterliegt er in S' zwei weiteren, zusätzlichen Beschleunigungen, nämlich $2(\boldsymbol{v}'\times\vec{\omega})$ und $(\boldsymbol{v}_{\mathrm{u}}\times\vec{\omega})$. Man bezeichnet erstere als *Coriolisbeschleunigung*

$$\boldsymbol{a}_{\mathrm{c}} = 2(\boldsymbol{v}'\times\vec{\omega}),$$

letztere als *Zentrifugalbeschleunigung*

$$\boldsymbol{a}_{\mathrm{z}} = \boldsymbol{v}_{\mathrm{u}}\times\vec{\omega}.$$

Befindet sich am Ort von P ein punktförmiger Körper mit der Masse m, so lassen sich die Beschleunigungen als die Folgen von Kräften interpretieren. Im rotierenden Bezugssystem werden somit zwei zusätzliche Kräfte wirksam, die *Corioliskraft*

$$\boldsymbol{F}_{\mathrm{c}} = m\,\boldsymbol{a}_{\mathrm{c}} = 2m(\boldsymbol{v}'\times\vec{\omega})$$

und die *Zentrifugalkraft*

$$\boldsymbol{F}_{\mathrm{z}} = m\,\boldsymbol{a}_{\mathrm{z}} = m(\boldsymbol{v}_{\mathrm{u}}\times\vec{\omega}),$$

und es gilt für die Kraft die Transformationsgleichung

$$\boldsymbol{F}' = \boldsymbol{F} + \boldsymbol{F}_{\mathrm{c}} + \boldsymbol{F}_{\mathrm{z}}.$$

Die Kräfte $\boldsymbol{F}_c$ und $\boldsymbol{F}_z$ werden als Trägheitskräfte bezeichnet. Sie sind nur im System S′ feststellbar. Das wollen wir uns an zwei Sonderfällen deutlich machen.

Wir nehmen einmal an, daß der punktförmige Körper in S′ ruht, daß er also zusammen mit S′ eine Kreisbewegung relativ zu S ausführt. In diesem Fall ist $\boldsymbol{v}' = 0$ und somit $\boldsymbol{F}_c = 2m(\boldsymbol{v}' \times \vec{\omega}) = 0$. Während der Beobachter in S die Kreisbewegung des Körpers nur aus dem Wirken einer zur Drehachse gerichteten Kraft $\boldsymbol{F}$ verstehen kann, ist der Körper für einen Beobachter in S′ in Ruhe. Er stellt also $\boldsymbol{F}' = 0$ fest. Damit bleibt als Transformationsgleichung übrig

$$0 = \boldsymbol{F} + \boldsymbol{F}_z .$$

Darin kommt zum Ausdruck, daß in S′ durch das Hinzutreten von $\boldsymbol{F}_z$ die Wirkung von $\boldsymbol{F}$ aufgehoben wird. In diesem Fall ist dann

$$\boldsymbol{F} = -\boldsymbol{F}_z = -m(\boldsymbol{v}_u \times \vec{\omega}) = m(\vec{\omega} \times \boldsymbol{v}_u)$$

die Zentripetalkraft, sie hat die Richtung der Bewegungsnormalen $\boldsymbol{n}$ (Abb. 81 a). Setzt man für $\boldsymbol{v}_u = \vec{\omega} \times \vec{\rho}$, so wird wegen der Orthogonalität von $\vec{\omega}$ und $\vec{\rho}$ der Betrag

$$v_u = \omega \rho ,$$

woraus

$$\omega = v_u / \rho$$

folgt. Außerdem wird wegen der Orthogonalität von $\vec{\omega}$ und $\boldsymbol{v}_u$ der Betrag von $(\vec{\omega} \times \boldsymbol{v}_u)$ gleich

$$|\vec{\omega} \times \boldsymbol{v}_u| = \omega v_u = v_u^2 / \rho .$$

Wir erhalten somit als Zentripetalkraft (Radialkraft)

$$\boldsymbol{F}_r = \boldsymbol{F} = \boldsymbol{n}\, m v_u^2 / \rho ,$$

also den gleichen Ausdruck wie auf Seite 58, wo lediglich die Umfangsgeschwindigkeit mit $\boldsymbol{v}$ statt mit $\boldsymbol{v}_u$ bezeichnet worden war.

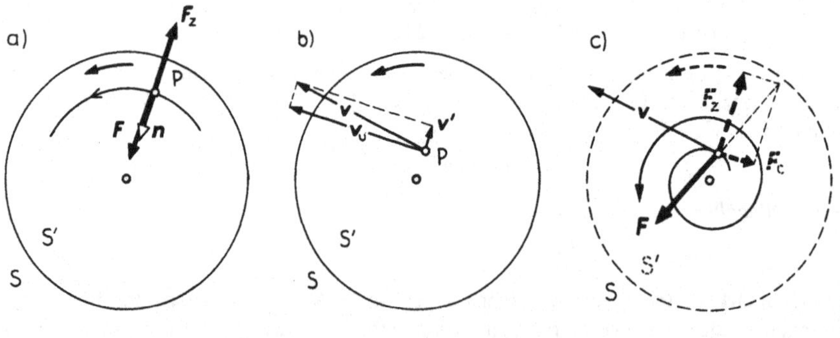

Abb. 81. Kräfte im rotierenden Bezugssystem

Im zweiten Sonderfall, den wir in Abb. 81 b betrachten wollen, bewege sich der Körper in S′ mit konstanter Geschwindigkeit $\boldsymbol{v}'$ radial nach außen. Auch in diesem Fall ist (jetzt wegen der Gleichförmigkeit der Bewegung in S′) $\boldsymbol{a}' = 0$ bzw. $\boldsymbol{F}' = 0$, so daß

$$0 = \boldsymbol{F} + \boldsymbol{F}_c + \boldsymbol{F}_z$$

gilt. Zu der Kraft $\boldsymbol{F}$, die für den Beobachter in S dafür sorgt, daß sich der Körper mit konstanter Winkelgeschwindigkeit, also mit zunehmender Bahngeschwindigkeit auf einer Spiralbahn gemäß Abb. 81 c bewegt, fügen sich für den Beobachter in S′ die Trägheitskräfte $\boldsymbol{F}_c$ und $\boldsymbol{F}_z$ hinzu, so daß für ihn die Bewegung kräftefrei, nämlich gleichförmig und geradlinig wird. Fährt z. B. der Körper längs einer radialen Führungsschiene nach außen, so wirkt sich $\boldsymbol{F}_c$ als eine Kraft des Körpers quer zu ihr, und zwar in Richtung von $-\boldsymbol{v}_u$ aus. Denn mit der radialen Bewegung nach außen wächst ja seine Umfangsgeschwindigkeit, er wird also in Richtung $\boldsymbol{v}_u$ beschleunigt, seine Trägheitskraft gegen diese Beschleunigung ist

$$\boldsymbol{F}_c = 2m(\boldsymbol{v}' \times \vec{\omega}).$$

Weil aber $\boldsymbol{v}'$ die Richtung von $\vec{\rho}$ hat, hat somit $\boldsymbol{F}_c$ die Richtung von $\vec{\rho} \times \vec{\omega}$, die genau entgegengesetzt von $\vec{\omega} \times \vec{\rho} = \boldsymbol{v}_u$ ist.

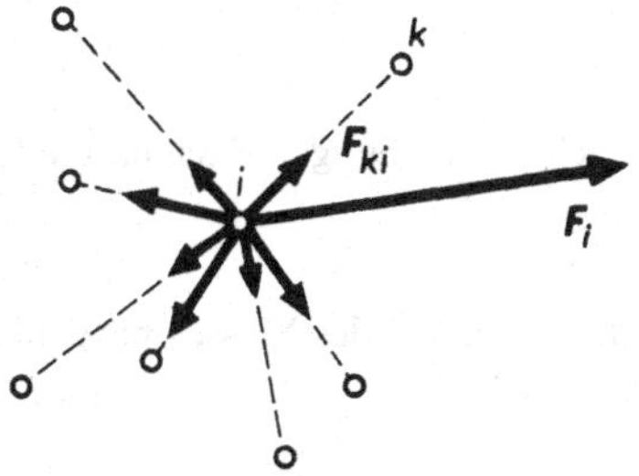

Abb. 82. Innere Kräfte und äußere Kraft an einem Punkt eines Systems von Massenpunkten (Die inneren Kräfte sind als Anziehungskräfte gezeichnet)

Die Bewegungsgleichung eines Systems von Massenpunkten. Innerhalb eines Kraftfeldes mögen sich mehrere Massenpunkte (punktförmige, träge Körper) befinden, die sowohl den Kräften des äußeren Feldes als auch gegenseitigen Kraftwirkungen unterliegen. Wir denken uns die Massenpunkte und die an ihnen angreifenden äußeren Kräfte gleich numeriert, am i-ten Massenpunkt greife demnach die äußere Kraft $\boldsymbol{F}_i$ an (Abb. 82). Die gegenseitigen Kraftwirkungen der Massenpunkte aufeinander äußern sich in den sogenannten inneren Kräften; die vom k-ten auf den i-ten Massenpunkt ausgeübte innere Kraft sei $\boldsymbol{F}_{ki}$. Die zu $\boldsymbol{F}_{ki}$ gehörende Gegenkraft ist die vom i-ten auf den k-ten Punkt zurückwirkende Kraft $\boldsymbol{F}_{ik}$. Es gilt

$$\boldsymbol{F}_{ik} = -\boldsymbol{F}_{ki}.$$

Daraus folgt auch, daß

$$\boldsymbol{F}_{ii} = -\boldsymbol{F}_{ii} = 0$$

sein muß, daß also ein Massenpunkt auf sich selbst keine Kraft ausübt.

Unter dem Einfluß von $\boldsymbol{F}_i$ und aller $\boldsymbol{F}_{ki}$ erfährt der i-te Massenpunkt eine Impulsänderung $\mathrm{d}\boldsymbol{p}_i/\mathrm{d}t = \dot{\boldsymbol{p}}_i$ (Impuls $\boldsymbol{p}_i = m_i \boldsymbol{v}_i$), und es gilt das Grundgesetz der Dynamik

$$\dot{\boldsymbol{p}}_i = \boldsymbol{F}_i + \sum_k \boldsymbol{F}_{ki}.$$

Summiert man über das ganze System, so erhält man

$$\sum_i \dot{\boldsymbol{p}}_i = \sum_i \boldsymbol{F}_i + \sum_i \sum_k \boldsymbol{F}_{ki} = \sum_i \boldsymbol{F}_i,$$

denn es ist

$$\sum_i \sum_k \boldsymbol{F}_{ki} = 0,$$

da sich bei der Summierung jede innere Kraft $\boldsymbol{F}_{mn}$ mit ihrer Gegenkraft $\boldsymbol{F}_{nm} = -\boldsymbol{F}_{mn}$ aufhebt.

Man definiert als Massenmittelpunkt, bzw. als seinen Ortsvektor den Vektor

$$\boldsymbol{r}^* = (\sum_i m_i \boldsymbol{r}_i)/\sum_i m_i .$$

Infolgedessen ist

$$\sum_i m_i \boldsymbol{r}_i = \boldsymbol{r}^* \sum m_i ,$$

woraus durch Differentiation nach der Zeit folgt

$$\sum_i \boldsymbol{p}_i = \sum_i m_i \dot{\boldsymbol{r}}_i = \dot{\boldsymbol{r}}^* \sum_i m_i ,$$

und nach nochmaliger Differentiation

$$\sum_i \dot{\boldsymbol{p}}_i = \sum_i m_i \ddot{\boldsymbol{r}}_i = \ddot{\boldsymbol{r}}^* \sum_i m_i .$$

Nach der vorherigen Rechnung folgt daraus schließlich

$$\ddot{\boldsymbol{r}}^* \sum_i m_i = \sum_i \boldsymbol{F}_i .$$

Die Bewegung des Massenmittelpunktes unterliegt nur der Wirkung äußerer, nicht aber innerer Kräfte!

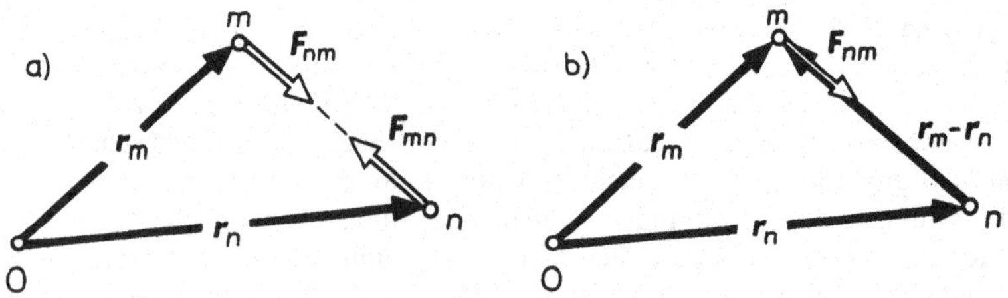

Abb. 83. Zum Drehmoment auf ein System von Massenpunkten

Das Drehmoment auf ein System von Massenpunkten. Stellt man eine analoge Überlegung wie für die Kräfte auch für die Drehmomente $\boldsymbol{M}_i$ (bezüglich des Koordinatenursprungs als Drehpunkt) an, so erhält man für den i-ten Massenpunkt

$$\boldsymbol{M}_i = \boldsymbol{r}_i \times (\boldsymbol{F}_i + \sum_k \boldsymbol{F}_{ki})$$

und für das gesamte System

$$\boldsymbol{M} = \sum_i \boldsymbol{M}_i = \sum_i (\boldsymbol{r}_i \times \boldsymbol{F}_i) + \sum_i \sum_k (\boldsymbol{r}_i \times \boldsymbol{F}_{ki}) .$$

Der zweite Summand auf der rechten Seite verschwindet, denn bei der Summierung lassen sich jeweils Paare von der Form $(\boldsymbol{r}_m \times \boldsymbol{F}_{nm}) + (\boldsymbol{r}_n \times \boldsymbol{F}_{mn})$ zusammenfassen, die sich gegenseitig aufheben. Wie man in Abb. 83a sieht, wirken $\boldsymbol{F}_{nm}$ und $\boldsymbol{F}_{mn} = -\boldsymbol{F}_{nm}$ längs derselben Geraden (längs derselben *Wirkungslinie*), also ist

$$\boldsymbol{r}_n \times \boldsymbol{F}_{mn} = \boldsymbol{r}_m \times \boldsymbol{F}_{mn} = -\boldsymbol{r}_m \times \boldsymbol{F}_{nm}$$

und somit

$$(\boldsymbol{r}_m \times \boldsymbol{F}_{nm}) + (\boldsymbol{r}_n \times \boldsymbol{F}_{mn}) = 0 .$$

Das Verschwinden von $\sum_i \sum_k (\boldsymbol{r}_i \times \boldsymbol{F}_{ki})$ läßt sich etwas mehr formal durch die Vektorrechnung auch wie folgt zeigen: Jedes Paar $(\boldsymbol{r}_n \times \boldsymbol{F}_{mn}) + (\boldsymbol{r}_m \times \boldsymbol{F}_{nm})$ läßt sich mit $\boldsymbol{F}_{mn} = -\boldsymbol{F}_{nm}$ umformen zu

$$(\boldsymbol{r}_n \times \boldsymbol{F}_{mn}) + (\boldsymbol{r}_m \times \boldsymbol{F}_{nm}) = -(\boldsymbol{r}_n \times \boldsymbol{F}_{nm}) + (\boldsymbol{r}_m \times \boldsymbol{F}_{nm}) = (\boldsymbol{r}_m - \boldsymbol{r}_n) \times \boldsymbol{F}_{nm}.$$

Da aber, wie man aus Abb. 83b erkennt, $\boldsymbol{F}_{nm}$ kollinear mit $(\boldsymbol{r}_m - \boldsymbol{r}_n)$ ist, verschwindet das äußere Produkt $(\boldsymbol{r}_m - \boldsymbol{r}_n) \times \boldsymbol{F}_{nm}$ und somit das betrachtete Paar der Drehmomente.

Damit verbleibt als gesamtes Drehmoment

$$\boldsymbol{M} = \sum_i (\boldsymbol{r}_i \times \boldsymbol{F}_i).$$

Die inneren Kräfte tragen nicht zum Drehmoment auf das gesamte System bei!

Dralländerung und Drehmoment auf ein System von Massenpunkten. Definiert man als Drall des i-ten Massenpunktes (bezüglich O) das Vektorprodukt

$$\boldsymbol{L}_i = \boldsymbol{r}_i \times \boldsymbol{p}_i = \boldsymbol{r}_i \times m_i \dot{\boldsymbol{r}}_i,$$

so ist

$$\dot{\boldsymbol{L}}_i = (\dot{\boldsymbol{r}}_i \times \boldsymbol{p}_i) + (\boldsymbol{r}_i \times \dot{\boldsymbol{p}}_i) = (\dot{\boldsymbol{r}}_i \times m_i \dot{\boldsymbol{r}}_i) + (\boldsymbol{r}_i \times m_i \ddot{\boldsymbol{r}}_i).$$

Hierin ist jedoch wegen der Kollinearität der beiden Faktoren der erste Summand $(\dot{\boldsymbol{r}}_i \times m_i \dot{\boldsymbol{r}}_i)$ gleich Null, so daß

$$\dot{\boldsymbol{L}}_i = \boldsymbol{r}_i \times m_i \ddot{\boldsymbol{r}}_i = \boldsymbol{r}_i \times \boldsymbol{F}_i$$

übrigbleibt. Infolgedessen können wir auch schreiben

$$\boldsymbol{M} = \sum_i (\boldsymbol{r}_i \times \boldsymbol{F}_i) = \sum_i \dot{\boldsymbol{L}}_i,$$

und kommen schließlich unter Zusammenfassung aller $\boldsymbol{L}_i$ zum Gesamtdrall des Systems

$$\boldsymbol{L} = \sum_i \boldsymbol{L}_i \qquad (\dot{\boldsymbol{L}} = \sum_i \dot{\boldsymbol{L}}_i)$$

zu der Formulierung des dynamischen Grundgesetzes für die Drehbewegung von Systemen von Massenpunkten:

$$\boldsymbol{M} = \dot{\boldsymbol{L}}.$$

Da auch starre Körper Systeme von Massenpunkten darstellen, gilt dieses Grundgesetz auch für sie.

3.5 Übungsaufgaben

44. Man zeige mit Hilfe des Grenzüberganges $\Delta t \to 0$, daß

$$\frac{\mathrm{d}}{\mathrm{d}t}(\boldsymbol{A}\boldsymbol{B}) = \frac{\mathrm{d}\boldsymbol{A}}{\mathrm{d}t}\boldsymbol{B} + \boldsymbol{A}\frac{\mathrm{d}\boldsymbol{B}}{\mathrm{d}t}$$

ist. $\boldsymbol{A}\boldsymbol{B}$ ist das dyadische Produkt der von t abhängigen Vektoren $\boldsymbol{A} = \boldsymbol{A}(t)$ und $\boldsymbol{B} = \boldsymbol{B}(t)$.

45. Eine Bahnkurve sei gegeben durch $\boldsymbol{r} = \boldsymbol{r}(t)$. Welche Form hat sie, wenn immer

a) $\boldsymbol{r} \times \dot{\boldsymbol{r}} = 0$ oder b) $\boldsymbol{r} \cdot \dot{\boldsymbol{r}} = 0$

ist?

46. Welche Beschleunigung wird in einem sich mit $\vec{\omega}$ drehenden System S′ für einen Punkt mit dem Ortsvektor $\boldsymbol{r}$ festgestellt, der in S ruht?

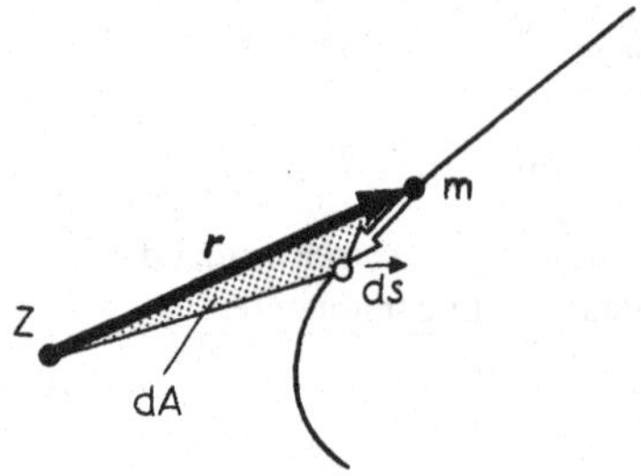

Abb. 84. Zu Aufgabe 45

47. Man leite für die Zentralbewegung eines Massenpunktes aus dem Flächensatz

$$\mathrm{d}A/\mathrm{d}t = \text{konst}$$

den Drehimpuls-Erhaltungssatz (Drehimpuls bezüglich des Zentralkörpers Z)

$$\boldsymbol{L} = \text{konst}$$

ab! (Abb. 84)

48. Man zeige am Beispiel einer gleichförmigen Kreisbewegung mit der Umfangsgeschwindigkeit

$$\boldsymbol{v} = \vec{\omega} \times \vec{\rho}$$

daß

$$|\mathrm{d}\boldsymbol{v}| \neq \mathrm{d}|\boldsymbol{v}|.$$

49. Man beweise durch Ausrechnen in kartesischen Koordinaten, daß

$$\frac{\mathrm{d}}{\mathrm{d}t}(\boldsymbol{A}\cdot\boldsymbol{B}) = \frac{\mathrm{d}\boldsymbol{A}}{\mathrm{d}t}\cdot\boldsymbol{B} + \boldsymbol{A}\cdot\frac{\mathrm{d}\boldsymbol{B}}{\mathrm{d}t}$$

ist.

50. Man beweise durch Ausrechnen in kartesischen Koordinaten, daß

$$\frac{\mathrm{d}}{\mathrm{d}t}(\boldsymbol{A}\times\boldsymbol{B}) = \left(\frac{\mathrm{d}\boldsymbol{A}}{\mathrm{d}t}\times\boldsymbol{B}\right) + \left(\boldsymbol{A}\times\frac{\mathrm{d}\boldsymbol{B}}{\mathrm{d}t}\right)$$

ist.

51. Man zeige durch Ausrechnen in kartesischen Koordinaten, daß $\boldsymbol{v}\cdot\mathrm{d}\boldsymbol{v}/\mathrm{d}t = v\,\mathrm{d}v/\mathrm{d}t$ ist.

52. Ein Punkt bewege sich auf einer Raumkurve $\boldsymbol{r} = \boldsymbol{r}(t)$ mit einer Geschwindigkeit $\boldsymbol{v}$ und einer Beschleunigung $\boldsymbol{a}$. Man zeige, daß

$$|\boldsymbol{v}\times\boldsymbol{a}| = |\boldsymbol{r}''|\,v^3$$

ist. Dabei bedeute $\boldsymbol{r}''$ die zweimalige Ableitung des Ortsvektors nach der Bogenlänge (Weglänge). Hinweis: Man beachte, daß

$$\boldsymbol{v} = \frac{\mathrm{d}\boldsymbol{r}}{\mathrm{d}t} = \frac{\mathrm{d}\boldsymbol{r}}{\mathrm{d}s}\cdot\frac{\mathrm{d}s}{\mathrm{d}t} = \boldsymbol{r}'\,v$$

ist und analog

$$\frac{\mathrm{d}\boldsymbol{r}'}{\mathrm{d}t} = \boldsymbol{r}''\,v.$$

53. In der x-y-Ebene läuft ein Punkt mit konstanter Winkelgeschwindigkeit ω auf einem Kreis mit dem Radius a um. Der Koordinatenursprung falle mit dem Kreismittelpunkt zusammen. Wie lauten die Ausdrücke für $\boldsymbol{r}(t)$ und seine zeitliche Ableitung $\boldsymbol{v} = \dot{\boldsymbol{r}}(t)$ in kartesischen Koordinaten, wenn zur Zeit $t = 0$ der Vektor $\boldsymbol{r}$ die x-Richtung und $\dot{\boldsymbol{r}}$ die y-Richtung hat?

54. Ein Punkt beschreibt eine Schraubenlinie gemäß

$$\boldsymbol{r}(t) = a(\boldsymbol{i}\cos\omega t + \boldsymbol{j}\sin\omega t) + \boldsymbol{k}\,c\,t.$$

Man berechne den Geschwindigkeitsvektor zu irgendeinem Zeitpunkt t und den Betrag der Geschwindigkeit.

55. Man ermittelt für die Schraubenlinie aus Aufgabe 54 die Ausdrücke für das begleitende Dreibein $\boldsymbol{t}, \boldsymbol{n}, \boldsymbol{b}$. Man beachte: $\boldsymbol{t} = \mathrm{d}\boldsymbol{r}/|\mathrm{d}\boldsymbol{r}| = \dot{\boldsymbol{r}}/|\dot{\boldsymbol{r}}|$!

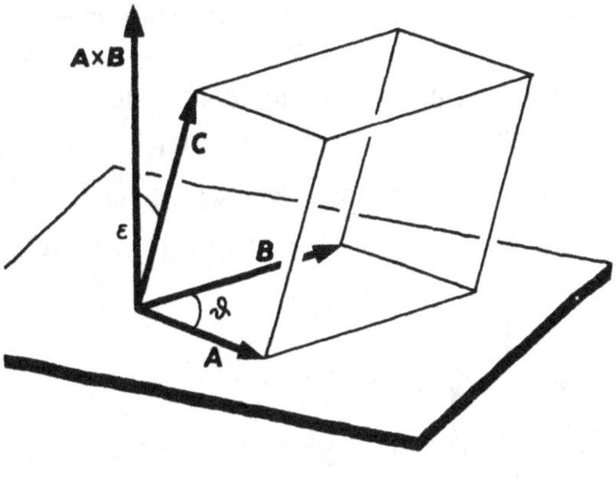

Abb. 85. Zum Spatprodukt

§ 4. Mehrfache Produkte von Vektoren

4.1 Das Spatprodukt

Definition: Sind $\boldsymbol{A}$, $\boldsymbol{B}$, $\boldsymbol{C}$ drei nicht komplanare Vektoren, so läßt sich durch sie — sofern alle drei die Dimension einer Länge haben – ein *räumliches Parallelflach*, ein *Spat* aufspannen (Abb. 85). Die Grundfläche dieses Parallelflachs (auch *Parallelepiped* genannt), ist $|\boldsymbol{A} \times \boldsymbol{B}| = AB \sin \vartheta$, die Höhe ist $C \cos \varepsilon$. Dabei ist ε der Winkel zwischen dem Vektor $\boldsymbol{C}$ und dem Vektor $(\boldsymbol{A} \times \boldsymbol{B})$, der ja als Flächenvektor der Grundfläche auf dieser senkrecht steht. Das Volumen des Parallelflachs erhält man zu

$$V = (AB \sin \vartheta)\, C \cos \varepsilon = |\boldsymbol{A} \times \boldsymbol{B}|\, C \cos \varepsilon\,,$$

was nichts anderes ist als das skalare Produkt aus $(\boldsymbol{A} \times \boldsymbol{B})$ und $\boldsymbol{C}$:

$$V = (\boldsymbol{A} \times \boldsymbol{B}) \cdot \boldsymbol{C}\,.$$

Man schreibt dafür kurz

$$V = [\boldsymbol{A}\,\boldsymbol{B}\,\boldsymbol{C}]\,,$$

man setzt also die drei Vektoren in einer eckigen Klammer einfach hintereinander. Die Vorschrift $[\boldsymbol{A}\,\boldsymbol{B}\,\boldsymbol{C}]$ bedeutet demnach, daß man zuerst das Vektorprodukt $\boldsymbol{A} \times \boldsymbol{B}$ zu bilden und daß man dieses anschließend mit $\boldsymbol{C}$ skalar zu multiplizieren hat.

Unter Verallgemeinerung dieser Vorschrift auf Vektoren beliebiger Dimension ergibt sich damit als Definition des *Volumenproduktes* oder als

■ Definition des Spatproduktes

$$[\boldsymbol{A}\,\boldsymbol{B}\,\boldsymbol{C}] = (\boldsymbol{A} \times \boldsymbol{B}) \cdot \boldsymbol{C} \qquad [21]$$

Eigenschaften des Spatproduktes. Wählen wir in Abb. 85 nicht $(\boldsymbol{A} \times \boldsymbol{B})$ als Grundfläche, sondern $(\boldsymbol{B} \times \boldsymbol{C})$, so erhalten wir das Volumen des Spats zu $V = (\boldsymbol{B} \times \boldsymbol{C}) \cdot \boldsymbol{A}$, oder wegen der Kommutativität des skalaren Produktes zu $V = \boldsymbol{A} \cdot (\boldsymbol{B} \times \boldsymbol{C})$. Somit ist

$$(\boldsymbol{A} \times \boldsymbol{B}) \cdot \boldsymbol{C} = \boldsymbol{A} \cdot (\boldsymbol{B} \times \boldsymbol{C})\,.$$

Die Kreuz- und die Punktmultiplikation im Spatprodukt sind miteinander vertauschbar, wobei jedoch das Kreuzprodukt stets in der Klammer steht. Der Ausdruck $(\boldsymbol{A} \cdot \boldsymbol{B}) \times \boldsymbol{C}$ ist ohne Sinn, denn $(\boldsymbol{A} \cdot \boldsymbol{B})$ ist ein Skalar, der mit $\boldsymbol{C}$ niemals ein Vektorprodukt bilden kann. Die Punktmultiplikation kann also gar nicht vor der Kreuzmultiplikation vorgenommen werden.

Durch Wahl von $(\boldsymbol{A} \times \boldsymbol{B})$, $(\boldsymbol{B} \times \boldsymbol{C})$ oder $(\boldsymbol{C} \times \boldsymbol{A})$ als „Grundfläche" kommt man zu

$$V = (\boldsymbol{A} \times \boldsymbol{B}) \cdot \boldsymbol{C} = (\boldsymbol{B} \times \boldsymbol{C}) \cdot \boldsymbol{A} = (\boldsymbol{C} \times \boldsymbol{A}) \cdot \boldsymbol{B},$$

oder in der vereinbarten Kurzschreibweise

$$[\boldsymbol{A}\,\boldsymbol{B}\,\boldsymbol{C}] = [\boldsymbol{B}\,\boldsymbol{C}\,\boldsymbol{A}] = [\boldsymbol{C}\,\boldsymbol{A}\,\boldsymbol{B}].$$

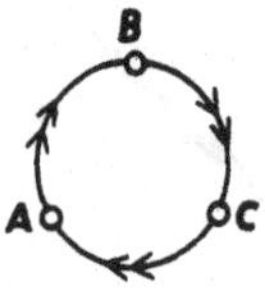

Abb. 86. Zur zyklischen Vertauschung der Faktoren eines Spatproduktes

Ordnet man den drei Vektoren $\boldsymbol{A}$, $\boldsymbol{B}$, $\boldsymbol{C}$ Punkte eines Kreises zu (Abb. 86), so sieht man, daß in allen drei Klammerausdrücken die Reihenfolge der drei Vektoren der Aufeinanderfolge in der Pfeilrichtung der Abb. 86 entspricht. Lediglich der Vektor, mit dem man die Reihenfolge beginnt, ist jedesmal ein anderer. Das Spatprodukt hat somit die Eigenschaft der

■ zyklischen Vertauschbarkeit der Vektoren:

$$[\boldsymbol{A}\,\boldsymbol{B}\,\boldsymbol{C}] = [\boldsymbol{B}\,\boldsymbol{C}\,\boldsymbol{A}] = [\boldsymbol{C}\,\boldsymbol{A}\,\boldsymbol{B}]. \qquad [22]$$

Vertauscht man in $(\boldsymbol{A} \times \boldsymbol{B}) \cdot \boldsymbol{C}$ die beiden Vektoren $\boldsymbol{A}$ und $\boldsymbol{B}$, so ändert das Spatprodukt sein Vorzeichen. Beweis:

$$[\boldsymbol{A}\,\boldsymbol{B}\,\boldsymbol{C}] = (\boldsymbol{A} \times \boldsymbol{B}) \cdot \boldsymbol{C} = -(\boldsymbol{B} \times \boldsymbol{A}) \cdot \boldsymbol{C} = -[\boldsymbol{B}\,\boldsymbol{A}\,\boldsymbol{C}].$$

Bilden die drei Vektoren in der Reihenfolge $\boldsymbol{A}$, $\boldsymbol{B}$, $\boldsymbol{C}$ ein Rechtssystem, so stellt $\boldsymbol{B}$, $\boldsymbol{A}$, $\boldsymbol{C}$ ein Linkssystem dar. Liegt ein Rechtssystem vor, dann ist der Winkel ε zwischen $(\boldsymbol{A} \times \boldsymbol{B})$ und $\boldsymbol{C}$ stets kleiner als 90°, infolgedessen ist $\cos\varepsilon > 0$, und das Spatprodukt hat einen positiven Wert. Ein Spatprodukt aus Vektoren, die in der gewählten Reihenfolge ein Linkssystem bilden, ist dagegen negativ.

Sind zwei Vektoren eines Spatproduktes kollinear, also z. B. $\boldsymbol{B} = \lambda \boldsymbol{A}$, dann wird

$$[\boldsymbol{A}\,\boldsymbol{B}\,\boldsymbol{C}] = (\boldsymbol{A} \times \lambda \boldsymbol{A}) \cdot \boldsymbol{C} = 0,$$

denn das Vektorprodukt $\boldsymbol{A} \times \lambda \boldsymbol{A}$ verschwindet.

Ein Sonderfall der Kollinearität ist die Identität, also z. B. $\boldsymbol{B} = \boldsymbol{A}$. Das Spatprodukt enthält dann zwei gleiche Vektoren. Es gilt somit

$$[\boldsymbol{A}\,\boldsymbol{A}\,\boldsymbol{C}] = 0.$$

Auch bei Komplanarität der drei Vektoren $\boldsymbol{A}$, $\boldsymbol{B}$, $\boldsymbol{C}$ ist $[\boldsymbol{A}\,\boldsymbol{B}\,\boldsymbol{C}] = 0$. Denn dann kann man z. B. $\boldsymbol{C}$ darstellen als

$$\boldsymbol{C} = \lambda \boldsymbol{A} + \mu \boldsymbol{B},$$

und man erhält

$$[\boldsymbol{A}\,\boldsymbol{B}\,\boldsymbol{C}] = (\boldsymbol{A} \times \boldsymbol{B}) \cdot (\lambda \boldsymbol{A} + \mu \boldsymbol{B}) = \lambda (\boldsymbol{A} \times \boldsymbol{B}) \cdot \boldsymbol{A} + \mu (\boldsymbol{A} \times \boldsymbol{B}) \cdot \boldsymbol{B}.$$

Weil aber $(\boldsymbol{A} \times \boldsymbol{B})$ senkrecht zu $\boldsymbol{A}$ und zu $\boldsymbol{B}$ ist, verschwinden beide skalaren Produkte auf der rechten Seite.

Die gezeigten speziellen Fälle der linearen Abhängigkeit der Vektoren eines Spatproduktes sind unmittelbar anschaulich. Man muß nur versuchen, aus den betreffenden Vektoren ein Spat aufzuspannen. Der Versuch mißlingt, das Spatprodukt ist also Null.

Das Spatprodukt in kartesischen Koordinaten. Die skalare Multiplikation innerhalb des Spatproduktes liefert

$$(\boldsymbol{A}\times\boldsymbol{B})\cdot\boldsymbol{C} = |\boldsymbol{A}\times\boldsymbol{B}|_x C_x + |\boldsymbol{A}\times\boldsymbol{B}|_y C_y + |\boldsymbol{A}\times\boldsymbol{B}|_z C_z ,$$

wenn wir unter $|\boldsymbol{A}\times\boldsymbol{B}|_x$ die skalare x-Komponente von $(\boldsymbol{A}\times\boldsymbol{B})$ verstehen, so wie unter $|\boldsymbol{A}\times\boldsymbol{B}|_y$ und $|\boldsymbol{A}\times\boldsymbol{B}|_z$ die y- bzw. z-Komponente. Da diese Komponenten die Unterdeterminanten zur ersten Reihe der Determinante

$$\boldsymbol{A}\times\boldsymbol{B} = \begin{vmatrix} \boldsymbol{i} & \boldsymbol{j} & \boldsymbol{k} \\ A_x & A_y & A_z \\ B_x & B_y & B_z \end{vmatrix}$$

sind, läßt sich das Spatprodukt als Determinante schreiben:

$$[\boldsymbol{A}\,\boldsymbol{B}\,\boldsymbol{C}] = \begin{vmatrix} C_x & C_y & C_z \\ A_x & A_y & A_z \\ B_x & B_y & B_z \end{vmatrix}$$

Wegen der zyklischen Vertauschbarkeit von $\boldsymbol{A}$, $\boldsymbol{B}$, $\boldsymbol{C}$ dürfen auch die Zeilen der entsprechenden Determinante zyklisch vertauscht werden; wir schreiben wegen der leichteren Einprägsamkeit deshalb für das

■ Spatprodukt in kartesischen Koordinaten:

$$[\boldsymbol{A}\,\boldsymbol{B}\,\boldsymbol{C}] = \begin{vmatrix} A_x & A_y & A_z \\ B_x & B_y & B_z \\ C_x & C_y & C_z \end{vmatrix} \qquad [23]$$

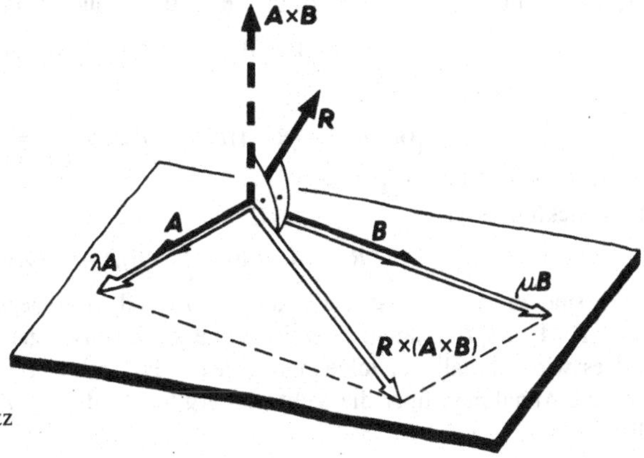

Abb. 87. Zum Entwicklungssatz

4.2 Der Entwicklungssatz

Das zweifache Vektorprodukt $\boldsymbol{R}\times(\boldsymbol{A}\times\boldsymbol{B})$ ergibt einen Vektor, der in der von $\boldsymbol{A}$ und $\boldsymbol{B}$ gebildeten Ebene liegt. Denn $\boldsymbol{R}\times(\boldsymbol{A}\times\boldsymbol{B})$ steht senkrecht auf $(\boldsymbol{A}\times\boldsymbol{B})$, der Vektor $(\boldsymbol{A}\times\boldsymbol{B})$ aber ist selbst senkrecht zu $\boldsymbol{A}$ und zu $\boldsymbol{B}$ (Abb. 87). Wir können somit den Ansatz machen:

$$\boldsymbol{R}\times(\boldsymbol{A}\times\boldsymbol{B}) = \lambda\,\boldsymbol{A} + \mu\,\boldsymbol{B} .$$

Um die skalaren Koeffizienten λ und μ zu ermitteln, multiplizieren wir die Gleichung skalar mit dem Vektor $\boldsymbol{R}$. Das ergibt auf der linken Seite das Spatprodukt

$$\boldsymbol{R} \cdot \{\boldsymbol{R} \times (\boldsymbol{A} \times \boldsymbol{B})\} = [\boldsymbol{R}\boldsymbol{R}(\boldsymbol{A} \times \boldsymbol{B})] .$$

Es verschwindet wegen der Gleichheit zweier seiner Faktoren. Somit verbleibt

$$0 = \lambda(\boldsymbol{R} \cdot \boldsymbol{A}) + \mu(\boldsymbol{R} \cdot \boldsymbol{B}) ,$$

was sich leicht umformen läßt zu

$$\frac{\lambda}{\boldsymbol{R} \cdot \boldsymbol{B}} = -\frac{\mu}{\boldsymbol{R} \cdot \boldsymbol{A}} .$$

Es besteht also zwischen λ und $\boldsymbol{R} \cdot \boldsymbol{B}$ die gleiche Proportionalität wie zwischen μ und $-\boldsymbol{R} \cdot \boldsymbol{A}$. Nennt man den Proportionalitätsfaktor n, so ist

$$\lambda = n\boldsymbol{R} \cdot \boldsymbol{B} \quad \text{und} \quad \mu = -n\boldsymbol{R} \cdot \boldsymbol{A} ,$$

und das zweifache Vektorprodukt wird

$$\boldsymbol{R} \times (\boldsymbol{A} \times \boldsymbol{B}) = n\,\{(\boldsymbol{R} \cdot \boldsymbol{B})\boldsymbol{A} - (\boldsymbol{R} \cdot \boldsymbol{A})\boldsymbol{B}\} .$$

Da n ein Skalar ist, gilt auch für die Beträge

$$|\boldsymbol{R} \times (\boldsymbol{A} \times \boldsymbol{B})| = n\,|(\boldsymbol{R} \cdot \boldsymbol{B})\boldsymbol{A} - (\boldsymbol{R} \cdot \boldsymbol{A})\boldsymbol{B}| ,$$

woraus

$$n = \frac{|\boldsymbol{R} \times (\boldsymbol{A} \times \boldsymbol{B})|}{|(\boldsymbol{R} \cdot \boldsymbol{B})\boldsymbol{A} - (\boldsymbol{R} \cdot \boldsymbol{A})\boldsymbol{B}|}$$

folgt.

Wir berechnen den Wert von n zunächst für einen Sonderfall. Wir nehmen an, daß $\boldsymbol{A}$ senkrecht zu $\boldsymbol{B}$, und $\boldsymbol{R}$ parallel zu $\boldsymbol{B}$ sei. Da $(\boldsymbol{A} \times \boldsymbol{B})$ senkrecht zu $\boldsymbol{B}$ ist, besteht also auch Orthogonalität zwischen $(\boldsymbol{A} \times \boldsymbol{B})$ und $\boldsymbol{R}$. Daraus folgt für den Zähler des Bruches

$$|\boldsymbol{R} \times (\boldsymbol{A} \times \boldsymbol{B})| = R\,|\boldsymbol{A} \times \boldsymbol{B}| = RAB ,$$

und für den Nenner

$$|(\boldsymbol{R} \cdot \boldsymbol{B})\boldsymbol{A} - (\boldsymbol{R} \cdot \boldsymbol{A})\boldsymbol{B}| = |(RB)\boldsymbol{A} - 0| = RAB .$$

Also ist $n = 1$, und es gilt der

■ Entwicklungssatz

$$\boldsymbol{R} \times (\boldsymbol{A} \times \boldsymbol{B}) = (\boldsymbol{R} \cdot \boldsymbol{B})\boldsymbol{A} - (\boldsymbol{R} \cdot \boldsymbol{A})\boldsymbol{B} \qquad [24a]$$

Wir sind zu dieser Aussage allerdings nur durch eine spezielle Annahme über die Vektoren $\boldsymbol{R}$, $\boldsymbol{A}$ und $\boldsymbol{B}$ gelangt. Dies ist keine ganz befriedigende Argumentation gewesen, und es wird deshalb im folgenden gezeigt, daß sich der Entwicklungssatz auch ohne spezielle Annahmen über die Vektoren ergibt. Zu diesem Zweck multiplizieren wir die Gleichung

$$(\boldsymbol{R} \times \boldsymbol{B}) + (\boldsymbol{A} \times \boldsymbol{B}) = (\boldsymbol{R} + \boldsymbol{A}) \times \boldsymbol{B} \qquad [a]$$

beiderseits skalar mit sich selbst. Wir erhalten für die linke Seite

$$Li = \{(\boldsymbol{R} \times \boldsymbol{B}) + (\boldsymbol{A} \times \boldsymbol{B})\}^2 = (\boldsymbol{R} \times \boldsymbol{B})^2 + (\boldsymbol{A} \times \boldsymbol{B})^2 + 2(\boldsymbol{R} \times \boldsymbol{B}) \cdot (\boldsymbol{A} \times \boldsymbol{B}) .$$

Nach der Regel, daß

$$\begin{aligned}(\boldsymbol{R} \times \boldsymbol{B})^2 = |\boldsymbol{R} \times \boldsymbol{B}|^2 &= (RB\sin\vartheta)^2 = R^2B^2\sin^2\vartheta = R^2B^2(1-\cos^2\vartheta) = \\ &= R^2B^2 - (RB\cos\vartheta)^2 = R^2B^2 - (\boldsymbol{R} \cdot \boldsymbol{B})^2 \end{aligned} \qquad [b]$$

ist, läßt sich diese linke Seite weiter umformen zu

$$Li = R^2B^2-(R\cdot B)^2 + A^2B^2-(A\cdot B)^2 + 2(R\times B)\cdot(A\times B) =$$
$$= (R^2 + A^2)B^2-(R\cdot B)^2-(A\cdot B)^2 + 2(R\times B)\cdot(A\times B).$$

Der letzte Summand ist als mit 2 multipliziertes Spatprodukt aus R, B und $(A\times B)$ darstellbar, also

$$2(R\times B)\cdot(A\times B) = 2[RB(A\times B)] = -2[R(A\times B)B] = -2\{R\times(A\times B)\}\cdot B.$$

Hier taucht bereits das zweifache Vektorprodukt $R\times(A\times B)$ auf, für das wir uns interessieren! Der Ausdruck Li ist damit

$$Li = (R^2 + A^2)B^2-(R\cdot B)^2-(A\cdot B)^2-2\{R\times(A\times B)\}\cdot B.$$

Die rechte Seite der Gleichung [a] ergibt nach der Regel [b]

$$Re = \{(R + A)\times B\}^2 = (R + A)^2B^2-\{(R + A)\cdot B\}^2 =$$
$$= (R^2 + A^2)B^2 + 2(R\cdot A)B^2-\{R\cdot B + A\cdot B\}^2,$$

also

$$Re = (R^2 + A^2)B^2 + 2(R\cdot A)B^2-(R\cdot B)^2-(A\cdot B)^2-2(R\cdot B)(A\cdot B).$$

Setzt man nun $Li = Re$, so heben sich die ersten drei Summanden links mit gleichen Summanden rechts weg, und es bleibt nach Division durch -2

$$\{R\times(A\times B)\}\cdot B = -(R\cdot A)B^2 + (R\cdot B)(A\cdot B). \qquad [c]$$

Setzt man $B^2 = B\cdot B$, so läßt sich B auf der rechten Seite von [c] ausklammern. Das ergibt

$$\{R\times(A\times B)\}\cdot B = \{(R\cdot B)A-(R\cdot A)B\}\cdot B$$

oder

$$\{R\times(A\times B)-(R\cdot B)A + (R\cdot A)B\}\cdot B = 0.$$

Diese Bedingung ist für jeden beliebigen Vektor B gültig, sie ist also im allgemeinen nur erfüllt, wenn

$$R\times(A\times B)-(R\cdot B)A + (R\cdot A)B = 0$$

ist, und somit

$$R\times(A\times B) = (R\cdot B)A-(R\cdot A)B$$

ist. Damit ist gezeigt, daß der Entwicklungssatz für beliebige Vektoren gilt.

Eine einfacher merkbare Form als [24a] erhält man für den Entwicklungssatz, wenn man ihn mit Hilfe dyadischer Produkte anschreibt. Es ist

$$R\times(A\times B) = (R\cdot B)A-(R\cdot A)B = R\cdot BA-R\cdot AB,$$

also

$$R\times(A\times B) = R\cdot(BA-AB).$$

Wie man leicht findet, gilt andererseits

$$(A\times B)\times R = (BA-AB)\cdot R.$$

Der aus den beiden dyadischen Produkten BA und AB gebildete Operator $BA-AB$ entspricht bei *skalarer* Multiplikation mit dem Vektor R dem Vektor $A\times B$, sofern dieser mit R *vektoriell* multipliziert wird. Damit ist der

■ Entwicklungssatz in Operator-Schreibweise

$$\begin{aligned}(A\times B)\times &= (BA-AB)\cdot \\ \times(A\times B) &= \cdot(BA-AB)\end{aligned} \qquad [24b]$$

Bei Vektoren in nichtdreidimensionalen Räumen bezeichnet man den Operator $\boldsymbol{BA}-\boldsymbol{AB}$ als äußeres Produkt. Ein Vektorprodukt wie im dreidimensionalen Raum läßt sich dort nicht definieren.

4.3 Das gemischte Dreifachprodukt

Wir suchen nach einem Ausdruck für $(\boldsymbol{A} \times \boldsymbol{B}) \cdot (\boldsymbol{C} \times \boldsymbol{D})$. Nennen wir $\boldsymbol{A} \times \boldsymbol{B} = \boldsymbol{S}$, so ist

$$(\boldsymbol{A} \times \boldsymbol{B}) \cdot (\boldsymbol{C} \times \boldsymbol{D}) = \boldsymbol{S} \cdot (\boldsymbol{C} \times \boldsymbol{D}) = [\boldsymbol{SCD}] = [\boldsymbol{DSC}] = (\boldsymbol{D} \times \boldsymbol{S}) \cdot \boldsymbol{C}.$$

Schreiben wir nun wieder für $\boldsymbol{S}$ das Produkt $\boldsymbol{A} \times \boldsymbol{B}$, so erhalten wir in der Klammer ein doppeltes Vektorprodukt, das sich nach dem Entwicklungssatz umformen läßt:

$$(\boldsymbol{A} \times \boldsymbol{B}) \cdot (\boldsymbol{C} \times \boldsymbol{D}) = \{\boldsymbol{D} \times (\boldsymbol{A} \times \boldsymbol{B})\} \cdot \boldsymbol{C} = \{(\boldsymbol{D} \cdot \boldsymbol{B})\boldsymbol{A} - (\boldsymbol{D} \cdot \boldsymbol{A})\boldsymbol{B}\} \cdot \boldsymbol{C} =$$
$$= (\boldsymbol{D} \cdot \boldsymbol{B})(\boldsymbol{A} \cdot \boldsymbol{C}) - (\boldsymbol{D} \cdot \boldsymbol{A})(\boldsymbol{B} \cdot \boldsymbol{C}).$$

Wir können die Vektoren auf der rechten Seite auch in anderer Reihenfolge schreiben. Damit ergibt sich für das

■ gemischte Dreifachprodukt

$$(\boldsymbol{A} \times \boldsymbol{B}) \cdot (\boldsymbol{C} \times \boldsymbol{D}) = (\boldsymbol{A} \cdot \boldsymbol{C})(\boldsymbol{B} \cdot \boldsymbol{D}) - (\boldsymbol{B} \cdot \boldsymbol{C})(\boldsymbol{A} \cdot \boldsymbol{D}). \qquad [25]$$

4.4 Die Überschiebung zweier dyadischer Produkte

Unter Überschiebung versteht man die Bildung eines skalaren Produktes. So kann man das skalare Produkt $\boldsymbol{A} \cdot \boldsymbol{B}$ auch als Überschiebung der beiden Vektoren $\boldsymbol{A}$ und $\boldsymbol{B}$ bezeichnen.

Das Zweifachprodukt $\boldsymbol{AB} \cdot \boldsymbol{R}$, mit dessen Hilfe wir auf Seite 35 das dyadische Produkt $\boldsymbol{AB}$ definiert hatten, bedeutet eine Überschiebung von $\boldsymbol{AB}$ mit $\boldsymbol{R}$, und zwar von rechts, denn $\boldsymbol{R}$ steht rechts dahinter. In $\boldsymbol{R} \cdot \boldsymbol{AB}$ ist das dyadische Produkt $\boldsymbol{AB}$ von links mit $\boldsymbol{R}$ überschoben.

Beim dreifachen Produkt $\boldsymbol{AB} \cdot \boldsymbol{CD}$ liegt in der Mitte eine Überschiebung vor. Vereinbarungsgemäß gilt als Definition für die

■ Überschiebung zweier dyadischer Produkte

$$\boldsymbol{AB} \cdot \boldsymbol{CD} = \boldsymbol{A}(\boldsymbol{B} \cdot \boldsymbol{C})\boldsymbol{D} \qquad [26]$$

Der Klammerausdruck $(\boldsymbol{B} \cdot \boldsymbol{C})$ ist ein Skalar und kann daher an anderer Stelle geschrieben werden:

$$\boldsymbol{AB} \cdot \boldsymbol{CD} = \boldsymbol{A}(\boldsymbol{B} \cdot \boldsymbol{C})\boldsymbol{D} = (\boldsymbol{B} \cdot \boldsymbol{C})\boldsymbol{AD} = \boldsymbol{AD}(\boldsymbol{B} \cdot \boldsymbol{C}).$$

Derartige Überschiebungen sind auf beliebig viele dyadische Produkte anwendbar, denn das Ergebnis jeder Überscheibung ist ja immer wieder ein dyadisches Produkt, multipliziert mit einem Skalar. Also

$$\boldsymbol{AB} \cdot \boldsymbol{CD} \cdot \boldsymbol{EF} = \boldsymbol{A}(\boldsymbol{B} \cdot \boldsymbol{C})(\boldsymbol{D} \cdot \boldsymbol{E})\boldsymbol{F} \quad \text{usw.}$$

Das Verfahren gilt auch, wenn vor und hinter einem dyadischen Produkt je ein Vektor steht:

$$\boldsymbol{R} \cdot \boldsymbol{AB} \cdot \boldsymbol{S} = (\boldsymbol{R} \cdot \boldsymbol{A})(\boldsymbol{B} \cdot \boldsymbol{S}).$$

Das Ergebnis ist in diesem Fall ein Skalar.

4.5 Anwendungsbeispiele aus der Geometrie

Der Sinussatz der sphärischen Trigonometrie. Ein sogenanntes sphärisches Dreieck wird durch drei Punkte auf einer Kugel festgelegt. Selbstverständlich dürfen diese drei Punkte nicht auf demselben Großkreis liegen. Die drei Eckpunkte A, B, C in Abb. 88 seien die Spitzen von drei vom Kugelmittelpunkt als Ursprung ausgehenden Ortsvektoren $\boldsymbol{A}$, $\boldsymbol{B}$, $\boldsymbol{C}$. Diese haben alle die gleiche Länge, nämlich die des Kugelradius r. Wenn man von den Seiten a, b, c des sphärischen Dreiecks spricht, so meint man die Winkel

$$a = \sphericalangle(\boldsymbol{B},\boldsymbol{C}),$$
$$b = \sphericalangle(\boldsymbol{C},\boldsymbol{A}),$$
$$c = \sphericalangle(\boldsymbol{A},\boldsymbol{B}).$$

Die Winkel α, β, γ des sphärischen Dreiecks sind die Winkel, die die Kreisbögen auf der Kugel, bzw. deren Tangenten miteinander bilden. Es sind zugleich die Winkel, die die von den Vektoren $\boldsymbol{A}$, $\boldsymbol{B}$, $\boldsymbol{C}$ gebildeten Ebenen miteinander einschließen. Wir setzen hier und im folgenden voraus, daß die Winkel und Seiten im sphärischen Dreieck alle kleiner als 180° sind.

Wir wollen nun eine Beziehung zwischen Seiten und Winkeln des sphärischen Dreiecks

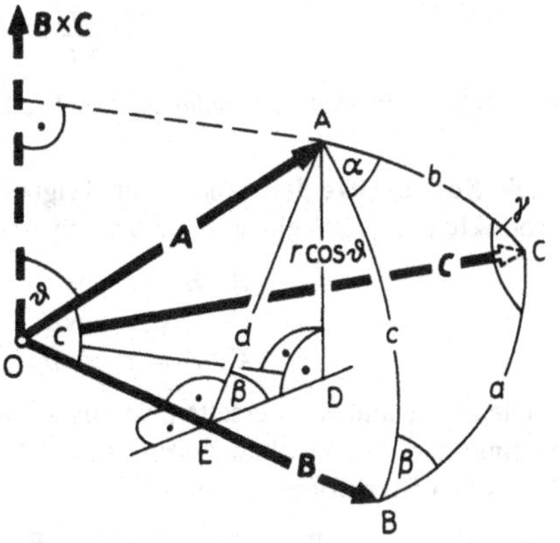

Abb. 88. Zum Sinussatz und Kosinussatz der sphärischen Trigonometrie

finden. Zu diesem Zweck berechnen wir das Spatprodukt aus $\boldsymbol{A}$, $\boldsymbol{B}$, $\boldsymbol{C}$:

$$[\boldsymbol{A}\boldsymbol{B}\boldsymbol{C}] = \boldsymbol{A} \cdot (\boldsymbol{B} \times \boldsymbol{C}) = r^3 \sin a \cos \vartheta .$$

Um $\cos\vartheta$ durch die Bestimmungsstücke des sphärischen Dreiecks auszudrücken, projizieren wir $\boldsymbol{A}$ auf $(\boldsymbol{B} \times \boldsymbol{C})$, die Projektion ist dann $r\cos\vartheta$. Fällen wir von A das Lot auf die von $\boldsymbol{B}$ und $\boldsymbol{C}$ gebildete Fläche, so hat es – wie man leicht einsieht – ebenfalls die Länge $r\cos\vartheta$. Wir legen nun durch dieses Lot eine Ebene senkrecht zu dem Vektor $\boldsymbol{B}$. Sie schneidet ihn im Punkte E. Da sie parallel zur Tangentialebene an die Kugel im Punkte B ist, ist der Winkel im Dreieck bei E gleich dem im sphärischen Dreieck bei B, also β. Aus dem rechtwinkligen Dreieck AEO, dessen Winkel bei O gleich der „Seite" c des sphärischen Dreiecks ist, folgt

$$d = r \sin c ,$$

und aus dem Dreieck EDA folgt

$$d = r \cos\vartheta / \sin\beta .$$

Durch Gleichsetzen beider Ausdrücke erhält man schließlich

$$\cos\vartheta = \sin c \sin\beta .$$

Somit ist das Spatprodukt

$$[\boldsymbol{ABC}] = r^3 \sin a \sin\beta \sin c .$$

Statt das Spatprodukt durch $\boldsymbol{A}\cdot(\boldsymbol{B}\times\boldsymbol{C})$ auszurechnen, hätten wir auch von $\boldsymbol{B}\cdot(\boldsymbol{C}\times\boldsymbol{A})$ oder von $\boldsymbol{C}\cdot(\boldsymbol{A}\times\boldsymbol{B})$ ausgehen können. Wir hätten dann eben vom Punkt B das Lot auf die Ebene aus $\boldsymbol{C}$ und $\boldsymbol{A}$, oder von C das Lot auf die Ebene aus $\boldsymbol{A}$ und $\boldsymbol{B}$ gefällt. Die Ergebnisse wären, wie man durch zyklische Vertauschung innerhalb a, b, und c bzw. innerhalb α, β und γ leicht findet,

$$[\boldsymbol{BCA}] = r^3 \sin b \sin\gamma \sin a$$

und

$$[\boldsymbol{CAB}] = r^3 \sin c \sin\alpha \sin b .$$

Da die drei Spatprodukte gleich sind, folgt daraus

$$\sin a \sin\beta \sin c = \sin b \sin\gamma \sin a = \sin c \sin\alpha \sin b .$$

Dividiert man diese Gleichung durch $\sin a \sin b \sin c$, so erhält man unter gleichzeitiger Vertauschung der Reihenfolge der Ausdrücke die Beziehung

$$\frac{\sin\alpha}{\sin a} = \frac{\sin\beta}{\sin b} = \frac{\sin\gamma}{\sin c}$$

Das ist der *Sinussatz der sphärischen Trigonometrie.*

Die Kosinussätze der sphärischen Trigonometrie. Für die skalaren und die vektoriellen Produkte der drei Vektoren $\boldsymbol{A}$, $\boldsymbol{B}$, $\boldsymbol{C}$ in Abb. 88 gilt

$$\begin{aligned} \boldsymbol{A}\cdot\boldsymbol{B} &= r^2\cos c, & |\boldsymbol{A}\times\boldsymbol{B}| &= r^2\sin c, \\ \boldsymbol{B}\cdot\boldsymbol{C} &= r^2\cos a, & |\boldsymbol{B}\times\boldsymbol{C}| &= r^2\sin a, \\ \boldsymbol{C}\cdot\boldsymbol{A} &= r^2\cos b, & |\boldsymbol{C}\times\boldsymbol{A}| &= r^2\sin b. \end{aligned}$$

Die aus $\boldsymbol{A}$ und $\boldsymbol{B}$ einerseits und aus $\boldsymbol{A}$ und $\boldsymbol{C}$ andererseits gebildeten Ebenen schließen miteinander – wie oben bereits erwähnt – den Winkel α ein. Das skalare Produkt ihrer Flächenvektoren ist somit

$$(\boldsymbol{A}\times\boldsymbol{B})\cdot(\boldsymbol{A}\times\boldsymbol{C}) = |\boldsymbol{A}\times\boldsymbol{B}|\,|\boldsymbol{A}\times\boldsymbol{C}|\cos\alpha = r^4\cos\alpha\sin b\sin c .$$

Nach der Formel [25] für das gemischte Dreifachprodukt ist

$$(\boldsymbol{A}\times\boldsymbol{B})\cdot(\boldsymbol{A}\times\boldsymbol{C}) = (\boldsymbol{A}\cdot\boldsymbol{A})(\boldsymbol{B}\cdot\boldsymbol{C})-(\boldsymbol{B}\cdot\boldsymbol{A})(\boldsymbol{A}\cdot\boldsymbol{C}) = r^4\{\cos a-\cos c\cos b\} .$$

Durch Gleichsetzen beider Ausdrücke für $(\boldsymbol{A}\times\boldsymbol{B})\cdot(\boldsymbol{A}\times\boldsymbol{C})$ erhält man

$$\cos a = \cos b\cos c + \sin b\sin c\cos\alpha .$$

Durch entsprechende zyklische Vertauschung findet man

$$\cos b = \cos c\cos a + \sin c\sin a\cos\beta$$

und

$$\cos c = \cos a\cos b + \sin a\sin b\cos\alpha .$$

Diese drei Formeln bringen den *Kosinussatz für die Seiten eines sphärischen Dreiecks* zum Ausdruck.

Es gibt auch einen *Kosinussatz für die Winkel im sphärischen Dreieck.* Die drei Vektoren $\boldsymbol{A}$, $\boldsymbol{B}$, $\boldsymbol{C}$ in Abb. 88 bilden eine körperliche Ecke mit der Spitze in O. Wir denken uns nun von einem Punkt O' innerhalb dieser Ecke Normale auf die drei seitlichen Begrenzungsebenen gefällt. Diese drei Normalen definieren wieder eine körperliche Ecke, und zwar mit der Spitze in O'. Zwischen den beiden körperlichen Ecken bestehen folgende Beziehungen: Die von O' aus gezogenen Normalen schließen paarweise Winkel miteinander ein, die zu den Winkeln zwischen den betreffenden Flächen der Ecke O supplementär sind. Die Flächen der neuen Ecke O' stehen normal auf den Vektoren $\boldsymbol{A}$, $\boldsymbol{B}$, $\boldsymbol{C}$ (den Kanten der ursprünglichen Ecke O). Die Ecke O' wird die *Polarecke* der Ecke O genannt. Diese Beziehung ist reziprok, die Ecke O ist also andererseits die Polarecke zu O'.

Schlägt man um O' eine Kugel, so durchstoßen die Kanten der Polarecke diese in drei Punkten, die das *Polardreieck* zum Dreieck ABC festlegen. Seine Bestimmungsstücke seien a', b', c' und α', β', γ'. Nach dem Kosinussatz für die Seiten im sphärischen Dreieck gilt z. B. für die Seite a'

$$\cos a' = \cos b' \cos c' + \sin b' \sin c' \cos \alpha' .$$

Wegen der bereits erwähnten Supplementarität

$$a' + \alpha = 180°; \quad b' + \beta = 180°; \quad c' + \gamma = 180°$$

und wegen der aus der Reziprozität folgenden analogen Supplementarität

$$a + \alpha' = 180°; \quad b + \beta' = 180°; \quad c + \gamma' = 180°$$

lassen sich die gestrichenen Größen durch die ungestrichenen ausdrücken. Das ergibt

$$\cos(180° - \alpha) = \cos(180° - \beta)\cos(180° - \gamma) + \sin(180° - \beta)\sin(180° - \gamma)\cos(180° - a),$$

bzw.

$$-\cos\alpha = \cos\beta\cos\gamma - \sin\beta\sin\gamma\cos a$$

oder schließlich

$$\cos\alpha = -\cos\beta\cos\gamma + \sin\beta\sin\gamma\cos a.$$

Für die anderen Winkel folgt durch zyklische Vertauschung

$$\cos\beta = -\cos\gamma\cos\alpha + \sin\gamma\sin\alpha\cos b$$

und

$$\cos\gamma = -\cos\alpha\cos\beta + \sin\alpha\sin\beta\cos c .$$

Zu den Frenetschen Formeln. Wie auf Seite 61 bereits angekündigt, wollen wir nun die Torsion T einer Raumkurve als Funktion des Ortsvektors $\boldsymbol{r}$ und seiner Ableitungen nach der Kurvenlänge s darstellen. Dazu benützen wir die zweite Frenetsche Formel

$$\boldsymbol{b}' = -T\,\boldsymbol{n} .$$

Ihre Skalare Multiplikation mit $-\boldsymbol{n}$ ergibt sofort

$$T = -\boldsymbol{n} \cdot \boldsymbol{b}' . \qquad [a]$$

Hierin sind nun $\boldsymbol{n}$ und $\boldsymbol{b}$ durch $\boldsymbol{r}$ und seine Ableitungen auszudrücken. Mit $\boldsymbol{t} = \boldsymbol{r}'$ und $\boldsymbol{n} = \rho\,\boldsymbol{t}'$ erhalten wir

$$\boldsymbol{n} = \rho\,\boldsymbol{r}'' . \qquad [b]$$

Durch Differentiation der Definitionsgleichung $\boldsymbol{b} = \boldsymbol{t} \times \boldsymbol{n}$ nach s finden wir

$$\boldsymbol{b}' = (\boldsymbol{t}' \times \boldsymbol{n}) + (\boldsymbol{t} \times \boldsymbol{n}'),$$

was sich mit $\boldsymbol{t} = \boldsymbol{r}'$ und aufgrund von [b] umformen läßt zu

$$\boldsymbol{b}' = (\boldsymbol{r}'' \times \rho\,\boldsymbol{r}'') + (\boldsymbol{r}' \times \rho'\,\boldsymbol{r}'') + (\boldsymbol{r}' \times \rho\,\boldsymbol{r}''') .$$

Der erste Klammerausdruck ist hierin wegen der Kollinearität von $\boldsymbol{r}''$ und $\rho\,\boldsymbol{r}''$ Null, also verbleibt

$$\boldsymbol{b}' = (\boldsymbol{r}' \times \rho'\,\boldsymbol{r}'') + (\boldsymbol{r}' \times \rho\,\boldsymbol{r}''') . \qquad [c]$$

Wir setzen nun [b] und [c] in [a] ein:

$$T = -\rho\,\boldsymbol{r}'' \cdot (\boldsymbol{r}' \times \rho'\,\boldsymbol{r}'') - \rho\,\boldsymbol{r}'' \cdot (\boldsymbol{r}' \times \rho\,\boldsymbol{r}''') = -\rho\rho' \,[\mathbf{r}''\mathbf{r}'\mathbf{r}''] - \rho^2 [\mathbf{r}''\mathbf{r}'\mathbf{r}'''] .$$

Das erste Spatprodukt ist wegen der Gleichheit zweier seiner Vektoren Null. Nach Umstellung der Faktoren im zweiten Spatprodukt ergibt sich demnach für die Torsion

$$T = \rho^2 [\boldsymbol{r}'\boldsymbol{r}''\boldsymbol{r}'''] ,$$

woraus mit $\rho = 1/K$ und $K = |\boldsymbol{r}''|$ schließlich

$$T = [\boldsymbol{r}'\boldsymbol{r}''\boldsymbol{r}''']/|\boldsymbol{r}''|^2$$

folgt.

4.6 Anwendungsbeispiele aus der Physik

Das Drehmoment. Wenngleich wir auf Seite 48 die Formel für das Drehmoment einer Kraft

$$\boldsymbol{M} = \boldsymbol{r} \times \boldsymbol{F}$$

bereits benützt haben, so bietet sich erst jetzt Gelegenheit, sie aus einer Analogieforderung herzuleiten: Wir fordern, daß sich die infinitesimale Arbeit

$$\mathrm{d}A = \boldsymbol{F} \cdot \overrightarrow{\mathrm{d}s}$$

bei einer Drehbewegung auch als skalares Produkt mit dem Drehwinkel $\overrightarrow{\mathrm{d}\varphi}$ beschreiben lasse. Wir müssen hierzu eine neue vektorielle Größe, das Drehmoment $\boldsymbol{M}$ einführen. Unsere Definitionsforderung lautet dann

$$\mathrm{d}A = \boldsymbol{M} \cdot \overrightarrow{\mathrm{d}\varphi} ,$$

bzw.

$$\boldsymbol{M} \cdot \overrightarrow{\mathrm{d}\varphi} = \boldsymbol{F} \cdot \overrightarrow{\mathrm{d}s} .$$

Die Kraft $\boldsymbol{F}$ denken wir uns an einem Punkt mit dem Ortsvektor $\boldsymbol{r}$ angreifend; der Ursprung von $\boldsymbol{r}$ liege irgendwo auf der Drehachse. Findet nun unter dem Einfluß von $\boldsymbol{F}$ eine Drehung statt, so beschreibt der Angriffspunkt der Kraft ein infinitesimales Stück $\mathrm{d}s$ eines Kreises um die Drehachse, und es gilt (vergl. Abb 75, S. 63)

$$\overrightarrow{\mathrm{d}s} = \overrightarrow{\mathrm{d}\varphi} \times \boldsymbol{r} .$$

Wir setzen dies in den Ausdruck $\boldsymbol{F} \cdot \overrightarrow{\mathrm{d}s}$ ein und erhalten

$$\boldsymbol{F} \cdot \overrightarrow{\mathrm{d}s} = \boldsymbol{F} \cdot (\overrightarrow{\mathrm{d}\varphi} \times \boldsymbol{r}) = [\boldsymbol{F}\,\overrightarrow{\mathrm{d}\varphi}\,\boldsymbol{r}] = [\boldsymbol{r}\boldsymbol{F}\,\overrightarrow{\mathrm{d}\varphi}] = (\boldsymbol{r} \times \boldsymbol{F}) \cdot \overrightarrow{\mathrm{d}\varphi}$$

Aus Vergleich mit $\boldsymbol{M} \cdot \overrightarrow{\mathrm{d}\varphi}$ folgt weiter

$$\boldsymbol{M} \cdot \overrightarrow{\mathrm{d}\varphi} = (\boldsymbol{r} \times \boldsymbol{F}) \cdot \overrightarrow{\mathrm{d}\varphi}$$

oder

$$\{\boldsymbol{M} - (\boldsymbol{r} \times \boldsymbol{F})\} \cdot \overrightarrow{\mathrm{d}\varphi} = \mathrm{O}.$$

Da die Lage der Drehachse beliebig ist, ist somit die Richtung von $\overrightarrow{\mathrm{d}\varphi}$ beliebig, und die Gleichung ist allgemein nur erfüllt, wenn

$$\boldsymbol{M} - (\boldsymbol{r} \times \boldsymbol{F}) = 0$$

oder

$$M = r \times F$$

ist. Wir haben auf diese Weise die Formel für das Drehmoment einer Kraft bezüglich eines Drehpunktes aus der Forderung abgeleitet, daß sich zwischen Arbeit und Drehwinkel bei der Drehbewegung ein analoger Zusammenhang ergeben solle wie zwischen Arbeit und Kraft bei der fortschreitenden Bewegung.

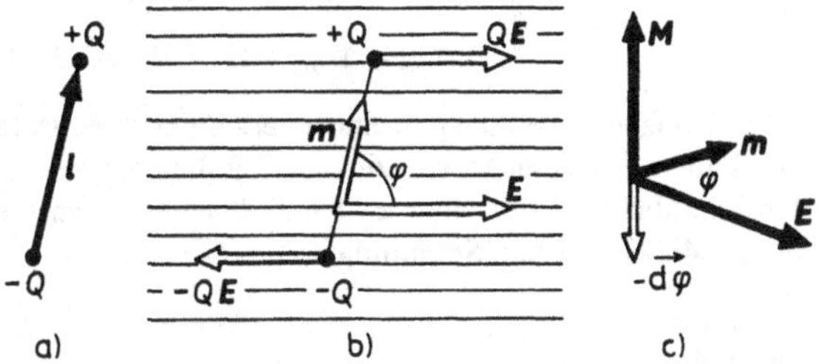

Abb. 89. Dipol im elektrischen Feld

Die Energie eines Dipols im elektrischen Feld. Diese Anwendung betrifft nicht unmittelbar mehrfache Produkte von Vektoren, aber sie schließt sich an den Begriff des Drehmomentes gemäß obiger Betrachtung sinnvoll an.

Zwei gleich große elektrische Punktladungen entgegengesetzten Vorzeichens, $+Q$ und $-Q$, die in der Entfernung l voneinander festgehalten sind, nennt man einen elektrischen Dipol. Die Verbindungslinie der beiden Ladungen heißt seine Achse. Einen Dipol beschreibt man zweckmäßig durch das Dipolmoment. Dieses ist ein Vektor, der von $-Q$ nach $+Q$ weist, und der den Betrag Ql hat. Bezeichnet man den Abstand von $-Q$ nach $+Q$ als Vektor $\boldsymbol{l}$ (Abb. 89a), dann ist also das Dipolmoment

$$\boldsymbol{m} = Q\,\boldsymbol{l}\,.$$

Solch ein Dipol befinde sich in einem homogenen elektrischen Feld mit der Feldstärke $\boldsymbol{E}$. Dort wirkt auf den Dipol ein Kräftepaar $-Q\,\boldsymbol{E}$ und $+Q\,\boldsymbol{E}$ ein, welches den Vektor $\boldsymbol{m}$ gleichsinnig parallel zu $\boldsymbol{E}$ zu richten bestrebt ist (Abb. 89b). Bildet $\boldsymbol{m}$ mit $\boldsymbol{E}$ den Winkel φ, so wirkt (vergl. Seite 49) auf den Dipol ein Drehmoment

$$\boldsymbol{M} = \boldsymbol{l} \times Q\,\boldsymbol{E}_{\mathrm{E}} = Q\,\boldsymbol{l} \times \boldsymbol{E} = \boldsymbol{m} \times \boldsymbol{E}\,,$$

sein Betrag ist

$$M = mE\sin\varphi\,.$$

Das elektrische Feld verrichtet Arbeit, wenn es den Dipol von der Querstellung $\varphi = 90°$ bis zu irgendeinem Winkel φ verdreht. Diese Arbeit ist positiv, wenn dabei der Winkel abnimmt, wenn also die infinitesimale Drehung jeweils um den Winkel $-\mathrm{d}\varphi$ erfolgt. Die Arbeit ist demnach gegeben durch

$$W = -\int_{\varphi=90°}^{\varphi} \boldsymbol{M} \cdot \mathrm{d}\vec{\varphi}\,,$$

was wegen der Kollinearität von $\boldsymbol{M}$ und $\mathrm{d}\vec{\varphi}$ (Abb. 89c) gleich

$$W = -\int_{90°}^{\varphi} M\,\mathrm{d}\varphi = -mE\int_{90°}^{\varphi} \sin\varphi\,\mathrm{d}\varphi = mE\cos\varphi$$

ist. Das aber kann man als das skalare Produkt aus $\boldsymbol{m}$ und $\boldsymbol{E}$ anschreiben:

$$W = \boldsymbol{m} \cdot \boldsymbol{E}.$$

Wird in einem elektrischen Feld ein Dipol durch Trennen zweier betragsgleicher Ladungen erzeugt, so spielen im allgemeinen neben deren gegenseitigen Anziehungskräften auch die vom Feld herrührenden Kräfte eine Rolle. Nur bei $\varphi = 90°$ sind letztere unwirksam. Daher muß die dem Dipol im Feld zugeordnete potentielle Energie für $\varphi = 90°$ null sein. Für $\varphi \neq 0$ ist sie dann um diejenige Arbeit kleiner, welche die Feldkräfte zum Drehen des Dipols bis zu φ verrichten müßten:

$$W_{\text{pot}} = W_{90°} - W = 0 - \boldsymbol{m} \cdot \boldsymbol{E} = -\boldsymbol{m} \cdot \boldsymbol{E}.$$

Die induzierte Spannung in einem geradlinigen, bewegten Leiter. Wird ein gerader Leiter der Länge $\boldsymbol{l}$, der senkrecht zu den Feldlinien eines homogenen Magnetfeldes mit der Kraftflußdichte $\boldsymbol{B}$ mit einer zu $\boldsymbol{l}$ und $\boldsymbol{B}$ senkrechten Geschwindigkeit $\boldsymbol{v}$ bewegt, so wird in ihm die elektrische Spannung

$$U_{\text{ind}} = lvB$$

induziert.

Erfolgt die Bewegung schräg zu $\boldsymbol{B}$ (aber immer noch senkrecht zu $\boldsymbol{l}$), so ist nur die zu $\boldsymbol{B}$ senkrechte Geschwindigkeitskomponente

$$v' = \frac{|\boldsymbol{v} \times \boldsymbol{B}|}{B}$$

maßgebend, also

$$U_{\text{ind}} = lv'B.$$

Ist darüber hinaus $\boldsymbol{l}$ sowohl zu $\boldsymbol{B}$ als auch zu $\boldsymbol{v}$ nicht mehr orthogonal, dann richtet sich die induzierte Spannung nur noch nach der zu $\boldsymbol{v} \times \boldsymbol{B}$ parallelen Komponente von $\boldsymbol{l}$, also nach

$$l'' = \frac{\boldsymbol{l} \cdot (\boldsymbol{v} \times \boldsymbol{B})}{|\boldsymbol{v} \times \boldsymbol{B}|} = \frac{[\boldsymbol{l}\boldsymbol{v}\boldsymbol{B}]}{|\boldsymbol{v} \times \boldsymbol{B}|}.$$

Wir erhalten also allgemein

$$U_{\text{ind}} = l''v'B$$

oder nach Einsetzen der entsprechenden Ausdrücke

$$U_{\text{ind}} = [\boldsymbol{l}\boldsymbol{v}\boldsymbol{B}].$$

Die Driftgeschwindigkeit geladener Partikel in Gasentladungen. Wir betrachten elektrische Ladungen, die sich in einem gaserfüllten Raum bewegen, in dem ein nur schwach inhomogenes elektrisches Feld zugleich mit einem magnetischen Feld vorhanden ist. Das ist z. B. der Fall in Gasentladungsröhren, in denen ein von den Elektroden ausgehendes elektrisches Feld elektrisch geladene Partikel (Ionen) bewegt, auf die man gleichzeitig von außen ein Magnetfeld einwirken läßt.

Ein Ion in einer Gasentladung wird durch Zusammenstöße mit den Gasmolekeln in seinen Bewegungen gebremst, es nimmt unter dem Einfluß der hemmenden Kraft sehr schnell eine konstante stationäre Geschwindigkeit an (wenn die antreibende Kraft konstant ist), ähnlich wie ein Staubkörnchen, das in Luft fällt, nicht dauernd beschleunigt wird, sondern in sehr kurzer Zeit eine stationäre Geschwindigkeit bekommt. Im folgenden betrachten wir ausschließlich den Vektor dieser stationären, mittleren Geschwindigkeit, die wir Driftgeschwindigkeit $\boldsymbol{v}$ nennen wollen. Man stellt fest, daß $\boldsymbol{v}$ proportional zum

Quotienten aus wirksamer Kraft $\boldsymbol{F}$ und Ladung Q der Partikel ist. Den Proportionalitätsfaktor in dieser Beziehung bezeichnet man als Beweglichkeit μ des Ions:

$$\boldsymbol{v} = \mu \boldsymbol{F}/Q .$$

Die Beweglichkeit hängt von der Natur des Ions und vom Zustand des Gases ab. Bei positiven Ionen sind $\boldsymbol{v}$ und $\boldsymbol{F}$ gleichgerichtet.

Wirkt auf eine Ladung Q ein elektrisches Feld ein, so ist die Kraft $Q\boldsymbol{E}$, wirkt ein magnetisches Feld ein, so ist sie $Q(\boldsymbol{v} \times \boldsymbol{B})$ (vergl. Seite 47), wobei $\boldsymbol{B}$ die Kraftflußdichte des Magnetfeldes und $\boldsymbol{v}$ die Driftgeschwindigkeit der Ladung ist. Wirken ein elektrisches und ein magnetisches Feld zugleich, so summieren sich beide Kraftwirkungen zur Gesamtkraft

$$\boldsymbol{F} = Q\boldsymbol{E} + Q(\boldsymbol{v} \times \boldsymbol{B}).$$

Zur Ermittlung der Driftgeschwindigkeit $\boldsymbol{v}$ stehen somit zwei Vektorgleichungen zur Verfügung, nämlich die hier angeschriebene und die weiter oben angeschriebene

$$\boldsymbol{v} = \mu \boldsymbol{F}/Q .$$

Substituieren wir hierin für $\boldsymbol{F}$, so ergibt sich, da sich Q wegkürzt,

$$\boldsymbol{v} = \mu \boldsymbol{E} + \mu(\boldsymbol{v} \times \boldsymbol{B}).$$

Um diese Gleichung, im folgenden Ausgangsgleichung genannt, nach $\boldsymbol{v}$ aufzulösen, versuchen wir, $\boldsymbol{v}$ aus dem Vektorprodukt rechts herauszubekommen. Das gelingt, indem wir die ganze Gleichung vektoriell mit $\boldsymbol{B}$ multiplizieren. Denn dann können wir rechts den Entwicklungssatz anwenden, der ein zweifaches Vektorprodukt in einen Summenausdruck mit skalaren Produkten umwandelt. Wir erhalten

$$\boldsymbol{v} \times \boldsymbol{B} = \mu(\boldsymbol{E} \times \boldsymbol{B}) + \mu\{(\boldsymbol{v} \times \boldsymbol{B}) \times \boldsymbol{B}\} = \mu(\boldsymbol{E} \times \boldsymbol{B}) + \mu\{(\boldsymbol{B}\cdot\boldsymbol{v})\boldsymbol{B} - (\boldsymbol{B}\cdot\boldsymbol{B})\boldsymbol{v}\},$$

also

$$\boldsymbol{v} \times \boldsymbol{B} = \mu(\boldsymbol{E} \times \boldsymbol{B}) + \mu\boldsymbol{B}(\boldsymbol{B}\cdot\boldsymbol{v}) - \mu\boldsymbol{v}(\boldsymbol{B}\cdot\boldsymbol{B}).$$

Nun ist jedoch links der Vektor $\boldsymbol{v}$ in einem Vektorprodukt enthalten. Das Produkt $\boldsymbol{v} \times \boldsymbol{B}$ findet sich aber auch in der Ausgangsgleichung, wir können also substituieren und erhalten dann eine Beziehung, in der kein Vektorprodukt mit $\boldsymbol{v}$ mehr auftritt:

$$\boldsymbol{v} = \mu\boldsymbol{E} + \mu\{(\boldsymbol{E} \times \boldsymbol{B}) + \mu\boldsymbol{B}(\boldsymbol{B}\cdot\boldsymbol{v}) - \mu\boldsymbol{v}(\boldsymbol{B}\cdot\boldsymbol{B})\}.$$

Jetzt müssen wir $\boldsymbol{v}$ noch aus dem skalaren Produkt $\boldsymbol{B}\cdot\boldsymbol{v}$ auf der rechten Seite herauszulösen versuchen. Dazu multiplizieren wir die Ausgangsgleichung skalar mit $\boldsymbol{B}$:

$$\boldsymbol{v}\cdot\boldsymbol{B} = \mu\boldsymbol{E}\cdot\boldsymbol{B} + \mu(\boldsymbol{v} \times \boldsymbol{B})\cdot\boldsymbol{B} = \mu\boldsymbol{E}\cdot\boldsymbol{B} + \mu[\boldsymbol{v}\boldsymbol{B}\boldsymbol{B}].$$

Das Spatprodukt $[\boldsymbol{v}\boldsymbol{B}\boldsymbol{B}]$ ist Null, weil es zweimal den gleichen Faktor $\boldsymbol{B}$ enthält. Es verbleibt

$$\boldsymbol{v}\cdot\boldsymbol{B} = \mu\boldsymbol{E}\cdot\boldsymbol{B}.$$

Weil $\boldsymbol{v}$ und $\boldsymbol{B}$ voneinander abhängen, weil also $\boldsymbol{B}$ in dieser Gleichung nicht beliebig ist, ergibt sie *keine* Möglichkeit für die Bestimmung von $\boldsymbol{v}$. Wir können aber, wie beabsichtigt, den gefundenen Ausdruck für $\boldsymbol{v}\cdot\boldsymbol{B}$ weiter oben, in der vom Vektorprodukt $(\boldsymbol{v} \times \boldsymbol{B})$ bereits befreiten Gleichung für $\boldsymbol{v}$ einsetzen. Das ergibt unter gleichzeitiger Auflösung der geschwungenen Klammer:

$$\boldsymbol{v} = \mu\boldsymbol{E} + \mu^2(\boldsymbol{E} \times \boldsymbol{B}) + \mu^2\boldsymbol{B}(\mu\boldsymbol{E}\cdot\boldsymbol{B}) - \mu^2\boldsymbol{v}(\boldsymbol{B}\cdot\boldsymbol{B}).$$

Jetzt kommt $\boldsymbol{v}$ nur noch multipliziert mit dem Skalar $\mu^2(\boldsymbol{B}\cdot\boldsymbol{B}) = \mu^2 B^2$ vor. Die Gleichung läßt sich somit nach $\boldsymbol{v}$ auflösen, und wir erhalten

$$\boldsymbol{v} = \frac{\mu \boldsymbol{E} + \mu^2 (\boldsymbol{E} \times \boldsymbol{B}) + \mu^3 \boldsymbol{B} (\boldsymbol{E} \cdot \boldsymbol{B})}{1 + \mu^2 B^2}.$$

Das reziproke Gitter. Wir haben bei Herleitung des Kosinussatzes auf die drei durch $\boldsymbol{A}$, $\boldsymbol{B}$, $\boldsymbol{C}$ festgelegten Ebenen Normale gefällt und dadurch die Polarecke gewonnen. Wichtig ist, daß wir aus der Polarecke durch eine analoge Operation die ursprüngliche Ecke gewinnen können. Zwischen beiden Ecken besteht ein Reziprozitätsverhältnis. Im folgenden, für die Kristallographie wichtigen Beispiel werden wir aus drei gegebenen Vektoren in ähnlicher Weise ein Vektortripel herleiten, das mit dem ursprünglichen nicht nur bezüglich der Richtungen, sondern auch bezüglich des Betrages im Reziprozitätsverhältnis steht. Es wird aus den in der Natur vorkommenden drei kristallographischen Achsenvektoren $\boldsymbol{a}$, $\boldsymbol{b}$, $\boldsymbol{c}$ (S. 12) ein Tripel reziproker Vektoren $\boldsymbol{a}^*$, $\boldsymbol{b}^*$, $\boldsymbol{c}^*$ hergeleitet werden. Das aus diesen Gedankengebilden konstruierte reziproke Gitter ist ein wichtiges Hilfsmittel der Kristallographie und ermöglicht die Berechnung des Abstandes der Netzebenen sowie eine bequeme Auffindung der Richtung der im Kristall abgebeugten Röntgenstrahlung.

Wir haben schon S. 12 den Begriff des Raumgitters als die Gesamtheit aller Punkte, die durch den Fahrstrahl

$$\boldsymbol{r} = s_1 \boldsymbol{a} + s_2 \boldsymbol{b} + s_3 \boldsymbol{c} \qquad (s_1, s_2, s_3 \text{ ganzzahlig})$$

festgelegt sind, kennengelernt. In seinen Gitterpunkten befinden sich die Schwerpunkte der Bauelemente des Kristalls. Die Länge der Vektoren $\boldsymbol{a}$, $\boldsymbol{b}$, $\boldsymbol{c}$, die Achsenvektoren, sind von der Größenordnung 0,1 nm $= 10^{-10}$ m. Sie spannen einen Spat auf, die *Elementarzelle* des Kristalls, deren Volumen $V = [\boldsymbol{a}\,\boldsymbol{b}\,\boldsymbol{c}]$ ist.

Es ist zum Verständnis der Beugung der Röntgenstrahlen in Kristallen notwendig, sich neben dem realen Kristall ein Punktgitter ohne physikalische Realität zu konstruieren und es dann zur Lösung physikalischer Aufgaben über die Richtungen der im Kristall abgebeugten Röntgenstrahlung und weiter zur Herleitung der BRAGGschen Interferenzbedingung der Röntgenstrahlen aus den LAUEschen Gleichungen zu verwenden.

Diese, als reziprokes Gitter bezeichnete Hilfskonstruktion wird folgendermaßen erhalten: Wir leiten die drei Achsenvektoren $\boldsymbol{a}^*$, $\boldsymbol{b}^*$, $\boldsymbol{c}^*$ des reziproken Gitters aus denen des Atomgitters $\boldsymbol{a}$, $\boldsymbol{b}$, $\boldsymbol{c}$ her und lassen sie von dem schon fürs Atomgitter verwendeten Ursprung O ausgehen. Ähnlich wie bei der Herleitung des Kosinussatzes für die Winkel des sphärischen Dreiecks errichten wir auf jede der durch zwei der Vektoren $\boldsymbol{a}$, $\boldsymbol{b}$, $\boldsymbol{c}$ bestimmten Ebenen Normale, die uns die Richtung der neuen Vektoren des reziproken Gitters angeben. Es ist somit

$$\boldsymbol{a}^* \cdot \boldsymbol{b} = \boldsymbol{a}^* \cdot \boldsymbol{c} = \boldsymbol{b}^* \cdot \boldsymbol{a} = \boldsymbol{b}^* \cdot \boldsymbol{c} = \boldsymbol{c}^* \cdot \boldsymbol{a} = \boldsymbol{c}^* \cdot \boldsymbol{b} = 0.$$

Der Richtungssinn der neuen Vektoren $\boldsymbol{a}^*$, $\boldsymbol{b}^*$, $\boldsymbol{c}^*$ werde durch

$$\boldsymbol{a}^* = l_1 (\boldsymbol{b} \times \boldsymbol{c}); \; \boldsymbol{b}^* = l_2 (\boldsymbol{c} \times \boldsymbol{a}); \; \boldsymbol{c}^* = l_3 (\boldsymbol{a} \times \boldsymbol{b})$$

gegeben. Ihre Beträge werden durch geeignete Wahl der Skalare l_1, l_2, l_3 so festgelegt, daß sie den reziproken Wert der Projektion des jeweiligen gleichnamigen alten Vektors auf den neuen haben. Die Skalarprodukte aus jeweils neuem und altem Vektor müssen also den Wert 1 annehmen:

$$\boldsymbol{a}^* \cdot \boldsymbol{a} = \boldsymbol{b}^* \cdot \boldsymbol{b} = \boldsymbol{c}^* \cdot \boldsymbol{c} = 1.$$

Man kann die beiden Gleichungen

$$\boldsymbol{a}^* \cdot \boldsymbol{b} = \boldsymbol{a}^* \cdot \boldsymbol{c} = \boldsymbol{b}^* \cdot \boldsymbol{c} = \boldsymbol{b}^* \cdot \boldsymbol{a} = \boldsymbol{c}^* \cdot \boldsymbol{a} = \boldsymbol{c}^* \cdot \boldsymbol{b} = 0,$$
$$\boldsymbol{a}^* \cdot \boldsymbol{a} = \boldsymbol{b}^* \cdot \boldsymbol{b} = \boldsymbol{c}^* \cdot \boldsymbol{c} = 1$$

als die Definitionsgleichungen für das reziproke Gitter bezeichnen.

Setzt man in der zweiten Definitionsgleichung die Ausdrücke $\boldsymbol{a}^* = l_1 (\boldsymbol{b} \times \boldsymbol{c})$ usw. ein, so erhält man

$$\boldsymbol{a}^* \cdot \boldsymbol{a} = l_1 [\boldsymbol{a}\,\boldsymbol{b}\,\boldsymbol{c}] = \boldsymbol{b}^* \cdot \boldsymbol{b} = l_2 [\boldsymbol{b}\,\boldsymbol{c}\,\boldsymbol{a}] = \boldsymbol{c}^* \cdot \boldsymbol{c} = l_3 [\boldsymbol{c}\,\boldsymbol{a}\,\boldsymbol{b}] = 1 .$$

Daraus folgt wegen $[\boldsymbol{a}\boldsymbol{b}\boldsymbol{c}] = [\boldsymbol{b}\boldsymbol{c}\boldsymbol{a}] = [\boldsymbol{c}\boldsymbol{a}\boldsymbol{b}]$ dann

$$l_1 = l_2 = l_3 = 1/[\boldsymbol{a}\boldsymbol{b}\boldsymbol{c}] .$$

Damit wird

$$\boldsymbol{a}^* = (\boldsymbol{b} \times \boldsymbol{c})/[\boldsymbol{a}\,\boldsymbol{b}\,\boldsymbol{c}] ,$$
$$\boldsymbol{b}^* = (\boldsymbol{c} \times \boldsymbol{a})/[\boldsymbol{a}\,\boldsymbol{b}\,\boldsymbol{c}] ,$$
$$\boldsymbol{c}^* = (\boldsymbol{a} \times \boldsymbol{b})/[\boldsymbol{a}\,\boldsymbol{b}\,\boldsymbol{c}] .$$

Aus den Festsetzungen über die Richtungen der reziproken Vektoren, bzw. aus der ersten Definitionsgleichung folgt auch, daß jeder der normalen Gittervektoren auf zwei Vektoren des reziproken Gitters senkrecht steht. Wir hätten also auch davon ausgehen können, daß das reziproke Gitter $\boldsymbol{a}^*$, $\boldsymbol{b}^*$, $\boldsymbol{c}^*$ vorgegeben sei, und hätten durch eine zur eben durchgeführten völlig analogen Rechnung die Ausdrücke

$$\boldsymbol{a} = (\boldsymbol{b}^* \times \boldsymbol{c}^*)/[\boldsymbol{a}^*\,\boldsymbol{b}^*\,\boldsymbol{c}^*] ,$$
$$\boldsymbol{b} = (\boldsymbol{c}^* \times \boldsymbol{a}^*)/[\boldsymbol{a}^*\,\boldsymbol{b}^*\,\boldsymbol{c}^*] ,$$
$$\boldsymbol{c} = (\boldsymbol{a}^* \times \boldsymbol{b}^*)/[\boldsymbol{a}^*\,\boldsymbol{b}^*\,\boldsymbol{c}^*]$$

erhalten können.

Um eine Beziehung zwischen $[\boldsymbol{a}\,\boldsymbol{b}\,\boldsymbol{c}]$ und $[\boldsymbol{a}^*\,\boldsymbol{b}^*\,\boldsymbol{c}^*]$ zu finden, kann man z. B. in der ersten der obigen drei Gleichungen die früher gefundenen Ausdrücke für $\boldsymbol{b}^*$ und $\boldsymbol{c}^*$, nämlich

$$\boldsymbol{b}^* = (\boldsymbol{c} \times \boldsymbol{a})/[\boldsymbol{a}\,\boldsymbol{b}\,\boldsymbol{c}] \qquad \text{und} \qquad \boldsymbol{c}^* = (\boldsymbol{a} \times \boldsymbol{b})/[\boldsymbol{a}\,\boldsymbol{b}\,\boldsymbol{c}]$$

einsetzen:

$$\boldsymbol{a} = \frac{(\boldsymbol{c} \times \boldsymbol{a}) \times (\boldsymbol{a} \times \boldsymbol{b})}{[\boldsymbol{a}^*\,\boldsymbol{b}^*\,\boldsymbol{c}^*]\,[\boldsymbol{a}\,\boldsymbol{b}\,\boldsymbol{c}]^2} .$$

Wenn wir im Zähler z. B. für die erste Klammer zunächst $\boldsymbol{d}$ substituieren, dann können wir den Entwicklungssatz anwenden:

$$(\boldsymbol{c} \times \boldsymbol{a}) \times (\boldsymbol{a} \times \boldsymbol{b}) = \boldsymbol{d} \times (\boldsymbol{a} \times \boldsymbol{b}) = (\boldsymbol{d} \cdot \boldsymbol{b})\boldsymbol{a} - (\boldsymbol{d} \cdot \boldsymbol{a})\boldsymbol{b} .$$

Setzen wir nun für $\boldsymbol{d}$ wieder $\boldsymbol{c} \times \boldsymbol{a}$, so folgt

$$(\boldsymbol{c} \times \boldsymbol{a}) \times (\boldsymbol{a} \times \boldsymbol{b}) = \{(\boldsymbol{c} \times \boldsymbol{a}) \cdot \boldsymbol{b}\}\, \boldsymbol{a} - \{(\boldsymbol{c} \times \boldsymbol{a}) \cdot \boldsymbol{a}\}\, \boldsymbol{b} = [\boldsymbol{c}\,\boldsymbol{a}\,\boldsymbol{b}]\, \boldsymbol{a} - [\boldsymbol{c}\,\boldsymbol{a}\,\boldsymbol{a}]\, \boldsymbol{b} ;$$

der zweite Summand rechts verschwindet, weil das Spatprodukt zwei gleiche Vektoren enthält, und es verbleibt (unter zyklischer Vertauschung der Faktoren im ersten Spatprodukt)

$$(\boldsymbol{c} \times \boldsymbol{a}) \times (\boldsymbol{a} \times \boldsymbol{b}) = [\boldsymbol{a}\,\boldsymbol{b}\,\boldsymbol{c}]\, \boldsymbol{a} .$$

Damit wird

$$\boldsymbol{a} = \frac{\boldsymbol{a}}{[\boldsymbol{a}^*\,\boldsymbol{b}^*\,\boldsymbol{c}^*]\,[\boldsymbol{a}\,\boldsymbol{b}\,\boldsymbol{c}]} ,$$

was nur möglich ist, wenn

$$[\boldsymbol{a}^* \, \boldsymbol{b}^* \, \boldsymbol{c}^*] \, [\boldsymbol{a} \, \boldsymbol{b} \, \boldsymbol{c}] = 1 \, .$$

Die „Volumina" der Elementarzellen des Gitters und des reziproken Gitters sind zueinander reziprok. Das „Volumen" der reziproken Elementarzelle hat dabei die Dimension eines reziproken Volumens.

Die Bedeutung des reziproken Gitters. Wie Seite 25 gezeigt, gehorchen alle Ortsvektoren $\boldsymbol{r}$, die zu Punkten einer Ebene führen, der Vektorgleichung

$$\boldsymbol{n} \cdot \boldsymbol{r} = p \, ,$$

worin p der Abstand der Ebene vom Koordinatenursprung und $\boldsymbol{n}$ der zu ihr orthogonale Einsvektor ist. Ebenen einer Schar paralleler Ebenen haben alle den gleichen Orthogonalvektor $\boldsymbol{n}$. Um diesen Vektor, der für die räumliche Orientierung, für die *Stellung* einer Netzebenenschar charakteristisch ist, zu finden, suchen wir zunächst nach *irgendeinem* zu den Ebenen senkrechten Vektor.

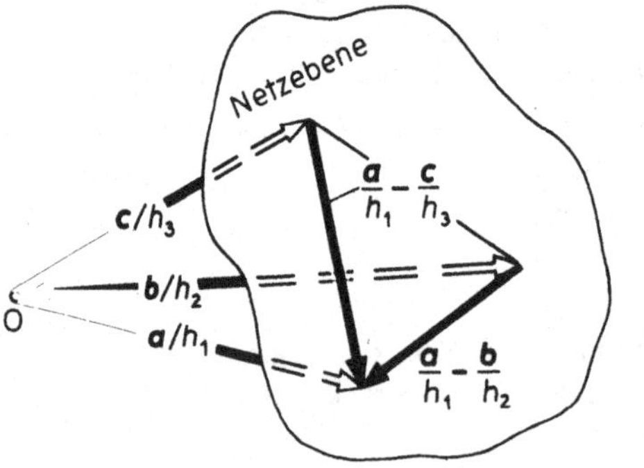

Abb. 90. Die für eine Netzebenenschar charakteristische Netzebene

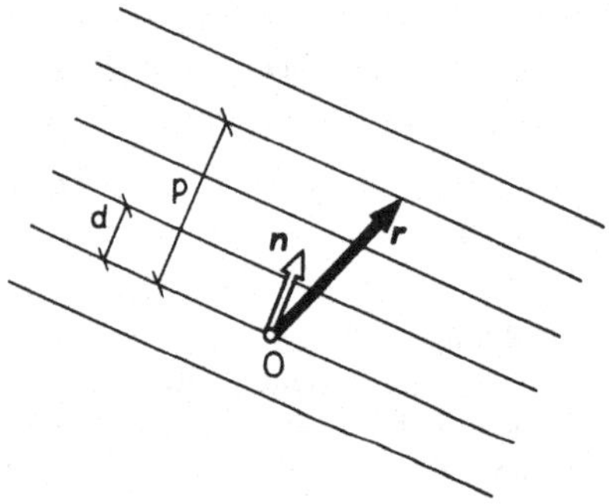

Abb. 91. Zweidimensionales Modell für eine Netzebenenschar

Wie Seite 27 erläutert, wird eine Schar von Netzebenen durch die MILLERschen Indizes h_1, h_2, h_3 beschrieben, d. h. die Achsenabschnitte einer Netzebene dieser Schar haben auf den drei durch $\boldsymbol{a}$, $\boldsymbol{b}$, $\boldsymbol{c}$ gekennzeichneten Achsen die Werte $\boldsymbol{a}/h_1$, $\boldsymbol{b}/h_2$, $\boldsymbol{c}/h_3$. Wie auf Abb. 90 erkennbar, sind $(\boldsymbol{a}/h_1 - \boldsymbol{b}/h_2)$ und $(\boldsymbol{a}/h_1 - \boldsymbol{c}/h_3)$ zwei Vektoren in der für die Schar charakteristischen Netzebene. Als zur Schar senkrechten Vektor suchen wir einen Vektor des reziproken Gitters

$$\boldsymbol{r}^* = \rho_1 \, \boldsymbol{a}^* + \rho_2 \, \boldsymbol{b}^* + \rho_3 \, \boldsymbol{c}^*$$

zu finden. Er muß zu allen in den Netzebenen liegenden Vektoren, also z. B. auch zu $(\boldsymbol{a}/h_1 - \boldsymbol{b}/h_2)$ und zu $(\boldsymbol{a}/h_1 - \boldsymbol{c}/h_3)$ orthogonal sein, es müssen also die skalaren Produkte von $\boldsymbol{r}^*$ mit den beiden genannten Vektoren verschwinden:

$$\boldsymbol{r}^* \cdot (\boldsymbol{a}/h_1 - \boldsymbol{b}/h_2) = \boldsymbol{r}^* \cdot (\boldsymbol{a}/h_1 - \boldsymbol{c}/h_2) = 0 \, .$$

Setzt man für $\boldsymbol{r}^*$ den Ausdruck mit den drei Komponentenwerten ein, so folgt

$$\frac{\rho_1 \, \boldsymbol{a}^* \cdot \boldsymbol{a}}{h_1} + \frac{\rho_2 \, \boldsymbol{b}^* \cdot \boldsymbol{a}}{h_1} + \frac{\rho_3 \, \boldsymbol{c}^* \cdot \boldsymbol{a}}{h_1} - \frac{\rho_1 \, \boldsymbol{a}^* \cdot \boldsymbol{b}}{h_2} - \frac{\rho_2 \, \boldsymbol{b}^* \cdot \boldsymbol{b}}{h_2} - \frac{\rho_3 \, \boldsymbol{c}^* \cdot \boldsymbol{b}}{h_2} = 0$$

und

$$\frac{\rho_1\,\boldsymbol{a}^*\cdot\boldsymbol{a}}{h_1}+\frac{\rho_2\,\boldsymbol{b}^*\cdot\boldsymbol{a}}{h_1}+\frac{\rho_3\,\boldsymbol{c}^*\cdot\boldsymbol{a}}{h_1}-\frac{\rho_1\,\boldsymbol{a}^*\cdot\boldsymbol{c}}{h_3}-\frac{\rho_2\,\boldsymbol{b}^*\cdot\boldsymbol{c}}{h_3}-\frac{\rho_3\,\boldsymbol{c}^*\cdot\boldsymbol{c}}{h_3}=0.$$

Aufgrund der Definitionsgleichungen (Seite 89) des reziproken Gitters

$$\boldsymbol{a}^*\cdot\boldsymbol{b}=\boldsymbol{a}^*\cdot\boldsymbol{c}=\boldsymbol{b}^*\cdot\boldsymbol{c}=\boldsymbol{b}^*\cdot\boldsymbol{a}=\boldsymbol{c}^*\cdot\boldsymbol{a}=\boldsymbol{c}^*\cdot\boldsymbol{b}=0,$$
$$\boldsymbol{a}^*\cdot\boldsymbol{a}=\boldsymbol{b}^*\cdot\boldsymbol{b}=\boldsymbol{c}^*\cdot\boldsymbol{c}=1$$

vereinfachen sich die Gleichungen zu

$$\frac{\rho_1}{h_1}-\frac{\rho_2}{h_2}=0 \quad \text{und} \quad \frac{\rho_1}{h_1}-\frac{\rho_3}{h_3}=0.$$

Daraus folgt

$$\frac{\rho_1}{h_1}=\frac{\rho_2}{h_2}=\frac{\rho_3}{h_3} \quad \text{oder} \quad \rho_1:\rho_2:\rho_3=h_1:h_2:h_3,$$

oder schließlich

$$\rho_1=n\,h_1;\ \rho_2=n\,h_2;\ \rho_3=n\,h_3$$

(n ist eine Zahl und hat mit $\boldsymbol{n}$ nichts zu tun!).

Der zu einer Netzebenenschar mit den MILLERschen Indizes h_1, h_2, h_3 senkrechte Vektor des reziproken Gitters ist also gegeben durch

$$\boldsymbol{r}^*=n(h_1\,\boldsymbol{a}^*+h_2\,\boldsymbol{b}^*+h_3\,\boldsymbol{c}^*).$$

Der Einsvektor $\boldsymbol{n}$ muß die Richtung von $\boldsymbol{r}^*$ haben, er ist also der Einsvektor von $\boldsymbol{r}^*$:

$$\boldsymbol{n}=\frac{\boldsymbol{r}^*}{|\boldsymbol{r}^*|}=\frac{n(h_1\,\boldsymbol{a}^*+h_2\,\boldsymbol{b}^*+h_3\,\boldsymbol{c}^*)}{|n(h_1\,\boldsymbol{a}^*+h_2\,\boldsymbol{b}^*+h_3\,\boldsymbol{c}^*)|}.$$

Dieser Ausdruck läßt sich durch die Zahl n kürzen:

$$\boldsymbol{n}=\frac{h_1\,\boldsymbol{a}^*+h_2\,\boldsymbol{b}^*+h_3\,\boldsymbol{c}^*}{|h_1\,\boldsymbol{a}^*+h_2\,\boldsymbol{b}^*+h_3\,\boldsymbol{c}^*|}.$$

Die Stellung einer Schar von Netzebenen (mit den MILLERschen Indizes h_1, h_2, h_3) ist demnach mit Hilfe des reziproken Gitters ($\boldsymbol{a}^*$, $\boldsymbol{b}^*$, $\boldsymbol{c}^*$) relativ einfach auszudrücken.

Die Abstände p aller parallelen Netzebenen vom Koordinatenursprung sind ganzzahlige (positive und negative) Vielfache des Netzebenenabstandes d. Die Netzebene mit $p=0$ geht durch den Ursprung, und um d zu ermitteln, brauchen wir nur nach der Netzebene mit dem kleinsten positiven p, als mit dem kleinsten positiven Wert für alle $\boldsymbol{n}\cdot\boldsymbol{r}$ zu suchen. Dieser Wert ist dann der gesuchte Abstand d (Abb. 91).

Mit

$$\boldsymbol{n}=\frac{h_1\,\boldsymbol{a}^*+h_2\,\boldsymbol{b}^*+h_3\,\boldsymbol{c}^*}{|h_1\,\boldsymbol{a}^*+h_2\,\boldsymbol{b}^*+h_3\,\boldsymbol{c}^*|}$$

und

$$\boldsymbol{r}=s_1\,\boldsymbol{a}+s_2\,\boldsymbol{b}+s_3\,\boldsymbol{c} \quad (s_1,\ s_2,\ s_3 \text{ ganzzahlig})$$

erhalten wir

$$\boldsymbol{n}\cdot\boldsymbol{r}=\frac{(h_1\,\boldsymbol{a}^*+h_2\,\boldsymbol{b}^*+h_3\,\boldsymbol{c}^*)\cdot(s_1\,\boldsymbol{a}+s_2\,\boldsymbol{b}+s_3\,\boldsymbol{c})}{|h_1\,\boldsymbol{a}^*+h_2\,\boldsymbol{a}^*+h_3\,\boldsymbol{a}^*|},$$

was unter Berücksichtigung der Definitionsgleichungen für das reziproke Gitter sich zu

$$p = \frac{h_1 s_1 + h_2 s_2 + h_3 s_3}{|h_1 \boldsymbol{a}^* + h_2 \boldsymbol{b}^* + h_3 \boldsymbol{c}^*|}$$

vereinfacht. Weil nun h_1, h_2, h_3 und s_1, s_2, s_3 positiv oder negativ ganzzahlig (einschließlich Null) sind, muß auch der Zähler des obigen Ausdruckes ganzzahlig sein. Der kleinste von Null verschiedene positive Wert für p, also der Netzebenenabstand d, ergibt sich für alle jene Gitterbausteine, für die s_1, s_2, s_3 gerade solche Werte haben, daß der Zähler

$$h_1 s_1 + h_2 s_2 + h_3 s_3 = 1$$

wird. Also ist der Netzebenenabstand

$$d = \frac{1}{|h_1 \boldsymbol{a}^* + h_2 \boldsymbol{b}^* + h_3 \boldsymbol{c}^*|},$$

das ist der Kehrwert des Betrages des Vektors $(h_1 \boldsymbol{a}^* + h_2 \boldsymbol{b}^* + h_3 \boldsymbol{c}^*)$. Mit Hilfe des reziproken Gitters läßt sich also auch der Abstand zweier benachbarter (paralleler) Netzebenen ausdrücken.

Der Vektor des reziproken Gitters $(h_1 \boldsymbol{a}^* + h_2 \boldsymbol{b}^* + h_3 \boldsymbol{c}^*)$ zeigt demnach durch seine Richtung die Stellung der Ebenen einer Netzebenenschar an, und durch den Kehrwert seines Betrages deren gegenseitigen Abstand.

Anwendung des reziproken Gitters, die Ewaldsche Ausbreitungskugel. Zunächst erarbeiten wir uns einen Zusammenhang zwischen den Koeffizienten s_1, s_2, s_3 eines beliebigen Gittervektors $\boldsymbol{r} = s_1 \boldsymbol{a} + s_2 \boldsymbol{b} + s_3 \boldsymbol{c}$ und dem reziproken Gitter: Durch skalare Multiplikationen von $\boldsymbol{r}$ mit $\boldsymbol{a}^*$, $\boldsymbol{b}^*$, $\boldsymbol{c}^*$ erhalten wir unter Berücksichtigung der Definitionsgleichungen (Seite 89) des reziproken Gitters die folgenden einfachen Beziehungen:

$$\boldsymbol{a}^* \cdot \boldsymbol{r} = s_1; \quad \boldsymbol{b}^* \cdot \boldsymbol{r} = s_2; \quad \boldsymbol{c}^* \cdot \boldsymbol{r} = s_3 .$$

Eine analoge Beziehung folgt für die ganzzahligen Koeffizienten ρ_1, ρ_2, ρ_3 eines reziproken Gittervektors $\boldsymbol{r}^* = \rho_1 \boldsymbol{a}^* + \rho_2 \boldsymbol{b}^* + \rho_3 \boldsymbol{c}^*$:

$$\boldsymbol{a} \cdot \boldsymbol{r}^* = \rho_1; \quad \boldsymbol{b} \cdot \boldsymbol{r}^* = \rho_2; \quad \boldsymbol{c} \cdot \boldsymbol{r}^* = \rho_3 .$$

Die letzten drei Gleichungen lassen einen unmittelbaren Vergleich zur LAUEbedingung (vgl. Seite 26/27)

$$\boldsymbol{a} \cdot \frac{\boldsymbol{s}-\boldsymbol{s}_0}{\lambda} = H_1; \quad \boldsymbol{b} \cdot \frac{\boldsymbol{s}-\boldsymbol{s}_0}{\lambda} = H_2; \quad \boldsymbol{c} \cdot \frac{\boldsymbol{s}-\boldsymbol{s}_0}{\lambda} = H_3$$

zu. Denn ebenso wie ρ_1, ρ_2, ρ_3 sind die H_1, H_2, H_3 ganzzahlig, so daß $(\boldsymbol{s}-\boldsymbol{s}_0)/\lambda$ nicht anders sein kann als ein Vektor des zu $\boldsymbol{a}$, $\boldsymbol{b}$, $\boldsymbol{c}$ reziproken Gitters:

$$\frac{\boldsymbol{s}-\boldsymbol{s}_0}{\lambda} = H_1 \boldsymbol{a}^* + H_2 \boldsymbol{b}^* + H_3 \boldsymbol{c}^* .$$

Diese Gleichung kann als vektorielle Form der LAUEbedingung aufgefaßt werden. Sie umfaßt im Rahmen der getroffenen Voraussetzungen die gesamte Geometrie der Interferenzstrahlung. Sie ermöglicht es zu ermitteln, in welcher Richtung $\boldsymbol{s}$ eine in einer gegebenen Richtung $\boldsymbol{s}_0$ einfallende Röntgenstrahlung bekannter Wellenlänge von einem Kristall bekannter Achsenvektoren $\boldsymbol{a}$, $\boldsymbol{b}$, $\boldsymbol{c}$ und Justierung gebeugt wird, d. h. also die Richtung anzugeben, in der sich die von den einzelnen Gitterbausteinen ausgehenden Wellen durch Interferenz verstärken.

Man findet den gesuchten Vektor $\boldsymbol{s}$ bzw. $\boldsymbol{s}/\lambda$ am leichtesten, indem man eine Konstruktion der Vektordifferenz $(\boldsymbol{s}/\lambda - \boldsymbol{s}_0/\lambda)$ unter Bedingungen durchführt, die die Ablesung ermöglichen, ob diese Vektordifferenz tatsächlich ein Vektor $(H_1 \boldsymbol{a}^* + H_2 \boldsymbol{b}^* + H_3 \boldsymbol{c}^*)$ des reziproken Gitters ist.

Wir zeichnen dazu in das Schema eines reziproken Gitters den Vektor $\boldsymbol{s}_0/\lambda$ so ein, daß seine Spitze mit einem Punkt dieses Gitters zusammenfällt (Abb. 92). Da $\boldsymbol{s}/\lambda$ den gleichen Betrag hat wie $\boldsymbol{s}_0/\lambda$ ($\boldsymbol{s}$ und $\boldsymbol{s}_0$ sind bekanntlich Einsvektoren), so müssen die Spitzen aller möglichen $\boldsymbol{s}/\lambda$ auf einer Kugel um M liegen, wenn man $\boldsymbol{s}/\lambda$ vom gleichen Punkt (nämlich M) ausgehen läßt wie $\boldsymbol{s}_0/\lambda$. Die Vektordifferenz $(\boldsymbol{s}/\lambda - \boldsymbol{s}_0/\lambda)$ ist dann die Verbindungslinie der Spitzen von $\boldsymbol{s}_0/\lambda$ und $\boldsymbol{s}/\lambda$. Wenn nun $(\boldsymbol{s}/\lambda - \boldsymbol{s}_0/\lambda)$ ein Vektor des reziproken Gitters sein soll, dann muß sein Endpunkt mit einem Punkte dieses Gitters zusammenfallen. Das ist überall dort der Fall, wo die Kugel, die man EWALD*sche Ausbreitungskugel* nennt, auf einen Punkt des reziproken Gitters trifft. Die Konstruktion dieser EWALDschen Ausbreitungskugel ist natürlich nur eine gedankliche Konstruktion, in der Praxis muß man sich mit einem *Kreis* mit einem Radius, der $1/\lambda$ entspricht, begnügen. Man erhält damit natürlich nur einen zweidimensionalen Aspekt des dreidimensionalen Problems.

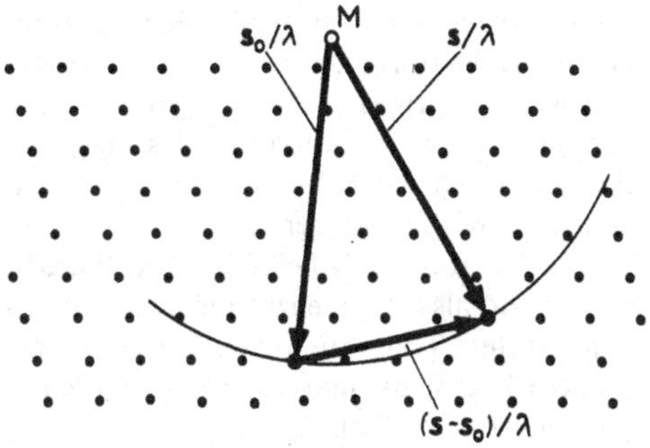

Abb. 92. Ewaldsche Ausbreitungskugel

Die Braggsche Interferenzbedingung. Die LAUEbedingung in ihrer vektoriellen Form

$$(\boldsymbol{s} - \boldsymbol{s}_0)/\lambda = H_1 \boldsymbol{a}^* + H_2 \boldsymbol{b}^* + H_3 \boldsymbol{c}^*$$

macht eine anschauliche Vorstellung über die Beugung der Röntgenstrahlen in Kristallen möglich.

Der Vektor rechts steht als Vektor des reziproken Gitters auf einer Netzebenenschar senkrecht, deren MILLERsche Indizes sich nach dem auf Seite 91 Gesagten verhalten wie

$$h_1 : h_2 : h_3 = H_1 : H_2 : H_3 ,$$

d. h. es muß gelten

$$H_1 = n h_1 ; \; H_2 = n h_2 ; \; H_3 = n h_3 \quad (n \ldots \text{ganzzahlig}),$$

sofern die H_1, H_2, H_3 einen gemeinsamen Teiler n haben. Damit läßt sich die LAUEbedingung auch anschreiben als

$$\frac{\boldsymbol{s}}{\lambda} - \frac{\boldsymbol{s}_0}{\lambda} = n(h_1 \boldsymbol{a}^* + h_2 \boldsymbol{b}^* + h_3 \boldsymbol{c}^*) = n \boldsymbol{r}_0^* ,$$

wenn wir zur Abkürzung den durch den Klammerausdruck dargestellten reziproken Vektor mit $\boldsymbol{r}_0^*$ bezeichnen wollen. In Abb. 93a sind $\boldsymbol{s}$, $\boldsymbol{s}_0$ und $\boldsymbol{r}_0^*$ dargestellt, sowie die durch $\boldsymbol{r}_0^*$ repräsentierte Netzebenenschar, deren Ebenen bekanntlich senkrecht zu $\boldsymbol{r}_0^*$ sind und einen Abstand $d = 1/|\boldsymbol{r}_0^*|$ voneinander haben. Die Entstehung der in die Richtung $\boldsymbol{s}$ abgebeugten Röntgenstrahlung kann also als eine Reflexion an (teilweise durchlässigen)

Netzebenen aufgefaßt werden; r_0^* zeigt in Richtung der Flächennormalen, Einfallswinkel und Ausfallswinkel sind gleich. In der Röntgenographie rechnet man allerdings meist mit dem in der Figur eingezeichneten sogenannten *Glanzwinkel* φ. Dieser ist – ebenso wie der zu einer Reflexion führende Einfallswinkel – nicht beliebig, er hängt vom Netzebenenabstand und von der Wellenlänge ab. Man findet diese Abhängigkeit unmittelbar aus der EWALDschen Konstruktion Abb. 93b. Die Schenkel dieses gleichschenkligen Dreiecks betragen $1/\lambda$, die Grundlinie $n\,|r_0^*| = n/d$. Aus einem der beiden, mittels der Höhe gebildeten rechtwinkligen Dreiecke folgt sofort

$$\frac{1}{2}\cdot\frac{n}{d} = \frac{1}{\lambda}\sin\varphi$$

oder

$$n\lambda = 2d\sin\varphi\,.$$

Man nennt diese Gleichung die *Braggsche Interferenz- oder Reflexionsbedingung*. Man kann sie auch unmittelbar aus der Vorstellung ableiten, daß die Röntgenstrahlung an den Netzebenen wie an teildurchlässigen Spiegeln reflektiert wird. Da diese Ableitung aber ohne Vektorrechnung erfolgt, verzichten wir hier auf sie.

Unsere bisherigen Betrachtungen über die Gittertheorie der Kristalle bezogen sich auf das einfache Translationsgitter, das sich durch fortgesetzte Translationen eines einzigen Bausteines um die Achsenvektoren $\boldsymbol{a}$, $\boldsymbol{b}$, $\boldsymbol{c}$ beschreiben läßt. Die natürlichen Kristalle können durch Ineinanderstellen von derartigen Translationsgittern beschrieben werden. Es bleiben aber auch bei ihnen die sinngemäß angewendeten Gleichungen von LAUE und BRAGG als Interferenzbedingungen bestehen, weil durch Ineinanderstellung mehrerer kongruenter Translationsgitter niemals neue Interferenzrichtungen erzielt werden, sondern höchstens umgekehrt der Fall eintreten kann, daß abgebeugte Strahlen durch Interferenz ausgelöscht werden.

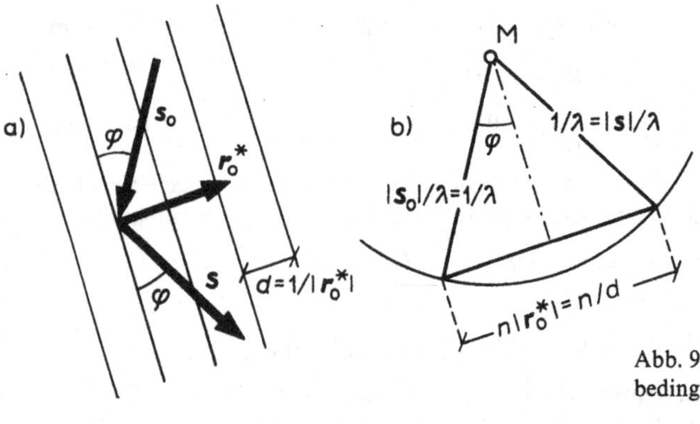

Abb. 93. Zur Braggschen Interferenzbedingung

4.7 Übungsaufgaben

56. Eine Ebene im Raum sei durch drei in ihr liegende Punkte A, B, C mit den Ortsvektoren $\boldsymbol{a}$, $\boldsymbol{b}$, $\boldsymbol{c}$ gegeben. Die Vektorgleichung dieser Ebene kann mit $\boldsymbol{r}$ als Ortsvektor des allgemeinen Punktes auf ihr in der Form

$$\boldsymbol{r}\cdot\{(\boldsymbol{a}\times\boldsymbol{b}) + (\boldsymbol{b}\times\boldsymbol{c}) + (\boldsymbol{c}\times\boldsymbol{a})\} = [\boldsymbol{a}\,\boldsymbol{b}\,\boldsymbol{c}]$$

geschrieben werden. Wie läßt sich diese Gleichung herleiten?

57. Es sei $\boldsymbol{R} = \boldsymbol{A} \times \boldsymbol{B}$. Man zeige, daß die Projektion A' von $\boldsymbol{A}$ auf $\boldsymbol{B} \times \boldsymbol{R}$ gleich ist

$$A' = \frac{\boldsymbol{B} \times \boldsymbol{R}}{|\boldsymbol{B} \times \boldsymbol{R}|} \cdot \boldsymbol{A} = \frac{\boldsymbol{R}^2}{|\boldsymbol{B} \times \boldsymbol{R}|} = \frac{R}{B} \; .$$

58. Es sei $\boldsymbol{R} = \boldsymbol{A} \times \boldsymbol{B}$ und $\boldsymbol{A} \cdot \boldsymbol{S} = 0$. Man berechne den Vektor $\boldsymbol{A}$.
59. Man interpretiere eine dreireihige Determinante

$$\begin{vmatrix} A_x & A_y & A_z \\ B_x & B_y & B_z \\ C_x & C_y & C_z \end{vmatrix}$$

als Spatprodukt dreier Vektoren $\boldsymbol{A}, \boldsymbol{B}, \boldsymbol{C}$ und beweise für sie auf diesem Wege folgende Determinantensätze:

a) Eine Determinante wird mit einem Faktor multipliziert, indem man alle Glieder einer ihrer Zeilen mit diesem Faktor multipliziert.
b) Eine Determinante, bei der die Glieder zweier Zeilen paarweise gleich sind, ist Null.
c) Eine Determinante, bei der die entsprechenden Glieder zweier Zeilen einander proportional sind, ist Null.
d) Der Wert einer Determinante bleibt unverändert, wenn man zu jedem Glied einer Zeile das entsprechende Glied einer anderen Zeile hinzufügt.
e) Der Wert einer Determinante bleibt unverändert, wenn man zu jedem Glied einer Zeile ein stets gleiches Vielfache des entsprechenden Gliedes einer anderen Zeile hinzufügt.

(Nebenbei: Wegen der Vertauschbarkeit von Zeilen und Spalten in einer Determinante gelten die obigen Sätze auch für Spalten)
60. Es ist durch Rechnung zu zeigen, daß folgende Vektoren komplanar sind:

$$\boldsymbol{A} = 3\boldsymbol{i} - \boldsymbol{j} - 6\boldsymbol{k}, \quad \boldsymbol{B} = \boldsymbol{i} + 2\boldsymbol{j} - 2\boldsymbol{k}, \quad \boldsymbol{C} = -\boldsymbol{i} + 5\boldsymbol{j} + 2\boldsymbol{k}.$$

61. Gegeben seien die Beträge A und B. Welchen Wert hat der Skalar $(\boldsymbol{A} \cdot \boldsymbol{B})^2 + (\boldsymbol{A} \times \boldsymbol{B})^2$?
62. Man forme unter Berücksichtigung des Ergebnisses aus Aufgabe 61 den Ausdruck $[\boldsymbol{A}\,\boldsymbol{B}\,\boldsymbol{C}]^2$ so um, daß nur noch skalare Produkte auftreten.
63. Man berechne $(\boldsymbol{A} \times \boldsymbol{B}) \times (\boldsymbol{C} \times \boldsymbol{D})$.
64. Ein Beispiel zur Driftgeschwindigkeit in einer Gasentladung: Aufgrund von $\boldsymbol{v} = \mu \boldsymbol{F}/Q$ und aufgrund der Tatsache, daß für positive Ladungen $\boldsymbol{v}$ und $\boldsymbol{F}$ die gleiche Richtung haben, ist die Beweglichkeit μ für positive Ladungen > 0, für negative < 0. Man berechne für den Fall, daß $\boldsymbol{B} \perp \boldsymbol{E}$, die drei Komponenten $v_{\boldsymbol{E}}$, $v_{\boldsymbol{B}}$ und $v_{\boldsymbol{E} \times \boldsymbol{B}}$ der Driftgeschwindigkeit. Man zeige auf diese Weise, daß die Querablenkung durch das Magnetfeld für positive und für negative Ionen (Ladungen) in der *gleichen* Richtung erfolgt.
65. Man zeige, daß aus der Gleichung $\boldsymbol{A} \times (\boldsymbol{B} \times \boldsymbol{C}) = (\boldsymbol{A} \times \boldsymbol{B}) \times \boldsymbol{C}$ die Bedingung $(\boldsymbol{A} \times \boldsymbol{C}) \times \boldsymbol{B} = 0$ folgt.
66. Die Gittervektoren von Muskovit (Glimmer) sind in kartesischen Koordinaten

$$\boldsymbol{a} = 0{,}518\,\text{nm}\,\boldsymbol{i}, \quad \boldsymbol{b} = 0{,}902\,\text{nm}\,\boldsymbol{j}, \quad \boldsymbol{c} = -0{,}190\,\text{nm}\,\boldsymbol{i} + 1{,}995\,\text{nm}\,\boldsymbol{k}.$$

Man berechne das Volumen der Elementarzelle und die Vektoren des reziproken Gitters.

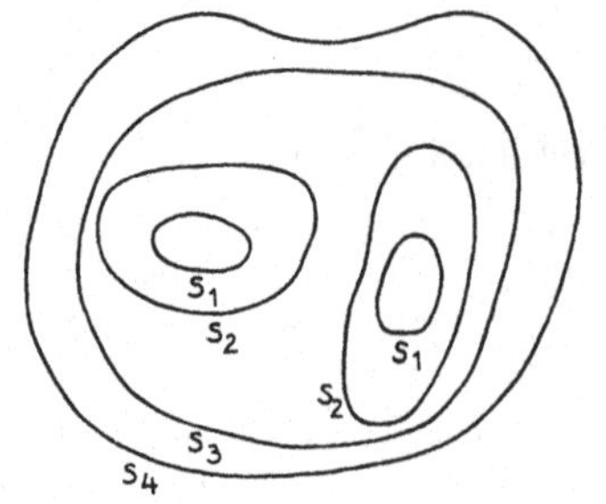

Abb. 94. Schnitt durch ein Gebiet mit verschiedenen Werten eines Skalars S. Die Linien sind die Schnitte durch die Niveauflächen für vier bestimmte Werte von S

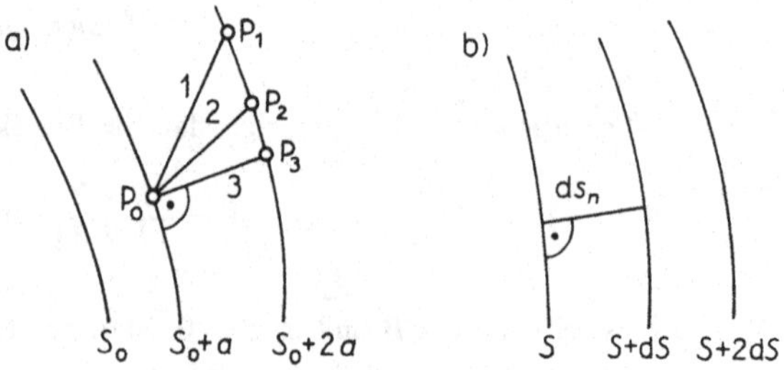

Abb. 95. Zum Anstieg von S zwischen verschiedenen Niveauflächen

§ 5. Der Gradient

5.1 Das Skalarfeld und der Gradient

Der Begriff des Gradienten. Angenommen wir haben einen starren Körper, in dessen Inneren sich eine skalare Größe des Materials von Punkt zu Punkt ändert (z. B. Dichte, Temperatur). Wir sagen dann: In dem vom Körper eingenommenen Raum befindet sich ein skalares Feld. Der betreffende Skalar ist eine Ortsfunktion, und zwar, wie wir annehmen wollen, eine *stetige* Ortsfunktion. Wir haben so ein skalares Feld, das vom betreffenden Körper begrenzt wird. Wenn wir uns den Körper unbegrenzt vorstellen, ist das Feld unbegrenzt.

Wenn wir von Stellen, wo der Skalar Extremwerte hat, absehen, so können wir in der Nachbarschaft eines jeden Punktes eine unendliche Mannigfaltigkeit von Punkten finden, in denen der Skalar S denselben Wert hat. Die Punkte, an denen der Skalar einen bestimmten Wert S_i hat, liegen im allgemeinen auf einer Fläche. Sie kann beispielsweise an den Grenzen des betreffenden Festkörpers endigen oder geschlossen sein, d. h. einen Teil des Festkörpers einschließen. Man nennt sie *Niveaufläche*. Es können auch zwei oder mehrere getrennte Flächen einem bestimmten Wert des Skalars entsprechen. So können wir ein Skalarfeld durch Niveauflächen abbilden. In Abb. 94 sind die Niveauflächen für die Werte S_1, S_2, S_3, S_4 des Skalars durch Linien angedeutet.

Niveauflächen für verschiedene Werte von S können sich weder berühren noch schneiden, sonst hätte ja der Skalar in den gemeinsamen Punkten verschiedene Werte, was unmöglich ist. Um die Darstellung eines skalaren Feldes möglichst übersichtlich zu gestalten, wählt man meist Niveauflächen, für welche die Werte des Skalars eine arithmetische Reihe bilden, z. B. S_0, $S_0 + a$, $S_0 + 2a \ldots$ (Abb. 95a).

Wir haben uns bisher einen festen Körper vorgestellt, in dem sich eine skalare Größe von Ort zu Ort ändert. Aber die Vorstellung dieses Festkörpers ist nicht unbedingt nötig. Wir können jedem Punkt eines Raumteils einen Skalar zuschreiben. Wir betrachten in Abb. 95a auf der Niveaufläche $S_0 + a$ den Punkt P_0 und verbinden ihn mit P_1 auf der Niveaufläche $S_0 + 2a$. In P_1 ist der Skalar um a größer als in P_0. Wenn man von P_0 nach P_2 geht, so steigt der Skalar ebenfalls um a, aber da die Strecke 2 kleiner als die Strecke 1 ist, wird beim Übergang von P_0 auf P_2 derselbe Zuwachs auf einer kürzeren

Strecke erreicht; der Anstieg, also der Quotient aus Zunahme von S und Weg, ist im Mittel auf dem Wege 2 größer als auf dem Wege 1. *Der Anstieg hängt also von der Richtung ab.* Den größten mittleren Anstieg erhält man auf demjenigen Wege, der die kürzeste Verbindung von P_0 zur anderen Niveaufläche bildet. Sind die Abstände der Niveauflächen klein, so wird dieser Weg etwa senkrecht zur Niveaufläche $S_0 + a$ verlaufen, also etwa der Weg 3 sein.

Linearisiert man das Problem, d. h. nimmt man die Niveauflächen für S_0, $S_0 + a$, $S_0 + 2a$ usw. angenähert als parallele Ebenen an, so schreibt man statt des Zuwachses a das Differential $\mathrm{d}S$ und statt des Normalabstandes der Ebenen S und $S + \mathrm{d}S$ das Differential $\mathrm{d}s_n$. Ist das Problem nun nicht linear, so stellen die Differentiale $\mathrm{d}S$ und $\mathrm{d}s_n$ Näherungen für die tatsächliche Differenz ΔS $(= a)$ und für den kürzesten Weg von einem Punkt auf der einen Fläche zum nächstliegenden Punkt auf der anderen Fläche dar. Je kleiner ΔS – und mit ihm natürlich auch der kürzeste Weg – gewählt wird, desto besser ist die Annäherung durch $\mathrm{d}S$ bzw. $\mathrm{d}s_n$. Man spricht deshalb der Einfachheit wegen meist von dem „unendlich kleinen Zuwachs $\mathrm{d}S$" und von dem „unendlich kleinen Weg $\mathrm{d}s_n$"*). Abb. 95b stellt den Versuch zur näherungsweisen Darstellung des Zusammenhanges zwischen $\mathrm{d}S$ und $\mathrm{d}s_n$ dar. Der Anstieg ist also immer am größten senkrecht zu den Niveauflächen. Dadurch ist eine Richtung für jeden Punkt des Feldes festgesetzt mit dem Richtungssinn zu größeren Werten des Skalars. Wir können auf diese Weise jedem Punkte des skalaren Feldes eine gerichtete Strecke mit dieser Richtung und diesem Richtungssinn zuordnen und können ihr eine Länge geben, die dem Betrag des größten Anstiegs $\mathrm{d}S/\mathrm{d}s_n$ entspricht.

Damit ist der Anstieg durch einen Vektor $\boldsymbol{G}$ darstellbar, der den Betrag

$$|\boldsymbol{G}| = \mathrm{d}S/\mathrm{d}s_n$$

und die Richtung (mit entsprechendem Richtungssinn) senkrecht zu der Niveaufläche hat. Wir kennzeichnen diese Richtung durch den Normalenvektor $\boldsymbol{n}$ vom Betrage Eins. Dann ist

$$\boldsymbol{G} = \boldsymbol{n}\,\mathrm{d}S/\mathrm{d}s_n\,.$$

Man bezeichnet diesen Vektor als den Gradienten der skalaren Ortsfunktion (an einer bestimmten Stelle) und schreibt dafür $\mathrm{grad}\,S$. Wir erhalten damit als

■ Definition des Gradienten einer skalaren Ortsfunktion:

$$\mathrm{grad}\,S = \boldsymbol{n}\,\mathrm{d}S/\mathrm{d}s_n \qquad [27]$$

Der Gradient in kartesischen Koordinaten. Wir wollen nun die skalaren Komponenten des Vektors $\mathrm{grad}\,S$ in kartesischen Koordinaten bestimmen und legen deshalb in das Feld des Skalars S ein räumliches kartesisches Koordinatensystem, dessen x-Achse in der Zeichenebene (Abb. 96) verläuft. Der Skalar S ist in einem solchen Koordinatensystem als Funktion von x, y, z darstellbar, also

$$S = S(x, y, z)\,.$$

Geht man vom Punkte P auf der Fläche S längs der Normalen bis zur $\mathrm{d}s_n$ entfernten Niveaufläche $S + \mathrm{d}S$, so wächst S um

*) Diese Ausdrucksweise ist nicht exakt. Weder $\mathrm{d}S$ noch $\mathrm{d}s_n$ sind wirklich unendlich klein, sie sind vielmehr beliebig groß und bringen lediglich die Linearisierung des Problems zum Ausdruck. Wir werden im folgenden deshalb besser von Differentialen, statt von unendlich kleinen Größen sprechen.

$$dS = \frac{dS}{ds_n} ds_n {}^{*)}.$$

Geht man von P längs des Weges dx, der parallel zur x-Achse verläuft, zur Niveaufläche $S + dS$, so kann man für dS den Ausdruck

$$dS = \frac{\partial S}{\partial x} dx$$

setzen. Wir schreiben jetzt $\partial S/\partial x$ als *partielle* Ableitung an, weil wir ja $S = S(x, y, z)$ als Funktion von x, y, z auffassen.

Durch Gleichsetzen der beiden Werte für dS erhalten wir

$$\frac{dS}{ds_n} ds_n = \frac{\partial S}{\partial x} dx \quad \text{bzw.} \quad \frac{dS}{ds_n}\frac{ds_n}{dx} = \frac{\partial S}{\partial x}.$$

In Abb. 96 mit der durch dx und ds_n gehenden Zeichenebene haben wir im Grenzfall des linearisierten Problems ein rechtwinkliges Dreieck mit der Hypotenuse dx und einer Kathete ds_n, woraus man sofort die Beziehung

$$ds_n/dx = \cos\alpha$$

ersieht. Wir können also schreiben

$$\frac{dS}{ds_n} \cos\alpha = \frac{\partial S}{\partial x}$$

und haben damit bereits die x-Komponente $\text{grad}_x S$ des Gradienten von S. Denn mit

$$\text{grad}\, S = \boldsymbol{n}\, dS/ds_n$$

ist

$$\text{grad}_x S = \boldsymbol{i} \cdot \boldsymbol{n} \frac{dS}{ds_n} = \frac{dS}{ds_n} \cos\alpha.$$

Durch analoge Überlegungen kommt man auch zu den anderen beiden Komponenten von $\text{grad}\, S$:

$$\text{grad}_x S = \partial S/\partial x; \quad \text{grad}_y S = \partial S/\partial y; \quad \text{grad}_z S = \partial S/\partial z,$$

und damit ist der

■ Gradient von S in kartesischen Koordinaten:

$$\text{grad}\, S = \boldsymbol{i}\, \partial S/\partial x + \boldsymbol{j}\, \partial S/\partial y + \boldsymbol{k}\, \partial S/\partial z. \qquad [28]$$

Als Betrag für $\text{grad}\, S$ ergibt sich hieraus

$$|\text{grad}\, S| = dS/ds_n = \sqrt{(\partial S/\partial x)^2 + (\partial S/\partial y)^2 + (\partial S/\partial z)^2},$$

und die Richtungskosinusse sind

$$\cos\alpha = \frac{\partial S/\partial x}{|\text{grad}\, S|}; \quad \cos\beta = \frac{\partial S/\partial y}{|\text{grad}\, S|}; \quad \cos\gamma = \frac{\partial S/\partial z}{|\text{grad}\, S|}.$$

In Formel [28] läßt sich die Funktion S formal ausklammern:

$$\text{grad}\, S = \left(\boldsymbol{i}\frac{\partial}{\partial x} + \boldsymbol{j}\frac{\partial}{\partial y} + \boldsymbol{k}\frac{\partial}{\partial z}\right) S,$$

*) ds_n liegt in Abb. 96 in der Zeichenebene. Das ist im allgemeinen nicht der Fall, was jedoch auf die folgende Rechnung keinen Einfluß hat.

woraus sich für das Operationssymbol grad ein unmittelbarer Ausdruck in kartesischen Koordinaten ergibt:

$$\text{grad} = \boldsymbol{i}\frac{\partial}{\partial x} + \boldsymbol{j}\frac{\partial}{\partial y} + \boldsymbol{k}\frac{\partial}{\partial z} \qquad [28\,\text{a}]$$

(Gradientenoperator in kartesischen Koordinaten)

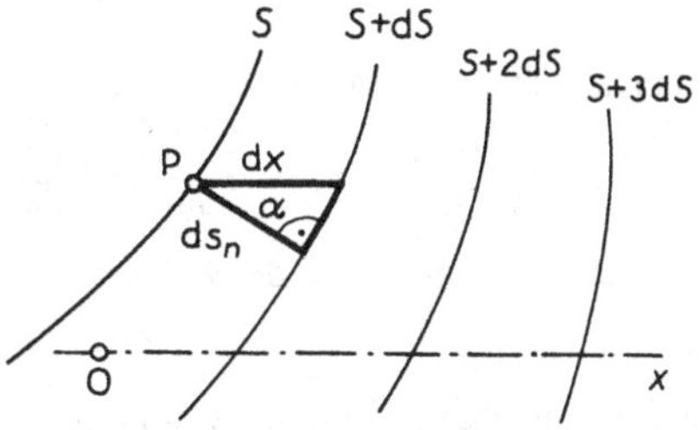

Abb. 96. Zur Bestimmung der Gradientenkomponenten

Die Richtungsableitung einer Ortsfunktion. Darunter versteht man den für irgendeine vorgegebene Richtung mit dem Einsvektor $\boldsymbol{e}_s$ gebildete Ableitung $\mathrm{d}S/\mathrm{d}s$. Die Richtungsableitung ist identisch mit dem, was wir auf Seite 97 mit Anstieg bezeichnet hatten. Zwischen Richtungsableitung und Gradient besteht folgender Zusammenhang: Einerseits ist

$$\mathrm{d}S = \frac{\mathrm{d}S}{\mathrm{d}s_n}\mathrm{d}s_n = |\text{grad}\,S|\,\mathrm{d}s_n,$$

andererseits kann man aber auch für einen beliebigen Weg $\mathrm{d}s$ anschreiben

$$\mathrm{d}S = \frac{\mathrm{d}S}{\mathrm{d}s}\mathrm{d}s.$$

Gleichsetzen beider Ausdrücke für $\mathrm{d}S$ ergibt

$$\frac{\mathrm{d}S}{\mathrm{d}s}\mathrm{d}s = |\text{grad}\,S|\,\mathrm{d}s_n, \quad \text{oder} \quad \frac{\mathrm{d}S}{\mathrm{d}s} = |\text{grad}\,S|\frac{\mathrm{d}s_n}{\mathrm{d}s}.$$

Analog zu Abb. 96 (nur ist jetzt $\mathrm{d}s$ anstelle von $\mathrm{d}x$ zu wählen) ist $\mathrm{d}s_n/\mathrm{d}s$ der Kosinus des Winkels zwischen $\boldsymbol{n}$ und $\boldsymbol{e}_s$; weil diese aber Einsvektoren sind, ist dieser Kosinus gleich dem skalaren Produkt $\boldsymbol{e}_s \cdot \boldsymbol{n}$. Also ist

$$\frac{\mathrm{d}s_n}{\mathrm{d}s} = \boldsymbol{e}_s \cdot \boldsymbol{n},$$

und damit

$$\frac{\mathrm{d}S}{\mathrm{d}s} = \boldsymbol{e}_s \cdot \boldsymbol{n}\,|\text{grad}\,S| = \boldsymbol{e}_s \cdot \text{grad}\,S.$$

Die Richtungsableitung, also der Anstieg der skalaren Ortsfunktion in irgendeiner durch $\boldsymbol{e}_s$ gekennzeichneten Richtung ist die Projektion des Gradienten von S auf die ins Auge gefaßte Richtung:

$$\frac{\mathrm{d}S}{\mathrm{d}s} = \boldsymbol{e}_s \cdot \text{grad}\,S \qquad [29]$$

(Richtungsableitung)

Das totale Differential einer skalaren Ortsfunktion $S = S(x, y, z)$, das bekanntlich

$$\mathrm{d}S = \frac{\partial S}{\partial x}\mathrm{d}x + \frac{\partial S}{\partial y}\mathrm{d}y + \frac{\partial S}{\partial z}\mathrm{d}z$$

ist, läßt sich auch mit Hilfe des Gradienten ausdrücken. Denn man kann es als ein skalares Produkt gemäß

$$\frac{\partial S}{\partial x}\mathrm{d}x + \frac{\partial S}{\partial y}\mathrm{d}y + \frac{\partial S}{\partial z}\mathrm{d}z = \left(\boldsymbol{i}\frac{\partial S}{\partial x} + \boldsymbol{j}\frac{\partial S}{\partial y} + \boldsymbol{k}\frac{\partial S}{\partial z}\right)\cdot(\boldsymbol{i}\,\mathrm{d}x + \boldsymbol{j}\,\mathrm{d}y + \boldsymbol{k}\,\mathrm{d}z)$$

auffassen. Darin ist der erste Klammerausdruck

$$\boldsymbol{i}\frac{\partial S}{\partial x} + \boldsymbol{j}\frac{\partial S}{\partial y} + \boldsymbol{k}\frac{\partial S}{\partial z} = \operatorname{grad} S$$

der Gradient von S, und der zweite

$$\boldsymbol{i}\,\mathrm{d}x + \boldsymbol{j}\,\mathrm{d}y + \boldsymbol{k}\,\mathrm{d}z = \mathrm{d}\boldsymbol{r}$$

ist das Differential des Ortsvektors. Somit ist das totale Differential $\mathrm{d}S$, das ja von der Richtung, in der es genommen wird (also von $\mathrm{d}x$, $\mathrm{d}y$, $\mathrm{d}z$) abhängt,

■
$$\mathrm{d}S = \operatorname{grad} S \cdot \mathrm{d}\boldsymbol{r} \qquad [30]$$

(Totales Differential einer Ortsfunktion)

Der Gradient einer Summe. φ und ψ seien skalare Ortsfunktionen. Wir berechnen den Gradienten ihrer Summe mit Hilfe kartesischer Koordinaten gemäß [28]:

$$\operatorname{grad}(\varphi + \psi) = \boldsymbol{i}\frac{\partial}{\partial x}(\varphi + \psi) + \boldsymbol{j}\frac{\partial}{\partial y}(\varphi + \psi) + \boldsymbol{k}\frac{\partial}{\partial z}(\varphi + \psi) =$$
$$= \left(\boldsymbol{i}\frac{\partial \varphi}{\partial x} + \boldsymbol{j}\frac{\partial \varphi}{\partial y} + \boldsymbol{k}\frac{\partial \varphi}{\partial z}\right) + \left(\boldsymbol{i}\frac{\partial \psi}{\partial x} + \boldsymbol{j}\frac{\partial \psi}{\partial y} + \boldsymbol{k}\frac{\partial \psi}{\partial z}\right).$$

Also ist, wie man erkennt, der

■ Gradient einer Summe

$$\operatorname{grad}(\varphi + \psi) = \operatorname{grad}\varphi + \operatorname{grad}\psi \qquad [31]$$

Wie man leicht einsieht, kann man das Gesetz, daß der Gradient einer Summe gleich ist der Summe der Gradienten der einzelnen Summanden, auf jede beliebige Anzahl von Summanden erweitern. Es gilt selbstverständlich auch für negative Summanden (also für Differenzen von Funktionen).

Ist einer der beiden Summanden eine ortsunabhängige Konstante C, so folgt

$$\operatorname{grad}(\varphi + C) = \operatorname{grad}\varphi\,.$$

Eine additive Konstante verschwindet bei der Gradientenbildung ebenso wie beim gewöhnlichen Differenzieren. Die Berechnung von Temperaturgradienten ergibt z. B. für Celsiustemperatur ϑ und thermodynamische Temperatur T den gleichen Wert:

$$\operatorname{grad} T = \operatorname{grad}(\vartheta + T_0) = \operatorname{grad}\vartheta\,; \quad (T_0 = 273{,}15\,\mathrm{K} = \text{konst}).$$

Der Gradient eines Produktes. In kartesischen Koordinaten gerechnet, erhalten wir

$$\operatorname{grad}(\varphi\psi) = \boldsymbol{i}\frac{\partial}{\partial x}(\varphi\psi) + \boldsymbol{j}\frac{\partial}{\partial y}(\varphi\psi) + \boldsymbol{k}\frac{\partial}{\partial z}(\varphi\psi) =$$
$$= \psi\left(\boldsymbol{i}\frac{\partial \varphi}{\partial x} + \boldsymbol{j}\frac{\partial \varphi}{\partial y} + \boldsymbol{k}\frac{\partial \varphi}{\partial z}\right) + \varphi\left(\boldsymbol{i}\frac{\partial \psi}{\partial x} + \boldsymbol{j}\frac{\partial \psi}{\partial y} + \boldsymbol{k}\frac{\partial \psi}{\partial z}\right).$$

Man sieht somit, daß (in anderer Reihenfolge geschrieben) der

■ Gradient eines Produktes

$$\operatorname{grad}(\varphi\psi) = \varphi \operatorname{grad}\psi + \psi \operatorname{grad}\varphi \qquad [32]$$

sich analog der Regel für die Differentiation eines Produktes von Funktionen berechnet. Auch hier ist eine Erweiterung auf beliebig viel Faktoren möglich. Z. B.:

$$\begin{aligned}\operatorname{grad}(\varphi\psi\chi) &= \varphi \operatorname{grad}(\psi\chi) + (\psi\chi)\operatorname{grad}\varphi = \\ &= \varphi(\psi \operatorname{grad}\chi + \chi \operatorname{grad}\psi) + \psi\chi \operatorname{grad}\varphi = \\ &= \varphi\psi \operatorname{grad}\chi + \psi\chi \operatorname{grad}\varphi + \chi\varphi \operatorname{grad}\psi\end{aligned}$$

usw.

Konstante Faktoren werden bei der Gradientenbildung wie beim Differenzieren vor das Symbol grad gesetzt. Das folgt z. B. formal aus $\operatorname{grad} C = 0$:

$$\operatorname{grad}(C\varphi) = C \operatorname{grad}\varphi + \varphi \operatorname{grad} C = C \operatorname{grad}\varphi\,.$$

Der Gradient der Funktion einer Ortsfunktion. Ist

$$u = u(v)$$

die Funktion einer Ortsfunktion

$$v = v(x, y, z) = v(\boldsymbol{r})\,,$$

so erhalten wir unter Benutzung kartesischer Koordinaten

$$\begin{aligned}\operatorname{grad} u &= \boldsymbol{i}\frac{\partial u}{\partial x} + \boldsymbol{j}\frac{\partial u}{\partial y} + \boldsymbol{k}\frac{\partial u}{\partial z} = \\ &= \boldsymbol{i}\frac{\mathrm{d}u}{\mathrm{d}v}\frac{\partial v}{\partial x} + \boldsymbol{j}\frac{\mathrm{d}u}{\mathrm{d}v}\frac{\partial v}{\partial y} + \boldsymbol{k}\frac{\mathrm{d}u}{\mathrm{d}v}\frac{\partial v}{\partial z} = \frac{\mathrm{d}u}{\mathrm{d}v}\left(\boldsymbol{i}\frac{\partial v}{\partial x} + \boldsymbol{j}\frac{\partial v}{\partial y} + \boldsymbol{k}\frac{\partial v}{\partial z}\right).\end{aligned}$$

Somit ist der

■ Gradient einer Funktion einer Ortsfunktion

$$\operatorname{grad} u(v) = \frac{\mathrm{d}u}{\mathrm{d}v} \operatorname{grad} v \qquad [33]$$

5.2 Das Gradientenfeld

Vektorlinien. Wenn sich von einer bestimmten Stelle eines Skalarfeldes aus ein Punkt immer normal auf die Niveauflächen zu höheren Werten des Skalars bewegt, so bewegt er sich immer in der jeweiligen Richtung des Gradienten. Er beschreibt so eine Kurve, deren Tangenten überall die Richtung des Gradienten angeben. Eine solche Kurve, im allgemeinen eine Raumkurve, nennt man eine *Vektorlinie* des Gradientenfeldes. Durch jeden Punkt des Gradientenfeldes geht solch eine Vektorlinie. Sie gibt überall die Richtung des Vektors, ohne über seinen Betrag etwas auszusagen. Vektorlinien können sich nicht schneiden oder berühren, sonst hätte ja der Vektor an einem Punkt zwei verschiedene Richtungen. *Die Vektorlinien eines Gradientenfeldes können außerdem nicht geschlossen sein.* Denn sonst käme der die Vektorlinie erzeugende Punkt, der sich immer zu höheren Werten des Skalars bewegt hat, zu demselben Punkt des Raumes zurück, an dem also zwei verschiedene Werte des Skalars vorhanden sein müßten.

Das Linienintegral eines Gradienten. Bezeichnet man den Gradienten einer skalaren Ortsfunktion $\operatorname{grad}\varphi(\boldsymbol{r})$ mit $\boldsymbol{G}$, so hängt dieser Vektor ebenfalls vom Ort ab:

$$\operatorname{grad}\varphi(\boldsymbol{r}) = \boldsymbol{G} = \boldsymbol{G}(\boldsymbol{r})\,.$$

Bedeutet $\mathfrak{C}$ irgendeine bestimmte Kurve (im allgemeinen eine Raumkurve) zwischen zwei Punkten P_1 und P_2 (Abb. 97a), so nennt man die Summe aller $\boldsymbol{G} \cdot \mathrm{d}\boldsymbol{r}$ längs der Kurve $\mathfrak{C}$ ein Linienintegral der Funktionen $\boldsymbol{G}(\boldsymbol{r})$:

$$L = \int_{P_1 \, \mathfrak{C}}^{P_2} \boldsymbol{G}(\boldsymbol{r}) \cdot \mathrm{d}\boldsymbol{r}$$

Ist nun, wie im vorliegenden Fall, $\boldsymbol{G}(\boldsymbol{r})$ der Gradient einer Ortsfunktion, so ergibt das Linienintegral einen besonders einfachen Wert: In Abb. 97b ist der Weg $\mathfrak{C}$ durch einzelne gerade Stücke angenähert. Betrachtet man die Gradientenfelder längs der geradlinigen Teilwege näherungsweise als homogen ($\operatorname{grad}\varphi$ = konst), so kann man längs des Weges von P_1 nach A

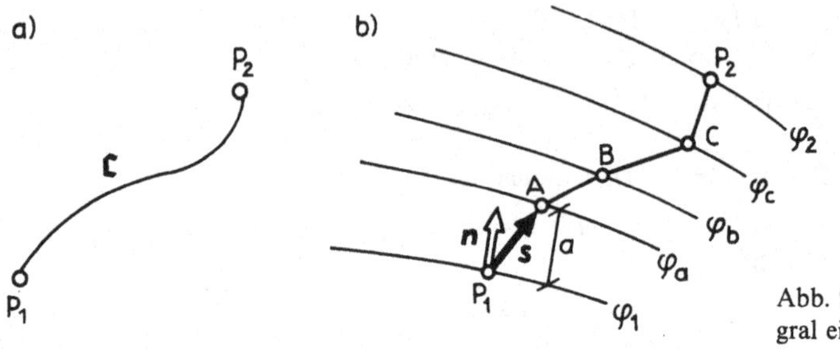

Abb. 97. Zum Linienintegral eines Gradienten

$$\operatorname{grad}\varphi = \frac{\mathrm{d}\varphi}{\mathrm{d}s_n}\boldsymbol{n} \approx \frac{\varphi_a - \varphi_1}{a}\boldsymbol{n} \qquad (\boldsymbol{n} \ldots \text{Einsvektor})$$

setzen und damit das Linienintegral annähern durch

$$L_a = \int_{P_1}^{A} \operatorname{grad}\varphi \cdot \mathrm{d}\boldsymbol{r} \approx \frac{\varphi_a - \varphi_1}{a}\boldsymbol{n} \cdot \int_{P_1}^{A} \mathrm{d}\boldsymbol{r} = \frac{\varphi_a - \varphi_1}{a}\boldsymbol{n} \cdot \boldsymbol{s}.$$

Weil $\boldsymbol{n}$ ein Einsvektor ist, bedeutet $\boldsymbol{n} \cdot \boldsymbol{s}$ die Projektion von $\boldsymbol{s}$ auf $\boldsymbol{n}$, also

$$\boldsymbol{n} \cdot \boldsymbol{s} = a.$$

Damit ist

$$L_a \approx \frac{\varphi_a - \varphi_1}{a} \cdot a = \varphi_a - \varphi_1.$$

Auf gleiche Weise erhält man längs des Weges von A nach B

$$L_b \approx \varphi_b - \varphi_a,$$

längs des Weges von B nach C

$$L_c \approx \varphi_c - \varphi_b$$

und längs des Weges von C nach P_2

$$L_d \approx \varphi_2 - \varphi_c.$$

Das gesamte Linienintegral von P_1 nach P_2 ergibt sich damit zu

$$L \approx L_a + L_b + L_c + L_d = \varphi_2 - \varphi_1.$$

Wenngleich es zunächst einleuchtend erscheint, daß dieses Verfahren umso genauere Ergebnisse liefern wird, je kleiner die einzelnen Schritte gemacht werden, so haben wir dennoch mit unser ganz groben Näherung bereits das endgültige, das fehlerfreie Ergebnis erhalten. Denn unsere Überlegung hätte zum gleichen Ergebnis geführt, wenn wir statt des Weges $\mathfrak{C}$ irgendeinen beliebigen anderen Weg von P_1 zu P_2 gewählt hätten, und ganz unabhängig davon, ob wir ihn in wenige Schritte, in viele oder in unendlich viele Schritte eingeteilt hätten: *Das Linienintegral eines Gradienten hängt nur von den Funktionswerten am Anfangs- und am Endpunkt des Weges ab, es ist vom Wege selbst unabhängig:*

■ $$\int_{P_1}^{P_2} \operatorname{grad} \varphi(\boldsymbol{r}) \cdot \mathrm{d}\boldsymbol{r} = \varphi_2 - \varphi_1 \qquad [34a]$$

(Linienintegral eines Gradienten)

Zum gleichen Ergebnis kommt man auch rein formal, wenn man berücksichtigt, daß

$$\operatorname{grad} \varphi(\boldsymbol{r}) \cdot \mathrm{d}\boldsymbol{r} = \mathrm{d}\varphi,$$

also das totale Differential der Ortsfunktion $\varphi(\boldsymbol{r})$ ist. Dann folgt sofort

$$\int_{P_1}^{P_2} \operatorname{grad} \varphi \cdot \mathrm{d}\boldsymbol{r} = \int_{P_1}^{P_2} \mathrm{d}\varphi = \left|\varphi\right|_{P_1}^{P_2} = \varphi_2 - \varphi_1 .$$

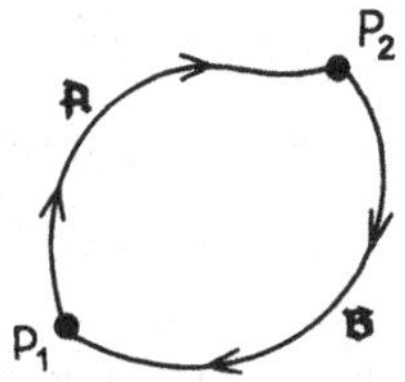

Abb. 98. Zum Umlaufintegral eines Gradienten

Die Tatsache, daß das Linienintegral eines Gradienten nicht vom Integrationsweg abhängt, hat eine wichtige Konsequenz. Bilden wir nämlich in Abb. 98 das Linienintegral $\int \operatorname{grad} \varphi \cdot \mathrm{d}\boldsymbol{r}$ längs des Weges $\mathfrak{A}$ von P_1 zu P_2 und weiter längs des Weges $\mathfrak{B}$ von P_2 zurück nach P_1, so erhalten wir für dieses *geschlossene Linienintegral* oder *Umlaufintegral*, das wir mit $\oint \operatorname{grad} \varphi \cdot \mathrm{d}\boldsymbol{r}$ kennzeichnen wollen, den Wert

$$\oint \operatorname{grad} \varphi \cdot \mathrm{d}\boldsymbol{r} = \int_{\mathfrak{A}\,P_1}^{P_2} \operatorname{grad} \varphi \cdot \mathrm{d}\boldsymbol{r} + \int_{\mathfrak{B}\,P_2}^{P_1} \operatorname{grad} \varphi \cdot \mathrm{d}\boldsymbol{r} = (\varphi_2 - \varphi_1) + (\varphi_1 - \varphi_2) = 0 .$$

Somit gilt für jedes

■ Umlaufintegral eines Gradienten

$$\oint \operatorname{grad} \varphi \cdot \mathrm{d}\boldsymbol{r} = 0 \qquad [34b]$$

Denn es ist leicht einzusehen, daß wir bei dem zurückgelegten geschlossenem Weg von jedem seiner Punkte hätten ausgehen können, ohne daß sich am Ergebnis etwas geändert hätte, und daß die angestellten Überlegungen bei jeder geschlossenen Kurve im Gradientenfeld die gleichen sind und zum gleichen Resultat führen.

Aus [34b] kann auch der Satz hergeleitet werden, daß die Vektorlinien im Gradientenfeld nicht geschlossen sein können. Denn gäbe es eine geschlossene Vektorlinie, so könnte man sie als Integrationsweg benützen und würde dann, weil überall auf diesem Wege

$$\operatorname{grad} \varphi \cdot \mathrm{d}\boldsymbol{r} = \left|\operatorname{grad} \varphi\right| \mathrm{d}s > 0$$

wäre, bei einem Umlauf ein von Null verschiedenes Linienintegral erhalten. Und weil dies unmöglich ist, kann es keine geschlossenen Vektorlinien im Gradientenfeld geben.

Das Potentialfeld. Nach [34b] gilt der Satz, daß, wenn

$$\boldsymbol{G} = \operatorname{grad} \varphi$$

ist, das Linienintegral

$$\oint \boldsymbol{G} \cdot \mathrm{d}\boldsymbol{r} = 0$$

ist. Läßt sich dieser Satz umkehren? Mit anderen Worten: Wenn für das Feld eines Vektors $\boldsymbol{v}$ für jeden geschlossenen Integrationsweg

$$\oint \boldsymbol{v} \cdot \mathrm{d}\boldsymbol{r} = 0$$

wird, ist dann $\boldsymbol{v}$ auf jeden Fall der Gradient eines Skalars, z. B.

$$\boldsymbol{v} = \operatorname{grad} \Phi \,?$$

Für den Fall, daß überall $\oint \boldsymbol{v} \cdot \mathrm{d}\boldsymbol{r} = 0$ ist, kann das Linienintegral längs einer offenen Kurve nur von Anfangs- und Endpunkt abhängen, denn andernfalls könnte man einen geschlossenen Weg angeben, längs welchem $\oint \boldsymbol{v} \cdot \mathrm{d}\boldsymbol{r}$ von Null verschieden wäre. Das Linienintegral von einem Bezugspunkt P zu einem willkürlichen Punkt A (Aufpunkt) habe also den nur von P und A abhängenden Wert Φ_{A}:

$$\int_{\mathrm{P}}^{\mathrm{A}} \boldsymbol{v} \cdot \mathrm{d}\boldsymbol{r} = \Phi_{\mathrm{A}}\,,$$

das Linienintegral von P zu einem infinitesimal benachbarten Punkt A′ habe den Wert

$$\int_{\mathrm{P}}^{\mathrm{A'}} \boldsymbol{v} \cdot \mathrm{d}\boldsymbol{r} = \Phi_{\mathrm{A'}}$$

(Abb. 99). Den Weg von P nach A′ darf man wegen der Unabhängigkeit des Linienintegrals von ihm über den Punkt A führen. Da wir den Weg von A nach A′ infinitesimal wählen

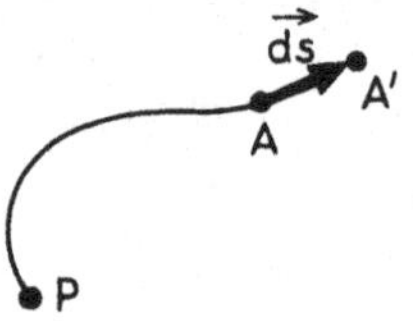

Abb. 99. Zum Potentialbegriff

(genauer: da wir für diesen Weg das Problem linearisieren, was im Grenzfall verschwindend kleinen Weges den tatsächlichen Verhältnissen entspricht), so kann auch der Unterschied zwischen $\Phi_{\mathrm{A'}}$ und Φ_{A} nur infinitesimal sein (genauer: so wird auch er durch ein Differential dargestellt):

$$\Phi_{\mathrm{A'}} - \Phi_{\mathrm{A}} = \mathrm{d}\Phi\,.$$

Berechnen wir $\Phi_{\mathrm{A'}}$ in zwei Schritten mit A als Trennpunkt zwischen ihnen, so erhalten wir

$$\Phi_{\mathrm{A'}} = \left(\int_{\mathrm{P}}^{\mathrm{A}} \boldsymbol{v} \cdot \mathrm{d}\boldsymbol{r}\right) + \boldsymbol{v} \cdot \overrightarrow{\mathrm{d}s} = \Phi_{\mathrm{A}} + \boldsymbol{v} \cdot \overrightarrow{\mathrm{d}s}\,.$$

Somit ist

$$\mathrm{d}\Phi = \Phi_{\mathrm{A'}} - \Phi_{\mathrm{A}} = \boldsymbol{v} \cdot \overrightarrow{\mathrm{d}s}\,.$$

Da die Punkte A und A′ beliebig wählbar sind, sind $\Phi_{\mathrm{A'}}$ und Φ_{A} infinitesimal benachbarte Werte einer Ortsfunktion Φ, deren totales Differential (zwischen zwei um $\overrightarrow{\mathrm{d}s}$ entfernten

Raumpunkten) durch

$$d\Phi = \boldsymbol{v} \cdot \overrightarrow{ds} = \boldsymbol{v} \cdot \boldsymbol{e}_s \, ds \quad (\boldsymbol{e}_s \dots \text{Einsvektor in Richtung von } \overrightarrow{ds})$$

gegeben ist. Durch Umstellen dieser Beziehung erhalten wir die Richtungsableitung der Ortsfunktion Φ,

$$d\Phi/ds = \boldsymbol{v} \cdot \boldsymbol{e}_s,$$

für die wir nach [29]

$$d\Phi/ds = \boldsymbol{e}_s \cdot \operatorname{grad} \Phi$$

setzen dürfen. Gleichsetzen beider Ausdrücke für $d\Phi/ds$ ergibt

$$\boldsymbol{e}_s \cdot \operatorname{grad} \Phi = \boldsymbol{e}_s \cdot \boldsymbol{v},$$

bzw.

$$\boldsymbol{e}_s \cdot (\operatorname{grad} \Phi - \boldsymbol{v}) = 0.$$

Diese Beziehung muß für alle beliebigen $\overrightarrow{ds}$ gelten, was nur möglich ist, wenn der als Klammerausdruck geschriebene Faktor des skalaren Produktes verschwindet. Daraus folgt

$$\boldsymbol{v} = \operatorname{grad} \Phi,$$

und die eingangs gestellte Frage ist damit positiv beantwortet.

Bei vorgegebenem Vektorfeld $\boldsymbol{v} = \boldsymbol{v}(\boldsymbol{r}) = \boldsymbol{v}(x, y, z)$ kann die skalare Ortsfunktion $\Phi = \Phi(\boldsymbol{r}) = \Phi(x, y, z)$ durch Integration von $\boldsymbol{v}$ längs eines beliebigen Weges, der zu einem allgemeinen Aufpunkt mit dem Ortsvektor $\boldsymbol{r} = \boldsymbol{i}\,x + \boldsymbol{j}\,y + \boldsymbol{k}\,z$ führt, ermittelt werden. Die Wahl des Anfangspunktes ist dabei in gewissem Umfang ebenfalls beliebig. Je nachdem, welchen (konstanten!) Wert von Φ man diesem Anfangspunkt zuordnet, erhält man in der Funktion $\Phi = \Phi(\boldsymbol{r})$ eine willkürliche Integrationskonstante. Daß Φ bezüglich einer Konstanten C unbestimmt bleibt, leuchtet insofern leicht ein, als $(\Phi + C)$ die Bedingung

$$\boldsymbol{v} = \operatorname{grad} \Phi$$

ebenso erfüllt wie die Funktion Φ allein:

$$\operatorname{grad}(\Phi + C) = \operatorname{grad} \Phi + \operatorname{grad} C = \operatorname{grad} \Phi.$$

In Verallgemeinerung eines physikalischen Begriffs nennt man Φ das *Potential* (die Potentialfunktion) des von $\boldsymbol{v} = \boldsymbol{v}(\boldsymbol{r})$ gebildeten Vektorfeldes. Ein solches Feld, für das überall und für jede geschlossene Kurve das Umlaufintegral $\oint \boldsymbol{v} \cdot d\boldsymbol{r}$ verschwindet, nennt man ein *Potentialfeld* oder *wirbelfreies* Feld. Das Gegenstück dazu, das *Wirbelfeld*, wird uns später beschäftigen (Seite 141).

Die Berechnung von Linienintegralen. Soll man das Linienintegral

$$\int \boldsymbol{v}(\boldsymbol{r}) \cdot \overrightarrow{ds} = \int \boldsymbol{v}(\boldsymbol{r}) \cdot d\boldsymbol{r}$$

berechnen, so muß im allgemeinen der Weg, längs dem es gebildet werden soll, vorgegeben sein. Dies geschieht am einfachsten in Parameterform, d. h. durch Angabe von $\boldsymbol{r}$ als Funktion irgendeines skalaren Parameters t

$$\boldsymbol{r} = \boldsymbol{r}(t).$$

Anfangspunkt und Endpunkt des Weges sind dann z. B. den Parameterwerten t_1 und t_2 zugeordnet. Das Linienintegral nimmt die Form

$$\int \boldsymbol{v}(\boldsymbol{r}) \cdot \mathrm{d}\boldsymbol{r} = \int_{t_1}^{t_2} \boldsymbol{v}(t) \cdot \frac{\mathrm{d}\boldsymbol{r}}{\mathrm{d}t} \mathrm{d}t$$

an.

In kartesischen Koordinaten geht die Berechnung wie folgt vor sich. Wegen

$$\boldsymbol{v}(t) = \boldsymbol{i}\, v_x(t) + \boldsymbol{j}\, v_y(t) + \boldsymbol{k}\, v_z(t)$$

und

$$\boldsymbol{r} = \boldsymbol{i}\, x + \boldsymbol{j}\, y + \boldsymbol{k}\, z$$

ist das Linienintegral längs $\boldsymbol{r} = \boldsymbol{r}(t)$

$$= \int_{t_1}^{t_2} \boldsymbol{v} \cdot \frac{\mathrm{d}\boldsymbol{r}}{\mathrm{d}t} \mathrm{d}t = \int_{t_1}^{t_2} (\boldsymbol{i}\, v_x + \boldsymbol{j}\, v_y + \boldsymbol{k}\, v_z) \cdot \left(\boldsymbol{i} \frac{\mathrm{d}x}{\mathrm{d}t} + \boldsymbol{j} \frac{\mathrm{d}y}{\mathrm{d}t} + \boldsymbol{k} \frac{\mathrm{d}z}{\mathrm{d}t} \right) \mathrm{d}t =$$

$$\int_{t_1}^{t_2} \left(v_x \frac{\mathrm{d}x}{\mathrm{d}t} + v_y \frac{\mathrm{d}y}{\mathrm{d}t} + v_z \frac{\mathrm{d}z}{\mathrm{d}t} \right) \mathrm{d}t .$$

Bildet der vorgeschriebene Weg keine stetige Kurve, dann ist das Integral in entsprechende Teilintegrale zu zerlegen.

5.3 Anwendungsbeispiele

Die Tangentialfläche an eine gekrümmte Fläche. Die Gleichung einer gekrümmten Fläche sei

$$\mathrm{f}(x, y, z) = 0 ,$$

bzw.

$$\mathrm{f}(\boldsymbol{r}) = 0 ,$$

wenn man unter

$$\boldsymbol{r} = \boldsymbol{i}\, x + \boldsymbol{j}\, y + \boldsymbol{k}\, z$$

den zu irgendeinem Punkt der Fläche weisenden Ortsvektor versteht. Faßt man die skalare Funktion $f(\boldsymbol{r})$ als Ortsfunktion auf, so bilden alle Flächen $f(\boldsymbol{r}) = \text{konst}$ – einschließlich der Fläche $f(\boldsymbol{r}) = 0$ – eine Schar von Niveauflächen. Das totale Differential $\mathrm{d}f$ ist auf diesen Niveauflächen definitionsgemäß gleich Null, es gilt also unter Benutzung von [30]

$$\mathrm{d}f = \operatorname{grad} f \cdot \mathrm{d}\boldsymbol{r} = 0 .$$

Eine Tangentialfläche ist nun geradezu dadurch definiert, daß diese Bedingung für beliebig große $\mathrm{d}\boldsymbol{r}$ gilt, wobei man unter $\mathrm{d}\boldsymbol{r}$ den Vektor vom Berührungspunkt zu irgendeinem Punkt der Tangentialfläche verstehen muß. Wir brauchen deshalb nur $\mathrm{d}\boldsymbol{r}$ durch $\boldsymbol{r} - \boldsymbol{r}_1$ zu ersetzen, wobei $\boldsymbol{r}_1$ der Ortsvektor des Berührungspunktes und $\boldsymbol{r}$ der irgendeines Punktes der Tangentialfläche ist, und haben bereits die Gleichung der Tangentialfläche:

$$(\boldsymbol{r}_1 - \boldsymbol{r}) \cdot \operatorname{grad} f = 0$$

Der Gradient ist dabei am Berührungspunkt der Fläche mit ihrer Tangentialfläche, also an der durch $\boldsymbol{r}_1$ gekennzeichneten Stelle zu nehmen.

Physikalische Anwendungen des Potentialbegriffs. Es gibt viele Kraftfelder wie z. B. das Schwerefeld, die wirbelfrei sind, in denen also überall $\oint \boldsymbol{F} \cdot \overrightarrow{\mathrm{d}s} = 0$ ist. In ihnen ist $\int_A^B \boldsymbol{F} \cdot \overrightarrow{\mathrm{d}s}$ vom Weg unabhängig, der von A nach B führt. Der Ausdruck $\boldsymbol{F} \cdot \overrightarrow{\mathrm{d}s}$ ist dabei die vom Kraftfeld an einem Körper verrichtete differentielle Arbeit, wenn er um das Wegdifferential $\overrightarrow{\mathrm{d}s}$ verschoben wird, und $\int_A^B \boldsymbol{F} \cdot \overrightarrow{\mathrm{d}s}$ stellt die Arbeit bei der Verschiebung von A nach B dar. Diese Arbeit ist wegen der Wirbelfreiheit des Feldes vom Weg unabhängig. Aus dem gleichen Grunde (Wirbelfreiheit) läßt sich die Kraft $\boldsymbol{F} = \boldsymbol{F}(\boldsymbol{r})$ als der Gradient eines Potentials auffassen. Aus Zweckmäßigkeitsgründen – also willkürlich – setzt man den Richtungssinn der Kraft so fest, daß sie die umgekehrte Orientierung hat wie der Potentialgradient, daß sie also in die Richtung des Potentialgefälles weist. Zwischen Kraft $\boldsymbol{F}$ und ihrem Potential V besteht dann die Beziehung

$$\boldsymbol{F} = -\operatorname{grad} V.$$

Die Integration dieser räumlichen Differentialgleichung setzt die willkürliche Annahme eines Punktes voraus, an welchem das Potential der Kraft einen bestimmten, ebenfalls willkürlichen Wert, am besten z. B. Null haben soll. Wir wollen diesen Punkt den *Bezugspunkt* P *des Potentials* nennen, und dem Potential dort den Wert Null zuordnen. Das Potential in irgendeinem Aufpunkt A ergibt sich dann als das Linienintegral

$$V = \int_P^A \mathrm{d}V = \int_P^A \operatorname{grad} V \cdot \overrightarrow{\mathrm{d}s} = -\int_P^A \boldsymbol{F} \cdot \overrightarrow{\mathrm{d}s} = \int_A^P \boldsymbol{F} \cdot \overrightarrow{\mathrm{d}s}.$$

Dieses Potential ist gleich der Arbeit, welche vom Feld an dem Körper verrichtet wird, wenn sich dieser vom Aufpunkt A bis zum Bezugspunkt P bewegt, man bezeichnet es als *potentielle Energie.*

Die Niveauflächen des Potentials werden *Äquipotentialflächen* genannt. Um die Arbeit bei der Bewegung eines Körpers angeben zu können, genügt es, die Äquipotentialflächen zu kennen, auf denen sich Anfangs- und Endpunkt der Verschiebung befindet. Die Differenz der beiden potentiellen Energien ist dann die Arbeit W_{AB}:

$$W_{AB} = \int_A^B \boldsymbol{F} \cdot \overrightarrow{\mathrm{d}s} = \int_A^P \boldsymbol{F} \cdot \overrightarrow{\mathrm{d}s} + \int_P^B \boldsymbol{F} \cdot \overrightarrow{\mathrm{d}s} = V_A - V_B.$$

Wir wollen nun sehen, welche Auswirkung die an einem Körper (Massenpunkt) mit der Masse m verrichtete Arbeit hat. In Differentialform folgt aus

$$\boldsymbol{F} \cdot \overrightarrow{\mathrm{d}s} = -\operatorname{grad} V \cdot \overrightarrow{\mathrm{d}s} = -\mathrm{d}V$$

die Beziehung

$$\mathrm{d}W = -\mathrm{d}V.$$

Nehmen wir die Masse m des Körpers als konstant an, was im Rahmen der klassischen Mechanik der Fall ist, so gilt für die Kraft bekanntlich

$$\boldsymbol{F} = m \cdot \boldsymbol{a} = m\,\mathrm{d}\boldsymbol{v}/\mathrm{d}t.$$

Der differentielle Weg $\overrightarrow{\mathrm{d}s}$ folgt aus $\boldsymbol{v} = \overrightarrow{\mathrm{d}s}/\mathrm{d}t$ zu

$$\overrightarrow{\mathrm{d}s} = \boldsymbol{v}\,\mathrm{d}t,$$

und die differentielle Arbeit ist somit

$$\mathrm{d}W = \boldsymbol{F} \cdot \overrightarrow{\mathrm{d}s} = m\frac{\mathrm{d}\boldsymbol{v}}{\mathrm{d}t} \cdot \boldsymbol{v}\,\mathrm{d}t = m\boldsymbol{v} \cdot \mathrm{d}\boldsymbol{v}.$$

Schreiben wir dies in kartesischen Koordinaten, dann ist

$$\mathrm{d}W = m(v_x \mathrm{d}v_x + v_y \mathrm{d}v_y + v_z \mathrm{d}v_z),$$

was man auch schreiben kann als

$$\mathrm{d}W = \frac{m}{2}(\mathrm{d}v_x^2 + \mathrm{d}v_y^2 + \mathrm{d}v_z^2) = \frac{m}{2}\mathrm{d}v^2 = \mathrm{d}\left(\frac{mv^2}{2}\right).$$

Damit wird aus der Gleichung $\mathrm{d}W = -\mathrm{d}V$ die Gleichung

$$\mathrm{d}\left(\frac{mv^2}{2}\right) = -\mathrm{d}V$$

oder

$$\mathrm{d}V + \mathrm{d}\left(\frac{mv^2}{2}\right) = 0$$

oder

$$\mathrm{d}\left(V + \frac{mv^2}{2}\right) = 0.$$

Wenn das Differential $\mathrm{d}(V + mv^2/2)$ Null ist, so bedeutet dies

$$V + \frac{mv^2}{2} = \text{konst.}$$

Man bezeichnet den Ausdruck $mv^2/2$ als *kinetische Energie* T des Massenpunktes m,

$$T = mv^2/2,$$

und die Aussage

$$V + T = \text{konst}$$

ist nichts anderes als der Energieerhaltungssatz im Falle der Bewegung eines Massenpunktes in einem wirbelfreien Kraftfeld: Die Summe aus der potentiellen und der kinetischen Energie, die Gesamtenergie also, ändert sich bei der Bewegung im Kraftfelde nicht.

Kräfte, die wie die Schwerkraft oder die Kräfte des elektrostatischen Feldes Gradienten eines Potentials sind, nennt man *konservative Kräfte,* weil jeder unter ihrem Einfluß stehende Körper nach einer wieder zum Ausgangspunkt zurückführenden Bewegung die gleiche kinetische Energie besitzt wie vorher. Bei Vorliegen nichtkonservativer Kräfte (wie z. B. Reibung), wäre dagegen die kinetische Energie bei Rückkehr an den Ausgangspunkt verändert.

Das elektrostatische Feld. Ein elektrisches Feld, das von ruhenden, zeitlich unveränderlichen elektrischen Ladungen hervorgebracht wird, nennt man ein *elektrostatisches Feld.* In ihm ist der elektrische Vektor $\boldsymbol{E}$, die elektrische Feldstärke, definiert als

$$\boldsymbol{E} = \boldsymbol{F}/Q,$$

worin $\boldsymbol{F}$ die Kraft ist, die auf eine in das Feld eingebrachte (punktförmige) Prüfladung Q wirksam wird. Da das elektrostatische Feld wirbelfrei ist, gilt $\oint \boldsymbol{E} \cdot \overrightarrow{\mathrm{d}s} = 0$, und somit läßt sich $\boldsymbol{E}$ als der Gradient eines Potentials darstellen. Analog zum Schwerefeld setzt man auch hier Kraftrichtung und Richtung des Potentialgradienten antiparallel an;

$$\boldsymbol{E} = -\operatorname{grad}\varphi.$$

Gemäß der Feldstärkendefinition wirkt auf eine in dieses Feld eingebrachte Punktladung

Q die Kraft

$$F = Q\,E = -Q \operatorname{grad} \varphi .$$

(Unter Q ist eine positive Ladung verstanden.)

Die vom Feld verrichtete Arbeit, um Q von A nach B zu bringen, ist

$$W_{AB} = \int_A^B F \cdot \overrightarrow{ds} = Q \int_A^B E \cdot \overrightarrow{ds} = -Q \int_A^B \operatorname{grad}\varphi \cdot \overrightarrow{ds} = +Q \int_B^A \operatorname{grad}\varphi \cdot \overrightarrow{ds} = Q(\varphi_A - \varphi_B),$$

worin φ_A das Potential am Ausgangspunkt A und φ_B das am Endpunkt B ist. Im Falle reibungsloser Ladungsbewegung (z. B. Elektronen im Vakuum) führt die Arbeit W_{AB} zu einer Vermehrung oder Verminderung der kinetischen Energie des Ladungsträgers, je nachdem, ob $\varphi_A > \varphi_B$ oder $\varphi_A < \varphi_B$ ist. Bewegt sich eine Ladung innerhalb eines widerstandsbehafteten Leiters, dann ist W_{AB} vergleichbar mit einer Reibungsarbeit, die zur Erwärmung des Leiters führt.

Man bezeichnet die Differenz $\varphi_A - \varphi_B$ als elektrische Spannung zwischen den Punkten A und B:

$$U_{AB} = \varphi_A - \varphi_B ,$$

während man unter Potentialdifferenz $(\Delta\,\varphi)_{AB}$ die umgekehrte Differenz, nämlich

$$(\Delta\,\varphi)_{AB} = \varphi_B - \varphi_A$$

verstehen sollte. Es gilt also

$$(\Delta\,\varphi)_{AB} = -U_{AB} .$$

Die Arbeit, die das Feld bei einer Ladungsbewegung von A nach B verrichtet, ist dann

$$W_{AB} = Q\,U_{AB} = -Q(\Delta\,\varphi)_{AB} .$$

Unter der potentiellen Energie W_{pot} einer Punktladung Q versteht man (analog zum Schwerefeld)

$$W_{pot} = \int_A^P F \cdot \overrightarrow{ds} = -Q \int_A^P \operatorname{grad} \varphi \cdot \overrightarrow{ds} = Q\,\varphi_A ,$$

worin P der Bezugspunkt des Potentials mit $\varphi_P = 0$ ist.

Die potentielle Energie eines Moleküls mit elektrischem Dipolmoment. In einem homogenen elektrischen Feld ($E = -\operatorname{grad} \varphi = \text{konst.}$) befinde sich ein Molekül, das wir uns aus einer Anzahl positiver und negativer elektrischer Punktladungen zusammengesetzt denken. Zur i-ten Punktladung q_i führe der Ortsvektor r_i; im Koordinatenursprung O liege das Potential φ_0 vor.

Das Potential an einem Ort A mit dem Ortsvektor r ergibt sich dann zu

$$\varphi = \varphi_0 + (\Delta\,\varphi)_{0A} = \varphi_0 + \int_0^A \operatorname{grad} \varphi \cdot \overrightarrow{ds} = \varphi_0 + \operatorname{grad} \varphi \cdot \int_0^A \overrightarrow{ds} = \varphi_0 + r \cdot \operatorname{grad} \varphi ,$$

und das Potential am Ort der i-ten Punktladung q_i ist

$$\varphi_i = \varphi_0 + r_i \cdot \operatorname{grad} \varphi .$$

Die potentielle Energie des Moleküls im elektrischen Feld ergibt sich als die Summe der potentiellen Energien der einzelnen Punktladungen:

$$W_{pot} = \sum_i q_i \varphi_i = \sum_i q_i (\varphi_0 + \operatorname{grad} \varphi \cdot r_i) = \varphi_0 \sum_i q_i + \operatorname{grad} \varphi \cdot \sum r_i\, q_i .$$

Da Moleküle elektrisch neutral sind, ist die Ladungssumme

$$\sum_i q_i = 0,$$

und es verbleibt

$$W_{\text{pot}} = \operatorname{grad} \varphi \cdot \sum_i \boldsymbol{r}_i q_i .$$

Der Ausdruck $\sum_i \boldsymbol{r}_i q_i$ stellt das elektrische Dipolmoment $\boldsymbol{m}$ des Moleküls dar:

$$\sum_i \boldsymbol{r}_i q_i = \boldsymbol{m} .$$

(Es vereinfacht sich im Fall von nur zwei Ladungen $q_1 = +Q$ und $q_2 = -Q$ zu der auf Seite 85 gegebenen Formel $\boldsymbol{m} = Q\,\boldsymbol{l}$, worin $\boldsymbol{l} = \boldsymbol{r}_1 - \boldsymbol{r}_2$ ist). Setzen wir

$$\operatorname{grad} \varphi = -\boldsymbol{E} ,$$

so folgt schließlich für die potentielle Energie

$$W_{\text{pot}} = -\boldsymbol{E} \cdot \boldsymbol{m} .$$

Damit ist die auf Seite 86 vorweggenommene Feststellung über die potentielle Energie eines Dipols bestätigt.

Elektrizitätsleitung und Wärmeleitung. Wir haben gesehen, daß $\boldsymbol{E}$, der Vektor des elektrischen Feldes, dem Gradienten, dem größten Anstieg des Potentials, gerade entgegengesetzt gerichtet ist. $\boldsymbol{E}$ hat die Richtung des Potentialgefälles und versucht positive elektrische Ladungen von Orten höheren Potentials zu Orten tieferen Potentials zu verschieben. Geht die Ladungsbewegung (innerhalb eines Körpers) so langsam vor sich, daß auf gekrümmten Bahnen die Zentrifugalkräfte vernachlässigt werden dürfen, so kann man die Bewegung als immer in Richtung $\boldsymbol{E}$ erfolgend ansehen. Die Stärke des elektrischen Stromes $\mathrm{d}I$ durch eine Fläche $\mathrm{d}A$, die senkrecht zu $\boldsymbol{E}$ steht, ist dann

$$\mathrm{d}I = \kappa\,|\boldsymbol{E}|\,\mathrm{d}A \qquad (\kappa \ldots \text{elektr. Leitfähigkeit des Materials}),$$

bzw. der Betrag der elektrischen Stromdichte

$$S_{\mathrm{e}} = \mathrm{d}I/\mathrm{d}A$$

ist

$$S_{\mathrm{e}} = \kappa\,|\boldsymbol{E}| .$$

Da der Strom jeweils in Richtung von $\boldsymbol{E}$ fließt, ist der Vektor der Stromdichte

$$\boldsymbol{S}_{\mathrm{e}} = \kappa\,\boldsymbol{E} = -\kappa \operatorname{grad} \varphi .$$

Ähnliche Verhältnisse liegen bei der Wärmeleitung vor. Wärme strömt von Orten höherer Temperatur zu Orten tieferer Temperatur in Richtung des größten Temperaturgefälles, also in der Gegenrichtung von $\operatorname{grad} T$. Betrachten wir eine zeitlich unveränderliche, eine *stationäre* Wärmeströmung, so ist sofort plausibel, daß die Wärmemenge $\mathrm{d}q$, die in der Zeitspanne t durch ein zur Gradientenrichtung senkrechtes Flächenelement $\mathrm{d}A$ fließt, gegeben ist durch

$$\mathrm{d}q = -\lambda\,|\operatorname{grad} T|\,t\,\mathrm{d}A \qquad (\lambda \ldots \text{Wärmeleitfähigkeit des Materials}).$$

Daraus folgt für den Betrag der Wärmestromdichte

$$S_q = \frac{1}{t} \cdot \frac{\mathrm{d}q}{\mathrm{d}A} = -\lambda\,|\operatorname{grad} T| ,$$

und für den Vektor der Wärmestromdichte

$$S_q = -\lambda \operatorname{grad} T .$$

Dieses Elementargesetz der Wärmeleitung, der Satz von FOURIER, ist experimentell bestätigt. Wir werden später (Seite 134) noch einmal darauf zurückkommen.

Bei festen Körpern kann der Fall eintreten, daß infolge von Anisotropie*) des Materials die Wärmeleitfähigkeit in verschiedenen Richtungen unterschiedliche Werte hat. Für solche Fälle empfiehlt sich die Rechnung mittels Tensoren. Wir gehen nicht weiter darauf ein.

Die Diffusion. Bei Mischungen, deren Konzentration c von Ort zu Ort verschieden ist, kann unabhängig von anderen Ursachen eine Bewegung der Materie erfolgen, die die Konzentrationsunterschiede auszugleichen sucht. Diesen Vorgang nennt man Diffusion. Besonders wichtig ist die Diffusion eines gelösten Stoffes in seinem Lösungsmittel.

Die gelöste Materie strömt von Orten höherer zu Orten geringerer Konzentration. Wir beschreiben diesen Vorgang durch den Vektor der Materiestromdichte S_m, der dem Gradienten der Konzentration entgegengerichtet ist. Es gilt ein dem FOURIERsatz analoges Gesetz

$$S_m = -D \operatorname{grad} c ,$$

das FICKsche Diffusionsgesetz. Die Diffusionskonstante D ist eine der diffundierenden Substanz, ihrem Lösungsmittel und der Temperatur abhängige Größe. Ihre Abhängigkeit von der Konzentration der Lösung wird meist vernachlässigt.

5.4 Das Vektorfeld und der Vektorgradient

Der Begriff des Vektorgradienten. Wir haben bisher das Gradientenfeld als Beispiel für ein Vektorfeld kennengelernt. Allgemein kann man ein Vektorfeld definieren als räumlichen Bereich, in dem einem jeden Punkt ein Vektor zugeordnet ist. Im besonderen Fall, daß sich der Vektor mit dem Ort nicht ändert, nennt man (wie wir es früher auch schon getan haben) das Feld homogen.

Der Gradient in einem Skalarfeld war uns ein Maß für die Veränderung des Skalars von Punkt zu Punkt. Es liegt nahe, nach einer Größe Ausschau zu halten, die als Maß für die örtlichen Veränderungen innerhalb eines Vektorfeldes geeignet ist.

Wir vergegenwärtigen uns dazu Formel [30] für das totale Differential einer skalaren Ortsfunktion $S = S(\boldsymbol{r})$:

$$\mathrm{d}S = \operatorname{grad} S \cdot \mathrm{d}\boldsymbol{r} .$$

Darin kommt zum Ausdruck, daß sich der Skalar S an der Stelle $\boldsymbol{r}$ um den Wert $\mathrm{d}S$ verändert, wenn man zur Stelle $\boldsymbol{r} + \mathrm{d}\boldsymbol{r}$ übergeht.

Im Vektorfeld mit dem Vektor $\boldsymbol{A} = \boldsymbol{A}(\boldsymbol{r})$ gilt Analoges: Geht man von der durch $\boldsymbol{r}$ gekennzeichneten Stelle zu $\boldsymbol{r} + \mathrm{d}\boldsymbol{r}$ über, so ändert sich $\boldsymbol{A}$ um den Wert $\mathrm{d}\boldsymbol{A}$. Zur Auffindung dieser vektoriellen Änderung $\mathrm{d}\boldsymbol{A}$ bedienen wir uns am einfachsten kartesischer Koordinaten. Der Feldvektor $\boldsymbol{A}$ ist dann

$$\boldsymbol{A} = \boldsymbol{i}\, A_x + \boldsymbol{j}\, A_y + \boldsymbol{k}\, A_z ,$$

und seine skalaren Komponenten A_x, A_y, A_z sind skalare, voneinander unabhängige Ortsfunktionen

*) Anisotropie = unterschiedliches Richtungsverhalten,
Isotropie = gleichartiges Richtungsverhalten.

$$A_x = A_x(\boldsymbol{r});\ A_y = A_y(\boldsymbol{r});\ A_z = A_z(\boldsymbol{r}).$$

Die Änderungen $\mathrm{d}A_x$, $\mathrm{d}A_y$, $\mathrm{d}A_z$ dieser Funktionen beim Übergang von $\boldsymbol{r}$ zu $\boldsymbol{r} + \mathrm{d}\boldsymbol{r}$ sind

$$\begin{aligned} \mathrm{d}A_x &= \mathrm{d}\boldsymbol{r}\cdot \operatorname{grad} A_x, \\ \mathrm{d}A_y &= \mathrm{d}\boldsymbol{r}\cdot \operatorname{grad} A_y, \\ \mathrm{d}A_z &= \mathrm{d}\boldsymbol{r}\cdot \operatorname{grad} A_z. \end{aligned}$$

Wir haben hier bewußt den Vektor $\mathrm{d}\boldsymbol{r}$ als ersten Faktor geschrieben: nicht, weil es andersherum etwa falsch wäre, sondern weil wir zum Ausdruck bringen wollen, daß sich die skalare Multiplikation auf den Vektor $\operatorname{grad} A_x$ usw. bezieht, dessen Vektorcharakter ja gemäß [28a] formal im Vektorcharakter des Operators

$$\operatorname{grad} = \boldsymbol{i}\frac{\partial}{\partial x} + \boldsymbol{j}\frac{\partial}{\partial y} + \boldsymbol{k}\frac{\partial}{\partial z}$$

zum Ausdruck kommt. Der Operator grad hingegen „wirkt" dann auf A_x bzw. A_y bzw. A_z.

Formal liegt bei $\mathrm{d}\boldsymbol{r}\cdot\operatorname{grad} A_x$ ein Produkt aus drei mathematischen Dingen vor, nämlich aus dem Vektor $\mathrm{d}\boldsymbol{r}$, aus dem Vektoroperator grad und aus dem Skalar A_x. Wegen der Assoziativität skalarer Produkte gegenüber einem Skalar können wir schreiben

$$\mathrm{d}A_x = \mathrm{d}\boldsymbol{r}\cdot\operatorname{grad} A_x = (\mathrm{d}\boldsymbol{r}\cdot\operatorname{grad})A_x,$$

worin nun das formal gebildete skalare Produkt

$$\begin{aligned} \mathrm{d}\boldsymbol{r}\cdot\operatorname{grad} &= (\boldsymbol{i}\,\mathrm{d}x + \boldsymbol{j}\,\mathrm{d}y + \boldsymbol{k}\,\mathrm{d}z)\cdot\left(\boldsymbol{i}\frac{\partial}{\partial x} + \boldsymbol{j}\frac{\partial}{\partial y} + \boldsymbol{k}\frac{\partial}{\partial z}\right) = \\ &= \mathrm{d}x\frac{\partial}{\partial x} + \mathrm{d}y\frac{\partial}{\partial y} + \mathrm{d}z\frac{\partial}{\partial z} \end{aligned}$$

als Ganzes einen Differentialoperator bildet. Wir wollen diesen Differentialoperator zur Darstellung der $\mathrm{d}A_x$, $\mathrm{d}A_y$, $\mathrm{d}A_z$ verwenden:

$$\begin{aligned} \mathrm{d}A_x &= (\mathrm{d}\boldsymbol{r}\cdot\operatorname{grad})A_x, \\ \mathrm{d}A_y &= (\mathrm{d}\boldsymbol{r}\cdot\operatorname{grad})A_y, \\ \mathrm{d}A_z &= (\mathrm{d}\boldsymbol{r}\cdot\operatorname{grad})A_z. \end{aligned}$$

Damit nimmt das Vektordifferential

$$\mathrm{d}\boldsymbol{A} = \boldsymbol{i}\,\mathrm{d}A_x + \boldsymbol{j}\,\mathrm{d}A_y + \boldsymbol{k}\,\mathrm{d}A_z$$

die Form

$$\mathrm{d}\boldsymbol{A} = \boldsymbol{i}(\mathrm{d}\boldsymbol{r}\cdot\operatorname{grad})A_x + \boldsymbol{j}(\mathrm{d}\boldsymbol{r}\cdot\operatorname{grad})A_y + \boldsymbol{k}(\mathrm{d}\boldsymbol{r}\cdot\operatorname{grad})A_z$$

an. Wir können die Koordinatenvektoren $\boldsymbol{i}, \boldsymbol{j}, \boldsymbol{k}$ jeweils auch hinter den Operator schreiben, weil sie ja konstant sind, und können diesen dann ausklammern. Wir erhalten

$$\mathrm{d}\boldsymbol{A} = (\mathrm{d}\boldsymbol{r}\cdot\operatorname{grad})(\boldsymbol{i}A_x + \boldsymbol{j}A_y + \boldsymbol{k}A_z) = (\mathrm{d}\boldsymbol{r}\cdot\operatorname{grad})\boldsymbol{A}.$$

Läßt man, was zulässig ist, die Klammer um $\mathrm{d}\boldsymbol{r}\cdot\operatorname{grad}$ weg, so erhält man ein Produkt aus den drei vektoriellen Größen $\mathrm{d}\boldsymbol{r}$, grad und $\boldsymbol{A}$, wobei die erste Multiplikation skalar, die zweite dyadisch ist:

$$\mathrm{d}\boldsymbol{A} = \mathrm{d}\boldsymbol{r}\cdot\operatorname{grad}\boldsymbol{A}.$$

Wegen der Assoziativität dieses zweifachen Produktes ist wiederum eine Klammer um $\operatorname{grad}\boldsymbol{A}$ zulässig:

$$\mathrm{d}\boldsymbol{A} = \mathrm{d}\boldsymbol{r}\cdot(\operatorname{grad}\boldsymbol{A}).$$

Der Ausdruck $\operatorname{grad}\boldsymbol{A}$ wird *Vektorgradient* genannt, und mit ihm haben wir den gesuchten mathematischen Ausdruck für die Änderung des Vektorfeldes $\boldsymbol{A} = \boldsymbol{A}(\boldsymbol{r})$ von Punkt zu Punkt gefunden.

Der Vektorgradient ist als formal gebildetes dyadisches Produkt genau so ein Tensor zweiter Stufe wie jedes dyadische Produkt. Eine so anschauliche Bedeutung wie der Gradient eines Skalarfeldes hat der Vektorgradient eines Vektorfeldes nicht. Denn die Änderung eines Vektors ist eine dreidimensionale Größe, die sich nicht einfach als „Anstieg" darstellen läßt. Man kann sich lediglich merken: Bildet man *von vorn* aus grad $\boldsymbol{A}$ und $\mathrm{d}\boldsymbol{r}$ das skalare Produkt, so erhält man das Vektordifferential $\mathrm{d}\boldsymbol{A}$.

Die Richtungsableitung in einem Vektorfeld. Darunter versteht man den Differentialquotienten $\mathrm{d}\boldsymbol{A}/\mathrm{d}s$, worin $\boldsymbol{A} = \boldsymbol{A}(\boldsymbol{r})$ den Feldvektor und $\mathrm{d}s$ ein Wegelement in einer vorgegebenen Richtung bedeutet. Man erhält

$$\frac{\mathrm{d}\boldsymbol{A}}{\mathrm{d}s} = \frac{\mathrm{d}\boldsymbol{r}\cdot\operatorname{grad}\boldsymbol{A}}{\mathrm{d}s} = \frac{\mathrm{d}\boldsymbol{r}}{\mathrm{d}s}\cdot\operatorname{grad}\boldsymbol{A}$$

Weil $\mathrm{d}s = |\overrightarrow{\mathrm{d}s}| = |\mathrm{d}\boldsymbol{r}|$ ist, bedeutet $\mathrm{d}\boldsymbol{r}/\mathrm{d}s$ nichts anderes als den Einsvektor der vorgegebenen Richtung:

$$\frac{\mathrm{d}\boldsymbol{r}}{\mathrm{d}s} = \frac{\mathrm{d}\boldsymbol{r}}{|\mathrm{d}\boldsymbol{r}|} = \boldsymbol{e}_s\,.$$

Somit ist die Richtungsableitung in einem Vektorfeld

$$\frac{\mathrm{d}\boldsymbol{A}}{\mathrm{d}s} = \boldsymbol{e}_s\cdot\operatorname{grad}\boldsymbol{A}\,.$$

Der Vektorgradient in kartesischen Koordinaten. Da wir die Tensorrechnung nicht weiter behandeln wollen, begnügen wir uns damit, die kartesischen Koordinaten von grad $\boldsymbol{A}$ anzuschreiben: Es ist

$$\operatorname{grad}\boldsymbol{A} = \left(\boldsymbol{i}\frac{\partial}{\partial x} + \boldsymbol{j}\frac{\partial}{\partial y} + \boldsymbol{k}\frac{\partial}{z}\right)(\boldsymbol{i}\,A_x + \boldsymbol{j}\,A_y + \boldsymbol{k}\,A_z)\,,$$

was wegen $\partial(\boldsymbol{i}\,A_x)/\partial x = \boldsymbol{i}\,\partial A_x/\partial x$ usw. bereits den

■ Vektorgradienten grad $\boldsymbol{A}$ in kartesischen Koordinaten

$$\begin{aligned}\operatorname{grad}\boldsymbol{A} = {} & \boldsymbol{ii}\frac{\partial A_x}{\partial x} + \boldsymbol{ij}\frac{\partial A_y}{\partial x} + \boldsymbol{ik}\frac{\partial A_z}{\partial x} + \\ & + \boldsymbol{ji}\frac{\partial A_x}{\partial y} + \boldsymbol{jj}\frac{\partial A_y}{\partial y} + \boldsymbol{jk}\frac{\partial A_z}{\partial y} + \\ & + \boldsymbol{ki}\frac{\partial A_x}{\partial z} + \boldsymbol{kj}\frac{\partial A_y}{\partial z} + \boldsymbol{kk}\frac{\partial A_z}{\partial z}\end{aligned} \qquad [35]$$

ergibt.

Der substantielle (oder auch konvektive) zeitliche Differentialquotient in einem strömenden Medium. In einem strömenden Medium möge $\boldsymbol{v} = \boldsymbol{v}(\boldsymbol{r}, t)$ die orts- und zeitabhängige Geschwindigkeit eines sich bewegenden Teilchens bedeuten, $\rho = \rho(\boldsymbol{r}, t)$ die Dichte und $p = p(\boldsymbol{r}, t)$ den Druck. Also auch ρ und p seien orts- und zeitabhängig.

Unter dem partiellen, also durch $\partial/\partial t$ zum Ausdruck kommenden Differentialquotienten einer der vorgenannten Größen versteht man die Änderungsgeschwindigkeit dieser Größe an einer bestimmten, festgehaltenen Stelle $\boldsymbol{r} =$ konst. Man nennt solche Differentialquotienten deshalb *lokale* Differentialquotienten.

Bildet man die totale Ableitung $\mathrm{d}/\mathrm{d}t$, so erhält man ein Maß für die Änderungsgeschwindigkeit der vorgenannten Größen für den Fall, daß sich der Beobachter mit einem ins Auge gefaßten strömenden Teilchen mitbewegt. Solche Differentialquotienten werden deshalb *substantielle* oder *konvektive* Differentialquotienten genannt.

Wir wollen die konvektiven Differentialquotienten für ρ, p und $\boldsymbol{v}$ anschreiben. Wir benützen dazu kartesische Koordinaten. In ihnen ist

$$\rho = \rho(\boldsymbol{r}, t) = \rho(x, y, z, t)$$

eine Funktion der vier Variablen x, y, z, t, und das totale Differential ist somit

$$\mathrm{d}\rho = \frac{\partial \rho}{\partial t}\mathrm{d}t + \frac{\partial \rho}{\partial x}\mathrm{d}x + \frac{\partial \rho}{\partial y}\mathrm{d}y + \frac{\partial \rho}{\partial z}\mathrm{d}z = \frac{\partial \rho}{\partial t}\mathrm{d}t + \mathrm{d}\boldsymbol{r} \cdot \operatorname{grad}\rho\,.$$

Der substantielle Differentialquotient der Dichte ist dann

$$\frac{\mathrm{d}\rho}{\mathrm{d}t} = \frac{\partial \rho}{\partial t} + \frac{\mathrm{d}\boldsymbol{r}}{\mathrm{d}t} \cdot \operatorname{grad}\rho = \frac{\partial \rho}{\partial t} + \boldsymbol{v} \cdot \operatorname{grad}\rho\,.$$

Auf gleiche Weise erhält man den substantiellen Differentialquotienten für den Druck:

$$\frac{\mathrm{d}p}{\mathrm{d}t} = \frac{\partial p}{\partial t} + \boldsymbol{v} \cdot \operatorname{grad} p.$$

Schließlich kann man auch für jede skalare Komponente von $\boldsymbol{v}$ den substantiellen Differentialquotienten nach der obigen Regel bilden:

$$\frac{\mathrm{d}v_x}{\mathrm{d}t} = \frac{\partial v_x}{\partial t} + \boldsymbol{v} \cdot \operatorname{grad} v_x\,,$$

$$\frac{\mathrm{d}v_y}{\mathrm{d}t} = \frac{\partial v_y}{\partial t} + \boldsymbol{v} \cdot \operatorname{grad} v_y\,,$$

$$\frac{\mathrm{d}v_z}{\mathrm{d}t} = \frac{\partial t_z}{\partial t} + \boldsymbol{v} \cdot \operatorname{grad} v_z\,.$$

Multipliziert man diese Gleichungen mit $\boldsymbol{i}$ bzw. $\boldsymbol{j}$ bzw. $\boldsymbol{k}$, so kann man die Koordinatenvektoren wegen ihrer zeitlichen und räumlichen Konstanz hinter die Differentialoperatoren $\mathrm{d}/\mathrm{d}t$, $\partial/\partial t$ und $(\boldsymbol{v} \cdot \operatorname{grad})$ schreiben:

$$\frac{\mathrm{d}(\boldsymbol{i}\,v_x)}{\mathrm{d}t} = \frac{\partial(\boldsymbol{i}\,v_x)}{\partial t} + (\boldsymbol{v} \cdot \operatorname{grad})(\boldsymbol{i}\,v_x)\,,$$

$$\frac{\mathrm{d}(\boldsymbol{j}\,v_y)}{\mathrm{d}t} = \frac{\partial(\boldsymbol{j}\,v_y)}{\partial t} + (\boldsymbol{v} \cdot \operatorname{grad})(\boldsymbol{j}\,v_y)\,,$$

$$\frac{\mathrm{d}(\boldsymbol{k}\,v_z)}{\mathrm{d}t} = \frac{\partial(\boldsymbol{k}\,v_z)}{\partial t} + (\boldsymbol{v} \cdot \operatorname{grad})(\boldsymbol{k}\,v_z)\,.$$

Die Addition dieser drei Gleichungen ergibt unter Ausklammerung der Differentialoperatoren

$$\frac{\mathrm{d}}{\mathrm{d}t}(\boldsymbol{i}\,v_x + \boldsymbol{j}\,v_y + \boldsymbol{k}\,v_z) = \frac{\partial}{\partial t}(\boldsymbol{i}\,v_x + \boldsymbol{j}\,v_y + \boldsymbol{k}\,v_z) + (\boldsymbol{v} \cdot \operatorname{grad})(\boldsymbol{i}\,v_x + \boldsymbol{j}\,v_y + \boldsymbol{k}\,v)\,,$$

also den gesuchten substantiellen Differentialquotienten, der in diesem Fall die Teilchenbeschleunigung darstellt:

$$\boldsymbol{a} = \frac{\mathrm{d}\boldsymbol{v}}{\mathrm{d}t} = \frac{\partial \boldsymbol{v}}{\partial t} + \boldsymbol{v} \cdot \operatorname{grad}\boldsymbol{v}\,.$$

Es tritt also hier der Vektorgradient $\operatorname{grad}\boldsymbol{v}$ des Strömungsfeldes $\boldsymbol{v} = \boldsymbol{v}(\boldsymbol{r}, t)$ auf.

Dieses Strömungsfeld ist *nicht stationär*, solange ρ, p und $\boldsymbol{v}$ nicht nur von Ort, sondern auch explizit (unmittelbar) von der Zeit abhängen. Das *stationäre* Feld weist keine explizite Abhängigkeit von der Zeit auf, die lokalen Differentialquotienten verschwinden:

$$\frac{\partial \rho}{\partial t} = 0; \quad \frac{\partial p}{\partial t} = 0; \quad \frac{\partial \boldsymbol{v}}{\partial t} = 0.$$

Man kann dies allgemein durch Nullsetzen des Differentialoperators $\partial/\partial t$ zum Ausdruck bringen:

$$\partial/\partial t = 0.$$

In diesem Fall ist dann

$$\frac{\mathrm{d}\rho}{\mathrm{d}t} = \boldsymbol{v} \cdot \operatorname{grad} \rho,$$

$$\frac{\mathrm{d}p}{\mathrm{d}t} = \boldsymbol{v} \cdot \operatorname{grad} p,$$

$$\boldsymbol{a} = \frac{\mathrm{d}\boldsymbol{v}}{\mathrm{d}t} = \boldsymbol{v} \cdot \operatorname{grad} \boldsymbol{v}.$$

Die hydrodynamische Grundgleichung. In einem strömenden Stoff gilt nach den obigen Ausführungen für die Beschleunigung $\boldsymbol{a} = \mathrm{d}\boldsymbol{v}/\mathrm{d}t$ eines Flüssigkeitsteilchens die Beziehung

$$\boldsymbol{a} = \frac{\partial \boldsymbol{v}}{\partial t} + \boldsymbol{v} \cdot \operatorname{grad} \boldsymbol{v}.$$

Diese Beschleunigung wird durch drei Arten von Kräften hervorgerufen, nämlich durch Druck- und Reibungskräfte im Inneren der Flüssigkeit und durch die von außen einwirkenden Kräfte, z. B. die Schwerkraft.

Beschränken wir uns auf die sogenannte ideale Flüssigkeit, d. h. auf ein durch Fehlen der Reibung gekennzeichnetes Flüssigkeitsmodell, so verbleiben nur die Druckkraft und die äußeren Kräfte.

Wir betrachten einen differentiellen Zylinder innerhalb des strömenden Stoffes. Er habe die Länge $\mathrm{d}\vec{s}$ und den Querschnitt $\mathrm{d}\vec{f}$. Die Zylinderachse (und damit $\mathrm{d}\vec{s}$ und $\mathrm{d}\vec{f}$) zeige in Richtung des Druckgradienten $\operatorname{grad} p$.

Der Druckunterschied zwischen Grund- und Deckfläche ist dann

$$\mathrm{d}p = \frac{\partial p}{\partial s} \mathrm{d}s = \mathrm{d}s \,|\operatorname{grad} p\,|.$$

Die auf den Zylinder in Längsrichtung wirkende Druckkraft ist als Differenz der Druckkräfte auf Grund- und Deckfläche infolgedessen

$$\mathrm{d}F = \mathrm{d}p\,\mathrm{d}f = \mathrm{d}f\,\mathrm{d}s\,|\operatorname{grad} p\,| = \mathrm{d}V\,|\operatorname{grad} p\,|,$$

wenn $\mathrm{d}V$ das Zylindervolumen ist. Quer zum Zylinder tritt keine vom Druck verursachte Kraft auf; er ist ja in Richtung von $\operatorname{grad} p$ gedacht, so daß quer zu seiner Achse keine Druckunterschiede vorhanden sind. Somit ist der Vektor der auf die im Zylinder befindliche Substanz wirkenden Kraft

$$\mathrm{d}\boldsymbol{F} = -\mathrm{d}V \operatorname{grad} p.$$

Das negative Vorzeichen bringt zum Ausdruck, daß die Kraft in Richtung des Druck*gefälles*, also entgegen $\operatorname{grad} p$ wirkt.

Die von der Druckkraft $\mathrm{d}\boldsymbol{F}$ bewirkte Beschleunigung ist

$$\boldsymbol{a}_p = \mathrm{d}\boldsymbol{F}/\mathrm{d}m,$$

wenn $\mathrm{d}m$ die Masse der im Zylinder befindlichen Substanz ist. Also:

$$\boldsymbol{a}_p = \frac{\mathrm{d}\boldsymbol{F}}{\mathrm{d}m} = -\frac{\mathrm{d}V\,\mathrm{grad}\,p}{\mathrm{d}m} = -\frac{1}{\rho}\,\mathrm{grad}\,p\,,$$

worin $\rho = \mathrm{d}m/\mathrm{d}V$ die Dichte ist.

Bezeichnet man den Quotienten aus äußerer Kraft und aus Masse mit $\boldsymbol{g}$, so ist die von den äußeren Kräften bewirkte Beschleunigung nichts anderes als dieser Quotient:

$$\boldsymbol{a}_{\ddot{a}} = \boldsymbol{g}\,.$$

Wir erhalten in einer idealen Flüssigkeit somit als gesamte Beschleunigung

$$\boldsymbol{a} = \boldsymbol{a}_p + \boldsymbol{a}_{\ddot{a}}$$

bzw.

$$\frac{\partial \boldsymbol{v}}{\partial t} + \boldsymbol{v}\cdot\mathrm{grad}\,\boldsymbol{v} = \boldsymbol{g} - \frac{1}{\rho}\,\mathrm{grad}\,p\,.$$

Diese hydrodynamische Grundgleichung wird auch als EULERsche Grundgleichung bezeichnet.

Die Reihenentwicklung von Ortsfunktionen. Die Reihenentwicklung einer skalaren Funktion $\varphi = \varphi(x, y, z)$ der drei Variablen x, y, z ergibt nach TAYLOR für den Funktionswert $\varphi(x+h,\ y+k,\ z+l)$, den man auch als $\varphi + \Delta\varphi$ schreiben kann, den Ausdruck

$$\varphi + \Delta\varphi = \varphi(x+h,\ y+k,\ z+l) = \varphi(x,y,z) + \frac{1}{1!}\left(h\frac{\partial\varphi}{\partial x} + k\frac{\partial\varphi}{\partial y} + l\frac{\partial\varphi}{\partial z}\right) +$$
$$+ \frac{1}{2!}\left(h^2\frac{\partial^2\varphi}{\partial x^2} + k^2\frac{\partial^2\varphi}{\partial y^2} + l^2\frac{\partial^2\varphi}{\partial z^2} + 2hk\frac{\partial^2\varphi}{\partial x\partial y} + 2kl\frac{\partial^2\varphi}{\partial y\partial z} + 2lh\frac{\partial^2\varphi}{\partial z\partial x}\right) + \ldots,$$

worin die partiellen Ableitungen von φ jeweils an der Stelle x, y, z zu nehmen sind. Unter Ausklammerung des Funktionssymbols φ aus den Klammern kann man auch schreiben

$$\varphi + \Delta\varphi = \varphi + \frac{1}{1!}\left(h\frac{\partial}{\partial x} + k\frac{\partial}{\partial y} + l\frac{\partial}{\partial z}\right)\varphi +$$
$$+ \frac{1}{2!}\left(h\frac{\partial}{\partial x} + k\frac{\partial}{\partial y} + l\frac{\partial}{\partial z}\right)^2\varphi + \ldots.$$

Man erkennt hierin bereits die Gesetzmäßigkeit, die sich in dem Auftreten von Potenzen des Differentialoperators $\left(h\frac{\partial}{\partial x} + k\frac{\partial}{\partial y} + l\frac{\partial}{\partial z}\right)$ zeigt.

Versteht man unter φ eine skalare Ortsfunktion $\varphi = \varphi(\boldsymbol{r})$ mit $\boldsymbol{r} = \boldsymbol{i}x + \boldsymbol{j}y + \boldsymbol{k}z$, so läßt sie sich nach obiger Formel *um den durch $\boldsymbol{r}$ gekennzeichneten Punkt als Taylor-Reihe entwickeln.* Man kann dabei die h, k, l als die skalaren Komponenten eines vom Punkte $\boldsymbol{r}$ bzw. (x,y,z) zum Aufpunkt $(x+h,\ y+k,\ z+l)$ weisenden Vektors

$$\Delta\boldsymbol{r} = \boldsymbol{i}h + \boldsymbol{j}k + \boldsymbol{k}l$$

auffassen. Dann ist der Differentialoperator $\left(h\frac{\partial}{\partial x} + k\frac{\partial}{\partial y} + l\frac{\partial}{\partial z}\right)$ darstellbar als

$$h\frac{\partial}{\partial x} + k\frac{\partial}{\partial y} + l\frac{\partial}{\partial z} = \Delta\boldsymbol{r}\cdot\mathrm{grad}\,,$$

und man erhält

$$\varphi + \Delta\varphi = \varphi + \frac{1}{1!}(\Delta\boldsymbol{r}\cdot\mathrm{grad})\varphi + \frac{1}{2!}(\Delta\boldsymbol{r}\cdot\mathrm{grad})^2\varphi + \frac{1}{3!}(\Delta\boldsymbol{r}\cdot\mathrm{grad})^3\varphi + \ldots.$$

Will man eine vektorielle Ortsfunktion, z. B. $\boldsymbol{E} = \boldsymbol{E}(\boldsymbol{r})$, als TAYLORreihe um den Endpunkt des Ortsvektors $\boldsymbol{r}$ entwickeln, so kann man so vorgehen, daß man zunächst die skalaren Komponenten E_x, E_y, E_z entwickelt, dann die Gleichungen mit $\boldsymbol{i}$ bzw. $\boldsymbol{j}$ bzw. $\boldsymbol{k}$ multipliziert und schließlich addiert. Ähnlich wie früher (Seite 112) setzt man wieder die Koordinatenvektoren *hinter die* Differentialoperatoren und erhält auf diese Weise

$$\boldsymbol{E} + \Delta\boldsymbol{E} = \boldsymbol{E} + \frac{1}{1!}(\Delta\boldsymbol{r}\cdot\mathrm{grad})\,\boldsymbol{E} + \frac{1}{2!}(\Delta\boldsymbol{r}\cdot\mathrm{grad})^2\boldsymbol{E} + \frac{1}{3!}(\Delta\boldsymbol{r}\cdot\mathrm{grad})^3\boldsymbol{E} + \ldots.$$

Wir wollen uns die Differentialoperatoren $(\Delta\boldsymbol{r}\cdot\mathrm{grad})^n$ in kartesischen Koordinaten als Summenformeln zusammenstellen. Dabei soll x_1, x_2, x_3 soviel bedeuten wie x, y, z und h_1, h_2, h_3 soviel wie h, k, l:

$$\Delta\boldsymbol{r}\cdot\mathrm{grad} = \sum_{\mu} h_\mu \frac{\partial}{\partial x},$$

$$(\Delta\boldsymbol{r}\cdot\mathrm{grad})^2 = \sum_{\mu}\sum_{\nu} h_\mu h_\nu \frac{\partial^2}{\partial x_\mu \partial x_\nu},$$

$$(\Delta\boldsymbol{r}\cdot\mathrm{grad})^3 = \sum_{\mu}\sum_{\nu}\sum_{\lambda} h_\mu h_\nu h_\lambda \frac{\partial^3}{\partial x_\mu \partial x_\nu \partial x_\lambda},$$

usw.

Die Kraftwirkung eines elektrischen Feldes auf eine Anzahl elektrischer Punktladungen. Wenn $\boldsymbol{E} = \boldsymbol{E}(\boldsymbol{r})$ die ortsabhängige Feldstärke ist, so ist die Kraft $\boldsymbol{F}_i$ auf die i-te Punktladung an der Stelle $\boldsymbol{r}_i$ gleich

$$\boldsymbol{F}_i = \boldsymbol{E}_i q_i,$$

und die Gesamtkraft auf alle Punktladungen ist

$$\boldsymbol{F} = \sum_i \boldsymbol{E}_i q_i.$$

Wir wollen die $\boldsymbol{E}_i$ als TAYLORreihen um den Koordinatenursprung ($\boldsymbol{r} = 0$) darstellen. In diesem Fall tritt an die Stelle des Vektors $\Delta\boldsymbol{r}$ unserer Formeln der Ortsvektor $\boldsymbol{r}$ selbst, und für $\boldsymbol{E}$ schreiben wir jetzt $\boldsymbol{E}_0$:

$$\boldsymbol{E}_i = \boldsymbol{E}_0 + \Delta_i\boldsymbol{E} = \boldsymbol{E}_0 + (\boldsymbol{r}_i\cdot\mathrm{grad})\,\boldsymbol{E} + \tfrac{1}{2}(\boldsymbol{r}_i\cdot\mathrm{grad})^2\,\boldsymbol{E} + \tfrac{1}{6}(\boldsymbol{r}_i\cdot\mathrm{grad})^3\,\boldsymbol{E} + \ldots$$

Für die Gesamtkraft ergibt sich damit

$$\boldsymbol{F} = \sum_i \boldsymbol{E}_i q_i = \boldsymbol{E}_0\sum_i q_i + \sum_i q_i(\boldsymbol{r}_i\cdot\mathrm{grad})\,\boldsymbol{E} + \tfrac{1}{2}\sum_i q_i(\boldsymbol{r}_i\cdot\mathrm{grad})^2\,\boldsymbol{E} + \tfrac{1}{6}\sum_i q_i(\boldsymbol{r}_i\cdot\mathrm{grad})^3\,\boldsymbol{E} + \ldots$$

Betrachten wir hierin den zweiten Summanden auf der rechten Seite: Da q_i ein Skalar ist, können wir auch schreiben

$$\sum_i q_i(\boldsymbol{r}_i\cdot\mathrm{grad})\,\boldsymbol{E} = \sum_i (q_i\boldsymbol{r}_i\cdot\mathrm{grad})\,\boldsymbol{E},$$

worin wir die Klammer wegen der Assoziativität dieses Mehrfachproduktes auch anders setzen dürfen:

$$\sum_i q_i(\boldsymbol{r}_i\cdot\mathrm{grad})\,\boldsymbol{E} = \sum_i q_i\boldsymbol{r}_i\cdot(\mathrm{grad}\,\boldsymbol{E});$$

weil die Ableitungen in den TAYLORreihen stets an der Stelle zu nehmen sind, um die herum entwickelt wird, ist im vorliegenden Fall der Vektorgradient grad $\boldsymbol{E}$ im Koordinatenursprung zu nehmen. Das aber bedeutet, daß er bei der Summation über alle i eine

Konstante ist. Wir können ihn daher aus der Summation ausklammern:

$$\sum_i q_i (\boldsymbol{r}_i \cdot \operatorname{grad}) \boldsymbol{E} = (\sum_i q_i \boldsymbol{r}_i) \cdot (\operatorname{grad} \boldsymbol{E}) = (\sum_i q_i \boldsymbol{r}_i) \cdot \operatorname{grad} \boldsymbol{E}\,.$$

Den Ausdruck $\sum_i q_i \boldsymbol{r}_i$ stellt das elektrische Moment aller Ladungen q_i bezüglich des Koordinatenursprungs dar. Im speziellen Fall, daß $\sum_i q_i = 0$ ist, ist $\sum_i q_i \boldsymbol{r}_i = \boldsymbol{m}_i$, das Dipolmoment (vergl. Seite 110).

Einer näheren Betrachtung des dritten Summanden in der Reihenentwicklung für die Gesamtkraft $\boldsymbol{F}$ werden wir uns auf Seite 176 zuwenden

5.5 Übungsaufgaben

67. Für die skalare Funktion

$$S(\boldsymbol{r}) = S(x,y,z) = x^2 y - 2 y^2 z^3$$

ist der allgemeine Ausdruck für den Gradientenvektor $\boldsymbol{G} = \boldsymbol{G}(x,y,z)$ zu bilden, sowie der spezielle Gradientenvektor an der Stelle

$$\boldsymbol{r} = \boldsymbol{i} + 2\boldsymbol{j} - \boldsymbol{k}\,.$$

68. Man zeige durch Rechnung in kartesischen Koordinaten, daß

$$\operatorname{grad} r = \boldsymbol{e}_r \quad \text{und} \quad \operatorname{grad} r^2 = 2\,\boldsymbol{r}$$

ist. Es ist

$$\boldsymbol{r} = r\,\boldsymbol{e}_r = \boldsymbol{i}\,x + \boldsymbol{j}\,y + \boldsymbol{k}\,z\,.$$

69. Man berechne unter Benutzung kartesischer Koordinaten den Ausdruck $\operatorname{grad}(\boldsymbol{a} \cdot \boldsymbol{r})$, worin $\boldsymbol{a}$ ein konstanter Vektor und

$$\boldsymbol{r} = \boldsymbol{i}\,x + \boldsymbol{j}\,y + \boldsymbol{k}\,z$$

ist.

70. Man berechne mit

$$\boldsymbol{r} = r\,\boldsymbol{e}_r = \boldsymbol{i}\,x + \boldsymbol{j}\,y + \boldsymbol{k}\,z$$

den Ausdruck $\operatorname{grad}(\ln r)$.

71. Gegeben sei eine skalare Ortsfunktion

$$\varphi = x^2 y + 2xz\,.$$

Welche Richtungskosinusse hat ihr Gradientenvektor an der Stelle (2, −2, 3), d. h. in welcher Richtung erfährt sie dort ihre stärkste Änderung?

72. In welcher Richtung (Angabe des Einsvektors) ist die Richtungsableitung der Funktion

$$\varphi = x^2 y z^3$$

im Punkte (2, 1, −1) maximal?

73. Man bilde mit

$$\varphi = \sqrt{x^2 + y^2 + z^2} \quad (= r)$$

und

$$\psi = e^{x^2+y^2+z^2} \quad (= e^{r^2})$$

die Gradienten $\operatorname{grad}(\varphi + \psi)$ und $\operatorname{grad} \varphi\psi$.

74. Man bilde die allgemeinen Ausdrücke für

$$\operatorname{grad} u^n, \quad \operatorname{grad}(u^n v), \quad \operatorname{grad}(u/v)\,,$$

worin $u = u(\boldsymbol{r})$ und $v = v(\boldsymbol{r})$ skalare Ortsfunktionen sind.

75. Man zeige durch Bildung des totalen Differentials, daß

$$\operatorname{grad} \varphi(u,v) = \frac{\partial \varphi}{\partial u} \operatorname{grad} u + \frac{\partial \varphi}{\partial v} \operatorname{grad} v$$

ist. $u = u(\boldsymbol{r})$ und $v = v(\boldsymbol{r})$ sind skalare Ortsfunktionen.

76. Man beweise mit Hilfe des Satzes aus Aufgabe 75. daß

$$\operatorname{grad} u \times \operatorname{grad} v = 0$$

ist, wenn zwischen den skalaren Ortsfunktionen u und v ein funktionaler Zusammenhang

$$\varphi(u,v) = 0$$

besteht.

Hinweis: Man beachte, daß wegen des durch $\varphi = 0$ ausgedrückten Zusammenhanges immer $\mathrm{d}\varphi = 0$ ist, wobei bekanntlich $\mathrm{d}\varphi = \mathrm{d}\boldsymbol{r} \cdot \operatorname{grad} \varphi$ ist.

77. Eine Fläche im Raum sei durch

$$4x + 3xy - 2xz^2 + 7 = 0$$

gegeben. Der auf diese Fläche normale Einsvektor im Punkte $(1, -1, z < 0)$ ist zu ermitteln.

78. Eine Kugelfläche habe die Gleichung

$$x^2 + y^2 + z^2 = 169\,.$$

Die Gleichung der Tangentialebene im Punkte $(3, 4, z > 0)$ ist aufzustellen.

79. Die Richtungsableitung der Funktion

$$\varphi = (1 - e^{-x})^2 + y^2 + 3z^2$$

ist an der Stelle $(\ln 2, 5/2, 0)$ in Richtung von

$$\boldsymbol{e} = (\boldsymbol{i} + \boldsymbol{j} + \boldsymbol{k})/\sqrt{3}$$

zu bilden.

80. Der Punkt $(-1, 1, 0)$ liegt auf der Schnittlinie der beiden Flächen

$$x + y^2 + z^2 = 0 \quad \text{und} \quad x^2 + 2y^2 + 2z^2 = 3\,.$$

Man ermittle den Schnittwinkel der beiden Flächen an diesem Punkte. Man beachte: Der Winkel zwischen zwei Flächen ist gleich dem Winkel zwischen den Flächennormalen.

81. Man berechne das Linienintegral $\int_{P_1}^{P_2} \boldsymbol{v} \cdot \mathrm{d}\vec{s}$ für die Funktion

$$\boldsymbol{v} = \boldsymbol{i}\,x + \boldsymbol{j}\,xy$$

a) längs des Weges gemäß Abb. 100a,
b) längs des Weges gemäß Abb. 100b.

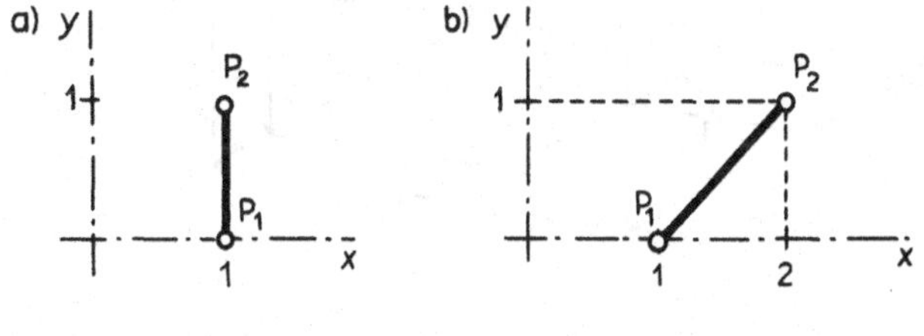

Abb. 100. Zu Aufgabe 81

82. Für die beiden Vektorfelder

$$\boldsymbol{v} = \boldsymbol{i}\, y \quad \text{und} \quad \boldsymbol{w} = 8x\,\boldsymbol{i} + 3\boldsymbol{j}$$

ist das Umlaufintegral längs des Weges nach Abb. 101 zu bilden. Welcher der beiden Vektoren läßt sich mit Sicherheit nicht als grad Φ darstellen? Hinweis: Man führe die Integration in vier Schritten aus.

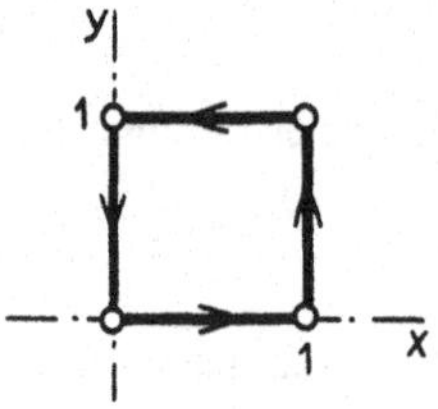

Abb. 101. Zu Aufgabe 82

83. Man berechne für die Vektorfunktion

$$\boldsymbol{v} = (3x^2y + 4xy^2)\,\boldsymbol{i} + (x^3 + 4x^2y)\,\boldsymbol{j}$$

des Wegintegral längs der beiden in Abb. 102 skizzierten Wege. Welche Vermutung wird durch die beiden Ergebnisse nahegelegt?
Hinweis: Man führe im Fall des unstetigen Weges die Integration in zwei Schritten aus.

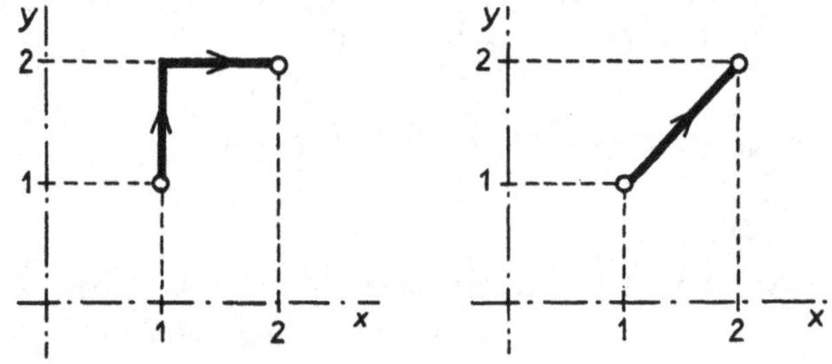

Abb. 102. Zu Aufgabe 83

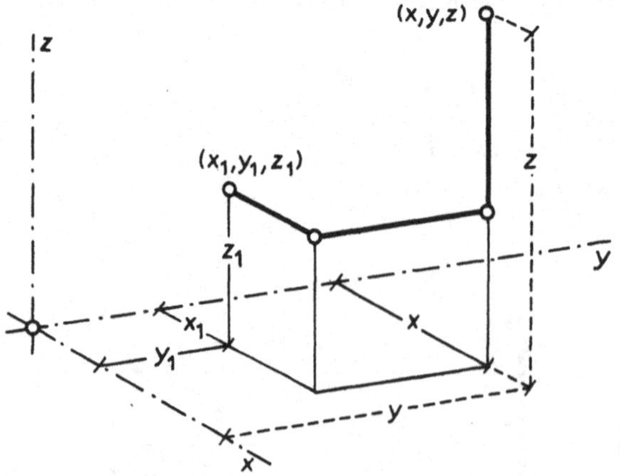

Abb. 103. Zu Aufgabe 84

84. Die Funktion $\boldsymbol{v}$ aus Aufgabe 83 ist als Gradient eines Potentials Φ darstellbar. Man suche die Ortsfunktion Φ.
Hinweis: Man bilde das Linienintegral längs eines beliebigen Weges von einem willkürlichen Ausgangspunkt (x_1, y_1, z_1) zu einem allgemeinen Punkt (x, y, z). Das Ergebnis ist dann $\Phi(x,y,z) - \Phi(x_1, y_1, z_1)$.
Man beachte: Φ bleibt hinsichtlich eines beliebigen konstanten Summanden unbestimmt.
Als Integrationsweg empfiehlt sich der aus Geraden bestehende Weg

$$(x_1, y_1, z_1) \rightarrow (x, y_1, z_1) \rightarrow (x, y, z_1) \rightarrow (x, y, z)$$

gemäß Abb. 103.

85. Nach dem gleichen Verfahren wie bei Aufgabe 84 ist die Ortsfunktion Φ aus

$$\operatorname{grad} \Phi = -\boldsymbol{r}/r^2$$

aufzusuchen.

$$\boldsymbol{r} = \boldsymbol{i}\,x + \boldsymbol{j}\,y + \boldsymbol{k}\,z\,.$$

Die Integrationskonstante ist so zu bestimmen, daß für $r = a$ das Potential den Wert Null hat.

86. Nach dem gleichen Verfahren wie bei Aufgabe 84 ist die Ortsfunktion Φ aus

$$\operatorname{grad} \Phi = (2xy + z^3)\,\boldsymbol{i} + x^2\,\boldsymbol{j} + 3xz^2\,\boldsymbol{k}$$

aufzusuchen.

87. Man gebe den Ausdruck grad $\boldsymbol{A}$ für

$$\boldsymbol{A} = (3x^2 + z)\,\boldsymbol{i} + xy^2\,\boldsymbol{j} - 4z\,\boldsymbol{k}$$

in kartesischen Koordinaten an und bilde anschließend das Vektordifferential $\mathrm{d}\boldsymbol{A}$.

88. Im Vektorfeld

$$\boldsymbol{V} = 13x^2\,\boldsymbol{i} + yz\,\boldsymbol{j} + (13y + z^2 + 3)\,\boldsymbol{k}$$

berechne man für die durch

$$\boldsymbol{e}_s = \tfrac{12}{13}\,\boldsymbol{i} + \tfrac{4}{13}\,\boldsymbol{j} + \tfrac{3}{13}\,\boldsymbol{k}$$

gegebene Richtung die Richtungsableitung $\mathrm{d}\boldsymbol{V}/\mathrm{d}s$ in allgemeiner Form und speziell im Punkte $(1, 2, -2)$.

89. Man bilde unter Benutzung kartesischer Koordinaten grad $\boldsymbol{A}$ für folgende Vektorfelder

a) $\boldsymbol{A} = \boldsymbol{r}/r \qquad (\boldsymbol{r} = \boldsymbol{i}\,x + \boldsymbol{j}\,y + \boldsymbol{k}\,z)$
b) $\boldsymbol{A} = \boldsymbol{r}/r^2$
c) $\boldsymbol{A} = \boldsymbol{r}/r^3$
d) $\boldsymbol{A} = \boldsymbol{e} \times \boldsymbol{r} \qquad (\boldsymbol{e} = \boldsymbol{i}\cos\alpha + \boldsymbol{j}\cos\beta + \boldsymbol{k}\cos\gamma = \text{konst})$.

90. Man zeige durch Ausrechnen in kartesischen Koordinaten, daß

$$(\boldsymbol{A} \cdot \operatorname{grad})\Phi = \boldsymbol{A} \cdot (\operatorname{grad} \Phi)$$

ist.

91. Die Funktion $\varphi = \ln r$ ist mit Hilfe kartesischer Koordinaten an der Stelle mit dem Ortsvektor $\boldsymbol{r}$ als Reihe zu entwickeln. Dabei sind noch alle Glieder mit der zweiten Potenz von $(\Delta\,\boldsymbol{r} \cdot \operatorname{grad})$ anzuschreiben. Es ist

$$r = |\boldsymbol{r}| = |\boldsymbol{i}\,x + \boldsymbol{j}\,y + \boldsymbol{k}\,z|\,.$$

§ 6. Die Divergenz und die Rotation

6.1 Das Quellenfeld und der Begriff der Divergenz

Vektorlinien. Wie wir beim Gradientenfeld bereits dargetan haben, kann man sich in einem Vektorfeld Raumkurven derart gelegt denken, daß ihre Tangenten in jedem Punkt die Richtung des dort herrschenden Feldvektors haben. Den Richtungssinn der Feldvektoren kann man dadurch berücksichtigen, daß man den gedachten Kurven eine Richtung zuordnet, in der sie zu durchlaufen sind. Dann ergeben die im Durchlaufsinn orientierten Tangenten nicht nur die Richtung, sondern auch die Orientierung der Feldvektoren. Eine derartige Raumkurve nennt man *Vektorlinie* oder *Feldlinie.*

Die Vektorlinien geben uns Richtung und Richtungssinn des Feldvektors an der betreffenden Stelle, ohne zunächst über seinen Betrag etwas auszusagen. Man ist deshalb übereingekommen, als Maß für den Betrag die Dichte der gedachten Feldlinien zu wählen: Je mehr Feldlinien durch eine zu den Feldvektoren orthogonale Fläche im Verhältnis zur Größe dieser Fläche hindurchlaufen, desto größer ist der Betrag des über diese Fläche gemittelten Feldvektors.

Ebenso wie verschiedene Äquipotentialflächen (vergl. Seite 96), können sich auch Vektorlinien nicht schneiden. Täten sie das, so hätte ja der Vektor am Schnittpunkt zwei verschiedene Richtungen zugleich, was jedoch unmöglich ist. Hingegen können Vektorlinien geschlossene Kurven sein. Es ist z. B. durchaus denkbar, daß ein Flüssigkeitsteilchen im Laufe seiner Bewegung wieder an denselben Ort zurückkommt, daß die Strömung *Wirbel* hat. Die Bahn eines solchen Teilchens ist dann eine in sich geschlossene Vektorlinie des Geschwindigkeitsfeldes $\boldsymbol{v} = \boldsymbol{v}(\boldsymbol{r})$. Wählt man eine solche geschlossene Vektorlinie als Integrationsweg für ein Umlaufintegral $\oint \boldsymbol{v} \cdot \overrightarrow{ds}$, so findet man, daß dieses von Null verschieden ist. Und zwar hat es einen positiven Wert, wenn man im Sinne der Bewegungsrichtung herum integriert. Beim Gradientenfeld haben wir dagegen gesehen ([34b]), daß das Umlaufintegral immer Null ist, ein Gradientenfeld ist demnach immer wirbelfrei. Das Strömungsfeld dagegen kann *wirbelhaft* sein, wie wir am Beispiel der geschlossenen Feldlinie – einer hinreichenden, aber keinesfalls notwendigen Bedingung – gesehen haben. Von den wirbelhaften Feldern wird Seite 141 die Rede sein.

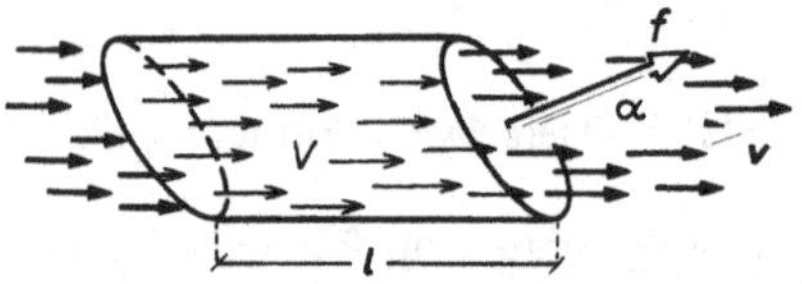

Abb. 104. Zur Durchflußmenge in einem stationären, homogenen Strömungsfeld

Der Vektorfluß. Stellen wir uns in einer strömenden Flüssigkeit eine ruhende geschlossene Fläche vor, die einen bestimmten Teil des Raumes abgrenzt, so bietet eine derartig *gedachte* Hülle der Flüssigkeit natürlich keinerlei Widerstand. Ist die Flüssigkeit inkompressibel (nicht zusammendrückbar), so wird das in einer bestimmten Zeitspanne in die Hülle einströmende Flüssigkeitsvolumen genau so groß sein wie das ausströmende. In einer kompressiblen (zusammendrückbaren) Flüssigkeit dagegen wird dies nicht der Fall sein. Auf der einen Seite der Hülle steht die Flüssigkeit unter größerem Druck als auf der anderen, während des Durchströmens der Hülle ändert sich also der Druck, und die Flüssigkeit ändert somit ihr Volumen: es strömt z. B. mehr Flüssigkeitsvolumen aus der Hülle aus, als in sie hineinfließt.

Um zu handlichen mathematischen Größen für die Beschreibung eines solchen Strömungsfeldes – oder ähnlicher Felder, z. B. elektrischer Vektorfelder – zu gelangen, überlegen wir folgendes:

Wir denken uns zunächst in einem stationären, homogenen Strömungsfeld, in dem also immer und überall die Strömungsgeschwindigkeit den gleichen Wert $\boldsymbol{v}$ hat, eine ebene Fläche mit dem Flächenvektor $\boldsymbol{f}$. Das zeitliche Durchflußvolumen durch diese Fläche f wird als Durchflußmenge Q bezeichnet; es ist durch

$$Q = V/t \qquad (V \ldots \text{Volumen}, \ t \ldots \text{Zeit})$$

definiert. Gemäß Abb. 104 kann man dafür auch schreiben

$$Q = \frac{f l \cos\alpha}{t} = f \frac{l}{t} \cos\alpha = \boldsymbol{f} \cdot \boldsymbol{v}\,.$$

Dieser aus dem Strömungsfeld hergeleitete Begriff der Durchflußmenge ist so praktisch, daß man ihn auch bei anderen Vektorfeldern, die mit einer Strömung nichts zu tun haben, verwendet. Man spricht allerdings in diesen verallgemeinerten Fällen nicht von der Durchflußmenge durch eine (ebene) Fläche $\boldsymbol{f}$, sondern verwendet den Fachausdruck *Vektorfluß* Φ oder kurz *Fluß* Φ durch eine (ebene) Fläche $\boldsymbol{f}$. Im homogenen Vektorfeld mit dem Feldvektor $\boldsymbol{A}$ gilt die Definition

$$\Phi = \boldsymbol{A} \cdot \boldsymbol{f}$$

Liegt nun kein homogenes Vektorfeld vor, so kann man die obige Formel nur für kleine Flächen Δf und auch da nur näherungsweise verwenden. Der Fluß ist dann im allgemeinen auch klein und wird am besten mit $\Delta\Phi$ bezeichnet.

$$\Delta\Phi \approx \boldsymbol{A} \cdot \overrightarrow{\Delta f}.$$

Der solchermaßen linearisierte Sachverhalt stimmt mit dem wirklichen umso besser überein, je kleiner $\overrightarrow{\Delta f}$ gemacht wird. Man schreibt für den streng linearisierten Sachverhalt

$$\mathrm{d}\Phi = \boldsymbol{A} \cdot \overrightarrow{\mathrm{d}f},$$

und stellt sich am bequemsten darunter den (unendlich kleinen) Fluß durch eine unendlich kleine Fläche $\overrightarrow{\mathrm{d}f}$ vor*).

Der Begriff des Vektorflusses Φ läßt sich damit auf beliebige, gekrümmte Flächen f verallgemeinern. Denn wenn man eine solche, in einem inhomogenen Feld gedachte Fläche durch hinreichend kleine, ebene Flächenstücke ersetzt denkt, so ist für jedes Flächenstück der Teilfluß

$$\Delta_i\Phi \approx \boldsymbol{A}_i \cdot \Delta_i f,$$

und der Gesamtfluß durch die Fläche

$$\Phi \approx \sum_i \Delta_i\Phi = \sum_i \boldsymbol{A}_i \cdot \overrightarrow{\Delta_i f}.$$

Im Grenzfall unendlich kleiner Flächen wird der Wert der Summe genau gleich dem Wert des Flusses Φ, und man drückt die Summierung durch ein Integralzeichen aus. So ergibt sich als

---

*) Tatsächlich darf $\overrightarrow{\mathrm{d}f}$ beliebig groß gedacht werden, wobei man allerdings den Feldvektor $\boldsymbol{A}$ auf der ganzen Fläche $\overrightarrow{\mathrm{d}f}$ unverändert denken muß. $\mathrm{d}\Phi$ bedeutet dann den Fluß in einem Vektorfeld mit dem konstanten (!) Feldvektor $\boldsymbol{A}$.

■ Definition des Vektorflusses durch eine (gekrümmte) Fläche $\mathfrak{F}$

$$\Phi = \int_{\mathfrak{F}} \boldsymbol{A} \cdot \mathrm{d}\vec{f} \qquad [36]$$

Vektorröhren. Wir benützen die Vektorlinien zu der in Abb. 105 skizzierten Definition einer sogenannten *Vektorröhre.* Wir beschränken uns dabei sogleich auf die sogenannte infinitesimale Vektorröhre, bei der die Querschnittsfläche, die überall sekrecht zu den Feldvektoren ist, durch ein ebenes Flächendifferential $\mathrm{d}\vec{f}$ dargestellt wird. Der Mantel einer Vektorröhre wird im übrigen ringsum durch Feldlinien gebildet.

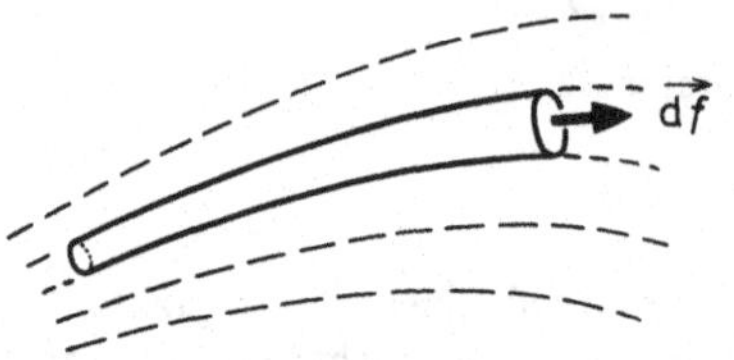

Abb. 105. Vektorröhre

Der Vektorfluß durch den Mantel jeder Vektorröhre ist Null, weil er ja nicht von Vektorlinien durchsetzt wird. Oder anders ausgedrückt: Überall auf ihm sind $\boldsymbol{A}$ und $\mathrm{d}\vec{f}_M$ (Flächenelement des Mantels) zueinander orthogonal, und somit ist überall $\boldsymbol{A} \cdot \mathrm{d}\vec{f}_M = 0$.

Stellen wir uns das Vektorfeld als Strömungsfeld $\boldsymbol{v} = \boldsymbol{v}(\boldsymbol{r})$ einer inkompressiblen Flüssigkeit vor, das bei A einen Geschwindigkeitsvektor $\boldsymbol{v}_1$ und einen Querschnitt $\mathrm{d}\vec{f}_1$ der Vektorröhre hat und bei B die entsprechenden Größen $\boldsymbol{v}_2$ und $\mathrm{d}\vec{f}_2$, dann ist die Durchflußmenge (Vektorfluß!) bei A durch

$$\mathrm{d}\Phi_1 = \boldsymbol{v}_1 \cdot \mathrm{d}\vec{f}_1 = v_1 \mathrm{d}f_1$$

und bei B durch

$$\mathrm{d}\Phi_2 = \boldsymbol{v}_2 \cdot \mathrm{d}\vec{f}_2 = v_2 \mathrm{d}f_2$$

gegeben. Bei einer inkompressiblen Flüssigkeit muß dann der Vektorfluß durch $\mathrm{d}f_1$ genau so groß sein wie bei $\mathrm{d}\vec{f}_2$:

$$\boldsymbol{v}_1 \cdot \mathrm{d}\vec{f}_1 = \boldsymbol{v}_2 \cdot \mathrm{d}\vec{f}_2 .$$

Bei einer kompressiblen Flüssigkeit wird dagegen je nach den vorliegenden Druckverhältnissen

$$\boldsymbol{v}_1 \cdot \mathrm{d}\vec{f}_1 > \boldsymbol{v}_2 \cdot \mathrm{d}\vec{f}_2$$

oder

$$\boldsymbol{v}_1 \cdot \mathrm{d}\vec{f}_1 < \boldsymbol{v}_2 \cdot \mathrm{d}\vec{f}_2$$

sein.

In einem elektrostatischen Feld $\boldsymbol{E} = \boldsymbol{E}(\boldsymbol{r})$ ist

$$\boldsymbol{E}_1 \cdot \mathrm{d}\vec{f}_1 = \boldsymbol{E}_2 \cdot \mathrm{d}\vec{f}_2 ,$$

wenn sich innerhalb der Vektorröhre keine elektrische Ladungen befinden; dagegen ist

$$\boldsymbol{E}_1 \cdot \mathrm{d}\vec{f}_1 < \boldsymbol{E}_2 \cdot \mathrm{d}\vec{f}_2 ,$$

wenn positive, und

$$\boldsymbol{E}_1 \cdot \mathrm{d}\vec{f}_1 > \boldsymbol{E}_2 \cdot \mathrm{d}\vec{f}_2 ,$$

wenn negative Ladungen vorhanden sind.

Im Fall der Ungleichheit der beiden Vektorflüsse $\mathrm{d}\Phi_1$ und $\mathrm{d}\Phi_2$ muß man an der Austrittsfläche $\mathrm{d}f_2$ mehr Feldlinien oder weniger zeichnen als bei der Eintrittsfläche. Denn wegen der Vereinbarung, daß sich der Betrag des Feldvektors in der Dichte der gezeichneten bzw. angenommenen Feldlinien widerspiegeln soll, können wir uns unter dem Feldvektor – abgesehen von einem dimensionsbehafteten Proportionalitätsfaktor – modellmäßig auch die Feldliniendichte selbst vorstellen. Der Vektorfluß

$$\mathrm{d}\Phi = A \cdot \overrightarrow{\mathrm{d}f} \qquad (\text{im Felde } A = A(r))$$

entspricht dann der Anzahl der Feldlinien, die durch die Fläche $\mathrm{d}f$ hindurchtreten. Ist also z. B. $\mathrm{d}\Phi_2 > \mathrm{d}\Phi_1$, so müssen bei B in Abb. 106 mehr Feldlinien gezeichnet werden als bei A. Im Innern der Vektorröhre entstehen gleichsam neue Feldlinien, man sagt, sie enthält *Quellen* (für Feldlinien), es handelt sich um ein *Quellenfeld*.

Ist $\mathrm{d}\Phi_2 < \mathrm{d}\Phi_1$, so verlieren sich innerhalb der Vektorröhre einige Feldlinien (Abb. 107), es sind *Senken* (für Feldlinien) vorhanden. Senken werden als negative Quellen aufgefaßt, weshalb man auch Felder mit Senken unter den Oberbegriff Quellenfeld einordnet.

Im folgenden nehmen wir zumeist an, daß die Quellen (bzw. Senken) stetig im Raum verteilt sind.

Abb. 106. Vektorröhre in einem Quellenfeld

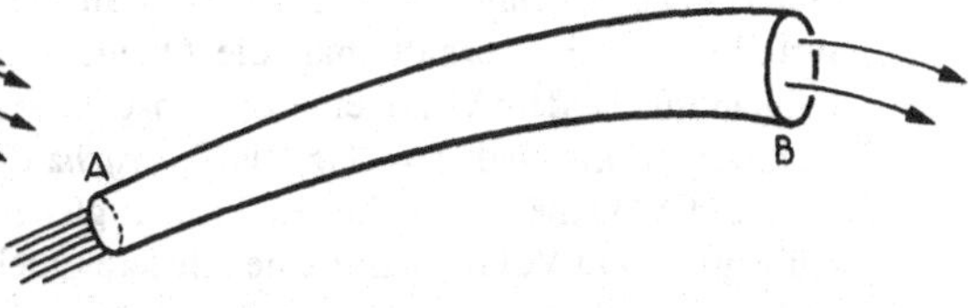

Abb. 107. Vektorröhre bei Vorhandensein von Senken

Die Divergenz. Wir suchen nunmehr nach einem Maß für die spezifische „Ergiebigkeit" von Quellenfeldern, bzw. für die räumliche Quellendichte. Wir denken uns zu diesem Zweck in einem Vektorfeld $A = A(r)$ eine geschlossene Hülle (Abb. 108). Der in den umschlossenen Raum „hineinströmende" Vektorfluß ist dann

$$\Phi_1 = -\int_{\mathrm{I}} A \cdot \overrightarrow{\mathrm{d}f_1},$$

wenn wir die Flächenvektoren $\overrightarrow{\mathrm{d}f_1}$ vereinbarungsgemäß immer nach außen weisen lassen, während der „herausströmende" Fluß

$$\Phi_2 = +\int_{\mathrm{II}} A \cdot \overrightarrow{\mathrm{d}f_2}$$

ist. Handelt es sich z. B. um das Strömungsfeld einer inkompressiblen Flüssigkeit ($A = v$), so ist

$$\Phi_2 = \Phi_1$$

oder

$$\Phi_2 - \Phi_1 = 0.$$

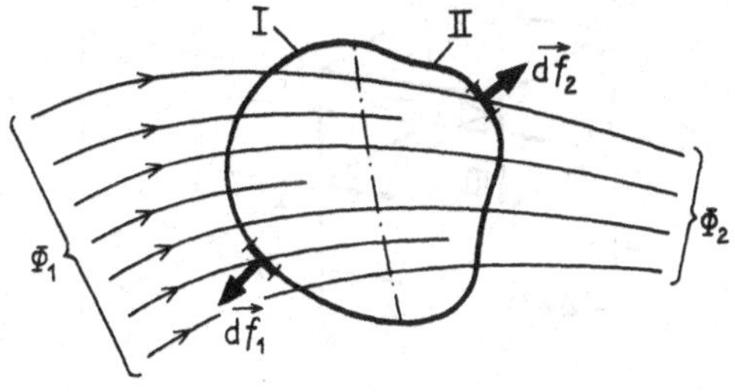

Abb. 108. Zum Vektorfluß durch eine Hüllfläche (zweidimensionales Modell eines Gebietes mit Senken)

Meist verzichtet man auf eine begriffliche Unterscheidung zwischen „hineinströmendem“ und „herausströmendem“ Fluß, indem man sogleich

$$\Phi_2 - \Phi_1 = \int_{II} A \cdot \vec{df}_2 + \int_{I} A \cdot \vec{df}_1 = \oint A \cdot \vec{df},$$

also den innerhalb der Hülle entstehenden, mithin *insgesamt* die Hülle verlassenden Fluß, den sogenannten *Hüllenfluß* betrachtet. Das Integralzeichen $\oint$ deutet dabei an, daß das Integral über die allseits geschlossene Hülle zu erstrecken ist.

Im Strömungsfeld inkompressibler Flüssigkeiten ist somit der Hüllenfluß $\oint \boldsymbol{v} \cdot \vec{df}$ immer Null.

Befinden sich jedoch innerhalb der Hülle Quellen (für Feldlinien), so wird

$$\Phi_2 > \Phi_1$$

sein, bzw. der Hüllenfluß wird

$$\oint \mathbf{A} \cdot \vec{\mathrm{df}} > 0$$

sein. Je mehr Quellen vorhanden sind, desto größer ist der Hüllenfluß durch die das Quellgebiet umschließende Hülle. Im Fall gleichmäßig über den umschlossenen Raum verteilter Quellen erhält man die Quellendichte sofort als den Quotienten aus dem Hüllenfluß und dem Volumen V des umschlossenen Gebietes. Man bezeichnet die Quellendichte im Vektorfeld $A = A(r)$ als *Divergenz* des Vektors A und schreibt div A.

Sind die Quellen im Volumen V nicht gleichmäßig verteilt, so ergibt die Division von Hüllenfluß und Volumen nur eine mittlere Quellendichte, die wir durch spitze Klammern andeuten wollen:

$$\langle \operatorname{div} A \rangle = \frac{1}{V} \oint A \cdot \vec{df}$$

Im Grenzfall verschwindend kleinen Volumens geht diese mittlere Quellendichte in den genauen Wert div **A** am Orte des verschwindend kleinen Volumens über. Wir erhalten somit als

■ Definition der Divergenz eines Vektorfeldes

$$\operatorname{div} A = \lim_{V \to 0} \frac{1}{V} \oint A \cdot \vec{df} \qquad [37]$$

Sind Senken im Feld vorhanden, so wird der Wert der Divergenz negativ. Verschwinden der Divergenz bedeutet Quellenfreiheit (auch Freiheit von Senken). Befinden sich z. B. in einem elektrischen Feld positive elektrische Ladungen, dann ist div $E > 0$.

Nach den obigen Ausführungen erübrigt es sich eigentlich, noch festzustellen, daß Vektorfluß und Quellendichte eines Vektorfeldes skalare Größen sind.

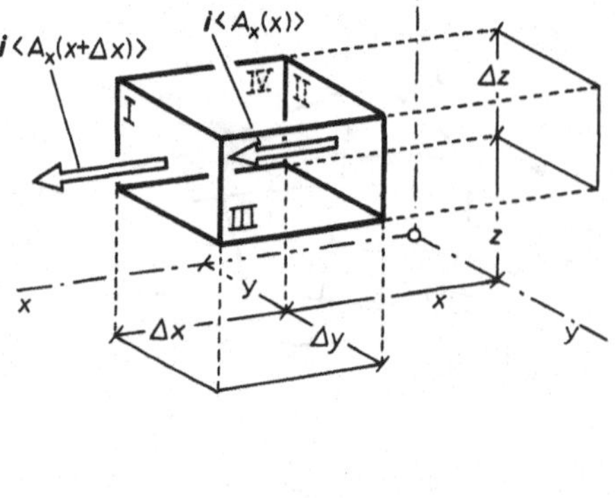

Abb. 109. Zur Divergenz in kartesischen Koordinaten

Die Divergenz einer Summe. Die Divergenz einer Vektorsumme ist die Summe der Divergenzen der einzelnen Vektoren. Dies folgt aus der Tatsache, daß das Integral einer Summe gleich der Summe der Integrale der einzelnen Summenden ist:

$$\operatorname{div}(\boldsymbol{A}+\boldsymbol{B}) = \lim_{V\to 0}\frac{1}{V}\oint(\boldsymbol{A}+\boldsymbol{B})\cdot\mathrm{d}\vec{f} = \lim_{V\to 0}\frac{1}{V}\left\{\oint\boldsymbol{A}\cdot\mathrm{d}\vec{f}+\oint\boldsymbol{B}\cdot\mathrm{d}\vec{f}\right\} =$$
$$= \lim_{V\to 0}\frac{1}{V}\oint\boldsymbol{A}\cdot\mathrm{d}\vec{f} + \lim_{V\to 0}\frac{1}{V}\oint\boldsymbol{B}\cdot\mathrm{d}\vec{f} = \operatorname{div}\boldsymbol{A} + \operatorname{div}\boldsymbol{B}\,.$$

Die Divergenz eines Produktes aus ortsabhängigem Vektor und konstantem Skalar. Hierfür gilt

$$\operatorname{div} C\boldsymbol{A} = \lim_{V\to 0}\frac{1}{V}\oint C\boldsymbol{A}\cdot\mathrm{d}\vec{f} = C\lim_{V\to 0}\frac{1}{V}\oint\boldsymbol{A}\cdot\mathrm{d}\vec{f} = C\operatorname{div}\boldsymbol{A}\,.$$

Die Divergenz des genannten Produktes ist also gleich dem Produkt aus dem konstanten Skalar und der Divergenz des ortsabhängigen Vektors.

Die Divergenz in kartesischen Koordinaten. Wir betrachten hierzu einen Quader gemäß Abb. 109. Seine Seitenlängen sind Δx, Δy, Δz, sein Volumen $V = \Delta x \Delta y \Delta z$. Ist dieser Quader Teil eines Vektorfeldes

$$\boldsymbol{A} = \boldsymbol{A}(\boldsymbol{r}) = \boldsymbol{A}(x,y,z) = \boldsymbol{i}\,A_x(x,y,z) + \boldsymbol{j}\,A_y(x,y,z) + \boldsymbol{k}\,A_z(x,y,z)\,,$$

so setzt sich der Fluß des Vektors $\boldsymbol{A}$ durch die gesamte Oberfläche des Quaders aus den sechs Anteilen durch die sechs ebenen Begrenzungsflächen zusammen. Wir wollen diese einzelnen Flüsse mit Hilfe von Mittelwerten der Vektorfunktion $\boldsymbol{A}(x,y,z)$ ausdrücken*). Beispielsweise für das Integral über die Fläche I

$$\int_{\mathrm{I}}\boldsymbol{A}\cdot\mathrm{d}\vec{f} = \iint_{\mathrm{I}}(\boldsymbol{i}\,A_x+\boldsymbol{j}\,A_y+\boldsymbol{k}\,A_z)\cdot(\boldsymbol{i}\,\mathrm{d}y\,\mathrm{d}z) = \iint_{\mathrm{I}}A_x\,\mathrm{d}y\,\mathrm{d}z$$

setzen wir dabei

$$\iint_{\mathrm{I}}A_x\,\mathrm{d}y\,\mathrm{d}z = \langle A_x(x+\Delta x)\rangle\,\Delta y\,\Delta z\,,$$

wobei durch $\langle A_x(x+\Delta x)\rangle$ angedeutet ist, daß es sich um einen Mittelwert auf Fläche I handelt, deren Punkte alle die x-Koordinate $x + \Delta x$ haben.

Für die Fläche II erhalten, bzw. setzen wir

$$\int_{\mathrm{II}}\boldsymbol{A}\cdot\mathrm{d}\vec{f} = \iint_{\mathrm{II}}-A_x\,\mathrm{d}y\,\mathrm{d}z = -\langle A_x(x)\rangle\,\Delta y\,\Delta z\,.$$

Alle Punkte dieser Fläche haben jetzt als x-Koordinate den Wert x, daher $A_x(x)$. Das negative Vorzeichen kommt daher, daß alle Flächenvektoren für die Flächenelemente nach außen, also in Richtung von $-\boldsymbol{i}$ zeigen. Es ist demzufolge hier

$$\mathrm{d}\vec{f} = -\boldsymbol{i}\,\mathrm{d}y\,\mathrm{d}z\,.$$

Wir stellen die durch Mittelwerte ausgedrückten Flächenintegrale zusammen:

I ... $\langle A_x(x+\Delta x)\rangle\,\Delta y\,\Delta z$	II ... $-\langle A_x(x)\rangle\,\Delta y\,\Delta z$
III ... $\langle A_y(y+\Delta y)\rangle\,\Delta z\,\Delta x$	IV ... $-\langle A_y(y)\rangle\,\Delta z\,\Delta x$
V ... $\langle A_z(z+\Delta z)\rangle\,\Delta x\,\Delta y$	VI ... $-\langle A_z(z)\rangle\,\Delta x\,\Delta y$

Das Integral über die gesamte Oberfläche des Quaders ist dann unter geeigneter Zusammenfassung der einzelnen Summanden

*) Mittelwerte kennzeichnen wir, wie bereits erwähnt, durch Spitzklammern, z. B. $\langle \boldsymbol{A}\rangle$.

$$\oint A \cdot \mathrm{d}\vec{f} = \{\langle A_x(x+\Delta x)\rangle - \langle A_x(x)\rangle\}\Delta y \Delta z + \{\langle A_y(y+\Delta y)\rangle - \langle A_y(y)\rangle\}\Delta z \Delta x + \\ + \{\langle A_z(z+\Delta z)\rangle - \langle A_z(z)\rangle\}\Delta x \Delta y\,.$$

Dividieren wir dieses Hüllenintegral durch das Quadervolumen $\Delta x \Delta y \Delta z$, so erhalten wir einen mittleren Wert für die Divergenz innerhalb des Quaders:

$$\langle \operatorname{div} A\rangle = \frac{\langle A_x(x+\Delta x)\rangle - \langle A_x(x)\rangle}{\Delta x} + \frac{\langle A_y(y+\Delta y)\rangle - \langle A_y(y)\rangle}{\Delta y} + \\ + \frac{\langle A_z(z+\Delta z)\rangle - \langle A_z(z)\rangle}{\Delta z}\,.$$

Lassen wir schließlich Δx, Δy, Δz einzeln und damit auch das Volumen $V = \Delta x \Delta y \Delta z$ gegen Null gehen, so erhalten wir schließlich die Divergenz des Vektorfeldes in Punkte P:

$$\operatorname{div} A = \lim_{\substack{\Delta x \to 0 \\ \Delta y \to 0 \\ \Delta z \to 0}} \langle \operatorname{div} A\rangle\,.$$

Aus den einzelnen Summanden, z. B. aus $\dfrac{\langle A_x(x+\Delta x)\rangle - \langle A(x)\rangle}{\Delta x}$, werden partielle Ableitungen. Denn im ausgewählten Summand gehen die Mittelwerte $\langle A_x(x+\Delta x)\rangle$ und $\langle A_x(x)\rangle$ durch die Grenzübergänge $\Delta y \to 0$ und $\Delta z \to 0$ in die Funktionswerte $A_x(x+\Delta x, y, z)$ und $A_x(x, y, z)$ über (Die Flächen $\Delta y \Delta z$ schrumpfen zu Punkten zusammen). Es ist somit

$$\lim_{\substack{\Delta x \to 0 \\ \Delta y \to 0 \\ \Delta z \to 0}} \frac{\langle A_x(x+\Delta x)\rangle - \langle A_x(x)\rangle}{\Delta x} = \lim_{\Delta x \to 0} \frac{A_x(x+\Delta x, y, z) - A_x(x, y, z)}{\Delta x} = \frac{\partial A_x}{\partial x}$$

Somit erhalten wir für die

■ Divergenz in kartesischen Koordinaten

$$\operatorname{div} A = \frac{\partial A_x}{\partial x} + \frac{\partial A_y}{\partial y} + \frac{\partial A_z}{\partial z} \qquad [38]$$

6.2. Der Gaußsche Integralsatz

Der Gaußsche Satz. In der Definitionsgleichung für die Divergenz

$$\operatorname{div} A = \lim_{V \to 0} \frac{1}{V} \oint A \cdot \mathrm{d}\vec{f}$$

bedeutet $\oint A \cdot \mathrm{d}\vec{f}$ den aus dem Bereich mit dem Volumen V insgesamt austretenden Vektorfluß, sozusagen den im Bereich entstehenden Überschuß. Bezeichnet man diesen Überschuß mit $\Delta \Phi$ und bezeichnet man – aus rein formalen Gründen – das zugehörige Volumen mit ΔV, so läßt sich div A auch definieren als

$$\operatorname{div} A = \lim_{\Delta V \to 0} \frac{\Delta \Phi}{\Delta V}\,,$$

was man dann als Differentialquotient schreiben kann:

$$\operatorname{div} A = \mathrm{d}\Phi / \mathrm{d}V\,.$$

Die Umstellung dieser Gleichung ergibt für das Differential $\mathrm{d}\Phi$ den Ausdruck

$$\mathrm{d}\Phi = \operatorname{div} A \, \mathrm{d}V\,.$$

Damit sind wir in der Lage, den aus einem endlichen Bereich $\mathfrak{B}$ mit dem Volumen V insgesamt austretenden Vektorfluß $\oint_{\mathfrak{B}} A \cdot \vec{df}$ zu berechnen. Denn der insgesamt in $\mathfrak{B}$ „produzierte" Überschuß $\Phi = \oint_{\mathfrak{B}} A \cdot \vec{df}$ setzt sich aus den von den einzelnen Teilbereichen stammenden Überschüssen $d\Phi$ zusammen:

$$\oint_{\mathfrak{B}} A \cdot \vec{df} = \int_{\mathfrak{B}} d\Phi = \int_{\mathfrak{B}} \operatorname{div} A \, dV$$

Unter Weglassung der Kennzeichnung $\mathfrak{B}$ nennt man die Gleichung

■ $$\oint A \cdot \vec{df} = \int \operatorname{div} A \, dV \qquad [39]$$

Gaussschen Satz.

In Worten: Das über die gesamte Oberfläche eines Bereiches erstreckte Integral eines Vektors $A = A(r)$ ist gleich dem über das Volumen dieses Bereichs erstreckten Integral seiner Divergenz.

Man kann also mit Hilfe des Gaussschen Satzes ein Volumenintegral in ein Flächenintegral verwandeln und umgekehrt. Da Flächenintegrale – wenn man sie z. B. unter Benutzung kartesischer Koordinaten ausrechnet – Zweifachintegrale, Volumenintegrale dagegen Dreifachintegrale ($dV = dx\,dy\,dz$) sind, bietet der Gausssche Satz in dieser Hinsicht die Möglichkeit eventueller Vereinfachungen.

Der Gausssche Satz kann im übrigen auch auf skalare Größen oder auf Integranden der Form $A(r) \times \vec{df}$ angewandt werden, wir kommen darauf auf Seite 153 zu sprechen.

Die Berechnung von Flächenintegralen in kartesischen Koordinaten. Im Zusammenhang mit dem Gaussschen Satz, mit dessen Hilfe Volumenintegrale auf Flächenintegrale zurückführbar sind, ist eine kurze Behandlung von Flächenintegralen am Platze. Man kann zu ihrer Berechnung mit Hilfe kartesischer Koordinaten wie folgt vorgehen. Man spaltet zunächst das Flächenelement $\vec{df}$ des Integrals $\int A \cdot \vec{df}$ in einen Einsvektor (Stellungsvektor n) und in den Betrag df auf. Das ergibt

$$\int A \cdot \vec{df} = \int A \cdot n \, df.$$

Weiter folgt aus

$$i\,df_x + j\,df_y + k\,df_z = \vec{df}$$

durch skalare Multiplikation mit z. B. i

$$df_x = i \cdot \vec{df} = i \cdot n \, df$$

bzw.

$$df = \frac{df_x}{i \cdot n}$$

Das Flächenintegral geht damit über in

$$\int A \cdot \vec{df} = \int \frac{A \cdot n}{i \cdot n} df_x$$

Der Flächenvektor $i\,df_x$ hat als Komponente von $\vec{df}$ die Richtung der positiven x-Achse, das Flächenelement df_x ist demnach parallel zur y-z-Ebene. Das berechtigt uns,

$$df_x = dy\,dz$$

zu setzen. Damit ist

$$\int A \cdot \vec{df} = \iint \frac{A \cdot n}{i \cdot n} dy\,dz = \iint I\,dy\,dz,$$

wenn wir unter I den Integranden

$$I = \frac{\boldsymbol{A} \cdot \boldsymbol{n}}{\boldsymbol{i} \cdot \boldsymbol{n}}$$

verstehen. Dieser ist im allgemeinen eine Funktion des jeweiligen Punktes der Integrationsfläche, also eine Funktion von x, y, z. Ist die Gleichung der Integrationsfläche, die durch

$$f(x,y,z) = 0$$

dargestellt wird, nach x auflösbar, dann läßt sich die so erhaltene Funktion $x = x(y,z)$ in I substituieren, und man erhält

$$\int \boldsymbol{A} \cdot \mathrm{d}\vec{f} = \iint I'(y,z)\,\mathrm{d}y\,\mathrm{d}z\,,$$

worin I' jetzt der von x freie Integrand ist.

Nun setzt man zunächst z = konst und rechnet das Integral

$$\int I'(y,z = \text{konst})\,\mathrm{d}y$$

aus, was nichts anderes ist als ein Linienintegral längs der Schnittlinie der Integrationsfläche mit der Fläche z = konst, also das Linienintegral längs einer allgemeinen Höhenlinie (Abb. 110a). Die Integrationsgrenzen werden dabei im allgemeinen Funktionen von z sein, die sich aus den Gleichungen für die Begrenzungslinien der Integrationsflächen ergeben.

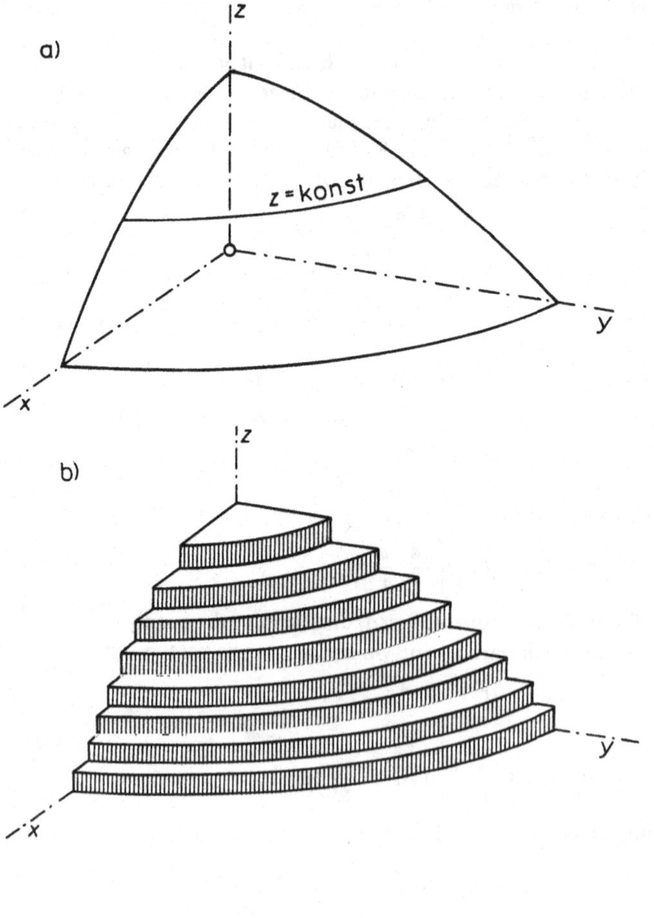

Abb. 110. Zur Berechnung von Flächenintegralen (Die Fläche ist hier z. B. durch die Koordinatenebenen begrenzt)

Ist z. B. $F(x,y,z) = 0$ die Gleichung der Fläche, deren Schnittlinie mit der Integrationsfläche $f(x,y,z) = 0$ eine Integrationsgrenze ergibt*), so erhält man durch Elimination von x aus diesen beiden Gleichungen eine Beziehung

$$\varphi(y,z) = 0$$

zwischen y und z längs der Schnittlinie, also längs der Integrationsgrenze. Die Auflösung von $\varphi(y,z) = 0$ nach y ergibt die entsprechende Integrationsgrenze für y als Funktion von z:

$$y = y(z).$$

Dieses Verfahren ist für beide Integrationsgrenzen anzuwenden. Man erhält dann z. B.

$$\int I' \mathrm{d}y = I'' = I''(z).$$

Der Ausdruck $I'' \mathrm{d}z = [\int I' \mathrm{d}y] \mathrm{d}z$ ist im folgenden Verlauf der Rechnung ein infinitesimales Flächenintegral, das über die (infinitesimale) Stirnfläche (schraffiert in Abb. 110b) einer der Treppenstufen erstreckt ist, in die man sich die Integrationsfläche zerlegt denken muß.

Das gesuchte Flächenintegral schließlich findet man durch Summierung über alle Treppenstufen:

$$\int \boldsymbol{A} \cdot \overrightarrow{\mathrm{d}f} = \int [\int I' \mathrm{d}y] \mathrm{d}z = \int I'' \mathrm{d}z.$$

Die Grenzen der verbliebenen Integrationsvariablen z ergeben sich meist leicht aus der unmittelbaren Anschauung beim jeweils vorliegenden Problem.

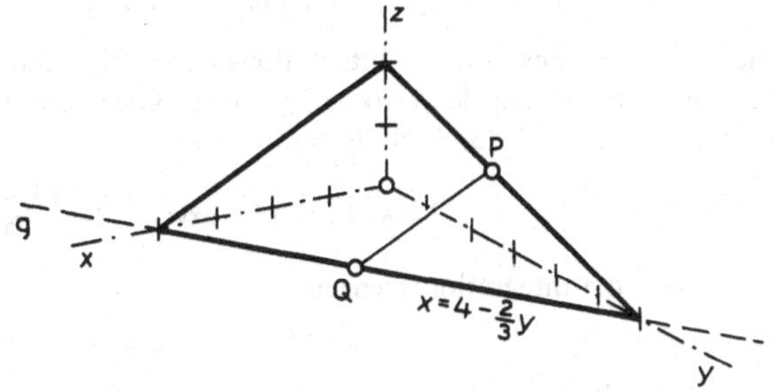

Abb. 111.

Wir berechnen nun übungshalber das Flächenintegral $\int \boldsymbol{A} \cdot \overrightarrow{\mathrm{d}f}$ im Vektorfeld

$$\boldsymbol{A} = 6y\,\boldsymbol{i} + x\,\boldsymbol{j} - 4\,\boldsymbol{k}$$

auf der Ebene

$$3x + 2y + 6z = 12,$$

soweit sie im ersten Oktanten des Koordinaten-Systems verläuft (Abb. 111). Um den Integranden $I = \dfrac{\boldsymbol{A} \cdot \boldsymbol{n}}{\boldsymbol{i} \cdot \boldsymbol{n}}$ zu ermitteln, brauchen wir zunächst den Stellungsvektor $\boldsymbol{n}$. Wir finden ihn (vergl. Seite 97) als

$$\boldsymbol{n} = \frac{\operatorname{grad}(3x + 2y + 6z)}{|\operatorname{grad}(3x + 2y + 6z)|} = \frac{3\,\boldsymbol{i} + 2\,\boldsymbol{j} + 6\,\boldsymbol{k}}{\sqrt{3^2 + 2^2 + 6^2}}$$

zu

$$\boldsymbol{n} = \tfrac{3}{7}\boldsymbol{i} + \tfrac{2}{7}\boldsymbol{j} + \tfrac{6}{7}\boldsymbol{k} = \tfrac{1}{7}(3\,\boldsymbol{i} + 2\,\boldsymbol{j} + 6\,\boldsymbol{k}).$$

*) In Abb. 110 z. B. ist $F(x,y,z) = 0$ jeweils eine der drei Koordinatenflächen $x = 0$, $y = 0$ und $z = 0$.

Damit ist

$$I = \frac{\boldsymbol{A}\cdot\boldsymbol{n}}{\boldsymbol{i}\cdot\boldsymbol{n}} = \frac{(6y\,\boldsymbol{i} + x\boldsymbol{j} - 4\,\boldsymbol{k})\cdot(3\,\boldsymbol{i} + 2\boldsymbol{j} + 6\,\boldsymbol{k})}{\boldsymbol{i}\cdot(3\,\boldsymbol{i} + 2\boldsymbol{j} + 6\,\boldsymbol{k})} = \frac{18y + 2x - 24}{3},$$

und das Integral erhält die Form

$$\int \boldsymbol{A}\cdot \mathrm{d}\vec{f} = \tfrac{2}{3}\iint (9y + 2x - 12)\,\mathrm{d}y\,\mathrm{d}z\,.$$

Wir müßten jetzt x aus dem Integranden mit Hilfe von $3x + 2y + 6z = 12$ eliminieren. Diesen Schritt hätten wir uns (zufällig!) sparen können, wenn wir nicht $\mathrm{d}f = \frac{\mathrm{d}f_x}{\boldsymbol{i}\cdot\boldsymbol{n}} = \frac{\mathrm{d}y\,\mathrm{d}z}{\boldsymbol{i}\cdot\boldsymbol{n}}$ gesetzt hätten, sondern

$$\mathrm{d}f = \frac{\mathrm{d}f_z}{\boldsymbol{k}\cdot\boldsymbol{n}} = \frac{\mathrm{d}x\,\mathrm{d}y}{\boldsymbol{k}\cdot\boldsymbol{n}}.$$

Wir wollen dies nachträglich tun. Der Integrand ist in diesem Fall

$$I = I' = \frac{\boldsymbol{A}\cdot\boldsymbol{n}}{\boldsymbol{k}\cdot\boldsymbol{n}} = \frac{18y + 2x - 24}{6} = \frac{1}{3}(9y + 2x - 12),$$

und das Flächenintegral nimmt die Form

$$\int \boldsymbol{A}\cdot \mathrm{d}f = \tfrac{1}{3}\iint (9y + 2x - 12)\,\mathrm{d}x\,\mathrm{d}y$$

an. Wir halten nun y fest und berechnen

$$I'' = \int (9y + 2x - 12)\,\mathrm{d}x\,.$$

Die Linie $y =$ konst auf der Integrationsfläche geht vom jeweiligen Punkt P mit $x = 0$ bis zum Punkt Q auf der Geraden g. Deren Gleichung folgt aus der Ebenengleichung $3x + 2y + 6z = 12$ durch Nullsetzen von z:

$$3x + 2y = 12 \quad \text{bzw.} \quad x = \frac{12 - 2y}{3}.$$

Damit sind die Integrationsgrenzen

$$x = 0 \quad \text{und} \quad x = 4 - \tfrac{2}{3}y,$$

und wir erhalten

$$I'' = \int\limits_{x=0}^{x=4-2y/3} (9y + 2x - 12)\,\mathrm{d}x = -\tfrac{50}{9}y^2 + \tfrac{116}{3}y - 20\,.$$

Das Flächenintegral folgt daraus zu

$$\int \boldsymbol{A}\cdot \mathrm{d}\vec{f} = \int\limits_{y=0}^{y=6} \left(-\tfrac{50}{9}y^2 + \tfrac{116}{3}y - 20\right)\mathrm{d}y = 176\,.$$

Die obere Integrationsgrenze mit $y = 6$ ergibt sich dabei durch Nullsetzen von x und z in der Ebenengleichung $3x + 2y + 6z = 12$.

Die Berechnung von Volumenintegralen in kartesischen Koordinaten. Ein skalares Volumenintegral $\int A\,\mathrm{d}V = \iiint A(x,y,z)\,\mathrm{d}x\,\mathrm{d}y\,\mathrm{d}z$ berechnet man in kartesischen Koordinaten, indem man den Integrationsbereich in quaderförmige (würfelförmige) Volumenelemente zerlegt (Abb. 112a). Das über ein solches Volumenelement an der Stelle x,y,z erstreckte Differential dritter Ordnung ist dann

$$A(x,y,z)\,\mathrm{d}x\,\mathrm{d}y\,\mathrm{d}z\,.$$

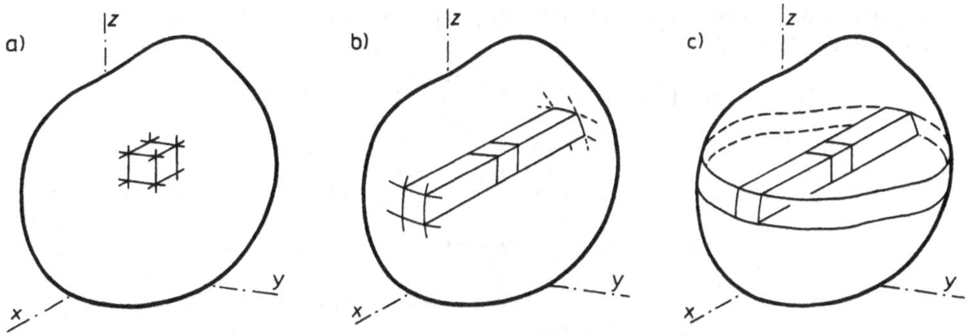

Abb. 112. Zur Berechnung von Volumenintegralen

Nun faßt man unter Festhalten von y und z alle Differentiale an Orten mit verschiedenem x zu einem längs eines Quaders erstreckten Differential, das jetzt nur noch von zweiter Ordnung ist, zusammen (Abb. 112b):

$$\mathrm{d}y\,\mathrm{d}z \int A(x, y = \text{konst}, z = \text{konst})\,\mathrm{d}x = I'(y,z)\,\mathrm{d}y\,\mathrm{d}z\,.$$

Die Funktion $I' = \int A(x, y = \text{konst}, z = \text{konst})\,\mathrm{d}x$ hängt dann nur noch von y und z ab. Durch Aneinanderfügen solcher Differentiale zweiter Ordnung, die alle gleiches z aufweisen, erhält man ein Differential erster Ordnung, das sich über eine „Scheibe" gemäß Abb. 112c erstreckt:

$$\mathrm{d}z \int I'(y, z = \text{konst})\,\mathrm{d}y = I''(z)\,\mathrm{d}z\,.$$

Jetzt hängt I'' nur noch von der Höhenlage der „Scheibe", also von z ab.

Durch Summierung über alle Scheiben gewinnt man schließlich

$$\int I''(z)\,\mathrm{d}z = \iiint A\,\mathrm{d}x\,\mathrm{d}y\,\mathrm{d}z = \int A\,\mathrm{d}V\,.$$

Als Beispiel hierzu sei das Volumenintegral $\int (3y + 6z)\,\mathrm{d}V$ über ein Bereich berechnet, der sich zwischen den Ebenen $x = 0$; $y = 0$; $y = 2$; $z = 0$ und der parabolischen Zylinderfläche $x = 4 - z^2$ erstreckt (Abb. 113).

Die Integrationsgrenzen bei der Summierung über x reichen von $x = 0$ bis zur Fläche des parabolischen Zylinders, also bis $x = 4 - z^2$. Die hierauf vorzunehmende Summierung über eine Scheibe geht von $y = 0$ bis $y = 2$, und schließlich sind die über die Scheiben erstreckten Integrale von $z = 0$ bis $z = +2$ zu nehmen. Dieser letztere Wert folgt aus

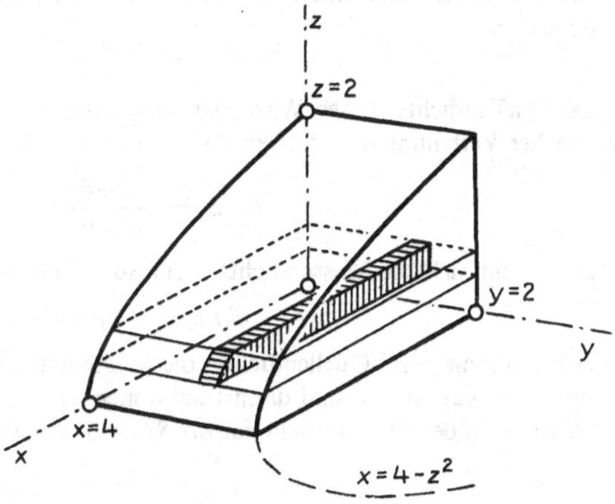

Abb. 113

$x = 4 - z^2$ durch Nullsetzen von x. Daß der positive Wurzelwert zu nehmen ist, ersieht man aus der Abb. 113. Somit ist

$$\iiint (3y + 6z)\,\mathrm{d}x\,\mathrm{d}y\,\mathrm{d}z = \int_{z=0}^{z=2} \{ \int_{y=0}^{y=2} [\int_{x=0}^{x=4-z^2} (3y + 6z)\mathrm{d}x]\mathrm{d}y\}\mathrm{d}z =$$

$$\int_{z=0}^{z=2} \{ \int_{y=0}^{y=2} [3xy + 6xz \,]_{x=0}^{x=4-z^2} \mathrm{d}y\}\mathrm{d}z =$$

$$= \int_{z=0}^{z=2} \{ \int_{y=0}^{y=2} (12y - 3yz^2 + 24z - 6z^3)\mathrm{d}y\}\mathrm{d}z =$$

$$= \int_{z=0}^{z=2} [6y^2 - \tfrac{3}{2}y^2z^2 + 24yz - 6yz^3\,]_{y=0}^{y=2}\,\mathrm{d}z =$$

$$= \int_{z=0}^{z=2} (24 - 6z^2 + 48z - 12z^3)\mathrm{d}z = 80\,.$$

Es erübrigt sich fast zu sagen, daß die Integrationsreihenfolge selbstverständlich vertauschbar ist.

6.3 Anwendungsbeispiele

Die Wärmeleitungsgleichung. Integriert man die Wärmestromdichte $\boldsymbol{S}_q$ (Seite 111) über die ganze Oberfläche eines Bereiches, den man sich z. B. innerhalb eines festen Körpers denken kann, so erhält man den aus dem umschlossenen Bereich insgesamt austretenden Wärmestrom. Dieser Wärmestrom ist der Fluß des Vektors $\boldsymbol{S}_q$ durch die gesamte Hülle. Die Quellendichte dieses Wärmestroms ist $\operatorname{div}\boldsymbol{S}_q$. Da nach Seite 111 für die Wärmestromdichte die Beziehung

$$\boldsymbol{S}_q = -\lambda \operatorname{grad} T$$

gilt, ist die Quellendichte des Wärmestroms

$$\operatorname{div}\boldsymbol{S}_q = -\operatorname{div}(\lambda \operatorname{grad} T)\,.$$

Andererseits läßt sich der Wärmestrom auch mit Hilfe der spezifischen Wärmekapazität c darstellen. Ist

$$Q = cm\Delta T \qquad (m\ldots\text{Masse})$$

bzw.

$$\mathrm{d}Q = cm\mathrm{d}T$$

die einem Bereich *zufließende* Wärmemenge, so ist der aus dem Bereich *austretende* Wärmestrom

$$-\partial Q/\partial t = -cm\partial T/\partial t\,.$$

Die Quellendichte dieses Wärmestromes, also $\operatorname{div}\boldsymbol{S}_q$, ergibt sich bei gleichmäßiger räumlicher Verteilung der Quellen durch Quotientenbildung mit dem Volumen V:

$$\operatorname{div}\boldsymbol{S}_q = \frac{-cm\partial T/\partial t}{V}\,.$$

Setzt man für m/V die Massendichte ρ ein, so gilt der so gewonnene Ausdruck

$$\operatorname{div}\boldsymbol{S}_q = -c\rho\partial T/\partial t$$

auch bei inhomogener Quellendichte; die Massendichte ρ und eventuell auch die spezifische Wärmekapazität c sind dann Funktionen des Ortes.

Gleichsetzen beider Ausdrücke für $\operatorname{div}\boldsymbol{S}_q$ ergibt schließlich die *Wärmeleitungsgleichung*

$$c\rho\partial T/\partial t = \operatorname{div}(\lambda \operatorname{grad} T).$$

Für den noch allgemeineren Fall, daß c und ρ auch Funktionen der Zeit sind, gilt für die Wärmemenge

$$\mathrm{d}Q = \mathrm{d}(cmT),$$

und die Wärmeleitungsgleichung nimmt die Form

$$\partial(c\rho T)/\partial t = \operatorname{div}(\lambda \operatorname{grad} T)$$

an.

Das Strömungsfeld einer inkompressiblen Flüssigkeit. Ist eine Flüssigkeit inkompressibel, so ist das Volumen der in einen Raumbereich einströmenden Flüssigkeitsmenge immer genau so groß wie das der ausströmenden Menge. Die in einem Bereich *entstehende* Durchflußmenge ist Null. Die Durchflußmenge aber ist der Fluß des Geschwindigkeitsvektors $\boldsymbol{v}$ (vergl. Seite 123), es gilt somit

$$\operatorname{div} \boldsymbol{v} = 0,$$

oder in kartesischen Koordinaten

$$\frac{\partial v_x}{\partial x} + \frac{\partial v_y}{\partial y} + \frac{\partial v_z}{\partial z} = 0.$$

Damit diese Bedingung erfüllt wird, müssen nicht alle drei Differentialquotienten verschwinden. Es kann z. B. v_x mit x zunehmen, wenn diese Zunahme durch einen negativen Wert bei den anderen Differentialquotienten aufgewogen wird.

Das quellenfreie elektrostatische Feld. Analog wie im Strömungsfeld inkompressibler Flüssigkeiten gilt im elektrostatischen Feld überall dort, wo keine elektrischen Ladungen vorhanden sind, für den Vektor der elektrischen Feldstärke

$$\operatorname{div} \boldsymbol{E} = 0,$$

bzw.

$$\frac{\partial E_x}{\partial x} + \frac{\partial E_y}{\partial y} + \frac{\partial E_z}{\partial z} = 0.$$

Die Herleitung der Grundformel der kinetischen Gastheorie aus dem Virialsatz. Unter dem *Virial* eines Punkthaufens versteht man den über eine sehr lange Zeit erstreckten negativen Mittelwert über die Summe der skalaren Produkte aus den an den einzelnen Massenpunkten angreifenden Kräften $\boldsymbol{F}_i$ und den Ortsvektoren $\boldsymbol{r}_i$ zu diesen Punkten, also $-\langle\sum_i \boldsymbol{F}_i \cdot \boldsymbol{r}_i\rangle$. Die spitze Klammer deutet an, daß es sich um das zeitliche Mittel handelt. Vorausgesetzt wird, daß die Fahrstrahlen $\boldsymbol{r}_i$ nur endliche Werte haben.

Der *Virialsatz*, den wir hier nicht beweisen wollen, sagt aus, daß das Virial gleich ist der doppelten mittleren kinetischen Energie T des Punkthaufens

$$-\langle\sum_i \boldsymbol{F}_i \cdot \boldsymbol{r}_i\rangle = 2T.$$

Wir betrachten nun die N Moleküle einer bestimmten Menge eines idealen Gases als einen solchen Punkthaufen, den wir uns in ein beliebig gestaltetes Gefäß mit dem Volumen V eingeschlossen denken. In ihm herrsche überall derselbe Gasdruck p.

Das Virial wird hier ausschließlich durch die äußeren, von der Gefäßwand auf die Moleküle ausgeübten Kräfte hervorgebracht, da beim idealen Gas innere Kräfte fehlen. Das Virial berechnet sich dann folgendermaßen:

Jedes Flächenelement $\mathrm{d}\vec{f}$ der Gefäßwand übt im zeitlichen Mittel auf die aufprallenden Moleküle eine Kraft $\mathrm{d}\boldsymbol{F} = -p\,\mathrm{d}\vec{f}$ aus. Diese Kraft ist nach innen gerichtet, also entgegen dem nach außen weisenden Flächenvektor $\mathrm{d}\vec{f}$. Multipliziert man $\mathrm{d}\boldsymbol{F}$ mit dem zeitlich konstanten Ortsvektor $\boldsymbol{r}$ an der Stelle von $\mathrm{d}f$, so erhält man den zeitlichen Mittelwert aller an der durch $\boldsymbol{r}$ gekennzeichneten Stelle auftretenden skalaren Produkte $\boldsymbol{r}\cdot\mathrm{d}\boldsymbol{F}$. Ihre Summierung über die gesamte Hüllfläche gibt unter entsprechender Berücksichtigung des Vorzeichens bereits das Virial*):

$$-\langle\sum_i \boldsymbol{F}_i\cdot\boldsymbol{r}_i\rangle = \oint p\,\boldsymbol{r}\cdot\mathrm{d}\vec{f} = p\oint \boldsymbol{r}\cdot\mathrm{d}\vec{f}.$$

Das Hüllenintegral rechts läßt sich mit Hilfe des GAUSSschen Satzes in ein Volumenintegral verwandeln:

$$p\oint \boldsymbol{r}\cdot\mathrm{d}\vec{f} = p\int \operatorname{div}\boldsymbol{r}\cdot\mathrm{d}V.$$

Den Ausdruck $\operatorname{div}\boldsymbol{r}$ berechnen wir in kartesischen Koordinaten:

$$\operatorname{div}\boldsymbol{r} = \operatorname{div}(\boldsymbol{i}\,x + \boldsymbol{j}\,y + \boldsymbol{k}\,z) = \frac{\partial x}{\partial x} + \frac{\partial y}{\partial y} + \frac{\partial z}{\partial z} = 3.$$

Also ist

$$p\oint \boldsymbol{r}\cdot\mathrm{d}\vec{f} = 3p\int \mathrm{d}V = 3pV.$$

Dieses Virial muß nach dem Virialsatz der doppelten kinetischen Energie aller Moleküle gleich sein. Nehmen wir an, daß alle Moleküle die gleiche Masse m haben, so ist

$$T = \sum_i \frac{m v_i^2}{2} = \frac{m}{2}\sum_i v_i^2.$$

Führt man einen Mittelwert gemäß

$$\bar{v}^2 = \langle v_i^2\rangle = \frac{1}{N}\sum_i v_i^2$$

ein, so ist

$$T = \frac{m}{2}\cdot N\bar{v}^2,$$

und der Virialsatz lautet

$$mN\bar{v}^2 = 3pV.$$

Daraus folgt

$$p = \frac{Nm\bar{v}^2}{3V},$$

die Grundformel der kinetischen Gastheorie.

Das elektrostatische Feld einer Punktladung. Das elektrostatische Feld ist ein Quellenfeld, als dessen Quellen man die positiven elektrischen Ladungen ansieht, während die negativen elektrischen Ladungen seine Senken sind. Üblicherweise bringt man diesen Sachverhalt für Felder im Vakuum in die mathematische Form

$$\operatorname{div}\boldsymbol{E} = \rho/\varepsilon_0,$$

worin ρ die (positive) Raumladungsdichte und ε_0 die Influenzkonstante (Dielektrizitätskonstante des Vakuums) ist.

*) Die beim Zusammenstoßen von Molekülen auftretenden Kräfte tragen nichts zum Virial bei. Denn sie haben so geringe Reichweiten, daß man für beide zusammenstoßenden Moleküle stets denselben Ortsvektor $\boldsymbol{r}$ annehmen darf. Weil die beiden Kräfte beim Zusammenstoß aber stets dem Betrage nach gleich sind und antiparallel gerichtet ($\boldsymbol{F}_1 = -\boldsymbol{F}_2$), so ist stets $\boldsymbol{F}_1\cdot\boldsymbol{r} + \boldsymbol{F}_2\cdot\boldsymbol{r} = 0$.

Wir benützen die so festgelegte Aussage, um daraus Feldstärke und Potential im elektrischen Feld einer Punktladung zu ermitteln. Wenn wir keinerlei weiteren Einflüsse auf ein solches Feld annehmen, dann muß es notwendigerweise kugelsymmetrisch sein.

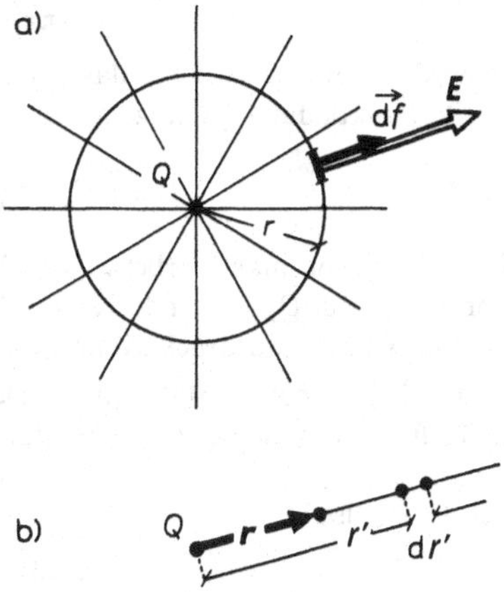

Abb. 114. Zur Berechnung von Feldstärke und Potential im elektrostatischen Feld einer Punktladung

Wir denken uns im Abstand r um eine Punktladung eine kugelförmige Hülle (Abb. 114a) und wir schreiben für den von ihr umschlossenen Bereich des Vektorfeldes $\boldsymbol{E}$ den GAUSSschen Satz an:

$$\oint \boldsymbol{E} \cdot \mathrm{d}\vec{f} = \int \operatorname{div} \boldsymbol{E} \, \mathrm{d}V .$$

Wegen $\operatorname{div} \boldsymbol{E} = \rho/\varepsilon_0$ wird daraus

$$\oint \boldsymbol{E} \cdot \mathrm{d}\vec{f} = \frac{1}{\varepsilon_0} \int \rho \, \mathrm{d}V .$$

Das Integral $\int \rho \, \mathrm{d}V$ ist die gesamte, innerhalb des Bereiches befindliche elektrische Ladung, also nichts anderes als die Punktladung Q. Somit ist

$$\oint \boldsymbol{E} \cdot \mathrm{d}\vec{f} = Q/\varepsilon_0 .$$

Da die gewählte Hüllfläche überall senkrecht zu den Feldlinien, also senkrecht zu den Feldstärke-Vektoren verläuft, liegen ihre Flächenvektoren $\mathrm{d}\vec{f}$ stets in Richtung von $\boldsymbol{E}$, und das innere Produkt im Hüllenintegral links wird zum Produkt der beiden Vektorbeträge:

$$\boldsymbol{E} \cdot \mathrm{d}\vec{f} = E \, \mathrm{d}f .$$

Wegen der Kugelsymmetrie des Feldes ist der Betrag E überall auf der Hüllkugel gleich, so daß er vor das Integral gesetzt werden kann. Wir erhalten

$$E \oint \mathrm{d}f = Q/\varepsilon_0 .$$

Das Hüllenintegral $\oint \mathrm{d}f$ ist die Oberfläche der Hüllkugel,

$$\oint \mathrm{d}f = 4\pi r^2 ,$$

womit wir die Beziehung

$$\mathrm{E} \cdot 4\pi r^2 = Q/\varepsilon_0$$

erhalten. Daraus folgt für den Betrag der Feldstärke im Abstand r von der Punktladung Q

$$E = \frac{1}{4\pi\varepsilon_0} \cdot \frac{Q}{r^2},$$

bzw. für den Vektor der Feldstärke, der jeweils die Richtung von $\boldsymbol{r}$ hat,

$$\boldsymbol{E} = \frac{1}{4\pi\varepsilon_0} \cdot \frac{Q}{r^2} \cdot \boldsymbol{e}_r = \frac{Q}{4\pi\varepsilon_0} \cdot \frac{\boldsymbol{r}}{r^3}.$$

Wird in ein solches Feld, das wir jetzt durch den Index 1 kennzeichnen wollen, eine zweite Punktladung Q_2 eingebracht, so wirkt an ihr die Kraft

$$\boldsymbol{F} = \boldsymbol{E}_1 Q_2 = \frac{Q_1 Q_2}{4\pi\varepsilon_0} \cdot \frac{\boldsymbol{r}}{r^3}.$$

Je nachdem, ob man hierbei $\boldsymbol{r}$ von Q_1 zu Q_2 oder umgekehrt weisen läßt, liefert diese Formel die auf Q_2 wirkende Kraft oder deren auf Q_1 wirkende Gegenkraft. Das durch die Formel zum Ausdruck kommende Gesetz nennt man *Coulombsches Gesetz.*

Das Feld einer punktförmigen elektrischen Ladung ist als elektrostatisches Feld wirbelfrei. Es hat daher ein Potential $\varphi = \varphi(\boldsymbol{r})$, dessen Vorzeichen so festgelegt ist, daß

$$\boldsymbol{E} = -\operatorname{grad}\varphi$$

gilt. Es ist also

$$\operatorname{grad}\varphi = -\frac{Q}{4\pi\varepsilon_0} \cdot \frac{\boldsymbol{r}}{r^3}.$$

Beim Aufsuchen der Potentialfunktion gehen wir ähnlich vor wie etwa bei Aufgabe 84 (Seite 121), wir wählen allerdings als Integrationsweg einen radial nach außen weisenden Weg vom Aufpunkt A mit dem Ortsvektor $\boldsymbol{r}$ ins Unendliche. Den variablen Ortsvektor bei der Ausführung der Integration, also die Integrationsvariable, wollen wir mit $\boldsymbol{r}'$ bezeichnen (Abb. 114b). Dann ist

$$\varphi(\infty) - \varphi(r) = -\int_r^\infty \boldsymbol{E} \cdot \mathrm{d}\boldsymbol{r}' = -\int_r^\infty E\,\mathrm{d}r',$$

bzw.

$$\varphi(r) = \varphi(\infty) + \int_\infty^r E\,\mathrm{d}r' = \varphi(\infty) + \frac{Q}{4\pi\varepsilon_0}\int_\infty^r \frac{\mathrm{d}r'}{r'^2} = \varphi(\infty) + \frac{1}{4\pi\varepsilon_0} \cdot \frac{Q}{r}.$$

Üblicherweise legt man fest, daß

$$\varphi(\infty) = 0$$

ist, womit man

$$\varphi = \frac{1}{4\pi\varepsilon_0} \cdot \frac{Q}{r}$$

erhält.

Die Formeln für Feldstärke und Potential gelten nicht nur für die Felder von Punktladungen. Sie gelten ganz allgemein in allen jenen Raumbereichen, wo kugelsymmetrische Felder frei von elektrischen Ladungen sind, in erster Linie also außerhalb von Kugeln mit gleichmäßig auf ihnen verteilten elektrischen Ladungen.

Das Feld in der Grenzschicht einer Halbleiter-Diode. An der Grenzfläche zweier Halbleiter, deren einer *freie* positive, deren anderer *freie* negative Ladungsträger aufweist, bildet sich infolge deren Diffusion und anschließender gegenseitiger Neutralisierung (Rekombination) ein Gebiet aus, das praktisch ohne freie Ladungsträger ist (schraffiert in Abb. 115a). In diesem Gebiet werden dann die in den Halbleitern *gebundenen* Ladungen nicht mehr neutralisiert, die Grenzschicht stellt ein raumladungserfülltes Gebiet dar. Wir wollen

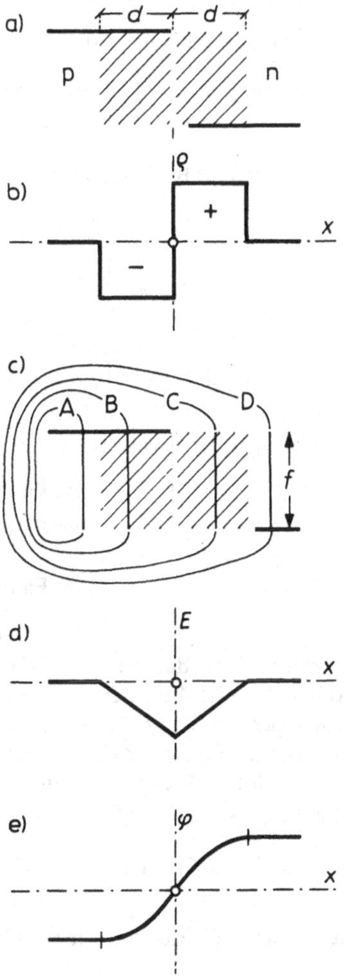

Abb. 115.
a) Grenzschicht an der Trennfläche zweier Halbleiter

b) Verlauf der Raumladungsfunktion

c) Hüllflächen zur Anwendung des Gaußschen Satzes

d) Feldstärkenverlauf

e) Potentialverlauf

stark vereinfachend annehmen, daß die Raumladungsdichte ρ den in Abb. 115b gezeigten, antisymmetrischen Verlauf habe.

Um daraus die Feldstärke zu berechnen, stützen wir uns auf die Beziehung div $\boldsymbol{E} = \rho/\varepsilon_0$ und schreiben für die in Abb. 115c skizzierten Bereiche den Gaussschen Satz

$$\oint \boldsymbol{E} \cdot \mathrm{d}\vec{f} = \frac{1}{\varepsilon_0} \int \rho \, \mathrm{d}V$$

an. Dabei ergibt sich die Vereinfachung, daß überall auf den Hüllflächen außer auf den durch das Halbleitermaterial hindurchgelegten Flächen der Größe f die Feldstärke Null ist*). Zudem darf man unter Vernachlässigung des seitlichen Streufeldes überall im Material annehmen, daß $\boldsymbol{E}$ in x-Richtung verläuft. Das Oberflächenintegral wird damit für alle vier Bereiche

$$\oint \boldsymbol{E} \cdot \mathrm{d}\vec{f} = E_f \int \mathrm{d}f = Ef .$$

*) Wir nehmen an, daß keine äußeren Felder vorhanden sind.

Die Volumenintegrale sind:

$$\text{im Fall A:}\quad \frac{1}{\varepsilon_0}\int \rho\,\mathrm{d}V = 0$$

$$\text{im Fall B:}\quad \frac{1}{\varepsilon_0}\int \rho\,\mathrm{d}V = -\frac{\rho\cdot f}{\varepsilon_0}\int_{-d}^{x}\mathrm{d}x' = -\frac{\rho\cdot f}{\varepsilon_0}(d+x)$$

$$\text{im Fall C:}\quad \frac{1}{\varepsilon_0}\int \rho\,\mathrm{d}V = -\frac{\rho\cdot f}{\varepsilon_0}\int_{-d}^{0}\mathrm{d}x' + \frac{\rho\cdot f}{\varepsilon_0}\int_{0}^{x}\mathrm{d}x' = -\frac{\rho\cdot f}{\varepsilon_0}(d-x)$$

$$\text{im Fall D:}\quad \frac{1}{\varepsilon_0}\int \rho\,\mathrm{d}V = -\frac{\rho\cdot f}{\varepsilon_0}\int_{-d}^{0}\mathrm{d}x' + \frac{\rho\cdot f}{\varepsilon_0}\int_{0}^{d}\mathrm{d}x' = 0\,.$$

Somit ergibt der GAUSSsche Satz

$$\text{im Fall A:}\quad E = 0;$$

$$\text{im Fall B:}\quad E = -\frac{\rho_0}{\varepsilon_0}(d+x);$$

$$\text{im Fall C:}\quad E = -\frac{\rho_0}{\varepsilon_0}(d-x);$$

$$\text{im Fall D:}\quad E = 0\,.$$

($E < 0$ bedeutet, daß der Vektor $\boldsymbol{E}$ nach links zeigt, bei $E > 0$ würde $\boldsymbol{E}$ nach rechts zeigen). Abb. 115d zeigt diese Feldstärkenfunktionen.

Aus der Feldstärke kann der Verlauf des elektrischen Potentials φ ermittelt werden. Wir bilden zu diesem Zweck das negative Linienintegral der Feldstärke auf einem Wege von $x = 0$ in x-Richtung bis zu einem beliebigen Punkt x. Wir beginnen mit dem Fall, daß $0 < x < d$, also mit Fall C:

$$\varphi(x) = \varphi(0) - \int_0^x E\,\mathrm{d}x' = \varphi(0) + \frac{\rho_0}{\varepsilon_0}\int_0^x (d-x')\,\mathrm{d}x' = \varphi(0) + \frac{\rho_0}{\varepsilon_0}(xd - x^2/2)\,.$$

Setzt man $\varphi(0) = 0$, was wir ein für allemal tun wollen, so erhält man für den Fall C

$$\varphi(x) = \frac{\rho_0}{\varepsilon_0}(xd - x^2/2).$$

Ist $x > d$ (Fall D), so ist das Linienintegral in zwei Schritten auszuführen:

$$\varphi(x) = -\int_0^d E\,\mathrm{d}x' - \int_d^x E\,\mathrm{d}x'\,.$$

Weil aber für $x' > d$ die Feldstärke Null ist, folgt für $\varphi(x)$ der konstante Wert

$$\varphi(x) = -\int_0^d E\,\mathrm{d}x' = \frac{\rho_0}{\varepsilon_0}\cdot\frac{d^2}{2}\,.$$

Analog ermitteln sich auch die Potentialfunktionen für die Bereiche $-d < x < 0$ und $x < -d$. Wir stellen alle vier Potentialfunktionen zusammen:

$$\text{Fall A:}\quad \varphi(x) = -\frac{\rho_0}{\varepsilon_0}\cdot\frac{d^2}{2}$$

$$\text{Fall B:}\quad \varphi(x) = \frac{\rho_0}{\varepsilon_0}(dx + x^2/2)$$

$$\text{Fall C: } \varphi(x) = \frac{\rho_0}{\varepsilon_0}(dx - x^2/2)$$

$$\text{Fall D: } \varphi(x) = +\frac{\rho^0}{\varepsilon_0} \cdot \frac{d^2}{2}$$

Abb. 115e gibt graphisch den Verlauf dieser Potentialfunktionen wieder.

6.4 Das Wirbelfeld und der Begriff der Rotation

Die Zirkulation und die Zirkulationsdichte. Vektorfelder $\boldsymbol{v} = \boldsymbol{v}(\boldsymbol{r})$ mit in sich geschlossenen Feldlinien nennt man *Wirbelfelder* (vgl. Seite 122). Allerdings ist das Geschlossensein von Feldlinien keine notwendige Bedingung, es kommt für Wirbelfelder vielmehr darauf an, daß Linienintegrale $\oint \boldsymbol{v} \cdot \vec{ds}$ längs beliebiger, in sich geschlossener Wege von Null verschieden sind. Man bezeichnet ein solches Umlaufintegral als

■ Zirkulation (der umfahrenen Fläche):

$$Z = \oint \boldsymbol{v} \cdot \vec{ds} \qquad [40]$$

Indem man die Zirkulation Z einer Fläche, die nicht eben zu sein braucht, durch den Flächeninhalt f dividiert, kann man eine mittlere *Zirkulationsdichte* $\langle\zeta\rangle$ definieren:

$$\langle\zeta\rangle = \frac{Z}{f} = \frac{1}{f}\oint \boldsymbol{v} \cdot \vec{ds}.$$

Läßt man den Flächeninhalt f gegen Null gehen, so kann die Fläche dann als eben angesehen werden und durch einen Flächenvektor $\boldsymbol{f} = \boldsymbol{n}f$ dargestellt werden. In einem solchen Fall erhält man am Ort (Raumpunkt) $\boldsymbol{r}$ dieser Fläche die

■ Zirkulationsdichte

$$\zeta(\boldsymbol{r}, \boldsymbol{n}) = \lim_{f\to 0}\frac{1}{f}\oint \boldsymbol{v} \cdot \vec{ds}, \qquad [41]$$

wobei $\boldsymbol{n} = \boldsymbol{f}/f$.

Die Zirkulationsdichte hängt, wie in [41] bereits angedeutet, nicht nur vom Ortsvektor $\boldsymbol{r}$ des ins Auge gefaßten Raumpunktes ab, sondern auch davon, wie die Fläche $\boldsymbol{f} = \boldsymbol{n}f$ im Raume orientiert ist. Bezüglich der gegenseitigen Orientierung von Einsvektor $\boldsymbol{n}$ und Durchlaufsinn des Integrationsweges ist üblicherweise ein Rechtssystem vereinbart: bei Blickrichtung in Richtung $\boldsymbol{n}$ wird der Integrationsweg rechts herum durchlaufen.

Die Rotation. Wir wollen nun zeigen, daß sich die Zirkulationsdichte für jede beliebige Richtung $\boldsymbol{n}$ angeben läßt, sofern man die Zirkulationsdichten für drei spezielle, nicht komplanare Richtungen kennt. Da die Durchführung dieser Rechnung in allgemeiner Form jedoch etwas verwickelt ist*), begnügen wir uns damit, sie in kartesischen Koordinaten durchzuführen. Als vorgegeben betrachten wir die drei Zirkulationsdichten $\zeta_x, \zeta_y, \zeta_z$, die aus den mittleren Zirkulationsdichten $\langle\zeta_x\rangle$, $\langle\zeta_y\rangle$, $\langle\zeta_z\rangle$ für die Flächen f_x, f_y, f_z, (Abb. 116) hervorgehen, wenn man diese gegen Null gehen läßt.

Die Flächen f_x, f_y, f_z bilden zusammen mit der schräg gestellten Fläche f ein (unregelmäßiges) Tetraeder. Lassen wir die Stellungsvektoren seiner Begrenzungsflächen alle nach außen zeigen, so sind die Stellungen von f_x, f_y, f_z durch die negativen Koordinatenvektoren, also durch $-\boldsymbol{i}$, $-\boldsymbol{j}$, $-\boldsymbol{k}$ gekennzeichnet. Zugleich sind f_x, f_y, f_z die kartesischen Komponenten des Flächenvektors $\boldsymbol{f} = \boldsymbol{n}f$: denn die Summe aller Flächenvektoren eines Poly-

*) Sie liefe auf die Verwendung schiefwinkliger Koordinaten hinaus.

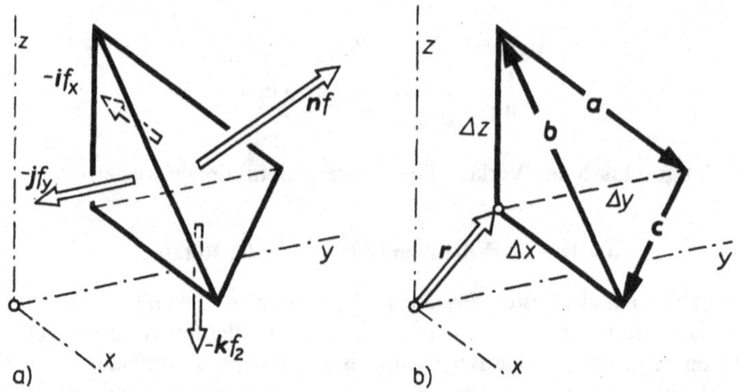

Abb. 116. Zur Berechnung der Zirkulationsdichte für eine beliebige Flächenorientierung $\boldsymbol{n}$

eders ist bekanntlich immer Null (vergl. Seite 43):

$$f - \boldsymbol{i}f_x - \boldsymbol{j}f_y - \boldsymbol{k}f_z = 0\,,$$

bzw.

$$\boldsymbol{f} = \boldsymbol{i}f_x + \boldsymbol{j}f_y + \boldsymbol{k}f_z\,.$$

Die Zirkulation für die Fläche f_x ist

$$Z_x = \oint \boldsymbol{v} \cdot \overrightarrow{ds} = \langle \boldsymbol{v} \rangle_a \cdot \boldsymbol{a} - \langle \boldsymbol{v} \rangle_y \cdot \boldsymbol{j}\,\Delta y + \langle \boldsymbol{v} \rangle_z \cdot \boldsymbol{k}\,\Delta z\,,$$

wenn wir unter $\langle \boldsymbol{v} \rangle_a$, $\langle \boldsymbol{v} \rangle_y$, $\langle \boldsymbol{v} \rangle_z$ geeignete Mittelwerte längs der Teilwege $\boldsymbol{a}$, $\boldsymbol{j}\,\Delta y$, $\boldsymbol{k}\,\Delta z$ verstehen wollen. Analog lassen sich auch die Zirkulationen für f_y und f_z ausdrücken.

Bevor wir sie aber anschreiben, führen wir erst noch die über f_x, f_y, f_z gemittelten Zirkulationsdichten $\langle \zeta_x \rangle$, $\langle \zeta_y \rangle$, $\langle \zeta_z \rangle$ ein, mit deren Hilfe wir Z_x, Z_y, Z_z durch $f_x\langle \zeta_x \rangle$, $f_y\langle \zeta_y \rangle$, $f_z\langle \zeta_z \rangle$ ersetzen. Es gilt dann

$$\begin{aligned} f_x\langle \zeta_x \rangle &= \langle \boldsymbol{v} \rangle_a \cdot \boldsymbol{a} - \langle \boldsymbol{v} \rangle_y \cdot \boldsymbol{j}\,\Delta y + \langle \boldsymbol{v} \rangle_z \cdot \boldsymbol{k}\,\Delta z\,; \\ f_y\langle \zeta_y \rangle &= \langle \boldsymbol{v} \rangle_x \cdot \boldsymbol{i}\,\Delta x + \langle \boldsymbol{v} \rangle_b \cdot \boldsymbol{b} - \langle \boldsymbol{v} \rangle_z \cdot \boldsymbol{k}\,\Delta z\,; \\ f_z\langle \zeta_z \rangle &= -\langle \boldsymbol{v} \rangle_x \cdot \boldsymbol{i}\,\Delta x + \langle \boldsymbol{v} \rangle_y \cdot \boldsymbol{j}\,\Delta y + \langle \boldsymbol{v} \rangle_c \cdot \boldsymbol{c}\,. \end{aligned}$$

Die Summierung der drei Gleichungen ergibt

$$f_x\langle \zeta_x \rangle + f_y\langle \zeta_y \rangle + f_z\langle \zeta_z \rangle = \langle \boldsymbol{v} \rangle_a \cdot \boldsymbol{a} + \langle \boldsymbol{v} \rangle_b \cdot \boldsymbol{b} + \langle \boldsymbol{v} \rangle_c \cdot \boldsymbol{c}\,.$$

Die linke Seite der so gewonnenen Gleichung läßt eine Interpretation als skalares Produkt zu:

$$\begin{aligned} f_x\langle \zeta_x \rangle + f_y\langle \zeta_y \rangle + f_z\langle \zeta_z \rangle &= (\boldsymbol{i}f_x + \boldsymbol{i}f_y + \boldsymbol{k}f_z) \cdot (\boldsymbol{i}\,\langle \zeta_x \rangle + \boldsymbol{j}\,\langle \zeta_y \rangle + \boldsymbol{k}\,\langle \zeta_z \rangle) = \\ &= f\boldsymbol{n} \cdot (\boldsymbol{i}\,\langle \zeta_x \rangle + \boldsymbol{j}\,\langle \zeta_y \rangle + \boldsymbol{k}\,\langle \zeta_z \rangle)\,. \end{aligned}$$

Die rechte Seite, also $\langle \boldsymbol{v} \rangle_a \cdot \boldsymbol{a} + \langle \boldsymbol{v} \rangle_b \cdot \boldsymbol{b} + \langle \boldsymbol{v} \rangle_c \cdot \boldsymbol{c}$, ist die Zirkulation Z_f bezüglich der Fläche f. Also gilt

$$f\boldsymbol{n} \cdot (\boldsymbol{i}\,\langle \zeta_x \rangle + \boldsymbol{j}\,\langle \zeta_y \rangle + \boldsymbol{k}\,\langle \zeta_z \rangle) = Z_f\,,$$

woraus die mittlere Zirkulationsdichte $\langle \zeta_f \rangle$ auf der Fläche f zu

$$\langle \zeta_f \rangle = \frac{Z_f}{f} = \boldsymbol{n} \cdot (\boldsymbol{i}\,\langle \zeta_x \rangle + \boldsymbol{j}\,\langle \zeta_y \rangle + \boldsymbol{k}\,\langle \zeta_z \rangle)$$

folgt. Läßt man das Tetraedervolumen gegen Null gehen, so treten an die Stelle der Mittelwerte die Funktionswerte. Wir erhalten damit die Zirkulationsdichte zu

$$\zeta_f = \zeta(\boldsymbol{r},\boldsymbol{n}) = \boldsymbol{n}\cdot(\boldsymbol{i}\,\zeta_x + \boldsymbol{j}\,\zeta_y + \boldsymbol{k}\,\zeta_z).$$

Damit ist gezeigt, wie sich das beliebige ζ_f aus drei gegebenen Werten, im vorliegenden Fall aus ζ_x, ζ_y, ζ_z berechnen läßt.

Zugleich aber erkennt man auch, daß $(\boldsymbol{i}\,\zeta_x + \boldsymbol{j}\,\zeta_y + \boldsymbol{k}\,\zeta_z)$ ein für den Raumpunkt offenbar charakteristischer Vektor ist, der die Verwirbelung des Feldes kennzeichnet. Man bezeichnet ihn als die *Wirbelstärke* oder den *Rotor* oder die *Rotation* des Vektorfeldes $\boldsymbol{v} = \boldsymbol{v}(\boldsymbol{r})$, abgekürzt als rot $\boldsymbol{v}$. Es gilt also

$$\boldsymbol{i}\,\zeta_x + \boldsymbol{j}\,\zeta_y + \boldsymbol{k}\,\zeta_z = \operatorname{rot}\boldsymbol{v}$$

und

$$\zeta(\boldsymbol{r},\boldsymbol{n}) = \boldsymbol{n}\cdot\operatorname{rot}\boldsymbol{v}.$$

Wenn die ins Auge gefaßte Stellung $\boldsymbol{n}$ mit der Richtung des Vektors der Rotation übereinstimmt, dann hat ζ den an der betreffenden Stelle möglichen Maximalwert. Er ist gleich dem Betrage von rot $\boldsymbol{v}$:

$$\zeta_{\max} = |\operatorname{rot}\boldsymbol{v}|$$

Damit kommen wir zu einer

■ Definition der Rotation:

$$\operatorname{rot}\boldsymbol{v} = \boldsymbol{n}_0\,\zeta_{\max} \qquad [42]$$

Hierin ist $\boldsymbol{n}_0$ die Stellung derjenigen Ebene gemäß [41], für die sich die maximale Zirkulationsdichte ergibt.

Der Rotor einer Summe. Der Rotor einer Vektorsumme ist die Summe der Rotoren der der einzelnen Vektoren. Dies folgt letztlich aus der Tatsache, daß das Integral einer Summe gleich der Summe der Integrale der einzelnen Summanden ist. Wir beweisen es wie folgt.

Zunächst sei für *irgendeine* Richtung $\boldsymbol{n}\,(\boldsymbol{f} = \boldsymbol{n} f)$ die Zirkulation $\zeta(\boldsymbol{n})$ des zusammengesetzten Vektorfeldes $\boldsymbol{U} + \boldsymbol{V}$ angeschrieben und in zwei Summanden zerlegt:

$$\zeta(\boldsymbol{n}) = \boldsymbol{n}\cdot\operatorname{rot}(\boldsymbol{U}+\boldsymbol{V}) = \lim_{f\to 0}\frac{1}{f}\oint(\boldsymbol{U}+\boldsymbol{V})\cdot\vec{\mathrm{d}s} = \lim_{f\to 0}\frac{1}{f}\oint\boldsymbol{U}\cdot\vec{\mathrm{d}s} + \lim_{f\to 0}\frac{1}{f}\oint\boldsymbol{V}\cdot\vec{\mathrm{d}s}.$$

Mit

$$\boldsymbol{n}'_0\cdot\left(\lim_{f'\to 0}\frac{1}{f'}\oint\boldsymbol{U}\cdot\vec{\mathrm{d}s}\right)_{\max} = \operatorname{rot}\boldsymbol{U}$$

und

$$\boldsymbol{n}''_0\cdot\left(\lim_{f''\to 0}\frac{1}{f''}\oint\boldsymbol{V}\cdot\vec{\mathrm{d}s}\right)_{\max} = \operatorname{rot}\boldsymbol{V}$$

ist

$$\lim_{f\to 0}\frac{1}{f}\oint\boldsymbol{U}\cdot\vec{\mathrm{d}s} = \boldsymbol{n}\cdot\operatorname{rot}\boldsymbol{U} \quad\text{und}\quad \lim_{f\to 0}\frac{1}{f}\oint\boldsymbol{V}\cdot\vec{\mathrm{d}s} = \boldsymbol{n}\cdot\operatorname{rot}\boldsymbol{V},$$

und somit ist

$$\boldsymbol{n}\cdot\operatorname{rot}(\boldsymbol{U}+\boldsymbol{V}) = \boldsymbol{n}\cdot\operatorname{rot}\boldsymbol{U} + \boldsymbol{n}\cdot\operatorname{rot}\boldsymbol{V}$$

oder

$$\boldsymbol{n}\cdot\{\operatorname{rot}(\boldsymbol{U}+\boldsymbol{V}) - (\operatorname{rot}\boldsymbol{U} + \operatorname{rot}\boldsymbol{V})\} = 0.$$

Da diese Gleichung für alle beliebigen $\boldsymbol{n}$ gilt, muß der in der Klammer stehende Vektor Null sein. Damit ist bewiesen, daß

$$\operatorname{rot}(\boldsymbol{U}+\boldsymbol{V}) = \operatorname{rot}\boldsymbol{U} + \operatorname{rot}\boldsymbol{V}$$

ist.

Der Rotor eines Produktes aus ortsabhängigem Vektor und konstantem Skalar. Hierfür gilt

$$|\operatorname{rot} C\,V| = \left(\lim_{f\to 0}\frac{1}{f}\oint C\,V\cdot\vec{\mathrm{d}s}\right)_{\max} = C\left(\lim_{f\to 0}\frac{1}{f}\oint V\cdot\vec{\mathrm{d}s}\right)_{\max} = C\,|\operatorname{rot} V|\,.$$

Da sich das Vektorfeld bei Multiplikation mit dem konstanten skalaren Faktor C hinsichtlich der Richtungen seiner Vektoren nicht verändert, leuchtet es unmittelbar ein, daß $\operatorname{rot} C\,V$ und $\operatorname{rot} V$ die gleiche Richtung haben. Auf einen vektoralgebraischen Beweis sei deshalb verzichtet. Es gilt somit

$$\operatorname{rot} C\,V = C \operatorname{rot} V\,.$$

Der Rotor (die Rotation) des genannten Produktes ist also gleich dem Produkt aus dem konstanten Skalar und dem Rotor des ortsabhängigen Vektors.

Der Rotor in kartesischen Koordinaten. Wir erinnern uns an die auf Seite 143 angeschriebene Beziehung

$$\boldsymbol{i}\,\zeta_x + \boldsymbol{j}\,\zeta_y + \boldsymbol{k}\,\zeta_z = \operatorname{rot}\boldsymbol{v}\,,$$

derzufolge man die Zirkulationsdichten ζ_x, ζ_y, ζ_z, als die kartesischen Komponenten $\operatorname{rot}_x \boldsymbol{v}$, $\operatorname{rot}_y \boldsymbol{v}$, $\operatorname{rot}_z \boldsymbol{v}$ des Vektors $\operatorname{rot}\boldsymbol{v}$ ansehen kann. Wir berechnen diese Komponenten einzeln, indem wir z. B. für $\operatorname{rot}_x \boldsymbol{v}$ den Grenzübergang

$$\operatorname{rot}_x \boldsymbol{v} = \lim_{f_x\to 0}\frac{1}{f_x}\oint \boldsymbol{v}\cdot\vec{\mathrm{d}s}$$

durchführen. Gemäß Abb. 117 wählen wir als Fläche f_x das Rechteck $f_x = \Delta y\,\Delta z$. Den Integrationsweg zerlegen wir in die vier geradlinigen Umfangstücke; das Umlaufintegral wird dann

$$\oint \boldsymbol{v}\cdot\vec{\mathrm{d}s} = \int_1^2 \boldsymbol{v}\cdot\boldsymbol{j}\,\mathrm{d}y + \int_2^3 \boldsymbol{v}\cdot\boldsymbol{k}\,\mathrm{d}z + \int_3^4 \boldsymbol{v}\cdot\boldsymbol{j}\,\mathrm{d}y + \int_4^1 \boldsymbol{v}\cdot\boldsymbol{k}\,\mathrm{d}z =$$

$$= \int_1^2 v_y\mathrm{d}y + \int_2^3 v_z\mathrm{d}z - \int_4^3 v_y\mathrm{d}y - \int_1^4 v_z\mathrm{d}z$$

(Integrationsgrenzen beachten!).

Die vier Teilintegrale ersetzen wir durch Produkte, die wir mit Hilfe geeigneter Mittelwerte bilden:

$$\int_1^2 v_y\mathrm{d}y = \langle v_y(z)\rangle\,\Delta y\,; \qquad \int_2^3 v_z\mathrm{d}z = \langle v_z(y+\Delta y)\rangle\,\Delta z\,;$$

$$\int_4^3 v_y\mathrm{d}y = \langle v_y(z+\Delta z)\rangle\,\Delta y\,; \qquad \int_1^4 v_z\mathrm{d}z = \langle v_z(y)\rangle\,\Delta z\,.$$

Die Mittelwerte z. B. für v_y sind längs der Wege $1\to 2$ und $4\to 3$ im allgemeinen voneinander verschieden, was wir durch die Klammern (z) bzw. $(z+\Delta z)$ ausdrücken. Denn der Weg $1\to 2$ verläuft in der Höhe z, der Weg $4\to 3$ in der Höhe $z+\Delta z$. Analoges gilt für v_z.

Damit wird die Zirkulation um f_x

$$\oint \boldsymbol{v}\cdot\mathrm{d}s = \{\langle v_z(y+\Delta y)\rangle - \langle v_z(y)\rangle\}\,\Delta z - \{\langle v_y(z+\Delta z)\rangle - \langle v_y(z)\rangle\}\,\Delta y\,,$$

und die Rotorkomponente $\operatorname{rot}_x \boldsymbol{v}$ ist schließlich

$$\operatorname{rot}_x \boldsymbol{v} = \lim_{\substack{\Delta y\to 0\\ \Delta z\to 0}}\frac{\{\langle v_z(y+\Delta y)\rangle - \langle v_z(y)\rangle\}\,\Delta z - \{\langle v_y(z+\Delta z)\rangle - \langle v_y(z)\rangle\}\,\Delta y}{\Delta y\,\Delta z} =$$

$$= \lim_{\substack{\Delta y \to 0 \\ \Delta z \to 0}} \frac{\langle v_z(y + \Delta y)\rangle - \langle v_z(y)\rangle}{\Delta y} - \lim_{\substack{\Delta y \to 0 \\ \Delta z \to 0}} \frac{\langle v_y(z + \Delta z)\rangle - \langle v_y(z)\rangle}{\Delta z}.$$

Der Grenzübergang $\Delta z \to 0$ läßt im ersten Summanden dieses Zwischenergebnisses die längs der Wege $2 \to 3$ und $1 \to 4$ gebildeten Mittelwerte $\langle v_z(y + \Delta y)\rangle$ und $\langle v_z(y)\rangle$ in die Funktionswerte $v_z(y + \Delta y)$ im Punkte 2 und $v_z(y)$ im Punkte 1 übergehen. Bezüglich des Überganges $\Delta y \to 0$ gilt Analoges für $\langle v_y(z + \Delta z)\rangle$ und $\langle v_y(z)\rangle$. Das ergibt

$$\mathrm{rot}_x\, \boldsymbol{v} = \lim_{\Delta y \to 0} \frac{v_z(y + \Delta y) - v_z(y)}{\Delta y} - \lim_{\Delta z \to 0} \frac{v_y(z + \Delta z) - v_y(z)}{\Delta z}.$$

Die nun noch verbleibenden Grenzübergänge führen zu den partiellen Differentialquotienten $\partial v_z/\partial y$ und $\partial v_y/\partial z$; partiell deshalb, weil im ersten Fall x und z, im zweiten x und y konstant sind. Also ist

$$\mathrm{rot}_x\, \boldsymbol{v} = \frac{\partial v_z}{\partial y} - \frac{\partial v_y}{\partial z}.$$

Analog findet man

$$\mathrm{rot}_y\, \boldsymbol{v} = \frac{\partial v_x}{\partial z} - \frac{\partial v_z}{\partial x}$$

und

$$\mathrm{rot}_z\, \boldsymbol{v} = \frac{\partial v_y}{\partial x} - \frac{\partial v_x}{\partial y}.$$

Unter Einführung der Differentialoperatoren $\partial/\partial x$, $\partial/\partial y$, $\partial/\partial z$ läßt sich dann

$$\mathrm{rot}\, \boldsymbol{v} = \boldsymbol{i}\, \mathrm{rot}_x\, \boldsymbol{v} + \boldsymbol{j}\, \mathrm{rot}_y\, \boldsymbol{v} + \boldsymbol{k}\, \mathrm{rot}_z\, \boldsymbol{v}$$

am kürzesten in Form einer Determinante anschreiben. Es ist somit der

■ Rotor in kartesischen Koordinaten

$$\mathrm{rot}\, \boldsymbol{v} = \begin{vmatrix} \boldsymbol{i} & \boldsymbol{j} & \boldsymbol{k} \\ \partial/\partial x & \partial/\partial y & \partial/\partial z \\ v_x & v_y & v_z \end{vmatrix} \qquad [43]$$

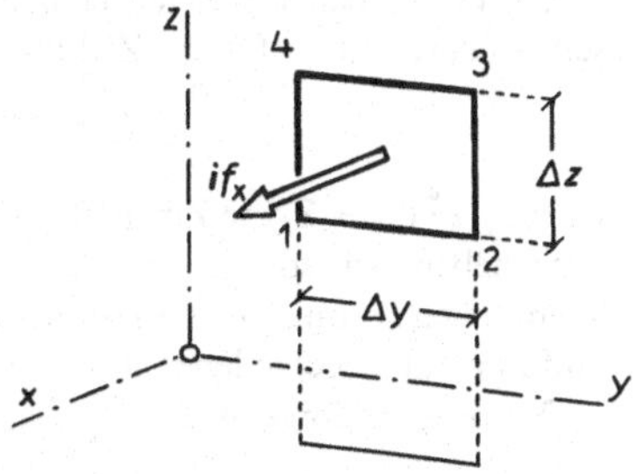

Abb. 117. Zur Berechnung der Rotorkomponenten

6.5. Der Stockessche Integralsatz

Die Gesamt-Zirkulation aneinandergrenzender Flächen. Wenngleich wir uns auf Seite 142 bereits der im folgenden herausgestellten Gesetzmäßigkeit in einem speziellen Fall bedient haben, so sei sie vor der endgültigen Formulierung des Stokesschen Satzes dennoch, und zwar jetz allgemein, behandelt.

Wir addieren die Zirkulationen zweier aneinandergrenzender Flächen (Abb. 118a), die keineswegs eben sein müssen. Für die linke Fläche mit der linken Randkurve $\mathfrak{A}$ ist

$$Z_A = \oint \boldsymbol{v} \cdot \vec{ds} = {}_{\mathfrak{A}}\!\int_1^2 \boldsymbol{v} \cdot \vec{ds} + {}_{\mathfrak{M}}\!\int_2^1 \boldsymbol{v} \cdot \vec{ds},$$

und für die rechte mit der Randkurve $\mathfrak{B}$ ist

$$Z_B = {}_{\mathfrak{M}}\int_1^2 \mathfrak{v}\cdot \overrightarrow{ds} + {}_{\mathfrak{B}}\int_2^1 \mathfrak{v}\cdot\overrightarrow{ds}$$

oder, wenn wir in dem längs $\mathfrak{M}$ genommenen Linienintegral die Grenzen vertauschen,

$$Z_B = -{}_{\mathfrak{M}}\int_2^1 \mathfrak{v}\cdot \overrightarrow{ds} + {}_{\mathfrak{B}}\int_2^1 \mathfrak{v}\cdot\overrightarrow{ds}.$$

Die Summe $Z_A + Z_B$ ergibt dann

$$Z_A + Z_B = {}_{\mathfrak{A}}\int_1^2 \mathfrak{v}\cdot \overrightarrow{ds} + {}_{\mathfrak{B}}\int_2^1 \mathfrak{v}\cdot\overrightarrow{ds},$$

was nichts anderes ist als die Zirkulation $\oint \mathfrak{v}\cdot\overrightarrow{ds}$ für die Gesamtfläche.

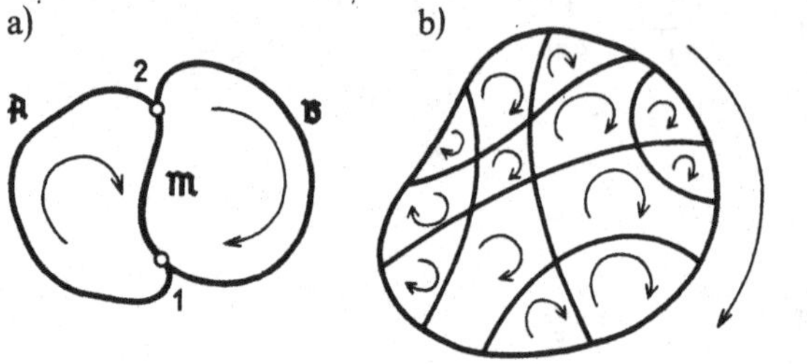

Abb. 118. Zur Gesamtzirkulation aneingrenzender Flächen

Man kann diese Aussage zugleich als die Definition der Addition zweier Zirkulationen benachbarter Flächenbereiche auffassen: Eine Addition liegt dann vor, wenn bei der Bildung der Umlaufintegrale die Grenzlinie der beiden Bereiche in jeweils verschiedener Richtung durchlaufen wird.

Auch wenn beliebig viele Flächen aneinandergesetzt werden, gilt – wie man sich leicht selbst überzeugt – für die Zirkulation der Gesamtfläche

$$Z = \oint \mathfrak{v}\cdot\overrightarrow{ds} = \sum_i \oint_i \mathfrak{v}\cdot\overrightarrow{ds} = \sum_i Z_i,$$

worin $\oint_i \mathfrak{v}\cdot\overrightarrow{ds} = Z_i$ die Zirkulation für die i-te Teilfläche bedeutet. Denn bei der Summierung heben sich so wie längs des Weges $\mathfrak{M}$ in Abb. 118 die Linienintegrale längs aller Trennlinien im Innern der Gesamtfläche weg; sie werden beim Integrieren jeweils zweimal, und zwar in verschiedener Richtung durchlaufen (Abb. 118b).

Die Gesetzmäßigkeit $Z = \sum_i Z_i$ gilt auch für den Fall, daß die Teilbereiche infinitesimal sind. Wir wollen dann statt $Z_i = \oint_i \mathfrak{v}\cdot\overrightarrow{ds}$ das Differential $\mathrm{d}Z = \mathrm{d}\oint \mathfrak{v}\cdot\overrightarrow{ds}$ schreiben, und die Summierung $\sum_i$ durch ein Integralzeichen ausdrücken:

$$Z = \int \mathrm{d}Z \quad \text{bzw.} \quad \oint \mathfrak{v}\cdot\overrightarrow{ds} = \int \mathrm{d}\oint \mathfrak{v}\cdot\overrightarrow{ds}.$$

Der Stockessche Satz. Gilt es, die Zirkulation $\oint \mathfrak{v}\cdot\overrightarrow{ds}$ für eine endlich ausgedehnte, einfach zusammenhängende*) Fläche zu ermitteln, so kann man sich ihre Aufsummierung aus differentiellen Zirkulationen zunutze machen. Denn einerseits ist die Zirkulationsdichte $\zeta(\mathfrak{n})$ für ein Flächenelement $\overrightarrow{df} = \mathfrak{n}\,\mathrm{d}f$ gegeben durch

*) Eine Fläche ist einfach zusammenhängend, wenn sich jede geschlossene Kurve auf ihr zu einem Punkt zusammenziehen läßt.

$$\zeta(\boldsymbol{n}) = \boldsymbol{n} \cdot \operatorname{rot} \boldsymbol{v},$$

andererseits ist sie definitionsgemäß

$$\zeta(\boldsymbol{n}) = \lim_{f \to 0} \frac{1}{f} \oint \boldsymbol{v} \cdot \overrightarrow{\mathrm{d}s} = \frac{\mathrm{d} \oint \boldsymbol{v} \cdot \overrightarrow{\mathrm{d}s}}{\mathrm{d}f}.$$

Daraus folgt

$$\mathrm{d} \oint \boldsymbol{v} \cdot \overrightarrow{\mathrm{d}s} = \mathrm{d}f \quad \boldsymbol{n} \cdot \operatorname{rot} \boldsymbol{v} = \overrightarrow{\mathrm{d}f} \cdot \operatorname{rot} \boldsymbol{v},$$

und man erhält für die Zirkulation der Gesamtfläche

$$\oint \boldsymbol{v} \cdot \overrightarrow{\mathrm{d}s} = \int \mathrm{d} \oint \boldsymbol{v} \cdot \overrightarrow{\mathrm{d}s} = \int \operatorname{rot} \boldsymbol{v} \cdot \overrightarrow{\mathrm{d}f}.$$

Damit ist das Randintegral $\oint \boldsymbol{v} \cdot \overrightarrow{\mathrm{d}s}$ auf das über die Fläche zu erstreckende Flächenintegral $\int \operatorname{rot} \boldsymbol{v} \cdot \overrightarrow{\mathrm{d}f}$ zurückgeführt, bzw. man kann umgekehrt Flächenintegrale der Form $\int \operatorname{rot} \boldsymbol{v} \cdot \overrightarrow{\mathrm{d}f}$ durch die oft einfacheren Umlaufintegrale $\oint \boldsymbol{v} \cdot \overrightarrow{\mathrm{d}s}$ ersetzen. Man bezeichnet den geschilderten Zusammenhang zwischen Rand- und Flächenintegral als

■ STOKESschen Satz:

$$\oint \boldsymbol{v} \cdot \overrightarrow{\mathrm{d}s} = \int \operatorname{rot} \boldsymbol{v} \cdot \overrightarrow{\mathrm{d}f} \qquad [44]$$

6.6 Anwendungsbeispiele

Der Rotor des Geschwindigkeitsvektors bei der Drehung eines starren Körpers. Ein starrer Körper drehe sich mit der Winkelgeschwindigkeit $\vec{\omega}$ um eine Achse mit der Richtung $\boldsymbol{e} = \vec{\omega}/\omega$. Irgendein Körperpunkt im Abstand $\boldsymbol{r} = \boldsymbol{i}x + \boldsymbol{j}y + \boldsymbol{k}z$ von dem in die Drehachse gelegten Koordinatenursprung hat dann die Umfangsgeschwindigkeit $\boldsymbol{v} = \vec{\omega} \times \boldsymbol{r}$ (vgl. Seite 62). Wir wollen rot $\boldsymbol{v}$ unter Anwendung kartesischer Koordinaten berechnen.

Es ist

$$\boldsymbol{v} = \vec{\omega} \times \boldsymbol{r} = \begin{vmatrix} \boldsymbol{i} & \boldsymbol{j} & \boldsymbol{k} \\ \omega_x & \omega_y & \omega_z \\ x & y & z \end{vmatrix},$$

also

$$v_x = \omega_y z - \omega_z y,$$
$$v_y = \omega_z x - \omega_x z,$$
$$v_z = \omega_x y - \omega_y x.$$

Daraus ergibt sich gemäß [43]

$$\operatorname{rot}_x \boldsymbol{v} = \frac{\partial v_z}{\partial y} - \frac{\partial v_y}{\partial z} = 2\,\omega_x,$$

$$\operatorname{rot}_y \boldsymbol{v} = \frac{\partial v_x}{\partial z} - \frac{\partial v_z}{\partial x} = 2\,\omega_y,$$

$$\operatorname{rot}_z \boldsymbol{v} = \frac{\partial v_y}{\partial x} - \frac{\partial v_x}{\partial y} = 2\,\omega_z,$$

was schließlich zu

$$\operatorname{rot} \boldsymbol{v} = \boldsymbol{i} \operatorname{rot}_x \boldsymbol{v} + \boldsymbol{j} \operatorname{rot}_y \boldsymbol{v} + \boldsymbol{k} \operatorname{rot}_z \boldsymbol{v} = 2(\boldsymbol{i}\,\omega_x + \boldsymbol{j}\,\omega_y + \boldsymbol{k}\,\omega_z) = 2\,\vec{\omega}$$

führt. Wir erkennen, daß rot $\boldsymbol{v}$ unabhängig von $\boldsymbol{r}$, also unabhängig von der Lage des Punktes im Körper ist. Die Verwirbelung des Geschwindigkeitsfeldes der Punkte eines rotierenden starren Körpers ist eine Konstante.

Ein Beispiel für ein Strömungsfeld einer laminar strömenden viskosen Flüssigkeit. Die Geschwindigkeit in einer derartigen laminaren Strömung nimmt von der Gefäßwand her, wo sie Null ist, nach dem Flüssigkeitsinnern hin zu. Setzt man z. B. einen linearen Geschwindigkeitsanstieg gemäß Abb. 119 an, so gilt

$$\boldsymbol{v} = \boldsymbol{i}\, v_x = \boldsymbol{i} \frac{\partial v_x}{\partial z} z \qquad \left(\frac{\partial v_x}{\partial z} = \text{konst.}\right),$$

und es ist

$$\operatorname{rot} \boldsymbol{v} = \begin{vmatrix} \boldsymbol{i} & \boldsymbol{j} & \boldsymbol{k} \\ \partial/\partial x & \partial/\partial y & \partial/\partial z \\ v_x & v_y & v_z \end{vmatrix} = \boldsymbol{j} \frac{\partial v_x}{\partial z} \neq 0 .$$

Ein solches Feld ist also ein Wirbelfeld mit konstanter Rotation!

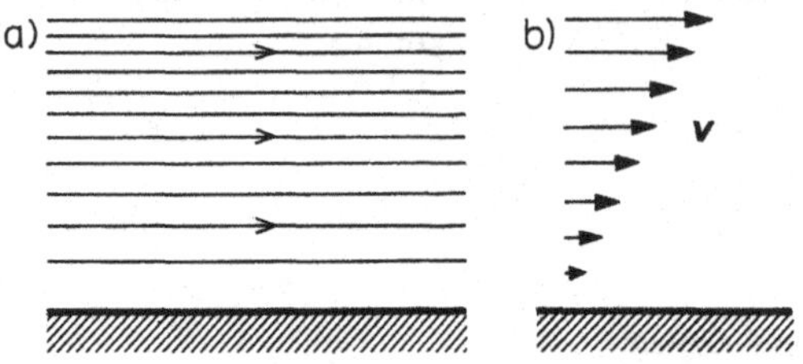

Abb. 119. Strömungsfeld in einer viskosen Flüssigkeit a) Feldliniendarstellung; b) Geschwindigkeitsprofil

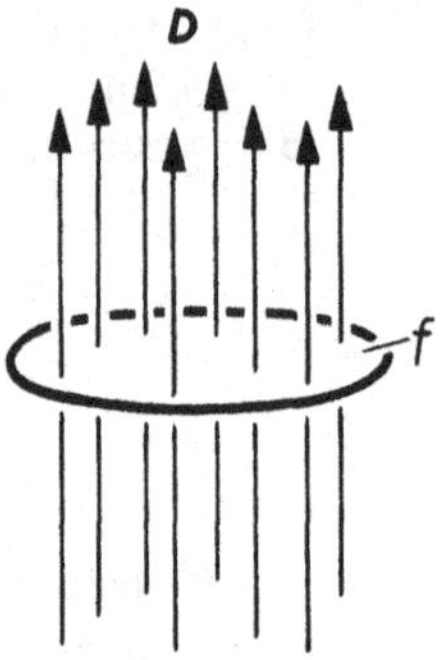

Abb. 121. Zur ersten Maxwellschen Gleichung

Anwendung des Durchflutungsgesetzes zur Feldstärkenberechnung. Das Durchflutungsgesetz der Elektrotechnik besagt, daß der gesamte durch eine Fläche hindurchtretende elektrische Strom maßgleich ist mit der Zirkulation des Vektors $\boldsymbol{H}$ (magnetische Feldstärke) längs des Randes der Fläche. Als Formel:

$$\oint \boldsymbol{H} \cdot \overrightarrow{\mathrm{d}s} = \int \boldsymbol{S} \cdot \overrightarrow{\mathrm{d}f} \qquad (\boldsymbol{S} \ldots \text{elektr. Stromdichte})$$

Wir betrachten einen langen zylindrischen Leiter (Radius a), in dem ein Gleichstrom der Stärke I fließe. Um die Feldstärke H im Abstand r von der Leiterachse zu berechnen, wählen wir als Integrationsfläche einen Kreis mit dem Radius r um die Leiterachse (Abb. 120). Ist $r > a$ (Abb. 120a), so ist die Durchflutung $\int \boldsymbol{S} \cdot \overrightarrow{\mathrm{d}f}$ nichts anderes als die Stromstärke I. Das Durchflutungsgesetz erhält die einfache Form

$$\oint \boldsymbol{H} \cdot \overrightarrow{\mathrm{d}s} = I .$$

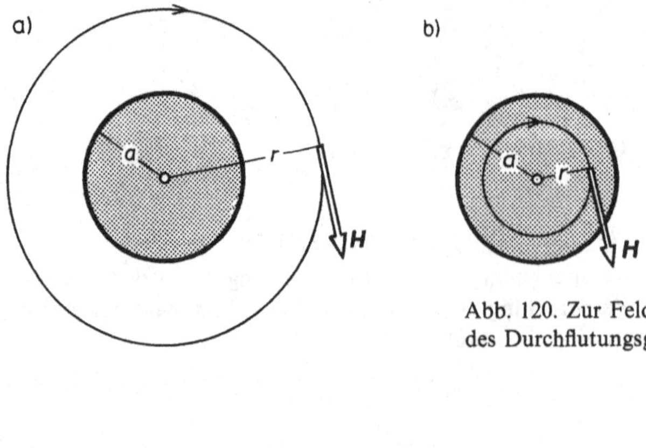

Abb. 120. Zur Feldstärkenberechnung mit Hilfe des Durchflutungsgesetzes

Da $\boldsymbol{H}$ und $\vec{\mathrm{d}s}$ an allen Stellen des Integrationsweges kollinear sind, und da der Betrag H aus Symmetriegründen überall längs des Kreisumfanges den gleichen Wert hat, ergibt sich eine weitere Vereinfachung

$$H \oint \mathrm{d}s = I,$$

woraus schließlich

$$H = \frac{I}{\oint \mathrm{d}s} = \frac{I}{2r\pi} \quad (r > a)$$

folgt.

Ist $r < a$, so ergibt sich für die Durchflutung ein anderer Wert (Abb. 120b). In diesem Fall ist nämlich $S = I/a^2\pi$, und die Durchflutung wird

$$\int \boldsymbol{S} \cdot \vec{\mathrm{d}f} = \int S \,\mathrm{d}f = S \int \mathrm{d}f = \mathrm{S} \cdot r^2\pi = I r^2/a^2 .$$

Somit folgt für H analog zu vorher jetzt der Wert

$$H = \frac{I r^2}{a^2 \cdot 2r\pi} = \frac{I}{2a^2\pi} \cdot r \quad (r < a).$$

Die Maxwellschen Gleichungen. Die *erste Maxwellsche Gleichung* bringt den Zusammenhang zwischen dem Rotor des Vektors $\boldsymbol{H}$ der magnetischen Feldstärke und der zeitlichen Änderung des Vektors $\boldsymbol{D}$ der dielektrischen Verschiebung zum Ausdruck. Sie lautet

$$\mathrm{rot}\, \boldsymbol{H} = \partial \boldsymbol{D}/\partial t .$$

Hierbei ist die Einschränkung gemacht, daß – im Gegensatz zum Anwendungsbereich des Durchflutungsgesetzes – keine elektrischen Ströme fließen, daß also kein Vektor einer elektrischen Stromdichte vorhanden ist.

Eine anschauliche Vorstellung von der Aussage der ersten MAXWELLschen Gleichung erhält man, wenn man sie über eine Fläche integriert. Wir denken uns im Interesse leichterer Faßlichkeit ein homogenes elektrisches Feld, dessen zeitliche Änderung lediglich in einer Zunahme der Stärke, nicht aber in einer Richtungsänderung bestehen möge. Also $\partial \boldsymbol{D}/\partial t = \boldsymbol{e}_D\, \partial D/\partial t$. Quer zu den Feldlinien denken wir uns dann die Integrationsfläche f, und zwar kreisförmig (Abb. 121).

Die Integration über f ergibt

$$\int_f \mathrm{rot}\, \boldsymbol{H} \cdot \vec{\mathrm{d}f} = \frac{\partial}{\partial t} \int_f \boldsymbol{D} \cdot \vec{\mathrm{d}f}.$$

Weil die Reihenfolge von Integration über f und Ableitung nach der Zeit t beliebig ist, wurde rechts die zeitliche Differentiation der Integration nachgeordnet (es wird also zuerst über f integriert, dann nach t differenziert). Wir wenden nun auf die linke Seite der integrierten Gleichung den STOKESschen Satz an:

$$\int_f \mathrm{rot}\, \boldsymbol{H} \cdot \vec{\mathrm{d}f} = \oint \boldsymbol{H} \cdot \vec{\mathrm{d}s}.$$

Damit erhalten wir unter gleichzeitiger Vertauschung der beiden Seiten der Gleichung die erste MAXWELLsche Gleichung in Integralform:

$$\frac{\partial}{\partial t} \int \boldsymbol{D} \cdot \vec{\mathrm{d}f} = \oint \boldsymbol{H} \cdot \vec{\mathrm{d}s}$$

Der Ausdruck $\int_f \boldsymbol{D} \cdot \vec{\mathrm{d}f}$ ist der Fluß des Vektors $\boldsymbol{D}$ durch die Fläche f, man bezeichnet ihn als Verschiebungsfluß Ψ. Die so erhaltene Gleichung

$$\frac{\partial \psi}{\partial t} = \oint \boldsymbol{H} \cdot \mathrm{d}\vec{s}$$

spiegelt die Tatsache wider, daß am Rande einer Fläche, deren Verschiebungsfluß ψ mit der Änderungsgeschwindigkeit $\partial\psi/\partial t$ zunimmt, eine zu $\partial\psi/\partial t$ maßgleiche magnetische Zirkulation – man nennt sie magnetische Umlaufspannung – existiert. Sie kommt dadurch zustande, daß sich im vorliegenden Fall kreisförmige magnetische Feldlinien „ausbilden", solange ein homogenes elektrisches Feld seine Stärke verändert (Abb. 122). Die Zuordnung von $\partial \boldsymbol{D}/\partial t$ und dem Umlaufsinn von $\boldsymbol{H}$ entspricht hierbei einem Rechtssystem. Die in Abb. 122 gezeichnete geschlossene Feldlinie von $\boldsymbol{H}$ tritt also bei einer *Zunahme* der elektrischen Feldstärke in Erscheinung.

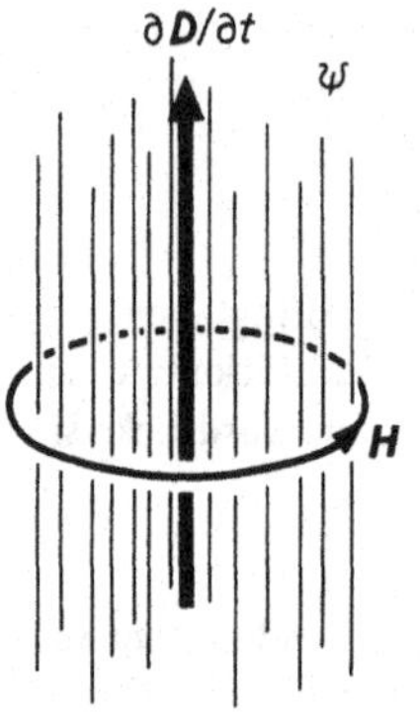

Abb. 122. Zur Integralform der ersten Maxwellschen Gleichung

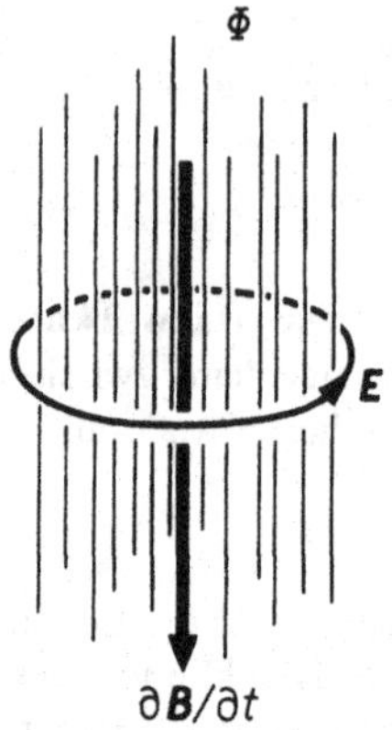

Abb. 123. Zur Integralform der zweiten Maxwellschen Gleichung

Die *zweite Maxwellsche Gleichung* beschreibt die Kopplung zwischen dem Rotor einer elektrischen Feldstärke $\boldsymbol{E}$ und der zeitlichen Änderung der Kraftflußdichte $\boldsymbol{B}$ eines magnetischen Feldes:

$$\operatorname{rot} \boldsymbol{E} = -\partial \boldsymbol{B}/\partial t\,.$$

Da es keine den elektrischen Ladungen analoge magnetischen „Ladungen" und daher auch keine magnetischen „Ströme" gibt, gilt diese Gleichung im Gegensatz zur ersten MAXWELLschen Gleichung uneingeschränkt.

Durch eine entsprechende Integration kommt man auch bei der zweiten MAXWELLschen Gleichung zu einer der ersten völlig analogen anschaulichen Vorstellung. Man erhält

$$-\frac{\partial}{\partial t}\int_f \boldsymbol{B} \cdot \mathrm{d}\vec{f} = \oint \boldsymbol{E} \cdot \mathrm{d}\vec{s}\,,$$

oder mit $\Phi = \int_f \boldsymbol{B} \cdot \mathrm{d}\vec{f}$ als magnetischem Fluß durch die Fläche f

$$-\frac{\partial \Phi}{\partial t} = \oint \boldsymbol{E} \cdot \mathrm{d}\vec{s}\,.$$

Am Rande einer Fläche, durch die der magnetische Fluß mit der Änderungsgeschwindigkeit $-\partial\Phi/\partial t$ zunimmt – der also mit $+\partial\Phi/\partial t$ abnimmt –, ist eine Zirkulation $\oint \boldsymbol{E} \cdot \mathrm{d}\vec{s}$, die man elektrische Umlaufspannung nennt, vorhanden.

Nimmt man zur Erhöhung der Anschaulichkeit wiederum ein sich nur in seiner Stärke veränderndes magnetisches Feld ($\partial \boldsymbol{B}/\partial t = \boldsymbol{e}_B \partial B/\partial t$) an, so ist $\oint \boldsymbol{E} \cdot \overrightarrow{ds}$ ein Ausdruck für die Existenz eines elektrischen Feldes mit kreisförmigen, also in sich geschlossenen Feldlinien. Es liegt hier im Gegensatz zu dem durch Ladungen hervorgerufenen elektrischen Quellenfeld ein elektrisches Wirbelfeld vor (Abb. 123). Die Zuordnung zwischen Umlaufsinn von $\boldsymbol{E}$ und $-\partial \boldsymbol{B}/\partial t$ entspricht einem Rechtssystem; ordnet man dagegen Umlaufsinn und $+\partial \boldsymbol{B}/\partial t$ einander zu, so ergibt sich ein Linkssystem.

Im übrigen ist die zweite MAXWELLsche Gleichung in Integralform nichts anderes als das Induktionsgesetz der Elektrizitätslehre. Denn wenn man um einen sich ändernden Magnetfluß herum einen elektrischen Leiter anordnet, so wird die Spannung $\oint \boldsymbol{E} \cdot \overrightarrow{ds}$ „in ihm induziert", d. h. er wird, sobald man ihn an einer Stelle unterbricht, zu einer „Spannungsquelle". Die offenen Leiterenden an der Unterbrechungsstelle sind die Pole dieser Spannungsquelle.

6.7 Übungsaufgaben

92. Für das Vektorfeld $\boldsymbol{A} = x^2 z \boldsymbol{i} - 2\, y^3 z^2 \boldsymbol{j} + x y^2 z \boldsymbol{k}$ ist der allgemeine Ausdruck für $\operatorname{div} \boldsymbol{A}$ zu ermitteln und sein spezieller Wert im Punkte (1; −1; 1).
93. Man berechne $\operatorname{div} \boldsymbol{r}/r$; $\boldsymbol{r} = \boldsymbol{i}x + \boldsymbol{j}y + \boldsymbol{k}z \neq 0$.
94. Man berechne $\operatorname{div} \boldsymbol{r}/r^3$, wenn $\boldsymbol{r} = x\boldsymbol{i} + y\boldsymbol{j} + z\boldsymbol{k} \neq 0$ ist. Welchen Ausdruck erhält man für $\operatorname{div} \boldsymbol{r}/r^3$, wenn $r = 0$ ist?
95. Man berechne in kartesischen Koordinaten den Ausdruck $\operatorname{div} (\operatorname{rot} \boldsymbol{A})$.
96. Durch Ausrechnen in kartesischen Koordinaten ist zu beweisen, daß $\operatorname{div} (\boldsymbol{A} + \boldsymbol{B}) = \operatorname{div} \boldsymbol{A} + \operatorname{div} \boldsymbol{B}$.
97. Durch Ausrechnen in kartesischen Koordinaten ist zu beweisen, daß $\operatorname{div} C\boldsymbol{A} = C \operatorname{div} \boldsymbol{A}$, wenn C eine skalare Konstante ist.
98. Durch Ausrechnen in kartesischen Koordinaten ist zu beweisen, daß $\operatorname{div} \varphi \boldsymbol{A} = \boldsymbol{A} \cdot \operatorname{grad} \varphi + \varphi \operatorname{div} \boldsymbol{A}$, wenn φ eine skalare und $\boldsymbol{A}$ eine vektorielle Ortsfunktion ist.
99. Welches der beiden Vektorfelder ist quellenfrei, welches nicht?
$\boldsymbol{U} = (x^2 + 4xy^2 z)\boldsymbol{i} + (x^3 y - 2xy)\boldsymbol{j} - (2y^2 z^2 + x^3 z)\boldsymbol{k}$;
$\boldsymbol{V} = (x^3 + 4x^2 y^2 z)\boldsymbol{i} + (x^4 y - 2x^2 y)\boldsymbol{j} - (2xy^2 z^2 + x^4 z)\boldsymbol{k}$.
100. Welchen Wert muß im Vektorfeld $\boldsymbol{S} = x\boldsymbol{i} + ay\boldsymbol{j}$ die Konstante a annehmen, damit das Feld quellenfrei ist?
101. Man bestimme die Konstante c so, daß das Vektorfeld $\boldsymbol{v} = \boldsymbol{i}(x + 3y) + \boldsymbol{j}(y - 2z) + \boldsymbol{k}(x + cz)$ quellenfrei wird.
102. Man bestätigte den GAUSSschen Satz $\int \operatorname{div} \boldsymbol{A}\, \mathrm{d}V = \oint \boldsymbol{A} \cdot \overrightarrow{\mathrm{d}f}$ in den Fällen

$$\text{a) } \boldsymbol{A} = x\boldsymbol{i} + y\boldsymbol{j} + z\boldsymbol{k},$$
$$\text{b) } \boldsymbol{A} = x^2 \boldsymbol{i} + 2xy\boldsymbol{j}$$

durch Ausrechnen in kartesischen Koordinaten. Als Integrationsgebiet soll ein Würfel genommen werden, der von den sechs Ebenen $x = 0; x = 1; y = 0; y = 1; z = 0; z = 1$ begrenzt wird.
103. Der GAUSSsche Satz $\oint \boldsymbol{A} \cdot \overrightarrow{\mathrm{d}f} = \int \operatorname{div} \boldsymbol{A}\, \mathrm{d}V$ ist für das Vektorfeld

$$\boldsymbol{A} = 4xz\boldsymbol{i} - y^2 \boldsymbol{j} + yz\boldsymbol{k}$$

durch Ausrechnung der jeweils beiden Integrale zu bestätigen. Als Integrationsbereich ist der von den Flächen $x = 0; x = 1; y = 0; y = 1; z = 0; z = 1$ gebildete Würfel zu nehmen.
104. Für eine Kugel mit dem Radius a um den Koordinatenursprung ist das Volumenintegral $\int \operatorname{div} \frac{\boldsymbol{r}}{r^3}\, \mathrm{d}V$ zu berechnen. Man benütze den GAUSSschen Satz!

105. Es ist $\text{rot}\,(2xy^2\,\boldsymbol{i} - yz\,\boldsymbol{j} + 3xy^3\,\boldsymbol{k})$ im Punkte (1; 1; 1) zu berechnen.
106. In kartesischen Koordinaten ist $\text{rot}\,\boldsymbol{r}\,\boldsymbol{r}$ zu berechnen; $\boldsymbol{r} = x\,\boldsymbol{i} + y\boldsymbol{j} + z\,\boldsymbol{k}$.
107. Man berechne $\text{rot}\,\{\boldsymbol{A}(r)\}$ in kartesischen Koordinaten; $\boldsymbol{A}(r) = \boldsymbol{i}\,A_x(r) + \boldsymbol{j}\,A_y(r) + \boldsymbol{k}A_z(r)$; $r = |x\,\boldsymbol{i} + y\boldsymbol{j} + z\,\boldsymbol{k}|$.
108. Man berechne in kartesischen Koordinaten den Ausdruck $\text{rot}\,(\text{grad}\,\varphi)$.
109. Durch Ausrechnen in kartesischen Koordinaten ist zu zeigen, daß $\text{div}\,(\boldsymbol{A} \times \boldsymbol{r}) = 0$ ist, wenn $\boldsymbol{A} = \boldsymbol{A}(\boldsymbol{r})$ ein wirbelfreies Feld darstellt.
110. Ein Körper rotiert mit der Winkelgeschwindigkeit $\vec{\omega}$. Die Geschwindigkeit $\boldsymbol{v}$ eines Punktes mit dem Abstand $\boldsymbol{r}$ von dem auf der Drehachse gewähltem Koordinatenursprung ist $\boldsymbol{v} = \vec{\omega} \times \boldsymbol{r}$. Man berechne in kartesischen Koordinaten $\text{rot}\,\boldsymbol{v}$. Die Winkelgeschwindigkeit $\vec{\omega}$ sei konstant.
111. Durch Ausrechnen in kartesischen Koordinaten ist zu beweisen, daß $\text{rot}\,C\boldsymbol{A} = C\,\text{rot}\,\boldsymbol{A}$, wenn C eine skalare Konstante ist.
112. Durch Ausrechnen in kartesischen Koordinaten ist zu beweisen, daß $\text{rot}\,(\boldsymbol{A} + \boldsymbol{B}) = \text{rot}\,\boldsymbol{A} + \text{rot}\,\boldsymbol{B}$ ist.
113. Durch Ausrechnen von $\text{rot}\,\boldsymbol{v}$ ist zu untersuchen, ob das Vektorfeld $\boldsymbol{v} = \boldsymbol{r}/r^2$ $(\boldsymbol{r} = x\,\boldsymbol{i} + y\boldsymbol{j} + z\,\boldsymbol{k})$ wirbelfrei ist.
114. Die Konstante c ist so zu bestimmen, daß das Vektorfeld

$$\boldsymbol{v} = (c-1)\,x^2 y\,\boldsymbol{i} + (x^3 - cyz)\boldsymbol{j} - (c-2)\,y^2\,\boldsymbol{k}$$

wirbelfrei wird: Ist dies überhaupt möglich?
115. Im Vektorfeld $\boldsymbol{V} = 2\boldsymbol{i} + x^2\boldsymbol{j} + y\,\boldsymbol{k}$ ist das Flächenintegral über eine in der x-y-Ebene liegende Fläche zu bilden, die von den beiden Geraden $y = 0$ und $x = a^2$, sowie von der Parabel $y = +\sqrt{x}$ begrenzt wird.
116. Der STOCKESsche Satz $\oint \boldsymbol{A} \cdot \vec{ds} = \int \text{rot}\,\boldsymbol{A} \cdot \vec{df}$ ist für das Vektorfeld

$$\boldsymbol{A} = y\,\boldsymbol{i} - x\,\boldsymbol{j}$$

für den in Abb. 124 skizzierten Weg, bzw. die von ihm umschlossene (schraffierte) Fläche durch Ausrechnen der beiden Integrale zu bestätigen.
117. Der STOCKESsche Satz $\oint \boldsymbol{A} \cdot \vec{ds} = \int \text{rot}\,\boldsymbol{A} \cdot \vec{df}$ ist für das Vektorfeld

$$\boldsymbol{A} = -14xz\,\boldsymbol{i} + (6x + 3y^2)\,\boldsymbol{j} + 20yz^2\,\boldsymbol{k}$$

für den in Abb. 125 skizzierten Weg, bzw. die von ihm umschlossene (schraffierte) Fläche durch Ausrechnen der beiden Integrale zu bestätigen.

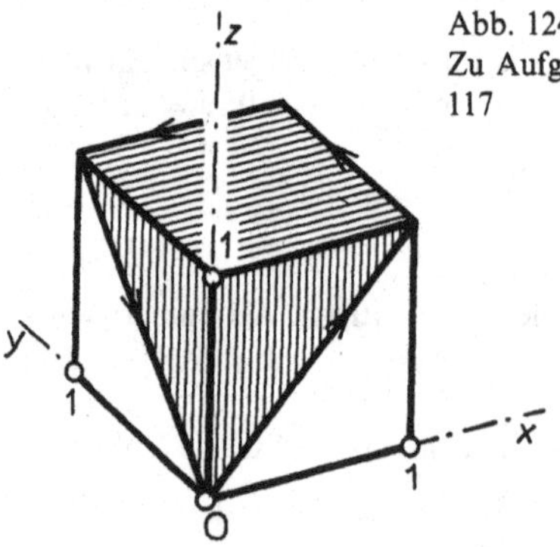

Abb. 124. Zu Aufgabe 117

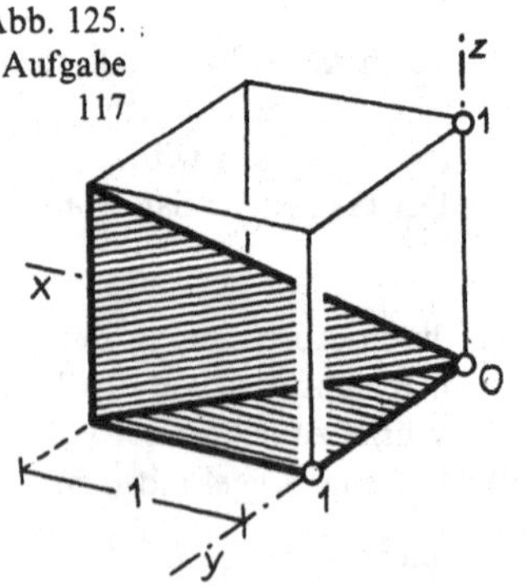

Abb. 125. Zu Aufgabe 117

§ 7. Erweiterte räumliche Differentiation

7.1 Der Nabla-Operator

Die Verallgemeinerung des Gaußschen Satzes. Der GAUSSsche Satz [39] ist nicht nur auf Volumenintegrale einer Divergenz beschränkt, er ist einer Verallgemeinerung auf Gradienten, Vektorgradienten und Rotationen fähig. Wir wollen uns zur Herleitung der entsprechenden Formeln kartesischer Koordinaten bedienen.

Es sei $S = S(\boldsymbol{r})$ eine skalare Ortsfunktion. Die Ausdrücke $\boldsymbol{i}\,S$, $\boldsymbol{j}\,S$, $\boldsymbol{k}\,S$ stellen dann jeweils in x-, y- und z-Richtung weisende Vektorfelder dar, auf die wir jeweils den GAUSSschen Satz in der uns bis jetzt bekannten Form [39] anwenden:

$$\begin{aligned} \int \operatorname{div} \boldsymbol{i}\,S \;\mathrm{d}V &= \oint \boldsymbol{i}\,S \cdot \overrightarrow{\mathrm{d}f}, \\ \int \operatorname{div} \boldsymbol{j}\,S \;\mathrm{d}V &= \oint \boldsymbol{j}\,S \cdot \overrightarrow{\mathrm{d}f}, \\ \int \operatorname{div} \boldsymbol{k}\,S \;\mathrm{d}V &= \oint \boldsymbol{k}\,S \cdot \overrightarrow{\mathrm{d}f}, \end{aligned}$$

bzw. wegen

$$\operatorname{div} \boldsymbol{i}\,S = \partial S/\partial x; \quad \operatorname{div} \boldsymbol{j}\,S = \partial S/\partial y; \quad \operatorname{div} \boldsymbol{k}\,S = \partial S/\partial z$$

in kartesischen Koordinaten

$$\begin{aligned} \int \frac{\partial S}{\partial x}\,\mathrm{d}V &= \oint S\,\mathrm{d}f_x, \\ \int \frac{\partial S}{\partial y}\,\mathrm{d}V &= \oint S\,\mathrm{d}f_y, \\ \int \frac{\partial S}{\partial z}\,\mathrm{d}V &= \oint S\,\mathrm{d}f_z, \end{aligned} \qquad [a]$$

wobei auf der rechten Seite

$$\boldsymbol{i} \cdot \overrightarrow{\mathrm{d}f} = \mathrm{d}f_x; \quad \boldsymbol{j} \cdot \mathrm{d}f = \mathrm{d}f_y; \quad \boldsymbol{k} \cdot \overrightarrow{\mathrm{d}f} = \mathrm{d}f_z,$$

also die Komponenten von $\overrightarrow{\mathrm{d}f} = \boldsymbol{i}\,\mathrm{d}f_x + \boldsymbol{j}\,\mathrm{d}f_y + \boldsymbol{k}\,\mathrm{d}f_z$ erscheinen.

Wir multiplizieren die drei Gleichungen [a] nun mit $\boldsymbol{i}$ bzw. $\boldsymbol{j}$ bzw. $\boldsymbol{k}$ und addieren dann die so entstandenen Vektorgleichungen. Das ergibt

$$\int \boldsymbol{i}\frac{\partial S}{\partial x}\mathrm{d}V + \int \boldsymbol{j}\frac{\partial S}{\partial y}\mathrm{d}V + \int \boldsymbol{k}\frac{\partial S}{\partial z}\mathrm{d}V = \oint S\,\boldsymbol{i}\,\mathrm{d}f_x + \oint S\,\boldsymbol{j}\,\mathrm{d}f_y + \oint S\,\boldsymbol{k}\,\mathrm{d}f_z.$$

Unter der Voraussetzung, daß in allen drei Fällen derselbe Integrationsbereich vorliegt – und genau diese Annahme wollen wir machen! –, können wir die Addition auch unter dem Integral vornehmen. Wir erhalten

$$\int\left(\boldsymbol{i}\frac{\partial S}{\partial x} + \boldsymbol{j}\frac{\partial S}{\partial y} + \boldsymbol{k}\frac{\partial S}{\partial z}\right)\mathrm{d}V = \oint S\,(\boldsymbol{i}\,\mathrm{d}f_x + \boldsymbol{j}\,\mathrm{d}f_y + \boldsymbol{k}\,\mathrm{d}f_z),$$

was nichts anderes bedeutet als

$$\int \operatorname{grad} S\,\mathrm{d}V = \oint S\,\overrightarrow{\mathrm{d}f}$$

Dies ist bereits der auf einen Gradienten angewandte GAUSSsche Satz.

Um das Volumenintegral des Vektorgradienten $\operatorname{grad} \boldsymbol{A}$ in ein Oberflächenintegral umzuformen, stellen wir zunächst $\operatorname{grad} \boldsymbol{A}$ gemäß [35] in kartesischen Koordinaten dar:

$$\int \operatorname{grad} \boldsymbol{A} \, \mathrm{d}V = \int \left(\boldsymbol{i}\boldsymbol{i} \frac{\partial A_x}{\partial x} + \boldsymbol{i}\boldsymbol{j} \frac{\partial A_y}{\partial x} + \cdots + \boldsymbol{j}\boldsymbol{i} \frac{\partial A_x}{\partial y} + \cdots \right) \mathrm{d}V =$$
$$= \boldsymbol{i}\boldsymbol{i} \int \frac{\partial A_x}{\partial x} \mathrm{d}V + \boldsymbol{i}\boldsymbol{j} \int \frac{\partial A_y}{\partial x} \mathrm{d}V + \cdots + \boldsymbol{j}\boldsymbol{i} \int \frac{\partial A_x}{\partial y} \mathrm{d}V + \cdots$$

Jedes der so gewonnenen einzelnen Volumenintegrale ist vom Typ eines der drei Integrale [a], läßt sich also nach der dort ersichtlichen Regel in ein Oberflächenintegral verwandeln. An die Stelle des Skalars S tritt lediglich A_x, A_y oder A_z. Somit wird

$$\int \operatorname{grad} \boldsymbol{A} \, \mathrm{d}V = \boldsymbol{i}\boldsymbol{i} \oint A_x \mathrm{d}f_x + \boldsymbol{i}\boldsymbol{j} \oint A_y \mathrm{d}f_x + \cdots + \boldsymbol{j}\boldsymbol{i} \oint A_x \mathrm{d}f_y + \cdots$$

Unter Zusammenfassung aller Glieder mit $\mathrm{d}f_x$ bzw. $\mathrm{d}f_y$ bzw. $\mathrm{d}f_z$ und unter Beibehaltung der Stellung der Koordinatenvektoren in den dyadischen Produkten ergibt sich weiter

$$\int \operatorname{grad} \boldsymbol{A} \, \mathrm{d}V = \oint (\boldsymbol{i} \, \mathrm{d}f_x + \boldsymbol{j} \, \mathrm{d}f_y + \boldsymbol{k} \, \mathrm{d}f_z)(\boldsymbol{i} \, A_x + \boldsymbol{j} \, A_y + \boldsymbol{k} \, A_z),$$

was man rechts unter ein einziges Integral schreiben darf, weil sich ja alle Integrationen auf denselben Bereich erstrecken. Wegen $\boldsymbol{i} \, \mathrm{d}f_x + \boldsymbol{j} \, \mathrm{d}f_y + \boldsymbol{k} \, \mathrm{d}f_z = \overrightarrow{\mathrm{d}f}$ und $\boldsymbol{i} \, A_x + \boldsymbol{j} \, A_y + \boldsymbol{k} \, A_z = \boldsymbol{A}$ ergibt sich schließlich als GAUSSscher Satz für einen Vektorgradienten:

$$\int \operatorname{grad} \boldsymbol{A} \, \mathrm{d}V = \oint \overrightarrow{\mathrm{d}f} \boldsymbol{A} \, .$$

Das Produkt der Vektoren $\overrightarrow{\mathrm{d}f}$ und $\boldsymbol{A}$ im rechten Integral ist hierbei ein dyadisches Produkt. Die Reihenfolge von $\overrightarrow{\mathrm{d}f}$ und $\boldsymbol{A}$ darf nicht vertauscht werden!

Um den GAUSSschen Satz für rot $\boldsymbol{A}$ zu finden, gehen wir wiederum von kartesischen Komponenten aus:

$$\int \operatorname{rot} \boldsymbol{A} \, \mathrm{d}V = \int \left\{ \boldsymbol{i} \left(\frac{\partial A_z}{\partial y} - \frac{\partial A_y}{\partial z} \right) + \cdots \right\} \mathrm{d}V = \boldsymbol{i} \int \frac{\partial A_z}{\partial y} \mathrm{d}V - \boldsymbol{i} \int \frac{\partial A_y}{\partial z} \mathrm{d}V + \cdots$$

Unter Berücksichtigung der in [a] niedergelegten Gesetzmäßigkeit wird daraus

$$\int \operatorname{rot} \boldsymbol{A} \, \mathrm{d}V = \boldsymbol{i} \oint A_z \mathrm{d}f_y - \boldsymbol{i} \oint A_y \mathrm{d}f_z + \boldsymbol{j} \oint A_x \mathrm{d}f_z - \boldsymbol{j} \oint A_z \mathrm{d}f_x + \boldsymbol{k} \oint A_y \mathrm{d}f_x - \boldsymbol{k} \oint A_x \mathrm{d}f_y \, ,$$

bzw. unter Zusammenfassung unter einem einzigen Integral

$$\int \operatorname{rot} \boldsymbol{A} \, \mathrm{d}V = \oint \begin{vmatrix} \boldsymbol{i} & \boldsymbol{j} & \boldsymbol{k} \\ \mathrm{d}f_x & \mathrm{d}f_y & \mathrm{d}f_z \\ A_x & A_y & A_z \end{vmatrix} = \oint \overrightarrow{\mathrm{d}f} \times \boldsymbol{A} \, .$$

Somit lautet der GAUSSsche Satz für einen Rotor

$$\mathrm{d}V = \oint \overrightarrow{\mathrm{d}f} \times \boldsymbol{A} \, .$$

Wir stellen nun die verschiedenen Formen des GAUSSschen Satzes zusammen, wobei wir der Einheitlichkeit wegen auf der rechten Seite den Flächenvektor $\overrightarrow{\mathrm{d}f}$ überall voranstellen:

$$\begin{aligned} \int \operatorname{grad} S \, \mathrm{d}V &= \oint \overrightarrow{\mathrm{d}f} \, S \\ \int \operatorname{div} \boldsymbol{A} \, \mathrm{d}V &= \oint \overrightarrow{\mathrm{d}f} \cdot \boldsymbol{A} \\ \int \operatorname{rot} \boldsymbol{A} \, \mathrm{d}V &= \oint \overrightarrow{\mathrm{d}f} \times \boldsymbol{A} \\ \int \operatorname{grad} \boldsymbol{A} \, \mathrm{d}V &= \oint \overrightarrow{\mathrm{d}f} \, \boldsymbol{A} \end{aligned} \qquad [45]$$

■

(GAUSSscher Satz in verallgemeinerter Form).

Der Operator Nabla. Der verallgemeinerte GAUSSsche Satz erlaubt es, die Differentialoperatoren grad, div und rot in einer einzigen Form darzustellen. Wir schreiben zu diesem Zweck erst einmal einen Ausdruck für den Mittelwert $\langle \operatorname{grad} S \rangle$ über einen bestimmten endlichen Bereich mit dem Volumen V an:

$$\langle \operatorname{grad} S \rangle = \frac{1}{V} \int \operatorname{grad} S \, \mathrm{d} V.$$

Sodann formen wir das Volumenintegral mit Hilfe des entsprechenden GAUSSschen Satzes um und erhalten

$$\langle \operatorname{grad} S \rangle = \frac{1}{V} \int \mathrm{d} f \, S .$$

Lassen wir nun den Bereich an einer bestimmten, durch $\boldsymbol{r}$ gekennzeichneten Stelle gegen Null gehen, so geht der Mittelwert $\langle \operatorname{grad} S \rangle$ in den Funktionswert $\operatorname{grad} S$ an der Stelle $\boldsymbol{r}$ über:

$$\operatorname{grad} S = \lim_{V \to 0} \langle \operatorname{grad} S \rangle = \lim_{V \to 0} \frac{1}{V} \oint \mathrm{d}\vec{f} \, S .$$

In analoger Schlußweise kommt man auch zu Ausdrücken für div $\boldsymbol{A}$, rot $\boldsymbol{A}$, grad $\boldsymbol{A}$. Wir stellen die Ergebnisse zusammen:

$$\begin{aligned} \operatorname{grad} S &= \lim_{V \to 0} \frac{1}{V} \oint \mathrm{d}\vec{f} \, S , \\ \operatorname{div} \boldsymbol{A} &= \lim_{V \to 0} \frac{1}{V} \oint \mathrm{d}\vec{f} \cdot \boldsymbol{A}, \\ \operatorname{rot} \boldsymbol{A} &= \lim_{V \to 0} \frac{1}{V} \oint \mathrm{d}\vec{f} \times \boldsymbol{A} , \\ \operatorname{grad} \boldsymbol{A} &= \lim_{V \to 0} \frac{1}{V} \oint \mathrm{d}\vec{f} \, \boldsymbol{A} . \end{aligned}$$

Auf der rechten Seite tritt in allen vier Fällen derselbe vektorielle Differentialoperator $\lim_{V \to 0} \frac{1}{V} \oint \mathrm{d}\vec{f}$ auf. Er kann als symbolischer Vektor aufgefaßt werden, der je nach Art der Einwirkung (Produkt mit einer skalaren Ortsfunktion oder skalares, vektorielles, dyadisches Produkt mit einer vektoriellen Ortsfunktion) jeweils eine andere räumliche Differentiation darstellt. Man benützt für den Operator das Symbol ∇, gesprochen Nabla (nach einem hebräischen Saiteninstrument):

■ $$\nabla = \lim_{V \to 0} \frac{1}{V} \oint \mathrm{d}\vec{f} \ldots \qquad [46\text{a}]$$

(Nabla-Operator in koordinatenfreier Darstellung).

Damit lassen sich grad S, div **A** usw. wie folgt anschreiben:

$$\begin{aligned} \operatorname{grad} S &= \nabla S , \\ \operatorname{div} \boldsymbol{A} &= \nabla \cdot \boldsymbol{A} , \\ \operatorname{rot} \boldsymbol{A} &= \nabla \times \boldsymbol{A} , \\ \operatorname{grad} \boldsymbol{A} &= \nabla \boldsymbol{A} . \end{aligned}$$

Der Operator Nabla in kartesischen Koordinaten. Aus den entsprechenden räumlichen Differentialoperationen, nämlich aus [28], [35], [38] und [43] läßt sich leicht die Koordinatendarstellung von ∇ entnehmen. Z. B. aus [28]

$$\nabla S = \operatorname{grad} S = \boldsymbol{i} \frac{\partial S}{\partial x} + \boldsymbol{j} \frac{\partial S}{\partial y} + \boldsymbol{k} \frac{\partial S}{\partial z} = \left(\boldsymbol{i} \frac{\partial}{\partial x} + \boldsymbol{j} \frac{\partial}{\partial y} + \boldsymbol{k} \frac{\partial}{\partial z} \right) S$$

folgt sofort

$$\nabla = \boldsymbol{i}\frac{\partial}{\partial x} + \boldsymbol{j}\frac{\partial}{\partial y} + \boldsymbol{k}\frac{\partial}{\partial z} \qquad [46\,\mathrm{b}]$$

(Nabla-Operator in kartesischen Koordinaten).

Man kann sich leicht selbst überzeugen, daß auch die Ausdrücke [35], [38], [43] sich aus [46b] herleiten lassen.

Der Nabla-Operator wird auch manchmal – so wie wir das in [28a] bereits getan haben – als Gradientenoperator oder „Operator grad" bezeichnet.

Die Invarianz des ∇-Operators gegen Drehung des Koordinatensystems. Da Nabla aufgrund von [46a] koordinatenfrei definiert ist, und da das anschließend der Gleichung [46b] zugrundegelegte Koordinatensystem ein beliebiges war, so ist klar, daß [46b] für *jedes* kartesische Koordinatensystem gültig ist.

Dennoch soll dies – weniger seiner mathematischen Beweiskraft wegen als vielmehr zur Übung im Umgang mit Koordinatentransformationen – hier nochmals bewiesen werden.

Eine skalare Ortsfunktion $S(\boldsymbol{r}) = S(x,y,z)$ werde in einem gegenüber dem ursprünglichen Koordinatensystem verdrehten System durch $S'(\boldsymbol{r}) = S'(x',y',z')$ dargestellt. An jeweils dem gleichen Punkt des Raumes mit

$$\boldsymbol{r} = \boldsymbol{i}\,x + \boldsymbol{j}\,y + \boldsymbol{k}\,z = \boldsymbol{i}'\,x' + \boldsymbol{j}'\,y' + \boldsymbol{k}'\,z'$$

ist selbstverständlich

$$S(\boldsymbol{r}) = S'(\boldsymbol{r}) = S(x,y,z) = S'(x',y',z')\,.$$

Für die partiellen Ableitungen folgt hieraus

$$\begin{aligned} \frac{\partial S}{\partial x} &= \frac{\partial S'}{\partial x'}\frac{\partial x'}{\partial x} + \frac{\partial S'}{\partial y'}\frac{\partial y'}{\partial x} + \frac{\partial S'}{\partial z'}\frac{\partial z'}{\partial x} \\ \frac{\partial S}{\partial y} &= \ldots \\ \frac{\partial S}{\partial z} &= \ldots \end{aligned} \qquad [\mathrm{A}]$$

Aufgrund von [15a] von Seite 31 bestehen für die Koordinaten des Ortsvektors $\boldsymbol{r}$ die Transformationsgleichungen

$$\begin{aligned} x' &= x\cos\alpha_1 + y\cos\beta_1 + z\cos\gamma_1\,, \\ y' &= x\cos\alpha_2 + y\cos\beta_2 + z\cos\gamma_2\,, \\ z' &= \ldots \end{aligned}$$

(Die darin auftretenden Winkel sind die Winkel zwischen den verschiedenen Achsen beider Koordinatensysteme, vergl. Seite 30).

Die Ableitungen der gestrichenen nach den ungestrichenen Koordinaten sind dann

$$\begin{aligned} &\frac{\partial x'}{\partial x} = \cos\alpha_1 \quad \frac{\partial x'}{\partial y} = \cos\beta_1 \quad \frac{\partial x'}{\partial z} = \cos\gamma_1 \\ &\frac{\partial y'}{\partial x} = \cos\alpha_2 \qquad \ldots \\ &\frac{\partial z'}{\partial x} = \cos\alpha_3 \qquad \ldots \end{aligned}$$

Setzt man diese Ausdrücke in [A] ein und multipliziert man zugleich mit $\boldsymbol{i}$ bzw. $\boldsymbol{j}$ bzw. $\boldsymbol{k}$, so folgt

$$\boldsymbol{i}\frac{\partial S}{\partial x} = \boldsymbol{i}\cos\alpha_1\frac{\partial S'}{\partial x'} + \boldsymbol{i}\cos\alpha_2\frac{\partial S'}{\partial y'} + \boldsymbol{i}\cos\alpha_3\frac{\partial S'}{\partial z'}$$

$$\boldsymbol{j}\frac{\partial S}{\partial y} = \ldots$$

$$\boldsymbol{k}\frac{\partial S}{\partial z} = \ldots$$

Die Addition dieser Gleichungen ergibt links ∇S; es ist also

$$\begin{aligned}\nabla S = {} & (\boldsymbol{i}\cos\alpha_1 + \boldsymbol{j}\cos\beta_1 + \boldsymbol{k}\cos\gamma_1)\frac{\partial S'}{\partial x'} + \\ & + (\boldsymbol{i}\cos\alpha_2 + \boldsymbol{j}\cos\beta_2 + \boldsymbol{k}\cos\gamma_2)\frac{\partial S'}{\partial y'} + \\ & + (\boldsymbol{i}\cos\alpha_3 + \boldsymbol{j}\cos\beta_3 + \boldsymbol{k}\cos\gamma_3)\frac{\partial S'}{\partial z'}\,.\end{aligned}$$

Die Klammerausdrücke auf der rechten Seite dieser Gleichung sind aufgrund von [a] von Seite 30 nichts anderes als die gestrichenen Einsvektoren $\boldsymbol{i}', \boldsymbol{j}', \boldsymbol{k}'$. Damit ist

$$\nabla S = \boldsymbol{i}'\frac{\partial S'}{\partial x'} + \boldsymbol{j}'\frac{\partial S'}{\partial y'} + \boldsymbol{k}'\frac{\partial S'}{\partial z'} = \nabla' S'\,.$$

Wegen $S(\boldsymbol{r}) = S'(\boldsymbol{r})$ folgt daraus für den Nabla-Operator

$$\nabla = \nabla'$$

bzw.

$$\boldsymbol{i}\frac{\partial}{\partial x} + \boldsymbol{j}\frac{\partial}{\partial y} + \boldsymbol{k}\frac{\partial}{\partial z} = \boldsymbol{i}'\frac{\partial}{\partial x'} + \boldsymbol{j}'\frac{\partial}{\partial y'} + \boldsymbol{k}'\frac{\partial}{\partial z'}\,.$$

7.2 Die räumliche Differentiation von Produkten

Der Einwirkungspfeil. Da aufgrund der Koordinatendarstellung [46b] der Nabla-Operator nichts anderes ist als die Summe dreier, mit jeweils konstantem (!) Koordinatenvektor ausgestatteter partieller Differentiationsoperatoren, so gehorchen die mit Hilfe von ∇ durchgeführten Differentiationen auch der Produktregel

$$\frac{\partial}{\partial x}(uv) = \left(\frac{\partial}{\partial x}u\right)v + u\left(\frac{\partial}{\partial x}v\right).$$

Wir wollen zur besseren Übersicht aber noch eine zusätzliche Symbolik einführen. Wird ∇ mit mehreren Ortsfunktionen angeschrieben, von denen er jedoch nur auf eine von ihnen einwirken soll, so wird die entsprechende Funktion durch einen *Einwirkungspfeil* markiert. Es bedeutet also z. B.

$\nabla S T = \nabla(S T)$ ... Einwirkung auf das Produkt $S T$,
$\overset{\curvearrowright}{\nabla S}\, T = (\nabla S) T$ ... Einwirkung nur auf S,
$\overset{\curvearrowright}{\nabla S T} = S \nabla T$ ... Einwirkung nur auf T.

Bei den vorliegenden Beispielen scheint die Benutzung des Einwirkungspfeiles noch überflüssig zu sein, aber es gibt auch Fälle nichtkommutativer Produkte (z. B. dyadisches Produkt), wo eine Umstellung der Faktoren nicht möglich ist. Z. B. in $\overset{\curvearrowright}{\nabla\cdot(\boldsymbol{A}\boldsymbol{B})}$ bildet zwar ∇ mit A formal ein skalares Produkt, die Differentiationsvorschrift, die in ∇ enthalten ist, bezieht sich jedoch auf $\boldsymbol{B}$. Es erweist sich manchmal auch nötig, ∇ nicht wie üblich auf den folgenden Ausdruck, sondern auf einen vorangehenden einwirken zu lassen. So bedeutet z. B. $\overleftarrow{A\nabla}$ wohl einen Vektorgradienten, jedoch nicht den Vektorgradienten grad A. Denn bei grad $A = \nabla A$ steht im formalen dyadischen Produkt ∇ vor A, in $A\nabla$ dagegen dahinter. $\overleftarrow{A\nabla}$ ist gleichsam das dyadische Spiegelbild zu $\nabla A = \overrightarrow{\nabla A}$.

Von der Richtigkeit der im folgenden gegebenen Ausdrücke überzeugt man sich am einfachsten durch Nachrechnung in kartesischen Koordinaten (Aufgabe 118, Seite 177).

Die räumliche Differentiation spezieller Produkte

1. Analog zu

$$\frac{\partial}{\partial x}(uv) = \left(\frac{\partial}{\partial x}u\right)v + u\left(\frac{\partial}{\partial x}v\right)$$

erhält man grad$(S\,T)$ mit $S = S(\boldsymbol{r})$ und $T = T(\boldsymbol{r})$ mit Hilfe des Nabla-Operators wie folgt:

$$\operatorname{grad}(S\,T) = \nabla(S\,T) = \overrightarrow{\nabla(S}\,T) + \overrightarrow{\nabla(S\,T}) = (\nabla S)T + S(\nabla T) = T \operatorname{grad} S + S \operatorname{grad} T.$$

2. Bei der Berechnung von

$$\operatorname{div}(S\,A) = \nabla\cdot(S\,A)$$

muß man berücksichtigen, daß der Multiplikationspunkt nur als Verknüpfungssymbol zwischen Vektoren sinnvoll ist. Er muß also immer zwischen zwei Vektoren stehen, wobei auch ∇ als Vektor gilt. Also:

$$\nabla\cdot(SA) = \overrightarrow{\nabla\cdot(S}A) + \overrightarrow{\nabla\cdot(SA}) = (\nabla S)\cdot A + S(\nabla\cdot A) = (\operatorname{grad} S)\cdot A + S \operatorname{div} A\,.$$

oder

$$\operatorname{div}(SA) = A\cdot\operatorname{grad} S + S\operatorname{div} A\,.$$

3. $$\operatorname{rot}(S\,A) = \nabla\times(S\,A) = \overrightarrow{\nabla\times(S}\,A) + \overrightarrow{\nabla\times(S\,A}) =$$
$$= (\nabla S \times A) + S(\nabla\times A) = (\operatorname{grad} S \times A) + (S \operatorname{rot} A)\,,$$

also

$$\operatorname{rot}(S\,A) = S\operatorname{rot} A - A \times \operatorname{grad} S\,.$$

Hier gilt für das Multiplikationskreuz das gleiche wie in Beispiel 2 für den Multiplikationspunkt. Außerdem ist die Antikommutativität des Vektorproduktes zu beachten.

4. Die Divergenz eines Vektorproduktes $\boldsymbol{A}\times\boldsymbol{B}$ läßt sich mittels ∇ als symbolisches Spatprodukt schreiben:

$$\operatorname{div}(\boldsymbol{A}\times\boldsymbol{B}) = \nabla\cdot(\boldsymbol{A}\times\boldsymbol{B}) = [\nabla\boldsymbol{A}\boldsymbol{B}] = [\overrightarrow{\nabla\boldsymbol{A}}\boldsymbol{B}] + [\overrightarrow{\nabla\boldsymbol{A}\boldsymbol{B}}].$$

Zur weiteren Berechnung ordnen wir innerhalb der Spatprodukte ganz rechts die Faktoren anders an:

$$\operatorname{div}(\boldsymbol{A}\times\boldsymbol{B}) = [\boldsymbol{B}\overrightarrow{\nabla\boldsymbol{A}}] - [\boldsymbol{A}\overrightarrow{\nabla\boldsymbol{B}}] = \boldsymbol{B}\cdot(\nabla\times\boldsymbol{A}) - \boldsymbol{A}\cdot(\nabla\times\boldsymbol{B}),$$

also

$$\operatorname{div}(\boldsymbol{A}\times\boldsymbol{B}) = \boldsymbol{B}\cdot\operatorname{rot}\boldsymbol{A} - \boldsymbol{A}\cdot\operatorname{rot}\boldsymbol{B}\,.$$

5. Als die von vorn genommene Divergenz eines dyadischen Produktes kann man den Ausdruck

$$\operatorname{div}(\boldsymbol{A}\boldsymbol{B}) = \nabla\cdot(\boldsymbol{A}\boldsymbol{B})$$

definieren. Die Ausführung dieser Differentiation ergibt

$$\nabla\cdot(\boldsymbol{A}\boldsymbol{B}) = \overrightarrow{\nabla\cdot(\boldsymbol{A}}\boldsymbol{B}) + \overrightarrow{\nabla\cdot(\boldsymbol{A}\boldsymbol{B}})\,.$$

Die Summanden rechts sind assoziative Zweifachprodukte. Für den ersten gilt daher

$$\overrightarrow{\nabla\cdot(\boldsymbol{A}}\boldsymbol{B}) = (\nabla\cdot\boldsymbol{A})\boldsymbol{B} = (\operatorname{div}\boldsymbol{A})\boldsymbol{B} = \boldsymbol{B}\operatorname{div}\boldsymbol{A}\,,$$

und für den zweiten

$$\overrightarrow{\nabla\cdot(\boldsymbol{A}\boldsymbol{B}}) = (\overrightarrow{\nabla\cdot\boldsymbol{A})\boldsymbol{B}}\,.$$

Da ∇ nicht auf $\boldsymbol{A}$ einwirkt, vertauscht man nun die Faktoren im symbolischen skalaren Produkt in der Klammer. Unter anschließender erneuter Berücksichtigung der Assoziativität erhält man

$$(\overrightarrow{\nabla\cdot\boldsymbol{A})\boldsymbol{B}} = (\boldsymbol{A}\cdot\overrightarrow{\nabla)\boldsymbol{B}} = \boldsymbol{A}\cdot(\nabla\boldsymbol{B}) = \boldsymbol{A}\cdot\operatorname{grad}\boldsymbol{B}$$

(Das skalare Produkt $\boldsymbol{A}\cdot\operatorname{grad}\boldsymbol{B}$ ist nicht kommutativ, denn $\operatorname{grad}\boldsymbol{B}$ hat ja den Charakter eines dyadischen Produktes $\operatorname{grad}\boldsymbol{B} = \nabla\boldsymbol{B}$.)

Somit ist

$$\operatorname{div}(\boldsymbol{A}\boldsymbol{B}) = \boldsymbol{B}\operatorname{div}\boldsymbol{A} + \boldsymbol{A}\cdot\operatorname{grad}\boldsymbol{B}\,.$$

6. Die Berechnung von $\operatorname{rot}(\boldsymbol{A}\times\boldsymbol{B})$ kann mit Hilfe des Entwicklungssatzes [24b] sofort auf das soeben erhaltene Ergebnis

$$\operatorname{div}(\boldsymbol{A}\boldsymbol{B}) = \boldsymbol{B}\operatorname{div}\boldsymbol{A} + \boldsymbol{A}\cdot\operatorname{grad}\boldsymbol{B}$$

zurückgeführt werden. Es ergibt sich

$$\operatorname{rot}(\boldsymbol{A}\times\boldsymbol{B}) = \nabla\times(\boldsymbol{A}\times\boldsymbol{B}) = \nabla\cdot(\boldsymbol{B}\boldsymbol{A}-\boldsymbol{A}\boldsymbol{B}) = \operatorname{div}(\boldsymbol{B}\boldsymbol{A}) - \operatorname{div}(\boldsymbol{A}\boldsymbol{B})\,,$$

also

$$\operatorname{rot}(\boldsymbol{A}\times\boldsymbol{B}) = \boldsymbol{A}\operatorname{div}\boldsymbol{B} + \boldsymbol{B}\cdot\operatorname{grad}\boldsymbol{A} - \boldsymbol{A}\operatorname{div}\boldsymbol{B} - \boldsymbol{B}\cdot\operatorname{grad}\boldsymbol{A}\,.$$

7. Im Ausdruck

$$\operatorname{grad}(\boldsymbol{A}\cdot\boldsymbol{B}) = \nabla(\boldsymbol{A}\cdot\boldsymbol{B}) = \overrightarrow{\nabla(\boldsymbol{A}}\cdot\boldsymbol{B}) + \overrightarrow{\nabla(\boldsymbol{A}\cdot\boldsymbol{B}})$$

können wir uns wiederum auf die Assoziativität stützen. Zuvor machen wir noch von der Kommutativität des skalaren Produktes im letzten Summanden rechts Gebrauch. Wir erhalten

$$\operatorname{grad}(\boldsymbol{A}\cdot\boldsymbol{B}) = \overrightarrow{\nabla(\boldsymbol{A}}\cdot\boldsymbol{B}) + \overrightarrow{\nabla(\boldsymbol{B}}\cdot\boldsymbol{A}) = (\nabla\boldsymbol{A})\cdot\boldsymbol{B} + (\nabla\boldsymbol{B})\cdot\boldsymbol{A} = (\operatorname{grad}\boldsymbol{A})\cdot\boldsymbol{B} + (\operatorname{grad}\boldsymbol{B})\cdot\boldsymbol{A}\,.$$

Die Reihenfolge der Faktoren in den erhaltenen skalaren Produkten ist *nicht* vertauschbar, den $\operatorname{grad}\boldsymbol{A}$ bzw. $\operatorname{grad}\boldsymbol{B}$ haben ja den Charakter dyadischer Produkte ($\nabla\boldsymbol{A}$ und $\nabla\boldsymbol{B}$).

Durch eine Umformung mit Hilfe des Entwicklungssatzes kann man auch zu Ausdrücken kommen, in denen $\operatorname{grad}\boldsymbol{A}$ und $\operatorname{grad}\boldsymbol{B}$ nicht von hinten, sondern von vorn mit $\boldsymbol{B}$ bzw. $\boldsymbol{A}$ skalar multipliziert auftreten.

Man geht dabei vom Zweifachprodukt $\boldsymbol{B}\times(\nabla\times\boldsymbol{A})$ aus, das man nach dem Entwicklungssatz [24b] umformt zu

$$\boldsymbol{B}\times(\nabla\times\boldsymbol{A}) = \boldsymbol{B}\cdot(\overleftarrow{\boldsymbol{A}\nabla} - \overrightarrow{\nabla\boldsymbol{A}}) = \boldsymbol{B}\cdot(\overleftarrow{\boldsymbol{A}\nabla}) - \boldsymbol{B}\cdot(\overrightarrow{\nabla\boldsymbol{A}})\,.$$

Im ersten Summanden rechts, bei dem in der Klammer ja ein formales dyadisches Produkt steht, lassen sich die Faktoren in umgekehrter Reihenfolge schreiben:

$$\boldsymbol{B}\cdot(\overleftarrow{\boldsymbol{A}\nabla}) = (\overrightarrow{\nabla\boldsymbol{A}})\cdot\boldsymbol{B} = (\operatorname{grad}\boldsymbol{A})\cdot\boldsymbol{B}\,.$$

Das aber ist bereits der Ausdruck, bei dem wir uns an der Reihenfolge der Faktoren gestoßen haben. Wir lösen die Gleichung

$$\boldsymbol{B} \times (\nabla \times \boldsymbol{A}) = (\operatorname{grad} \boldsymbol{A}) \cdot \boldsymbol{B} - \boldsymbol{B} \cdot (\nabla \boldsymbol{A})$$

nach ihm auf und erhalten damit

$$(\operatorname{grad} \boldsymbol{A}) \cdot \boldsymbol{B} = \boldsymbol{B} \times (\nabla \times \boldsymbol{A}) + \boldsymbol{B} \cdot (\nabla \boldsymbol{A}) = \boldsymbol{B} \times \operatorname{rot} \boldsymbol{A} + \boldsymbol{B} \cdot \operatorname{grad} \boldsymbol{A}\,.$$

Mit dieser und einer entsprechenden Umformung von $(\operatorname{grad} \boldsymbol{B}) \cdot \boldsymbol{A}$ ist dann

$$\operatorname{grad}(\boldsymbol{A} \cdot \boldsymbol{B}) = \boldsymbol{A} \times \operatorname{rot} \boldsymbol{B} + \boldsymbol{A} \cdot \operatorname{grad} \boldsymbol{B} + \boldsymbol{B} \times \operatorname{rot} \boldsymbol{A} + \boldsymbol{B} \cdot \operatorname{grad} \boldsymbol{A}$$

7.3 Die Kettenregel bei räumlicher Differentiation

Hier sollen die räumlichen Ableitungen von Vektorfunktionen besprochen werden, die nicht explizit Funktionen des Ortes sind, sondern durch

$$\boldsymbol{A} = \boldsymbol{A}(v) \quad \text{mit} \quad v = v(\boldsymbol{r}) = v(x, y, z)$$

dargestellt werden. Hierin ist also v eine skalare Ortsfunktion.

Die räumliche Ableitung einer skalaren Funktion

$$u = u(v) \quad \text{mit} \quad v = v(\boldsymbol{r}) = v(x, y, z)$$

haben wir auf Seite 101 bereits kennengelernt. Wir erhielten dort als Formel [33]

$$\operatorname{grad} u(v) = \frac{\mathrm{d}u}{\mathrm{d}v} \operatorname{grad} v\,.$$

Unter Benutzung des Nabla-Operators wollen wir dies nun wie folgt schreiben

$$\nabla u(v) = (\nabla v) \frac{\mathrm{d}u}{\mathrm{d}v}\,.$$

Um den Ausdruck $\operatorname{div} \boldsymbol{A}(v)$ zu finden, gehen wir ähnlich vor wie bei der Bildung von $\operatorname{grad} u(v)$: Wir rechnen in kartesischen Koordinaten.

$$\begin{aligned} \operatorname{div} \boldsymbol{A}(v) &= \operatorname{div} \{\boldsymbol{i} A_x(v) + \boldsymbol{j} A_y(v) + \boldsymbol{k} A_z(v)\} = \\ &= \frac{\partial A_x(v)}{\partial x} + \frac{\partial A_y(v)}{\partial y} + \frac{\partial A_z(v)}{\partial z} = \\ &= \frac{\mathrm{d}A_x}{\mathrm{d}v} \frac{\partial v}{\partial x} + \frac{\mathrm{d}A_y}{\mathrm{d}v} \frac{\partial v}{\partial y} + \frac{\mathrm{d}A_z}{\mathrm{d}v} \frac{\partial v}{\partial z}\,. \end{aligned}$$

Der so gewonnene Ausdruck läßt sich als ein skalares Produkt interpretieren:

$$\begin{aligned} &\frac{\mathrm{d}A_x}{\mathrm{d}v} \frac{\partial v}{\partial x} + \frac{\mathrm{d}A_y}{\mathrm{d}v} \frac{\partial v}{\partial y} + \frac{\mathrm{d}A_z}{\mathrm{d}v} \frac{\partial v}{\partial z} = \\ &= \left(\boldsymbol{i} \frac{\mathrm{d}A_x}{\mathrm{d}v} + \boldsymbol{j} \frac{\mathrm{d}A_y}{\mathrm{d}v} + \boldsymbol{k} \frac{\mathrm{d}A}{\mathrm{d}v}\right) \cdot \left(\boldsymbol{i} \frac{\partial v}{\partial x} + \boldsymbol{j} \frac{\partial v}{\partial y} + \boldsymbol{k} \frac{\partial v}{\partial z}\right) \\ &= \left\{\frac{\mathrm{d}}{\mathrm{d}v} (\boldsymbol{i} A_x + \boldsymbol{j} A_y + \boldsymbol{k} A_z)\right\} \cdot \operatorname{grad} v\,. \end{aligned}$$

Wir erhalten also

$$\operatorname{div} \boldsymbol{A}(v) = \frac{\mathrm{d}\boldsymbol{A}}{\mathrm{d}v} \cdot \operatorname{grad} v\,,$$

oder in Nabla-Schreibweise

$$\nabla \boldsymbol{A}(v) = (\nabla v) \cdot \frac{\mathrm{d}\boldsymbol{A}}{\mathrm{d}v}\,.$$

Auch die Berechnung von rot $\boldsymbol{A}(v)$ gelingt am einfachsten mit Hilfe der kartesischen Koordinaten:

$$\operatorname{rot}\boldsymbol{A}(v) = \begin{vmatrix} \boldsymbol{i} & \boldsymbol{j} & \boldsymbol{k} \\ \partial/\partial x & \partial/\partial y & \partial/\partial z \\ A_x(v) & A_y(v) & A_z(v) \end{vmatrix} = \boldsymbol{i}\left(\frac{\partial A_z(v)}{\partial y} - \frac{\partial A_y(v)}{\partial z}\right) + \boldsymbol{j}\ldots\ldots =$$

$$= \boldsymbol{i}\left(\frac{\mathrm{d}A_z}{\mathrm{d}v}\frac{\partial v}{\partial y} - \frac{\mathrm{d}A_y}{\mathrm{d}v}\frac{\partial v}{\partial z}\right) + \boldsymbol{j}\ldots\ldots$$

Das läßt sich wiederum als Determinante schreiben, also

$$\operatorname{rot}\boldsymbol{A}(v) = \begin{vmatrix} \boldsymbol{i} & \boldsymbol{j} & \boldsymbol{k} \\ \partial v/\partial x & \partial v/\partial y & \partial v/\partial z \\ \mathrm{d}A_x/\mathrm{d}v & \mathrm{d}A_y/\mathrm{d}v & \mathrm{d}A_z/\mathrm{d}v \end{vmatrix} =$$

$$= \left(\boldsymbol{i}\frac{\partial v}{\partial x} + \boldsymbol{j}\frac{\partial v}{\partial y} + \boldsymbol{k}\frac{\partial v}{\partial z}\right) \times \left(\boldsymbol{i}\frac{\mathrm{d}A_x}{\mathrm{d}v} + \boldsymbol{j}\frac{\mathrm{d}A_y}{\mathrm{d}v} + \boldsymbol{k}\frac{\mathrm{d}A_z}{\mathrm{d}v}\right).$$

Damit ist

$$\operatorname{rot}\boldsymbol{A}(v) = (\operatorname{grad} v) \times \frac{\mathrm{d}\boldsymbol{A}}{\mathrm{d}v},$$

oder in Nabla-Schreibweise

$$\nabla \times \boldsymbol{A}(v) = (\nabla v) \times \frac{\mathrm{d}\boldsymbol{A}}{\mathrm{d}v}.$$

Schließlich sei noch der Vektorgradient grad $\boldsymbol{A}(v)$ berechnet:

$$\operatorname{grad}\boldsymbol{A}(v) = \boldsymbol{i}\boldsymbol{i}\frac{\partial A_x(v)}{\partial x} + \boldsymbol{i}\boldsymbol{j}\frac{\partial A_y(v)}{\partial x} + \boldsymbol{i}\boldsymbol{k}\frac{\partial A_z(v)}{\partial x} + \ldots\ldots =$$

$$= \boldsymbol{i}\boldsymbol{i}\frac{\mathrm{d}A_x}{\mathrm{d}v}\frac{\partial v}{\partial x} + \boldsymbol{i}\boldsymbol{j}\frac{\mathrm{d}A_y}{\mathrm{d}v}\frac{\partial v}{\partial x} + \boldsymbol{i}\boldsymbol{k}\frac{\mathrm{d}A_z}{\mathrm{d}v}\frac{\partial v}{\partial x} + \ldots\ldots =$$

$$= \boldsymbol{i}\frac{\partial v}{\partial x}\left(\boldsymbol{i}\frac{\mathrm{d}A_x}{\mathrm{d}v} + \boldsymbol{j}\frac{\mathrm{d}A_y}{\mathrm{d}v} + \boldsymbol{k}\frac{\mathrm{d}A_z}{\mathrm{d}v}\right) + \ldots\ldots = \boldsymbol{i}\frac{\partial v}{\partial x}\frac{\mathrm{d}\boldsymbol{A}}{\mathrm{d}v} + \ldots\ldots$$

Ergänzt man die durch Punkte angedeuteten Glieder, so ergibt sich

$$\operatorname{grad}\boldsymbol{A}(v) = \boldsymbol{i}\frac{\partial v}{\partial x}\frac{\mathrm{d}\boldsymbol{A}}{\mathrm{d}v} + \boldsymbol{j}\frac{\partial v}{\partial y}\frac{\mathrm{d}\boldsymbol{A}}{\mathrm{d}v} + \boldsymbol{k}\frac{\partial v}{\partial z}\frac{\mathrm{d}\boldsymbol{A}}{\mathrm{d}v} =$$

$$= \left(\boldsymbol{i}\frac{\partial v}{\partial x} + \boldsymbol{j}\frac{\partial v}{\partial y} + \boldsymbol{k}\frac{\partial v}{\partial z}\right)\frac{\mathrm{d}\boldsymbol{A}}{\mathrm{d}v},$$

also

$$\operatorname{grad}\boldsymbol{A}(v) = (\operatorname{grad} v)\frac{\mathrm{d}\boldsymbol{A}}{\mathrm{d}v}$$

bzw.

$$\nabla\boldsymbol{A}(v) = (\nabla v)\frac{\mathrm{d}\boldsymbol{A}}{\mathrm{d}v}.$$

Wir fassen zusammen und erhalten als

■ Kettenregel:

$$\nabla u(v) = (\nabla v)\frac{\mathrm{d}u}{\mathrm{d}v} \qquad \nabla \cdot \boldsymbol{A}(v) = (\nabla v) \cdot \frac{\mathrm{d}\boldsymbol{A}}{\mathrm{d}v}$$

$$\nabla\boldsymbol{A}(v) = (\nabla v)\frac{\mathrm{d}\boldsymbol{A}}{\mathrm{d}v} \qquad \nabla \times \boldsymbol{A}(v) = (\nabla v) \times \frac{\mathrm{d}\boldsymbol{A}}{\mathrm{d}v} \qquad [47]$$

7.4 Mehrfache räumliche Differentiation

Die Rotation eines Gradienten. In einem Gradientenfeld $\boldsymbol{A} = \operatorname{grad} S$ ist nach [34b] überall $\oint \operatorname{grad} S \cdot \mathrm{d}\boldsymbol{r} = 0$, was – vgl. [40] – gleichbedeutend mit der Nichtexistenz einer Zirkulation Z des Gradientenvektors ist. Daraus folgt sofort auch die Nichtexistenz der Zirkulationsdichte $\zeta = \lim_{f \to 0} Z/f$ überall im Gradientenfeld, und somit auch die Nichtexistenz der Rotation. Denn der Betrag der Rotation ist nach Seite 143 ja die an der jeweiligen Stelle maximal mögliche Zirkulationsdichte ζ_{max}. Damit ist aber die

■ Rotation des Gradienten

$$\operatorname{rot} \operatorname{grad} S = 0\,, \qquad [48]$$

was sich natürlich auch durch Ausrechnen in kartesischen Koordinaten rein formal zeigen läßt. Gradientenfelder sind wirbelfrei!

Umgekehrt kann ein Vektorfeld $\boldsymbol{A} = \boldsymbol{A}(\boldsymbol{r})$, in dem überall $\operatorname{rot} \boldsymbol{A} = 0$ ist, als Gradient eines Skalars, seines Potentials dargestellt werden (vgl. Seite 104). Wirbelfreie Felder haben immer ein Potential!

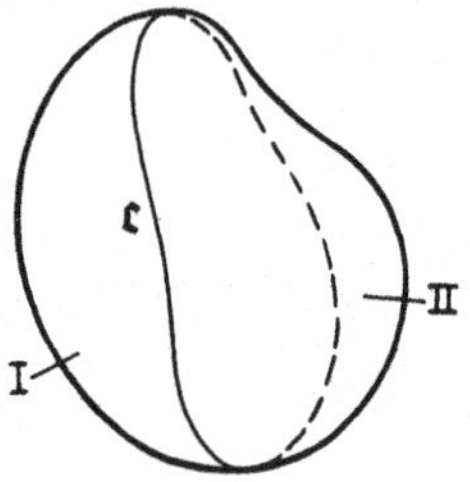

Abb. 126. Zur Berechnung von div rot $\boldsymbol{A}$

Die Divergenz einer Rotation. Wir wenden auf den Ausdruck $\operatorname{div} \operatorname{rot} \boldsymbol{A} = \operatorname{div} (\operatorname{rot} \boldsymbol{A})$ zunächst den GAUSSschen Satz [39] an:

$$\int_V \operatorname{div} (\operatorname{rot} \boldsymbol{A})\, \mathrm{d} V = \oint \mathrm{d}\vec{f} \cdot \operatorname{rot} \boldsymbol{A}\,.$$

Die Hüllfläche des Raumbereiches, für den wir den GAUSSschen Satz angeschrieben haben, teilen wir nun durch eine Linie $\mathfrak{C}$ in zwei Hälften I und II (Abb. 126), und zerlegen das Hüllenintegral in zwei einzelne Flächenintegrale für I und II:

$$\oint \mathrm{d}\vec{f} \cdot \operatorname{rot} \boldsymbol{A} = {}_{\mathrm{I}}\!\int \mathrm{d}\vec{f} \cdot \operatorname{rot} \boldsymbol{A} + {}_{\mathrm{II}}\!\int \mathrm{d}\vec{f} \cdot \operatorname{rot} \boldsymbol{A}\,.$$

Nunmehr verwandeln wir jedes der beiden Flächenintegrale nach dem STOKESschen Satz [44] in das Linienintegral längs der Randkurve $\mathfrak{C}$:

$$\begin{aligned} {}_{\mathrm{I}}\!\int \mathrm{d}\vec{f} \cdot \operatorname{rot} \boldsymbol{A} &= {}_{\mathrm{I}}\!\oint \boldsymbol{A} \cdot \mathrm{d}\vec{s}\,, \\ {}_{\mathrm{II}}\!\oint \mathrm{d}\vec{f} \cdot \operatorname{rot} \boldsymbol{A} &= {}_{\mathrm{II}}\!\oint \boldsymbol{A} \cdot \mathrm{d}\vec{s}\,, \end{aligned}$$

womit wir

$$\oint \mathrm{d}\vec{f} \cdot \operatorname{rot} \boldsymbol{A} = {}_{\mathrm{I}}\!\oint \boldsymbol{A} \cdot \mathrm{d}\vec{s} + {}_{\mathrm{II}}\!\oint \boldsymbol{A} \cdot \mathrm{d}\vec{s}$$

erhalten. Auf der rechten Seite handelt es sich jetzt um die Addition zweier Zirkulationen, wobei definitionsgemäß (vgl. Seite 146) bei der Bildung der Linienintegrale die gemeinsame Grenzlinie in verschiedener Richtung durchlaufen wird. Im vorliegenden Fall handelt es sich bei dieser Grenzlinie um die beiden Bereichen gemeinsame Kurve $\mathfrak{C}$. Sie wird also bei der Bildung von $_{\mathrm{I}}\oint A \cdot \vec{ds}$ in entgegengesetztem Sinn durchlaufen wie bei $_{\mathrm{II}}\oint A \cdot \vec{ds}$, so daß

$$_{\mathrm{I}}\oint A \cdot \vec{ds} = -_{\mathrm{II}}\oint A \cdot \vec{ds}$$

sein muß, und somit die Summe

$$_{\mathrm{I}}\oint A \cdot \vec{ds} + _{\mathrm{II}}\oint A \cdot \vec{ds} = 0$$

ist. Damit ist gezeigt, daß immer

$$\int \operatorname{div} \operatorname{rot} A \, \mathrm{d} V = 0$$

ist, und daraus folgt weiter, daß überall der Integrand, also die

■ Divergenz einer Rotation

$$\operatorname{div} \operatorname{rot} A = 0 \qquad [49]$$

ist, denn Gestalt und Größe der Hülle waren bei unserer Überlegung beliebig. Es kann daher nicht an einzelnen Stellen des Feldes von rot A Quellen und an anderen Stellen Senken geben. Das Feld einer Rotation ist quellenfrei!

Wirbelröhren, also Vektorröhren einer Rotation, können nirgends enden und nirgends beginnen, sie müssen daher in sich geschlossen sein (sofern sie nicht ins Unendliche laufen). Ein Wirbelfeld nennt man daher ein *solenoidales* (röhrenförmiges) Feld. Im Gegensatz dazu nennt man das Feld eines Gradientenvektors, das durch seine Niveauflächen beschrieben werden kann, ein *lamellares* Feld.

Wegen der Quellenfreiheit des Wirbelfeldes müssen die Flüsse durch zwei Querschnitte derselben Wirbelröhre einander gleich sein:

$$|\operatorname{rot} A|_1 \, \mathrm{d}f_1 = |\operatorname{rot} A|_2 \, \mathrm{d}f_2 .$$

Das Ergebnis [49] erhält man auch durch Ausrechnen in kartesischen Koordinaten, oder mit Hilfe des Nabla-Operators:

$$\operatorname{div} \operatorname{rot} A = \nabla \cdot (\nabla \times A) = [\nabla \nabla A],$$

was Null sein muß, weil das Spatprodukt zwei gleiche „Vektoren", nämlich zwei ∇ enthält.

Der Laplace-Operator. Im elektrostatischen Feld wird die elektrische Raumladungsdichte ρ als Quellendichte des Vektors $\boldsymbol{D}$ der dielektrischen Verschiebung angesehen:

$$\rho = \operatorname{div} \boldsymbol{D} .$$

Die Verschiebungsdichte wiederum ist (im Vakuum)

$$\boldsymbol{D} = \varepsilon_0 \boldsymbol{E}$$

mit $\boldsymbol{E}$ als Vektor der elektrischen Feldstärke und ε_0 als Influenzkonstante, und schließlich läßt sich im elektrostatischen Feld die Feldstärke als negativer Gradient des elektrischen Potentials φ darstellen:

$$\boldsymbol{E} = -\operatorname{grad} \varphi .$$

Setzt man dies in $\rho = \operatorname{div} \boldsymbol{D}$ ein, so folgt

$$\rho = \varepsilon_0 \operatorname{div} (\operatorname{grad} \varphi) = -\varepsilon_0 \operatorname{div} \operatorname{grad} \varphi ,$$

bzw.

$$\operatorname{div} \operatorname{grad} \varphi = -\rho/\varepsilon_0 .$$

Mit dieser als *Poisson-Gleichung* bezeichneten Differentialgleichung liegt ein Interesse für die Divergenzbildung in einem Gradientenfeld vor. Wir rechnen im folgenden deshalb die Divergenz eines Gradienten einer skalaren Ortsfunktion $S = S(\boldsymbol{r}) = S(x,y,z)$ in kartesischen Koordinaten aus.

$$\operatorname{div}\operatorname{grad} S = \operatorname{div}(\operatorname{grad} S) = \operatorname{div}\left(\boldsymbol{i}\frac{\partial S}{\partial x} + \boldsymbol{j}\frac{\partial S}{\partial y} + \boldsymbol{k}\frac{\partial S}{\partial z}\right) =$$

$$= \frac{\partial}{\partial x}\frac{\partial S}{\partial x} + \frac{\partial}{\partial y}\frac{\partial S}{\partial y} + \frac{\partial}{\partial z}\frac{\partial S}{\partial z},$$

also

$$\operatorname{div}\operatorname{grad} S = \frac{\partial^2 S}{\partial x^2} + \frac{\partial^2 S}{\partial y^2} + \frac{\partial^2 S}{\partial z^2}.$$

Man kann dies auch wie folgt schreiben:

$$\operatorname{div}\operatorname{grad} S = \left(\frac{\partial^2}{\partial x^2} + \frac{\partial^2}{\partial y^2} + \frac{\partial^2}{\partial z^2}\right) S,$$

worin div grad als ein Operator erscheint, den man als

■ LAPLACE-Operator Δ

$$\Delta = \operatorname{div}\operatorname{grad} \qquad [50\,a]$$

(bei Anwendung auf Skalare)

oder Delta-Operator bezeichnet. Man schreibt daher auch

$$\operatorname{div}\operatorname{grad} S = \Delta S.$$

Die oben durchgeführte Rechnung ergab zugleich den

■ LAPLACE-Operator in kartesischen Koordinaten

$$\Delta = \frac{\partial^2}{\partial x^2} + \frac{\partial^2}{\partial y^2} + \frac{\partial^2}{\partial z^2}. \qquad [50\,b]$$

In der Nabla-Schreibweise finden wir

$$\operatorname{div}\operatorname{grad} S = \nabla \cdot \nabla S = (\nabla \cdot \nabla) S = \Delta S,$$

woraus

■

$$\Delta = \nabla \cdot \nabla = \nabla^2 \qquad [50\,c]$$

(LAPLACE-Operator als zweite Potenz des Nabla-Operators)

folgt.

In ladungsfreien elektrostatischen Feldern ist $\rho = 0$, also

$$\Delta\rho = 0.$$

Man bezeichnet diese Differentialgleichung als *Laplace-Gleichung.*

Anwendung des Laplace-Operators auf Vektoren. Der LAPLACE-Operator ist in der soeben behandelten Form, insbesondere gemäß [50 a] nur bezüglich seiner Einwirkung auf skalare Funktionen definiert. Dennoch wird das Symbol Δ auch als Operator gelegentlich im Zusammenhang mit Vektoren verwendet. Um zu verstehen, was in solch einem Fall mit $\Delta\boldsymbol{A}$ gemeint sein soll, bilden wir $\operatorname{rot}\operatorname{rot}\boldsymbol{A} = \nabla \times (\nabla \times \boldsymbol{A})$ und verwandeln dies mit Hilfe des Entwicklungssatzes [24 b] in

$$\operatorname{rot}\operatorname{rot}\boldsymbol{A} = \nabla \cdot (\overleftarrow{\boldsymbol{A}\nabla} - \overrightarrow{\nabla\boldsymbol{A}}).$$

Das ergibt weiter

$$\operatorname{rot}\operatorname{rot} A = \nabla \cdot (\overleftarrow{A \nabla}) - \nabla \cdot (\nabla A)$$

Den ersten Summanden rechts formen wir um: $\nabla \cdot (\overleftarrow{A \nabla})$ bedeutet eine Einwirkung beider ∇-Operatoren auf den Vektor A, wobei zwar die Reihenfolge, nicht aber die Art des Einwirkens (skalare bzw. dyadische Multiplikation) gleichgültig ist. Man kann infolgedessen schreiben

$$\nabla \cdot (\overleftarrow{A \nabla}) = (\nabla \cdot \overleftarrow{A) \nabla},$$

worin jetzt der rechte ∇-Operator und der (skalare!) Klammerausdruck vertauschbar sind. Das ergibt

$$(\nabla \cdot \overleftarrow{A) \nabla} = \nabla(\nabla \cdot A) = \operatorname{grad}(\operatorname{div} A) = \operatorname{grad}\operatorname{div} A\,.$$

Damit wird

$$\operatorname{rot}\operatorname{rot} A = \operatorname{grad}\operatorname{div} A - \nabla \cdot (\nabla A)\,.$$

Den zweiten Summanden rechts schreibt man nun unter Anlehnung an [50c] als

$$\nabla \cdot (\nabla A) = (\nabla \cdot \nabla) A = \Delta A\,.$$

Somit ist

$$\operatorname{rot}\operatorname{rot} A = \operatorname{grad}\operatorname{div} A - \Delta A$$

oder

$$\Delta A = \operatorname{grad}\operatorname{div} A - \operatorname{rot}\operatorname{rot} A\,.$$

Also ist die

■ Bedeutung des Δ-Operators bei Anwendung auf Vektoren:

$$\Delta = \operatorname{grad}\operatorname{div} - \operatorname{rot}\operatorname{rot} \qquad [50\text{d}]$$

Wie man sich durch einfaches Ausrechnen überzeugen kann, führt die Anwendung des Δ-Operators auf einen Vektor A gemäß [50d] in kartesischen Koordinaten zu dem Ausdruck

$$\begin{aligned}
\Delta A &= \operatorname{grad}\operatorname{div} A - \operatorname{rot}\operatorname{rot} A = \\
&= \operatorname{grad}\left(\frac{\partial A_x}{\partial x} + \frac{\partial A_y}{\partial y} + \frac{\partial A_z}{\partial z}\right) - \operatorname{rot}\begin{vmatrix} i & j & k \\ \partial/\partial x & \partial/\partial y & \partial/\partial z \\ A_x & A_y & A_z \end{vmatrix} = \\
&= \left(i\frac{\partial}{\partial x} + j\frac{\partial}{\partial y} + k\frac{\partial}{\partial z}\right)\left(\frac{\partial A_x}{\partial x} + \frac{\partial A_y}{\partial y} + \frac{\partial A_z}{\partial z}\right) - \\
&\quad - \begin{vmatrix} i & j & k \\ \partial/\partial x & \partial/\partial y & \partial/\partial z \\ \frac{\partial A_z}{\partial y} - \frac{\partial A_y}{\partial z} & \frac{\partial A_x}{\partial z} - \frac{\partial A_z}{\partial x} & \frac{\partial A_y}{\partial x} - \frac{\partial A_x}{\partial y} \end{vmatrix} = i\,\Delta A_x + j\,\Delta A_y + k\,\Delta A_z\,,
\end{aligned}$$

also (selbstverständlich) zum gleichen Ergebnis, wie wenn man Δ gemäß [50b] hätte auf A einwirken lassen:

$$\Delta A = \Delta(i\,A_x + j\,A_y + k\,A_z) = i\,\Delta A_x + j\,\Delta A_y + k\,\Delta A_z\,.$$

Der Gradient einer Divergenz folgt unmittelbar aus [50d]. Demzufolge läßt sich grad div A umformen zu

$$\operatorname{grad}\operatorname{div} A = \operatorname{rot}\operatorname{rot} A + \Delta A$$

Die Rotation einer Rotation haben wir bereits berechnet:

$$\operatorname{rot}\operatorname{rot} A = \operatorname{grad}\operatorname{div} A - \Delta A$$

Anwendung des Laplace-Operators auf Produkte. Wir beschränken uns auf zwei Fälle.

1. S und T seien zwei skalare Ortsfunktionen $S = S(\boldsymbol{r})$ und $T = T(\boldsymbol{r})$. Um $\operatorname{div}\operatorname{grad}(S\,T)$ zu berechnen, machen wir von [50c] Gebrauch:

$$\begin{aligned}\operatorname{div}\operatorname{grad}(S\,T) &= \Delta(S\,T) = \nabla\cdot\nabla(S\,T) = \nabla\cdot(\nabla S\,T) = \\ &= \nabla\cdot(T\,\nabla S + S\,\nabla T) = \\ &= \nabla T\cdot\nabla S + T\,\nabla\cdot\nabla S + \nabla S\cdot\nabla T + S\,\nabla\cdot\nabla T = \\ &= T\,\Delta S + S\,\Delta T + 2\nabla S\cdot\nabla T,\end{aligned}$$

also

$$\operatorname{div}\operatorname{grad}(S\,T) = T\operatorname{div}\operatorname{grad} S + S\operatorname{div}\operatorname{grad} T + 2\operatorname{grad} S\cdot\operatorname{grad} T.$$

2. Wesentlich komplizierter ist die koordinatenfreie Berechnung von $\Delta(\boldsymbol{A}\cdot\boldsymbol{B})$ mit $\boldsymbol{A} = \boldsymbol{A}(\boldsymbol{r})$ und $\boldsymbol{B} = \boldsymbol{B}(\boldsymbol{r})$. Wenngleich man in solchen Fällen am zweckmäßigsten in kartesischen Koordinaten rechnen wird, sei hier dennoch als Beispiel die koordinatenfreie Rechnung gegeben:

$$\begin{aligned}\Delta(\boldsymbol{A}\cdot\boldsymbol{B}) &= (\nabla\cdot\nabla)(\boldsymbol{A}\cdot\boldsymbol{B}) = \nabla\cdot\{\nabla(\boldsymbol{A}\cdot\boldsymbol{B})\} = \nabla\cdot\{\overrightarrow{\nabla(\boldsymbol{A}}\cdot\boldsymbol{B}) + \overrightarrow{\nabla(\boldsymbol{A}\cdot\boldsymbol{B}})\} = \\ &= \nabla\cdot\{\overrightarrow{\nabla(\boldsymbol{A}}\cdot\boldsymbol{B}) + \overrightarrow{\nabla(\boldsymbol{B}}\cdot\boldsymbol{A})\} = \nabla\cdot\{(\nabla\boldsymbol{A})\cdot\boldsymbol{B} + (\nabla\boldsymbol{B})\cdot\boldsymbol{A}\} = \\ &= \overrightarrow{\nabla\cdot\nabla\boldsymbol{A}}\cdot\boldsymbol{B} + \overrightarrow{\nabla\cdot\nabla\boldsymbol{A}\cdot\boldsymbol{B}} + \overrightarrow{\nabla\cdot\nabla\boldsymbol{B}}\cdot\boldsymbol{A} + \overrightarrow{\nabla\cdot\nabla\boldsymbol{B}\cdot\boldsymbol{A}} = \\ &= (\Delta\boldsymbol{A})\cdot\boldsymbol{B} + \overrightarrow{\nabla\boldsymbol{A}} : \overleftarrow{\boldsymbol{B}\nabla} + (\Delta\boldsymbol{B})\cdot\boldsymbol{A} + \overrightarrow{\nabla\boldsymbol{B}} : \overleftarrow{\boldsymbol{A}\nabla}.\end{aligned}$$

Hierin taucht die Schreibweise eines doppelten inneren Produktes zweier dyadischer Produkte auf. Damit ist gemeint

$$\boldsymbol{A}\boldsymbol{B} : \boldsymbol{C}\boldsymbol{D} = (\boldsymbol{D}\cdot\boldsymbol{A})(\boldsymbol{B}\cdot\boldsymbol{C}),$$

d. h. die einander zugekehrten und abgekehrten Faktoren sind miteinander skalar zu multiplizieren. Der Doppelpunkt ist hier also kein Divisionssymbol, sondern bedeutet eine doppelte Multiplikation. Wir berechnen zur Illustration dieses Verfahrens $\overrightarrow{\nabla\boldsymbol{A}} : \overleftarrow{\boldsymbol{B}\nabla}$ in kartesischen Koordinaten. Es ist

$$\nabla\boldsymbol{A} = \left(\boldsymbol{i}\frac{\partial}{\partial x} + \boldsymbol{j}\frac{\partial}{\partial y} + \boldsymbol{k}\frac{\partial}{\partial z}\right)(\boldsymbol{i}\,A_x + \boldsymbol{j}\,A_y + \boldsymbol{k}\,A_z),$$

also

$$\nabla\boldsymbol{A} = \boldsymbol{i}\,\boldsymbol{i}\frac{\partial A_x}{\partial x} + \boldsymbol{i}\,\boldsymbol{j}\frac{\partial A_y}{\partial x} + \boldsymbol{i}\,\boldsymbol{k}\frac{\partial A_z}{\partial x} + \ldots.,$$

und demzufolge ist

$$\overleftarrow{\boldsymbol{B}\nabla} = \boldsymbol{i}\,\boldsymbol{i}\frac{\partial B_x}{\partial x} + \boldsymbol{i}\,\boldsymbol{j}\frac{\partial B_x}{\partial y} + \boldsymbol{i}\,\boldsymbol{k}\frac{\partial B_x}{\partial z} + \ldots.$$

Daraus ergibt sich, wenn man alle zu Null werdenden Glieder sogleich wegläßt,

$$\begin{aligned}\overrightarrow{\nabla\boldsymbol{A}} : \overleftarrow{\boldsymbol{B}\nabla} &= (\boldsymbol{i}\cdot\boldsymbol{i})(\boldsymbol{i}\cdot\boldsymbol{i})\frac{\partial A_x}{\partial x}\frac{\partial B_x}{\partial x} + (\boldsymbol{i}\cdot\boldsymbol{i})(\boldsymbol{j}\cdot\boldsymbol{j})\frac{\partial A_y}{\partial x}\frac{\partial B_y}{\partial x} + \\ &\quad + (\boldsymbol{i}\cdot\boldsymbol{i})(\boldsymbol{k}\cdot\boldsymbol{k})\frac{\partial A_z}{\partial x}\frac{\partial B_z}{\partial x} + \ldots..,\end{aligned}$$

also

$$\widehat{\nabla A} : \widehat{B\nabla} = \frac{\partial A_x}{\partial x}\frac{\partial B_x}{\partial x} + \frac{\partial A_y}{\partial x}\frac{\partial B_y}{\partial x} + \frac{\partial A_z}{\partial x}\frac{\partial B_z}{\partial x} + $$
$$+ \frac{\partial A_x}{\partial y}\frac{\partial B_x}{\partial y} + \frac{\partial A_y}{\partial y}\frac{\partial B_y}{\partial y} + \frac{\partial A_z}{\partial y}\frac{\partial B_z}{\partial y} + $$
$$+ \frac{\partial A_x}{\partial z}\frac{\partial B_x}{\partial z} + \frac{\partial A_y}{\partial z}\frac{\partial B_y}{\partial z} + \frac{\partial A_z}{\partial z}\frac{\partial B_z}{\partial z}\,.$$

Man erkennt hieran, daß

$$\widehat{\nabla A} : \widehat{B\nabla} = \widehat{\nabla B} : \widehat{A\nabla}$$

ist, was sich mit Hilfe des Tensorkalküls, den wir in diesem Buch aber nicht behandeln, auch koordinatenfrei beweisen läßt. Somit ist

$$\Delta(A \cdot B) = (\Delta A) \cdot B + (\Delta B) \cdot A + 2(\widehat{\nabla A} : \widehat{B\nabla})\,.$$

Die Greenschen Integralsätze. Der *erste Greensche Integralsatz* folgt aus dem GAUSSschen Satz

$$\oint A \cdot \overrightarrow{\mathrm{d}f} = \int \mathrm{div} A \, \mathrm{d}V$$

durch die Substitution

$$A = \varphi \, \mathrm{grad}\, \psi\,,$$

worin $\varphi = \varphi(r)$ und $\psi = \psi(r)$ zwei skalare Ortsfunktionen sind. Es ist

$$\mathrm{div}\, A = \mathrm{div}(\varphi\, \mathrm{grad}\, \Psi) = \nabla \cdot (\varphi \nabla \psi) = \nabla\varphi \cdot \nabla\psi + \varphi \nabla \cdot \nabla\psi = \mathrm{grad}\,\varphi \cdot \mathrm{grad}\,\psi + \varphi\Delta\psi\,,$$

und damit erhält man als

■ ersten GREENschen Integralsatz

$$\oint \varphi \, \mathrm{grad}\, \psi \cdot \overrightarrow{\mathrm{d}f} = \int (\mathrm{grad}\, \varphi \cdot \mathrm{grad}\, \psi + \varphi \, \Delta \psi) \, \mathrm{d}V. \qquad [51]$$

Spaltet man $\overrightarrow{\mathrm{d}f}$ in $e_f \, \mathrm{d}f$ auf, so ist

$$\mathrm{grad}\, \psi \cdot \overrightarrow{\mathrm{d}f} = (\mathrm{grad}\, \psi \cdot e_f) \, \mathrm{d}f,$$

worin nach [29]

$$\mathrm{grad}\, \psi \cdot e_f = \mathrm{d}\psi / \mathrm{d}s_f$$

die Richtungsableitung von ψ in Richtung des Flächenvektors $\overrightarrow{\mathrm{d}f}$ ist. Damit ist

$$\mathrm{grad}\, \psi \cdot \overrightarrow{\mathrm{d}f} = \frac{\mathrm{d}\psi}{\mathrm{d}s_f} \mathrm{d}f,$$

und der erste GREENsche Satz erhält die Form

$$\oint \varphi \frac{\mathrm{d}\psi}{\mathrm{d}s_f} \mathrm{d}f = \int (\mathrm{grad}\, \varphi \cdot \mathrm{grad}\, \psi + \varphi \, \Delta \psi) \, \mathrm{d}V.$$

Der *zweite Greensche Integralsatz* geht aus dem ersten unmittelbar hervor. Vertauscht man φ mit ψ, so erhält man neben

$$\oint \varphi \, \mathrm{grad}\, \psi \cdot \overrightarrow{\mathrm{d}f} = \int (\mathrm{grad}\, \varphi \cdot \mathrm{grad}\, \psi + \varphi \, \Delta \psi) \, \mathrm{d}V$$

auch

$$\oint \psi \, \mathrm{grad}\, \varphi \cdot \overrightarrow{\mathrm{d}f} = \int (\mathrm{grad}\, \psi \cdot \mathrm{grad}\, \varphi + \psi \, \Delta \varphi) \, \mathrm{d}V.$$

Denkt man sich beide Integrationen über denselben räumlichen Bereich erstreckt, und führt man die Subtraktion beider Gleichungen durch, so darf man die Integranden subtrahieren. Man erhält als

■ zweiten GREENschen Integralsatz

$$\oint (\varphi \operatorname{grad} \psi - \psi \operatorname{grad} \varphi) \cdot \mathrm{d}\vec{f} = \int (\varphi \Delta \psi - \psi \Delta \varphi) \, \mathrm{d} V \qquad [52]$$

bzw.

$$\oint \left(\varphi \frac{\mathrm{d}\psi}{\mathrm{d}s_f} - \psi \frac{\mathrm{d}\varphi}{\mathrm{d}s_f} \right) \mathrm{d}f = \int (\varphi \Delta \psi - \psi \Delta \varphi) \, \mathrm{d} V.$$

7.5 Anwendungsbeispiele

Die Energiedichte des elektrischen Feldes. Auf Seite 109 haben wir gesehen, daß die potentielle Energie W_{pot} einer elektrischen Punktladung Q durch

$$W_{\text{pot}} = Q \varphi$$

gegeben ist, worin φ das elektrische Potential bedeutet.

Wir berechnen nun die potentielle Energie eines Systems aus zwei Punktladungen Q_1 und Q_2, die in einen ursprünglich feldfreien Raum mit dem Potential Null hineingebracht werden. Bringt man zuerst Q_1 in diesen Raum, so ist keine Arbeit dafür nötig, somit hat Q_1, solange es allein ist, aufgrund seiner Anordnung im Raum keine potentielle Energie. Dagegen ist beim Heranschaffen von Q_2 die Arbeit $Q_2 \varphi_2$ erforderlich, wenn man unter φ_2 das von Q_1 herrührende Potential am Zielort von Q_2 versteht. Diese Arbeit ist damit gleich der aus der Anordnung von Q_1 und Q_2 herrührenden potentiellen Energie. Baut man nun die Anordnung wieder ab, so ist die gewonnene Energie genau so groß wie die beim Aufbau hineingesteckte, und fängt man beim Abbau wiederum mit Q_1 an, so ist die dabei gewonnene Energie $Q_1 \varphi_1$ (φ_1 jetzt analog zu vorher φ_2). Der Abtransport von Q_2 bringt anschließend nichts mehr ein. Da, wie gesagt, die gewonnene Energie gleich der zuvor verbrauchten ist, erhält man für sie

$$W_{\text{pot}} = Q_1 \varphi_1 = Q_2 \varphi_2 ,$$

woraus sich auch

$$W_{\text{pot}} = \tfrac{1}{2} (Q_1 \varphi_1 + Q_2 \varphi_2)$$

ergibt.

Diese Formel läßt sich auf beliebig viele Punktladungen erweitern. Dazu zerlegen wir das Potential φ_i, das von den übrigen Ladungen an der Stelle von Q_i erzeugt wird, in die einzelnen Anteile φ_{ik}, die jeweils von der Ladung Q_k stammen:

$$\varphi_i = \sum_k{}' \varphi_{ik}$$

Der Strich am Summenzeichen deutet dabei an, daß kein Summand mit $k = i$ vorhanden ist..

Sind $i-1$ Ladungen bereits vorhanden, so ist die Arbeit zum Heranbringen der Ladung Q_i dann

$$A_i = Q_i \sum_{k=1}^{i-1} \varphi_{ik} .$$

Die Summierung geht nur bis $i-1$!

Beim sukzessiven Entfernen der Ladungen gewinnt man Arbeit. Fängt man dabei mit der Ladung Q_1 an, so sind beim Wegnehmen von Q_i nur noch alle jene Ladungen Q_k vorhanden, für die $k > i$ ist. Die beim Abtransport von Q_i gewonnene Arbeit, die wir jetzt

B_i nennen wollen, ist somit

$$B_i = Q_i \sum_{k=i+1}^{n} \varphi_{ik}.$$

Die Summe aller A_i bzw. B_i ergibt jeweils die gesamte, zum Anordnen der Ladungen nötige (bzw. nötig gewesene) Energie. Bildet man die Summe aus allen A_i und B_i zusammen, so muß sich der doppelte Wert der Energie W_{pot} ergeben:

$$2\,W_{\text{pot}} = \sum_{i=1}^{n} (A_i + B_i).$$

Nun ist

$$A_i + B_i = Q_i \left(\sum_{k=1}^{i-1} \varphi_{ik} + \sum_{k=i+1}^{n} \varphi_{ik} \right) = Q_i \sum_{k=1}^{n}{}' \varphi_{ik} = Q_i \varphi_i,$$

und daraus folgt schließlich

$$W_{\text{pot}} = \tfrac{1}{2} \sum_{i=1}^{n} Q_i \varphi_i.$$

Wenn wir zu einer kontinuierlichen Ladungsverteilung übergehen, so ist die Einzelladung Q_i durch $\rho\,\mathrm{d}V$ (ρ... Ladungsdichte) und die Summe durch ein Integral zu ersetzen:

$$W_{\text{pot}} = \tfrac{1}{2} \int \varphi \rho \,\mathrm{d}V.$$

Wegen des infinitesimalen Charakters von $\rho\,\mathrm{d}V$ ist unter φ jetzt das Potential schlechthin zu verstehen. Das ist kein Widerspruch zur Summenformel vorher, denn bei verschwindendem $\mathrm{d}V$ kann φ ja nur von den anderen Ladungen im Raum herrühren. Nach der sog. Poissongleichung besteht zwischen Potential φ und Raumladung ρ die Beziehung

$$\rho = -\varepsilon_0 \Delta \varphi.$$

Setzen wir dies ins Integral ein, so wird

$$W_{\text{pot}} = \quad \tfrac{1}{2} \varepsilon_0 \int \varphi \Delta \varphi \,\mathrm{d}V,$$

was sich nach dem ersten GREENschen Satz mit der speziellen Festlegung $\psi = \varphi$ und mit der Vereinbarung, daß im Unendlichen $\varphi_\infty = 0$ sei, in

$$W_{\text{pot}} = \tfrac{1}{2} \varepsilon_0 \int (\operatorname{grad} \varphi)^2 \,\mathrm{d}V$$

verwandeln läßt. Denn wegen $\varphi_\infty = 0$ verschwindet das Oberflächenintegral $\oint \varphi \operatorname{grad} \varphi \cdot \mathrm{d}\vec{f}$ über die im Unendlichen zu denkende Hülle. Wegen

$$\operatorname{grad} \varphi = -\boldsymbol{E} \qquad (\boldsymbol{E}\text{...Feldstärke})$$

erhält man schließlich

$$W_{\text{pot}} = \tfrac{1}{2} \varepsilon_0 \int \boldsymbol{E}^2 \,\mathrm{d}V.$$

Dieser Ausdruck ist die Energie des von den Ladungen aufgebauten elektrischen Feldes. Wie man sofort einsieht, ist damit die Energiedichte

$$\frac{\mathrm{d}W_{\text{pot}}}{\mathrm{d}V} = \tfrac{1}{2} \varepsilon_0 \boldsymbol{E}^2,$$

oder wegen

$$\varepsilon_0 \boldsymbol{E} = \boldsymbol{D} \quad (\boldsymbol{D}\text{... Vektor der Verschiebungsdichte})$$

auch

$$\frac{\mathrm{d}\,W_{\text{pot}}}{\mathrm{d}\,V} = \tfrac{1}{2}\boldsymbol{E}\cdot\boldsymbol{D}\,.$$

Die Wellengleichung als Folge der Maxwellschen Gleichungen. Beschränkt man die beiden MAXWELLschen Gleichungen (Seite 149 und 150)

$$\operatorname{rot}\boldsymbol{H} = \partial\boldsymbol{D}/\partial t \quad \text{und} \quad \operatorname{rot}\boldsymbol{E} = -\partial\boldsymbol{B}/\partial t$$

auf den materiefreien Raum, so lassen sie sich wegen der dort gültigen Beziehungen

$$\boldsymbol{D} = \varepsilon_0\,\boldsymbol{E} \qquad (\varepsilon_0 \ldots \text{Influenzkonstante})$$

und

$$\boldsymbol{B} = \mu_0\,\boldsymbol{H} \qquad (\mu_0 \ldots \text{Induktionskonstante})$$

auf zwei vektorielle Differentialgleichungen mit den zwei Feldvariablen $\boldsymbol{E}$ und $\boldsymbol{H}$ anschreiben:

$$\operatorname{rot}\boldsymbol{H} = \varepsilon_0\,\partial\boldsymbol{E}/\partial t\,,$$
$$\operatorname{rot}\boldsymbol{E} = -\mu_0\,\partial\boldsymbol{H}/\partial t\,.$$

Jede dieser Differentialgleichungen enthält beide Feldgrößen, $\boldsymbol{E}$ und $\boldsymbol{H}$ sind funktional miteinander verkoppelt. Um diese Verkoppelung zu lösen, kann man z. B. von der ersten Gleichung die Rotation bilden:

$$\operatorname{rot}\operatorname{rot}\boldsymbol{H} = \varepsilon_0\operatorname{rot}(\partial\boldsymbol{E}/\partial t) = \varepsilon_0\frac{\partial}{\partial t}\operatorname{rot}\boldsymbol{E}\,.$$

Für rot $\boldsymbol{E}$ auf der rechten Seite läßt sich dann aus der zweiten MAXWELLschen Gleichung $-\mu_0\,\partial\boldsymbol{H}/\partial t$ substituieren. Das ergibt

$$\operatorname{rot}\operatorname{rot}\boldsymbol{H} = -\varepsilon_0\,\mu_0\,\partial^2\boldsymbol{H}/\partial t^2 \qquad [a']$$

Nach [50d] ist

$$\operatorname{rot}\operatorname{rot}\boldsymbol{H} = \operatorname{grad}\operatorname{div}\boldsymbol{H} - \Delta\boldsymbol{H}\,.$$

Nun sind aber alle Magnetfelder quellenfrei, d. h. es gibt keine magnetischen Einzelpole. Das bedeutet, daß immer div$\boldsymbol{B} = 0$ ist, was im speziellen Fall des materiefreien Raumes

$$\operatorname{div}\boldsymbol{B} = \mu_0\operatorname{div}\boldsymbol{H} = 0\,,$$

also das Verschwinden von div $\boldsymbol{H}$ zur Folge hat. Damit ist

$$\operatorname{rot}\operatorname{rot}\boldsymbol{H} = -\Delta\boldsymbol{H}\,,$$

und dies führt schließlich zusammen mit [a'] zu

$$\Delta\boldsymbol{H} - \varepsilon_0\,\mu_0\,\partial^2\boldsymbol{H}/\partial t^2 = 0\,. \qquad [a]$$

Durch analoge Rechnung kommt man auch zu

$$\Delta\boldsymbol{E} - \varepsilon_0\mu_0\,\partial^2\boldsymbol{E}/\partial t^2 = 0\,, \qquad [b]$$

wobei man das Verschwinden von div $\boldsymbol{D}$ bzw. div $\boldsymbol{E}$ im materiefreien und damit raumladungsfreien Raum berücksichtigen muß.

Die Gleichungen [a] und [b] stellen Wellengleichungen in Differentialform dar, sie spiegeln eine raum-zeitliche Veränderung der Vektoren $\boldsymbol{E}$ bzw. $\boldsymbol{H}$, und zwar für jeden Vektor getrennt, wider. Aus der großen Mannigfaltigkeit von Wellenfunktionen, die beiden

Differentialgleichungen genügen, wollen wir eine sehr einfache, nämlich die einer Planwelle für $\boldsymbol{E}$ herausgreifen. Wir nehmen als weitere Vereinfachung an, daß $\boldsymbol{E}$ immer in die y-Richtung weise, daß also

$$\boldsymbol{E} = \boldsymbol{j}\, E$$

sei, und daß sich die Welle in x-Richtung ausbreite. Der postulierte Charakter einer Planwelle bedeutet damit die Unabhängigkeit des Vektors $\boldsymbol{E}$ von y und z, also

$$\boldsymbol{E} = \boldsymbol{E}(x,t) = \boldsymbol{j}\, E(x,t)\,.$$

Mit diesem Ansatz wird $\partial E/\partial y = 0$ und $\partial E/\partial z = 0$, was sich auch durch das Nullwerden der Operatoren

$$\partial/\partial y = 0 \quad \text{und} \quad \partial/\partial z = 0$$

zum Ausdruck bringen läßt.

Vom LAPLACE-Operator $\Delta = \partial^2/\partial x^2 + \partial^2/\partial y^2 + \partial^2/\partial z^2$ in [b] bleibt damit nur $\partial^2/\partial x^2$ übrig, und die Differentialgleichung vereinfacht sich (nach Weglassung des konstanten Koordinatenvektors $\boldsymbol{j}$) zu

$$\frac{\partial^2 E}{\partial x^2} - \varepsilon_0 \mu_0 \frac{\partial^2 E}{\partial t^2} = 0\,. \qquad [c]$$

Die Differentialgleichung der ungedämpften linearen Welle irgendeiner skalaren Größe $a = a(x,t)$ hat – was hier als bekannt vorausgesetzt wird – die Form

$$\frac{\partial^2 a}{\partial x^2} - \frac{1}{c^2}\frac{\partial^2 a}{\partial t^2} = 0\,,$$

wenn sie sich in x-Richtung fortpflanzt. Die Konstante c ist dabei die Ausbreitungsgeschwindigkeit (genauer: die Phasengeschwindigkeit). Der Vergleich mit Gleichung [c] zeigt sofort, daß demzufolge die Ausbreitungsgeschwindigkeit der elektrischen Welle im Vakuum

$$c = 1/\sqrt{\varepsilon_0 \mu_0}$$

ist.

Aufgrund der zweiten MAXWELLschen Gleichung ist mit der Planwelle des Vektors $\boldsymbol{E}$ eine solche auch des Vektors $\boldsymbol{H}$ verbunden. Hat bei Ausbreitung in x-Richtung $\boldsymbol{E}$ die Richtung von $\boldsymbol{j}$, dann liegt $\boldsymbol{H}$ in der Richtung von $\boldsymbol{k}$. Wir wollen aber nicht näher hierauf eingehen.

Die Eichung des Vektorpotentials. Wegen seiner Quellenfreiheit (div $\boldsymbol{B}$ = O) ist das magnetische Induktionsfeld $\boldsymbol{B} = \boldsymbol{B}(\boldsymbol{r})$ darstellbar als die Wirbeldichte eines Vektorfeldes $\boldsymbol{A} = \boldsymbol{A}(\boldsymbol{r})$, dessen Feldvektor als Vektorpotential bezeichnet wird:

$$\boldsymbol{B} = \operatorname{rot} \boldsymbol{A}\,.$$

Das Vektorpotential $\boldsymbol{A}$ ist aus $\boldsymbol{B}$ nicht eindeutig bestimmbar, denn es lassen sich zu irgendeinem aufgefundenen $\boldsymbol{A}' = \boldsymbol{A}'(\boldsymbol{r})$ alle jenen beliebigen Felder hinzufügen, deren Feldvektoren als Gradienten einer skalaren Funktion $\chi = \chi(\boldsymbol{r})$, also als grad χ darstellbar sind. Denn wegen rot grad $\chi = 0$ ist $\boldsymbol{A}$ ebenso ein Integral von rot $\boldsymbol{A} = \boldsymbol{B}$ wie $\boldsymbol{A}'$:

$$\operatorname{rot} \boldsymbol{A}' = \operatorname{rot}(\boldsymbol{A} - \operatorname{grad}\chi) = \operatorname{rot}\boldsymbol{A} - \operatorname{rot}\operatorname{grad}\chi = \operatorname{rot}\boldsymbol{A}\,.$$

Eine Verfügung über grad χ bezeichnet man als *Eichung des Vektorpotentials.* Sie wird häufig so vorgenommen, daß zu irgendeiner in

$$\boldsymbol{B} = \operatorname{rot} \boldsymbol{A}$$

hineinpassenden Feldfunktion $A' = A'(r)$ eine Funktion grad χ so hinzugefügt wird, daß für

$$A = A' + \operatorname{grad} \chi$$

die Divergenz verschwindet, daß also

$$\operatorname{div} A = \operatorname{div} A' + \operatorname{div} \operatorname{grad} \chi = 0$$

ist. Als Bestimmungsgleichung für χ besteht in diesem Fall also die Gleichung

$$\operatorname{div} \operatorname{grad} \chi = \Delta \chi = -\operatorname{div} A'.$$

Wir werden auf Seite 207 von einer derartigen Eichung Gebrauch machen.

Die Kontinuitätsgleichung bei kompressiblen Medien. Wir stellen uns ein von einer ortsfesten Hülle begrenztes Gebiet innerhalb eines strömenden, kompressiblen Stoffes vor und berechnen den aus dieser Hülle austretenden „Massestrom" M auf zweierlei Weise.

Zunächst ist definitionsgemäß dieser Massestrom

$$M = -\partial m / \partial t,$$

wenn unter $\mathrm{d}m$ eine differentielle Massenzunahme innerhalb des Gebietes verstanden wird. Mit Hilfe der Massendichte ρ läßt sich die Masse innerhalb des Bereiches ausdrücken als

$$m = \int \rho \,\mathrm{d}V,$$

und der Massestrom aus dem Bereich heraus ist dann

$$M = \frac{-\partial m}{\partial t} = -\frac{\partial}{\partial t}\int \rho \,\mathrm{d}V = -\int \frac{\partial \rho}{\partial t}\,\mathrm{d}V.$$

Wir haben die Reihenfolge von der Integration über V und der partiellen Differentiation nach t ganz rechts vertauscht, was wegen der Unabhängigkeit der Variablen x, y, z einerseits und t andererseits zulässig ist.

Andererseits ergibt sich der Massestrom auch aus der Durchflußmenge Q durch die Hülle (vgl. Seite 123). Für ein Oberflächendifferential $\overrightarrow{\mathrm{d}f}$ ist die differentielle Durchflußmenge

$$\mathrm{d}Q = \boldsymbol{v} \cdot \overrightarrow{\mathrm{d}f} \qquad (\boldsymbol{v} \cdots \text{Strömungsgeschwindigkeit}),$$

und der entsprechende differentielle Massestrom ist dann

$$\mathrm{d}M = \rho \,\mathrm{d}Q = \rho \boldsymbol{v} \cdot \overrightarrow{\mathrm{d}f}.$$

Daraus folgt für den gesamten Massestrom

$$M = \oint \rho \boldsymbol{v} \cdot \overrightarrow{\mathrm{d}f}.$$

Die rechte Seite läßt sich nach dem Gaussschen Satz in ein Volumenintegral umformen:

$$M = \int (\operatorname{div} \rho \boldsymbol{v})\,\mathrm{d}V.$$

Die beiden Ausdrücke für M lassen sich gleichsetzen

$$-\int \frac{\partial \rho}{\partial t}\,\mathrm{d}V = \int (\operatorname{div} \rho \boldsymbol{v})\,\mathrm{d}V,$$

was man wegen der Gleichheit der Integrationsbereiche auch als

$$\int (\partial \rho / \partial t + \operatorname{div} \rho \boldsymbol{v})\,\mathrm{d}V = 0$$

schreiben kann. Die so gewonnene Aussage ist unabhängig von dem jeweils gewählten Integrationsbereich. Sie kann in dieser Allgemeinheit daher nur gültig sein, wenn der Integrand Null ist. Daraus folgt

$$\partial \rho/\partial t + \operatorname{div}(\rho \boldsymbol{v}) = 0,$$

bzw. nach Ausführung der räumlichen Differentiation im zweiten Summanden

$$\partial \rho/\partial t + \boldsymbol{v} \cdot \operatorname{grad} \rho + \rho \operatorname{div} \boldsymbol{v} = 0.$$

Das ist die Kontinuitätsgleichung für kompressible Stoffe.

Bei inkompressiblen Stoffen sind $\partial \rho/\partial t$ und $\operatorname{grad} \rho$ gleich Null, weil sich ja die Dichte weder mit der Zeit noch mit dem Ort verändern kann. Das führt zu $\operatorname{div} \boldsymbol{v} = 0$, was wir für inkompressible Flüssigkeiten bereits auf Seite 135 festgestellt haben. Die inkompressible Flüssigkeit genügt also als Grenzfall $\rho =$ konst. der Kontinuitätsgleichung kompressibler Medien.

Erweiterung der Kontinuitätsgleichung auf chemische Reaktionen. Die Hydrodynamik behandelt meist homogene, im chemischen Gleichgewicht befindliche Flüssigkeiten und Gase. Wichtig für den Chemiker aber sind Flüssigkeiten und Gase, in denen chemische Reaktionen stattfinden, und in denen die Konzentrationen der einzelnen Stoffe Funktionen von Ort und Zeit sind. Die Kontinuitätsgleichung bedarf in diesem Zusammenhang einer Erweiterung und Modifizierung.

Zunächst lassen wir an die Stelle der Massendichte ρ die Stoffmengenkonzentration c, das ist der Quotient aus Stoffmenge (meist angegeben in Mol) und Volumen, treten. Die Kontinuitätsgleichung lautet damit $\partial c_i/\partial t + \operatorname{div}(c_i \boldsymbol{v}) = 0$ oder

$$\partial c_i/\partial t = -\operatorname{div}(c_i \boldsymbol{v}).$$

Mit dem Index i ist angedeutet, daß sie sich auf die i-te chemische Komponente des Reaktionsgemisches bezieht. Der Ausdruck $-\operatorname{div}(c_i \boldsymbol{v})$ berücksichtigt jedoch nur einen Teil der zeitlichen Konzentrationsänderung $\partial c_i/\partial t$, nämlich den Teil, der durch die Strömung der i-ten Reaktionskomponente, durch deren *Konvektion* verursacht ist. Wir schreiben deshalb

$$(\partial c_i/\partial t)_{\mathrm{K}} = -\operatorname{div}(c_i \boldsymbol{v}).$$

Ein weiterer Vorgang, der zur Konzentrationsänderung beiträgt, ist die *Diffusion.* Für die Dichte $\boldsymbol{S}$ des Diffusionsstroms gilt

$$\boldsymbol{S} = -D \operatorname{grad} c,$$

worin D die Diffusionskonstante und c die Stoffmengenkonzentration ist (vgl. Seite 111). Die Quellendichte des Diffusionsstromes ist dann

$$\operatorname{div} \boldsymbol{S}_i = -\operatorname{div}(D_i \operatorname{grad} c_i),$$

wenn wir sie jetzt gleich wieder für die Diffusion der i-ten Reaktionskomponente anschreiben. Ähnlich wie bei der Wärmeleitungsgleichung (Seite 134) die zeitliche Änderung der auf das Volumen bezogenen Wärmemenge $\dfrac{\partial(\mathrm{d}Q/\mathrm{d}V)}{\partial t} = \dfrac{\partial}{\partial t}(c\rho\Delta T)$*) durch die Wärmeleitungsgleichung

$$\partial(c\rho\Delta T)/\partial t = \partial(cg T)/\partial t = \operatorname{div}(\lambda \operatorname{grad} T)$$

als negative Divergenz der Wärmestromdichte $\boldsymbol{S}_q = -\lambda \operatorname{grad} T$ dargestellt wird, so gibt

*) c ist hier die spez. Wärmekapazität; nicht verwechseln mit der Konzentration!

im Fall der Diffusion der Ausdruck div $(D_i \operatorname{grad} c_i)$ den von ihr bewirkten Anteil der zeitlichen Änderung der Konzentration. Wir schreiben also

$$(\partial c_i/\partial t)_D = \operatorname{div}(D_i \operatorname{grad} c_i).$$

Schließlich trägt auch noch der *Reaktionsverlauf* zu $\partial c_i/\partial t$ bei. Um den diesbezüglichen Anteil $(\partial c_i/\partial t)_R$ anzuschreiben, seien zuvor zwei Begriffe erklärt. Unter der stöchiometrischen Umsatzzahl ν versteht man den Quotienten aus der Stoffmenge des zu einer Verbindung verbrauchten Stoffes (Zähler) und der Stoffmenge der entstandenen Verbindung (Nenner). So ist z. B. die stöchiometrische Umsatzzahl für atomaren Wasserstoff bei der Bildung von Wasser $\nu = 2$, denn es werden 2 mol atomaren Wasserstoffes benötigt, um 1 mol Wasser zu synthetisieren. Unter Reaktionsgeschwindigkeit u versteht man den Quotienten aus Stoffmenge der entstehenden Verbindung (Zähler) und Zeit und Volumen (Nenner), bzw. den entsprechenden Differentialquotienten. Das bedeutet, daß

$$u = \partial c/\partial t$$

ist, mit c als der Konzentration der entstehenden Verbindung. Daraus folgt für die zeitliche Konzentrationszunahme der i-ten Komponente

$$(\partial c_i/\partial t)_R = -\nu_i u,$$

denn durch die Reaktion nimmt ihre Konzentration ja ab.

Die Summe der drei Anteile aus Konvektion, Diffusion und Reaktion ergibt schließlich die Gesamtänderung

$$\partial c_i/\partial t = (\partial c_i/\partial t)_K + (\partial c_i/\partial t)_D + (\partial c_i/\partial t)_R$$

bzw.

$$\partial c_i/\partial t = -\operatorname{div}(c_i \boldsymbol{v}) + \operatorname{div}(D_i \operatorname{grad} c_i) - \nu_i u.$$

Die Größen c_i und D_i können druck- und temperaturbedingt örtlich verschieden sein. Die Ausführung der räumlichen Differentiationen ergibt dann

$$\partial c_i/\partial t = -\boldsymbol{v} \cdot \operatorname{grad} c_i - c_i \operatorname{div} \boldsymbol{v} + \operatorname{grad} D_i \cdot \operatorname{grad} c_i + D_i \Delta c_i - \nu_i u.$$

Es existieren selbstverständlich so viele derartige Gleichungen, wie Stoffarten im Reaktionsgemisch vorhanden sind.

Bei Aufstellung dieser, von Damköhler auf das Problem der Ausbeute chemischer Prozesse angewandten Differentialgleichung ist im übrigen der Einfluß der Gefäßwände auf die Reaktion unberücksichtigt geblieben.

Der Lagrange-Satz über die Wirbelfreiheit. Im folgenden wird eine Umformung des Ausdrucks $\boldsymbol{v} \cdot \operatorname{grad} \boldsymbol{v}$ benötigt werden. Wir leiten sie daher zuvor ab: Auf Seite 160 berechneten wir

$$\operatorname{grad}(\boldsymbol{A} \cdot \boldsymbol{B}) = \boldsymbol{A} \cdot \operatorname{grad} \boldsymbol{B} + \boldsymbol{A} \times \operatorname{rot} \boldsymbol{B} + \boldsymbol{B} \cdot \operatorname{grad} \boldsymbol{A} + \boldsymbol{B} \times \operatorname{rot} \boldsymbol{A}.$$

Setzt man hierin

$$\boldsymbol{A} = \boldsymbol{B} = \boldsymbol{v},$$

so folgt

$$\operatorname{grad}(\boldsymbol{v} \cdot \boldsymbol{v}) = 2\boldsymbol{v} \cdot \operatorname{grad} \boldsymbol{v} + 2\boldsymbol{v} \times \operatorname{rot} \boldsymbol{v}.$$

Daraus ergibt sich sofort

$$\boldsymbol{v} \cdot \operatorname{grad} \boldsymbol{v} = \tfrac{1}{2} \operatorname{grad}(\boldsymbol{v} \cdot \boldsymbol{v}) - \boldsymbol{v} \times \operatorname{rot} \boldsymbol{v}.$$

Wir gehen nun an eine Umformung der EULERschen Grundgleichung von Seite 116 heran, wobei wir annehmen, daß die äußeren Kräfte ein Potential haben. Wir können dann die auf die Masse bezogene äußere Kraft $\boldsymbol{g}$ als $-\operatorname{grad} \Phi$ darstellen*). Damit lautet die EULERsche Grundgleichung

$$\frac{\partial \boldsymbol{v}}{\partial t} + \boldsymbol{v} \cdot \operatorname{grad} \boldsymbol{v} = -\operatorname{grad} \Phi - \frac{1}{\rho} \operatorname{grad} p .$$

Für $\boldsymbol{v} \cdot \operatorname{grad} \boldsymbol{v}$ setzen wir den oben gewonnenen Ausdruck ein und schaffen $\frac{1}{2} \operatorname{grad} \boldsymbol{v} \cdot \boldsymbol{v}$ gleich auf die rechte Seite. Das ergibt

$$\frac{\partial \boldsymbol{v}}{\partial t} - \boldsymbol{v} \times \operatorname{rot} \boldsymbol{v} = -\operatorname{grad} \Phi - \frac{1}{\rho} \operatorname{grad} p - \frac{1}{2} \operatorname{grad} (\boldsymbol{v} \cdot \boldsymbol{v}) .$$

Bildet man bei dieser Gleichung beiderseits die Rotation, so verschwindet nach [48] die rechte Seite. Man erhält

$$\operatorname{rot} \{\partial \boldsymbol{v}/\partial t - \boldsymbol{v} \times \operatorname{rot} \boldsymbol{v}\} = 0 ,$$

bzw.

$$\operatorname{rot} \frac{\partial \boldsymbol{v}}{\partial t} = \operatorname{rot} (\boldsymbol{v} \times \operatorname{rot} \boldsymbol{v}) .$$

Wegen ihrer gegenseitigen Unabhängigkeit sind die durch rot und $\partial/\partial t$ dargestellten Differentialoperationen auf der linken Seite vertauschbar. Das führt zu

$$\frac{\partial}{\partial t} \operatorname{rot} \boldsymbol{v} = \operatorname{rot} (\boldsymbol{v} \times \operatorname{rot} \boldsymbol{v}) .$$

Bezeichnet man rot $\boldsymbol{v}$ als Wirbelstärke $\boldsymbol{w}$, also

$$\operatorname{rot} \boldsymbol{v} = \boldsymbol{w} ,$$

so erhält die Differentialgleichung die Form

$$\partial \boldsymbol{w}/\partial t = \operatorname{rot} (\boldsymbol{v} \times \boldsymbol{w}) .$$

Nach der auf Seite 159 gewonnenen Formel für $\operatorname{rot}(\boldsymbol{A} \times \boldsymbol{B})$ formen wir $\operatorname{rot}(\boldsymbol{v} \times \boldsymbol{w})$ um:

$$\operatorname{rot} (\boldsymbol{v} \times \boldsymbol{w}) = \boldsymbol{w} \cdot \operatorname{grad} \boldsymbol{v} - \boldsymbol{w} \operatorname{div} \boldsymbol{v} + \boldsymbol{v} \operatorname{div} \boldsymbol{w} - \boldsymbol{v} \cdot \operatorname{grad} \boldsymbol{w} .$$

Hierin ist nach [49]

$$\operatorname{div} \boldsymbol{w} = \operatorname{div} \operatorname{rot} \boldsymbol{v} = 0 .$$

Das führt zu

$$\partial \boldsymbol{w}/\partial t = \operatorname{rot} (\boldsymbol{v} \times \boldsymbol{w}) = \boldsymbol{w} \cdot \operatorname{grad} \boldsymbol{v} - \boldsymbol{w} \operatorname{div} \boldsymbol{v} - \boldsymbol{v} \cdot \operatorname{grad} \boldsymbol{w}$$

bzw.

$$\partial \boldsymbol{w}/\partial t + \boldsymbol{v} \cdot \operatorname{grad} \boldsymbol{w} = \boldsymbol{w} \cdot \operatorname{grad} \boldsymbol{v} - \boldsymbol{w} \operatorname{div} \boldsymbol{v} .$$

Die linke Seite dieser Gleichung ist nach Seite 113 nichts anderes als der konvektive Differentialquotient $\mathrm{d}\boldsymbol{w}/\mathrm{d}t$ der Wirbelstärke $\boldsymbol{w}$. Das führt schließlich zu der Gleichung

$$\mathrm{d}\boldsymbol{w}/\mathrm{d}t = \boldsymbol{w} \cdot \operatorname{grad} \boldsymbol{v} - \boldsymbol{w} \operatorname{div} \boldsymbol{v} .$$

Aus ihr läßt sich eine wichtige Folgerung für die reibungsfreie Flüssigkeit ziehen: Angenommen ein Teilchen wirbelt nicht, hat also die Wirbelstärke $\boldsymbol{w} = 0$, dann kann es

*) Das negative Vorzeichen ist willkürlich. Man könnte auch mit der Annahme $\boldsymbol{g} = +\operatorname{grad} \Phi$ weiterrechnen.

unter dem Einfluß konservativer Kräfte*) nicht zu wirbeln beginnen. Denn wegen $\boldsymbol{w} = 0$ ist auch

$$\mathrm{d}\boldsymbol{w}/\mathrm{d}t = \boldsymbol{w} \cdot \operatorname{grad} \boldsymbol{v} - \boldsymbol{w} \operatorname{div} \boldsymbol{v} = 0$$

und muß Null bleiben.

Das Quadrupolmoment. Die elektrische Kraft auf eine Anzahl von Punktladungen q_i hatten wir auf Seite 117 mit

$$\boldsymbol{F} = \boldsymbol{E}_0 \sum_i q_i + \sum_i q_i (\boldsymbol{r}_i \cdot \operatorname{grad}) \boldsymbol{E} + \tfrac{1}{2} \sum_i q_i (\boldsymbol{r}_i \cdot \operatorname{grad})^2 \boldsymbol{E} + \ldots\ldots$$

gefunden. Wir wollen jetzt einmal den dritten Summanden der Reihe betrachten und etwas umformen:

$$\tfrac{1}{2} \sum_i q_i (\boldsymbol{r}_i \cdot \operatorname{grad})^2 \boldsymbol{E} = \tfrac{1}{2} \sum_i q_i (\boldsymbol{r}_i \cdot \nabla)^2 \mathbf{E} = \tfrac{1}{2} \sum_i q_i (\boldsymbol{r}_i \cdot \nabla)(\boldsymbol{r}_i \cdot \nabla) \boldsymbol{E}.$$

Dabei ist zu beachten, daß die $\boldsymbol{r}_i$ konstante Ortsvektoren sind, daß sich also die durch ∇ angedeutete räumliche Differentiation nur auf $\boldsymbol{E}$ erstreckt. Da die Reihe, deren drittes Glied wir betrachten, um den Koordinatenursprung herum entwickelt ist, ist der Wert der entsprechenden Ableitung von $\boldsymbol{E}$ am Koordinatenursprung zu nehmen. Er ist also bezüglich der Summation über alle i eine Konstante, die aus der Summe ausgeklammert werden kann. Um dies durchzuführen, formen wir weiter um:

$$\tfrac{1}{2} \sum_i q_i (\boldsymbol{r}_i \cdot \nabla)(\boldsymbol{r}_i \cdot \nabla) \mathbf{E} = \tfrac{1}{2} \sum_i q_i (\nabla \cdot \boldsymbol{r}_i)(\boldsymbol{r}_i \cdot \nabla) \mathbf{E} = \tfrac{1}{2} \sum_i q_i (\nabla \cdot \boldsymbol{r}_i \boldsymbol{r}_i \cdot \nabla) \boldsymbol{E}.$$

Ähnlich wie auf Seite 166 bereits praktiziert, schreibt man den Klammerausdruck als ein doppeltes skalares Produkt wie folgt:

$$\nabla \cdot \boldsymbol{r}_i \boldsymbol{r}_i \cdot \nabla = \boldsymbol{r}_i \boldsymbol{r}_i : \nabla \nabla.$$

Damit ergibt sich

$$\tfrac{1}{2} \sum_i q_i (\nabla \cdot \boldsymbol{r}_i \boldsymbol{r}_i \cdot \nabla) \boldsymbol{E} = \tfrac{1}{2} \sum_i q_i (\boldsymbol{r}_i \boldsymbol{r}_i : \nabla \nabla) \boldsymbol{E},$$

woraus sich jetzt der zweifache (dyadisch vorzunehmende!) räumliche Differentialquotient $\nabla \nabla \boldsymbol{E}$ ausklammern läßt. Wir erhalten damit als Ergebnis der Umformung

$$\tfrac{1}{2} \sum_i q_i (\boldsymbol{r}_i \cdot \operatorname{grad})^2 \boldsymbol{E} = \{(\tfrac{1}{2} \sum_i q_i \boldsymbol{r}_i \boldsymbol{r}_i) : \nabla \nabla\} \boldsymbol{E}.$$

Der Ausdruck in der geschwungenen Klammer ist aufgrund der zweifachen skalaren Multiplikation von $\tfrac{1}{2} \sum_i q_i \boldsymbol{r}_i \boldsymbol{r}_i$ mit dem Nabla-Operator ein skalarer Differentialoperator, der auf $\boldsymbol{E}$ im Koordinatenursprung anzuwenden ist.

Die Summe $\tfrac{1}{2} \sum_i q_i \boldsymbol{r}_i \boldsymbol{r}_i$ besteht aus lauter dyadischen Produkten und ist daher so wie jedes einzelne von ihnen ein Tensor zweiter Stufe. Dieser Tensor gewinnt eine anschauliche Bedeutung bei vier symmetrisch angeordneten Ladungen gemäß Abb. 127, die man als *Quadrupol* bezeichnet. Die Kraft auf eine solche Ladungskonfiguration in einem elektrischen Feld wird dann wegen

$$\sum_i q_i = 0 \quad \text{und} \quad \sum_i q_i \boldsymbol{r}_i = 0$$

in erster Linie durch $\tfrac{1}{2} \sum_i q_i \boldsymbol{r}_i \boldsymbol{r}_i$ bestimmt. Dieser Tensor wird deshalb als *Quadrupolmoment* bezeichnet.

---

*) Das sind Kräfte, die durch ein Potential darstellbar sind.

Wie man leicht erkennt, ist das Quadrupolmoment des Quadrupols nach Abb. 127 $\mathbf{M} = Q a^2 (\boldsymbol{i}\boldsymbol{i} - \boldsymbol{j}\boldsymbol{j})$.

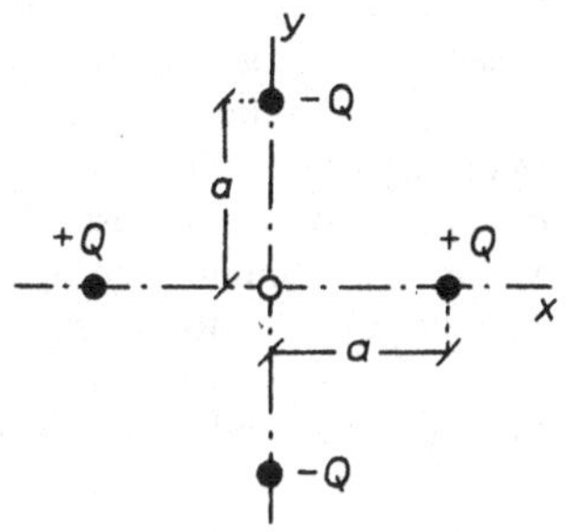

Abb. 127. Quadrupol

7.6 Übungsaufgaben

118. Durch Nachrechnung in kartesischen Koordinaten ist die Richtigkeit der folgenden Gleichungen zu kontrollieren:

$$\begin{aligned} \operatorname{grad}(S\,T) &= T \operatorname{grad} S + S \operatorname{grad} T \\ \operatorname{div}(S\,\boldsymbol{A}) &= \boldsymbol{A} \cdot \operatorname{grad} S + S \operatorname{div} \boldsymbol{A} \\ \operatorname{rot}(S\,\boldsymbol{A}) &= S \operatorname{rot} \boldsymbol{A} - \boldsymbol{A} \times \operatorname{grad} S \\ \operatorname{div}(\boldsymbol{A} \times \boldsymbol{B}) &= \boldsymbol{B} \cdot \operatorname{rot} \boldsymbol{A} - \boldsymbol{A} \cdot \operatorname{rot} \boldsymbol{B} \\ \operatorname{rot}(\boldsymbol{A} \times \boldsymbol{B}) &= \boldsymbol{B} \cdot \operatorname{grad} \boldsymbol{A} - \boldsymbol{B} \operatorname{div} \boldsymbol{A} + \boldsymbol{A} \operatorname{div} \boldsymbol{B} - \boldsymbol{A} \cdot \operatorname{grad} \boldsymbol{B} \\ \operatorname{grad}(\boldsymbol{A} \cdot \boldsymbol{B}) &= \boldsymbol{A} \cdot \operatorname{grad} \boldsymbol{B} + \boldsymbol{A} \times \operatorname{rot} \boldsymbol{B} + \boldsymbol{B} \cdot \operatorname{grad} \boldsymbol{A} + \boldsymbol{B} \times \operatorname{rot} \boldsymbol{A} \\ \operatorname{div}(\boldsymbol{A}\,\boldsymbol{B}) &= \boldsymbol{B} \operatorname{div} \boldsymbol{A} + \boldsymbol{A} \cdot \operatorname{grad} \boldsymbol{B} \end{aligned}$$

119. Durch Nachrechnung in kartesischen Koordinaten ist die Richtigkeit der folgenden Gleichungen zu kontrollieren:

$$\begin{aligned} \operatorname{rot} \operatorname{grad} S &= 0 \\ \operatorname{div} \operatorname{rot} \boldsymbol{A} &= 0 \\ \Delta \boldsymbol{A} &= \operatorname{grad} \operatorname{div} \boldsymbol{A} - \operatorname{rot} \operatorname{rot} \boldsymbol{A} \end{aligned}$$

120. Man berechne $\Delta(S\,\boldsymbol{A})$ in symbolischer Schreibweise und kontrolliere das Ergebnis durch Nachrechnen in kartesischen Koordinaten.
Hinweis: Nach der Zerlegung $\Delta(S\,\boldsymbol{A}) = (\nabla \cdot \nabla)(S\,\boldsymbol{A})$ ist zu beachten, daß bei Ausführung der Differentiation der Multiplikationspunkt immer irgendwo *zwischen* den beiden ∇-Operatoren bleiben muß.
121. Für die Funktion

$$S = e^{i(\boldsymbol{K} \cdot \dot{\boldsymbol{r}} - \omega t)} \qquad (i = \sqrt{-1})$$

ist ΔS in kartesischen Koordinaten zu berechnen. Unter $\boldsymbol{K} = \boldsymbol{i} K_x + \boldsymbol{j} K_y + \boldsymbol{k} K_z$ kann ein konstanter Wellenvektor verstanden werden (üblicherweise wird er mit $\boldsymbol{k}$ bezeichnet, das würde hier aber Verwechslungen mit dem Koordinatenvektor $\boldsymbol{k}$ hervorrufen). Unter $\boldsymbol{r} = \boldsymbol{i}\,x + \boldsymbol{j}\,y + \boldsymbol{k}\,z$ ist der Ortsvektor zu verstehen. Die Größen ω und t sind bezüglich der räumlichen Differentiation konstant. Wenn S als Wellenfunktion aufgefaßt wird, dann bedeuten ω die Kreisfrequenz und t die Zeit.
122. Für die Funktionen

$$\varphi = r^n \quad \text{und} \quad \varphi = \ln \frac{r}{r_0} \qquad (r_0 = \text{konst})$$

ist $\Delta\varphi$ in kartesischen Koordinaten zu berechnen. Unter r ist der Abstand eines Punktes vom Koordinatenursprung zu verstehen.

123. Man berechne grad div $\boldsymbol{e}_r$ in kartesischen Koordinaten. $\boldsymbol{e}_r$ ist der Einsvektor des Ortsvektors $\boldsymbol{r} = \boldsymbol{i}\,x + \boldsymbol{j}\,y + \boldsymbol{k}\,z$.
124. Welcher Ausdruck ergibt sich als die von rückwärts genommene Divergenz des dyadischen Produktes $(\boldsymbol{A}\,\boldsymbol{B})$?
125. Man zeige durch koordinatenfreie Rechnung, daß $\Delta(\boldsymbol{A}\cdot\boldsymbol{C}) = \boldsymbol{C}\cdot\Delta\boldsymbol{A}$ ist, wenn $\boldsymbol{C}$ ein konstanter Vektor ist. Hinweis: Man berücksichtige, daß für den konstanten Vektor $\boldsymbol{C}$ alle räumlichen Ableitungen, auch der Vektorgradient Null ist.
126. Man zeige durch Rechnung in kartesischen Koordinaten, daß $\Delta(\boldsymbol{A}\cdot\boldsymbol{C}) = \boldsymbol{C}\cdot\Delta\boldsymbol{A}$, wenn $\boldsymbol{C}$ ein konstanter Vektor ist.
127. Es ist durch koordinatenfreie Rechnung zu beweisen, daß

$$\operatorname{rot}(u \operatorname{grad} u) = 0$$

ist.

128. Man berechne für die Vektorfelder

$$\boldsymbol{A} = \boldsymbol{i}\,x^2 - \boldsymbol{j}\,y^2 + \boldsymbol{k}\,z \quad \text{und} \quad \boldsymbol{B} = \boldsymbol{i}\,y + 2\boldsymbol{j}\,xz - \boldsymbol{k}\,x$$

den Ausdruck $\boldsymbol{A}\times\operatorname{grad}\boldsymbol{B}$ an der Stelle $(1, 1, -1)$.

129. Man beweise, daß

$$\Delta = \frac{\partial^2}{\partial x^2} + \frac{\partial^2}{\partial y^2} + \frac{\partial^2}{\partial z^2} = \frac{\partial^2}{\partial x'^2} + \frac{\partial^2}{\partial y'^2} + \frac{\partial^2}{\partial z'^2} = \Delta'$$

ist, wenn durch die Striche ein gedrehtes Koordinatensystem angedeutet sei.

130. Man beweise durch koordinatenfreie Rechnung, daß das Feld $\boldsymbol{A} = \operatorname{grad} S \times \operatorname{grad} T$ quellenfrei ist. S und T sind skalare Ortsfunktionen. Hinweis: Man drücke div $\boldsymbol{A}$ durch formale Spatprodukte aus.

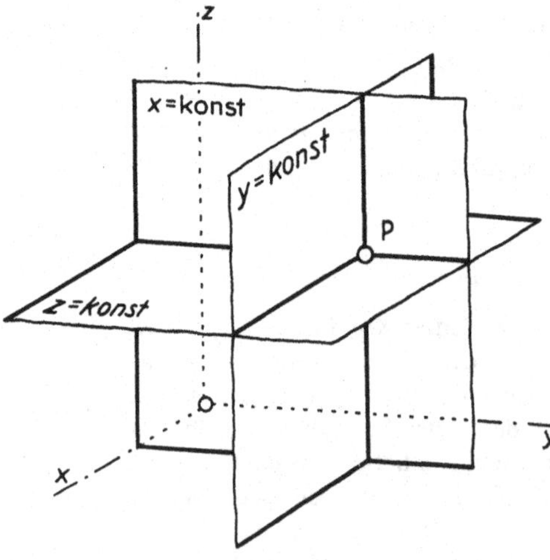

Abb. 128. Koordinatenflächen im kartesischen System

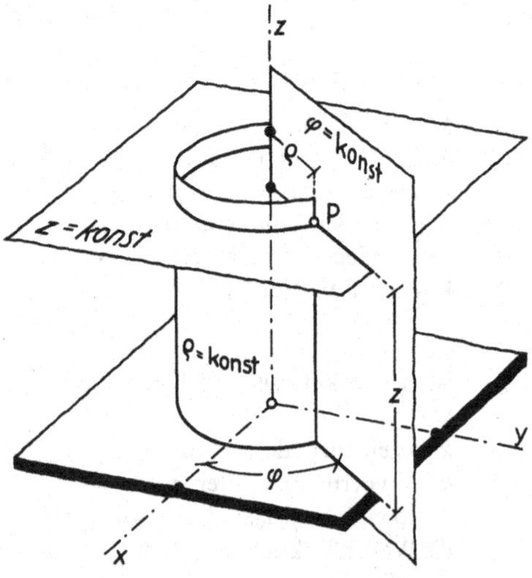

Abb. 129. Koordinatenflächen im Zylinderkoordinaten-System

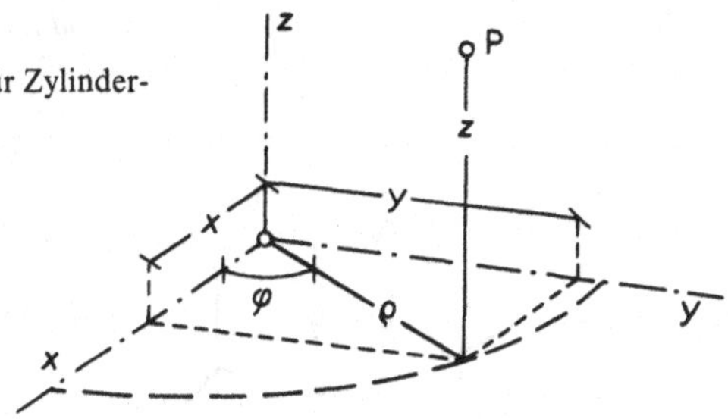

Abb. 130. Zu den Transformationsgleichungen für Zylinderkoordinaten

§ 8. Zylinder- und Kugelkoordinaten

8.1 Zylinderkoordinaten

Die Koordinaten-Umrechnung. Jeder Punkt P mit den kartesischen Koordinaten x, y, z kann aufgefaßt werden als der Schnittpunkt der drei *Koordinatenflächen* $x =$ konst, $y =$ konst, $z =$ konst (Abb. 128). Diese Koordinatenflächen sind im kartesischen System Ebenen, die paarweise aufeinander senkrecht stehen. Im Zylinderkoordinaten-System wählt man drei andere Flächen zur Kennzeichnung räumlicher Punkte, und zwar gemäß Abb. 129 die Mantelfläche $\rho =$ konst eines Zylinders mit der z-Achse als Zylinderachse, eine von der z-Achse begrenzte Halbebene $\varphi =$ konst, die senkrecht auf der x-y-Ebene steht, und eine Ebene $z =$ konst parallel zur x-y-Ebene. Die Koordinaten des Schnittpunktes der drei Koordinatenflächen, also die Zylinderkoordinaten des Punktes P sind dann ρ, φ, z.

Um alle Punkte des Raumes nicht mehrfach durch die Zylinderkoordinaten zu erfassen, muß man die Werte von ρ und φ auf gewisse Bereiche einschränken, z. B. auf

$$\rho \geqq 0 \quad \text{und} \quad -\pi < \varphi \leqq +\pi .$$

Die z-Koordinate bleibt aller Werte fähig:

$$-\infty < z \leqq +\infty .$$

Sind die kartesischen Koordinaten x, y, z eines Punktes gegeben, so findet man nach Abb. 130 seine Zylinderkoordinaten leicht zu

$$\begin{aligned} &\rho = \sqrt{x^2 + y^2}\,; \\ &\varphi = \arctan\frac{y}{x} = \arcsin\frac{y}{\sqrt{x^2+y^2}} = \arccos\frac{x}{\sqrt{x^2+y^2}}\,; \\ &z = z\,. \end{aligned} \qquad [53\,a]$$

(Zylinderkoordinaten eines Punktes im Raum)

Bei der Berechnung des *Azimutwinkels* φ ist zu beachten, daß wegen der Mehrdeutigkeit der Arcusfunktionen nur derjenige Wert der richtige ist, der allen drei angegebenen Arcusfunktionen gerecht wird. Zur Bestimmung von φ reichen allerdings zwei von ihnen aus. Man kann natürlich auch aus den Vorzeichen von x und y erkennen, in welchem Quadranten φ liegt.

Die Berechnung der kartesischen Koordinaten aus den Zylinderkoordinaten erfolgt durch

$$\begin{aligned} x &= \rho\cos\varphi\,; \\ y &= \rho\sin\varphi\,; \\ z &= z\,. \end{aligned} \qquad [53\,b]$$

(Zylinderkoordineten → kartesische Koordinaten)

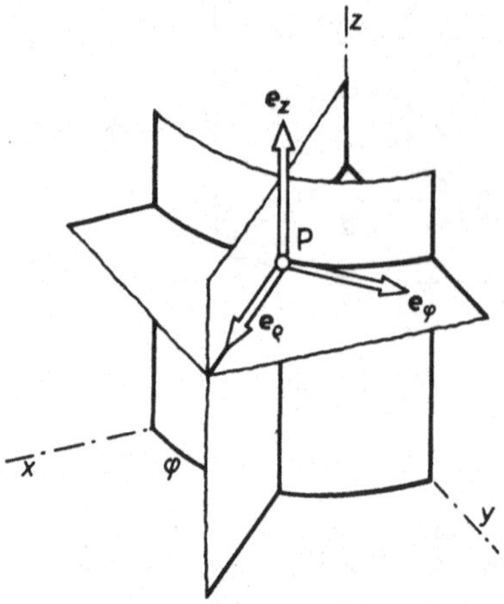

Abb. 131. Die Koordinaten-Einsvektoren im Zylinderkoordinaten-System

Die Vektordarstellung in Zylinderkoordinaten. Zur Darstellung der Vektoren an den verschiedenen Raumpunkten benützt man bei Zylinderkoordinaten örtlich verschieden orientierte kartesische Systeme mit den Koordinaten-Einsvektoren e_ρ, e_φ, e_z gemäß Abb. 131. Die Richtungen dieser orthogonalen Einsvektoren fallen mit den Richtungen der Schnittgeraden, bzw. der Tangenten an die Schnittkurven der Koordinatenflächen des betrachteten Raumpunktes P zusammen. Der Richtungssinn ist dadurch festgelegt, daß e_ρ, e_φ, e_z jeweils in Richtung von wachsendem ρ, φ und z weisen. Infolge der Orthogonalität verschwinden stets die skalaren Produkte zweier verschiedener Koordinaten-Einsvektoren, während die Vektorprodukte im Sinne eines Rechtssystems jeweils den dritten Vektor zum Ergebnis haben.

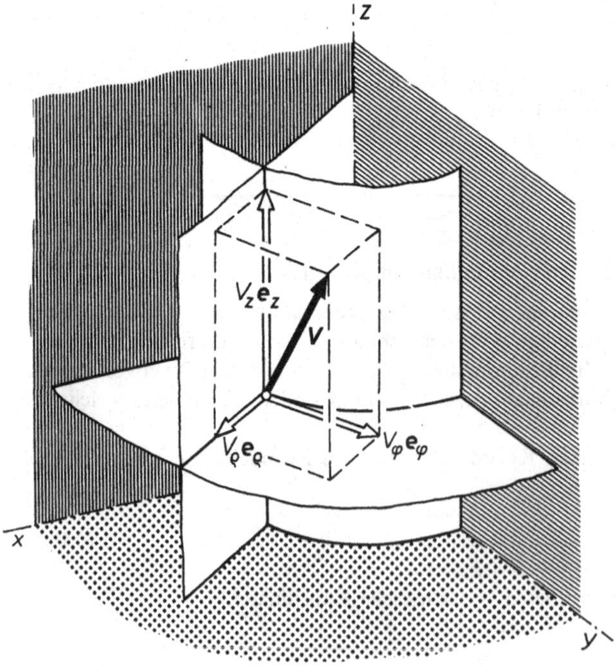

Abb. 132. Vektordarstellung in Zylinderkoordinaten

Ein Vektor V an der Stelle P wird nun durch drei Komponenten, nämlich durch die Radialkomponente V_ρ, die Azimutalkomponente V_φ und die Axialkomponente V_z gemäß Abb. 132 dargestellt:

$$V = V_\rho e_\rho + V_\varphi e_\varphi + V_z e_z .$$

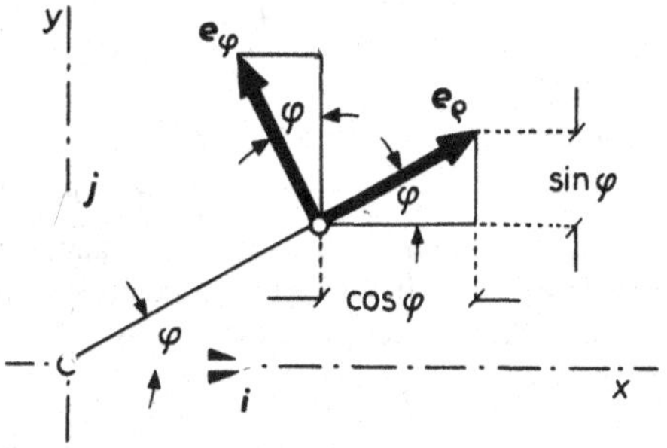

Abb. 133. Zur Transformation der Koordinaten-Einsvektoren

Die Transformationsgleichungen für Vektoren. Der Einsvektor e_z zeigt stets parallel zur z-Achse. Er ist überall im Raum gleich gerichtet, es gilt $e_z = k$. Die Einsvektoren e_ρ und e_φ dagegen sind Funktionen von φ. Aus Abb. 133 entnimmt man leicht die entsprechenden Zusammenhänge. Es bestehen demnach die

■ Transformationsgleichungen für die Koordinaten-Einsvektoren bei Zylinderkoordinaten

$$\begin{aligned} e_\rho &= i\cos\varphi + j\sin\varphi ; \\ e_\varphi &= -i\sin\varphi + j\cos\varphi ; \\ e_z &= k . \end{aligned} \qquad [54a]$$

Auflösung dieses Gleichungssystems nach i, j, k ergibt die Umkehrung

■
$$\begin{aligned} i &= e_\rho\cos\varphi - e_\varphi\sin\varphi ; \\ j &= e_\rho\sin\varphi + e_\varphi\cos\varphi ; \\ k &= e_z . \end{aligned} \qquad [54b]$$

(Transformationsgleichungen für die Koordinaten-Einsvektoren bei Zylinderkoordinaten)

Die Zylinderkomponenten V_ρ, V_φ, V_z des Vektors V findet man nun leicht als seine Projektionen auf e_ρ, e_φ, e_z:

$$V_\rho = V \cdot e_\rho = (V_x i + V_y j + V_z k) \cdot (i\cos\varphi + j\sin\varphi) = V_x\cos\varphi + V_y\sin\varphi ;$$

ähnlich erhält man

$$V_\varphi = V \cdot e_\varphi = -V_x\sin\varphi + V_y\cos\varphi .$$

Die z-Komponente V_z ist in Zylinderkoordinaten natürlich die gleiche wie in kartesischen Koordinaten. Damit sind also die

■ Transformationsgleichung der Vektorkomponenten in Zylinderkoordinaten

$$\begin{aligned} V_\rho &= V_x\cos\varphi + V_y\sin\varphi \\ V_\varphi &= -V_x\sin\varphi + V_y\cos\varphi \\ V_z &= V_z \end{aligned} \qquad [55a]$$

bzw.

■
$$\begin{aligned} V_x &= V_\rho\cos\varphi - V_\varphi\sin\varphi \\ V_y &= V_\rho\sin\varphi + V_\varphi\cos\varphi \\ V_z &= V_z . \end{aligned} \qquad [55b]$$

Spezielle Vektoren in Zylinderkoordinaten sind der Ortsvektor $\boldsymbol{r}$ und sein Einsvektor $\boldsymbol{e}_r$. Aus [55a] findet man die Zylinderkomponenten von $\boldsymbol{r}$:

$$r_\rho = x\cos\varphi + y\sin\varphi = x\cdot\frac{x}{\sqrt{x^2+y^2}} + y\cdot\frac{y}{\sqrt{x^2+y^2}} = \sqrt{x^2+y^2} = \rho\,,$$

$$r_\varphi = -x\sin\varphi + y\cos\varphi = -x\cdot\frac{y}{\sqrt{x^2+y^2}} + y\cdot\frac{x}{\sqrt{x^2+y^2}} = 0\,,$$

$$r_z = z\,.$$

Somit ist

$$\boldsymbol{r} = \rho\,\boldsymbol{e}_\rho + z\,\boldsymbol{e}_z\,,$$

was man auch unmittelbar erkennen kann, wenn man sich z. B. in Abb. 132 das Vektordreibein $\boldsymbol{e}_\rho$, $\boldsymbol{e}_\varphi$, $\boldsymbol{e}_z$ in den Koordinatenursprung verschoben denkt.
Der Einsvektor $\boldsymbol{e}_r$ des Ortsvektors $\boldsymbol{r}$ ist

$$\boldsymbol{e}_r = \frac{\boldsymbol{r}}{r} = \frac{\rho}{r}\boldsymbol{e}_\rho + \frac{z}{r}\boldsymbol{e}_z = \frac{\rho}{\sqrt{\rho^2+z^2}}\boldsymbol{e}_\rho + \frac{z}{\sqrt{\rho^2+z^2}}\boldsymbol{e}_z\,.$$

8.2 Differentiationen in Zylinderkoordinaten

Die Differentiation der Koordinaten-Einsvektoren. Wir gehen hierbei von der Fragestellung aus, wie sich die Koordinaten-Einsvektoren $\boldsymbol{e}_\rho$, $\boldsymbol{e}_\varphi$, $\boldsymbol{e}_z$ verändern, wenn man von einem Punkt im Raum zu einem anderen übergeht. Bewegt man sich bei diesem Übergang auf irgendeiner Raumkurve, so werden sich im allgemeinen von Schritt zu Schritt die Richtungen von $\boldsymbol{e}_\rho$ und $\boldsymbol{e}_\varphi$ ein wenig ändern. Jeder Punkt der Raumkurve sei gegeben durch

$$\boldsymbol{r} = \boldsymbol{r}(t)\,.$$

Hierin ist t irgendein skalarer Parameter, und mit dem des Ortsvektor $\boldsymbol{r}$ sind auch seine Koordinaten dann Funktionen von t, speziell z. B. $\varphi = \varphi(t)$. Weil nun die Koordinaten-Einsvektoren $\boldsymbol{e}_\rho$ und $\boldsymbol{e}_\varphi$ von φ abhängen, sind auch sie Funktionen von t und können infolgedessen nach ihm differenziert werden. Wir benützen dazu die Darstellung von $\boldsymbol{e}_\rho$ und $\boldsymbol{e}_\varphi$ nach [54a]:

$$\frac{\mathrm{d}\boldsymbol{e}_\rho}{\mathrm{d}t} = \frac{\mathrm{d}}{\mathrm{d}t}(\boldsymbol{i}\cos\varphi + \boldsymbol{j}\sin\varphi) = \boldsymbol{i}\frac{\mathrm{d}}{\mathrm{d}\varphi}\cos\varphi\frac{\mathrm{d}\varphi}{\mathrm{d}t} + \boldsymbol{j}\frac{\mathrm{d}}{\mathrm{d}\varphi}\sin\varphi\frac{\mathrm{d}\varphi}{\mathrm{d}t} =$$
$$= (-\boldsymbol{i}\sin\varphi + \boldsymbol{j}\cos\varphi)\frac{\mathrm{d}\varphi}{\mathrm{d}t}\,,$$

was im Hinblick auf [54a] nichts anderes ist als

$$\frac{\mathrm{d}\boldsymbol{e}_\rho}{\mathrm{d}t} = \boldsymbol{e}_\varphi\frac{\mathrm{d}\varphi}{\mathrm{d}t}\,.$$

Das Differential $\mathrm{d}\boldsymbol{e}_\rho$ zeigt in Richtung $\boldsymbol{e}_\varphi$, steht also senkrecht auf $\boldsymbol{e}_\rho$. Das ist auch sofort einleuchtend, wenn man bedenkt, daß $\boldsymbol{e}_\rho$ ja immer ein Einsvektor ist, seine Veränderung also stets nur in einer Drehung bestehen kann.

Durch ähnliche Rechnung wie für $\boldsymbol{e}_\rho$ erhält man

$$\frac{\mathrm{d}\boldsymbol{e}_\varphi}{\mathrm{d}t} = -\boldsymbol{e}_\rho\frac{\mathrm{d}\varphi}{\mathrm{d}t}\,.$$

Das Differential $\mathrm{d}\boldsymbol{e}_\varphi$ ist demnach dem Vektor $\boldsymbol{e}_\rho$ entgegengerichtet.

Aus der Ortsunabhängigkeit von $\boldsymbol{e}_z = \boldsymbol{k}$ folgt schließlich

$$\mathrm{d}\boldsymbol{e}_z/\mathrm{d}t = 0.$$

Da die Koordinaten-Einsvektoren $\boldsymbol{e}_\rho$ und $\boldsymbol{e}_\varphi$ Funktionen der Koordinate φ sind, interessieren speziell ihre Ableitungen nach φ. Mit $t = \varphi$ erhalten wir aus den oben abgeleiteten Formeln sofort

$$\mathrm{d}\boldsymbol{e}_\rho/\mathrm{d}\varphi = \boldsymbol{e}_\varphi \quad \text{und} \quad \mathrm{d}\boldsymbol{e}_\varphi/\mathrm{d}\varphi = -\boldsymbol{e}_\rho.$$

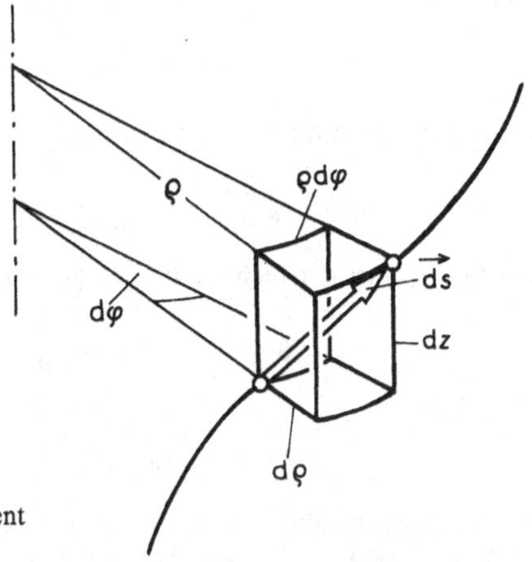

Abb. 134. Zum Wegdifferential und Volumenelement in Zylinderkoordinaten

Der Gradient in Zylinderkoordinaten. Wir beginnen mit der Darstellung des Wegdifferentials $\vec{\mathrm{d}s}$. Wir denken uns dazu wieder wie auf Seite 182 irgendeine Raumkurve $\boldsymbol{r} = \boldsymbol{r}(t)$, drücken den Ortsvektor $\boldsymbol{r}$ in Zylinderkoordinaten aus (vergl. Seite 182) und differenzieren nach t. Wir erhalten

$$\frac{\vec{\mathrm{d}s}}{\mathrm{d}t} = \frac{\mathrm{d}\boldsymbol{r}}{\mathrm{d}t} = \frac{\mathrm{d}}{\mathrm{d}t}(\rho\,\boldsymbol{e}_\rho + z\,\boldsymbol{e}_z) = \frac{\mathrm{d}\rho}{\mathrm{d}t}\boldsymbol{e}_\rho + \rho\frac{\mathrm{d}\boldsymbol{e}_\rho}{\mathrm{d}t} + \frac{\mathrm{d}z}{\mathrm{d}t}\boldsymbol{e}_z + z\frac{\mathrm{d}\boldsymbol{e}_z}{\mathrm{d}t}.$$

Hierin ist

$$\mathrm{d}\boldsymbol{e}_\rho/\mathrm{d}t = \boldsymbol{e}_\varphi\,\mathrm{d}\varphi/\mathrm{d}t \quad \text{und} \quad \mathrm{d}\boldsymbol{e}_z/\mathrm{d}t = 0,$$

so daß wir

$$\frac{\vec{\mathrm{d}s}}{\mathrm{d}t} = \boldsymbol{e}_\rho\frac{\mathrm{d}\rho}{\mathrm{d}t} + \boldsymbol{e}_\varphi\,\rho\frac{\mathrm{d}\varphi}{\mathrm{d}t} + \boldsymbol{e}_z\frac{\mathrm{d}z}{\mathrm{d}t} = \frac{\boldsymbol{e}_\rho\,\mathrm{d}\rho + \boldsymbol{e}_\varphi\,\rho\,\mathrm{d}\varphi + \boldsymbol{e}_z\,\mathrm{d}z}{\mathrm{d}t}$$

erhalten. Somit ist das

■ Wegdifferential in Zylinderkoordinaten

$$\vec{\mathrm{d}s} = \boldsymbol{e}_\rho\,\mathrm{d}\rho + \boldsymbol{e}_\varphi\,\rho\,\mathrm{d}\varphi + \boldsymbol{e}_z\,\mathrm{d}z \qquad [56]$$

Anschaulich wird dieser Ausdruck in Abb. 134. Die Komponente von $\vec{\mathrm{d}s}$ in Richtung $\boldsymbol{e}_\rho$ ist die Zunahme $\mathrm{d}\rho$ von ρ, in Richtung $\boldsymbol{e}_z$ die Zunahme $\mathrm{d}z$ von z und in Richtung $\boldsymbol{e}_\varphi$ das Bogendifferential $\rho\,\mathrm{d}\varphi$.

Um den Gradienten einer skalaren Ortsfunktion $S = S(\boldsymbol{r}) = S(\rho,\varphi,z)$ aufzufinden, gehen wir von dem totalen Differential

$$\mathrm{d}S = \frac{\partial S}{\partial\rho}\mathrm{d}\rho + \frac{\partial S}{\partial\varphi}\mathrm{d}\varphi + \frac{\mathrm{d}S}{\partial z}\mathrm{d}z$$

aus und versuchen, es gemäß [30] als

$$\mathrm{d}S = \operatorname{grad} S \cdot \overrightarrow{\mathrm{d}s}$$

zu interpretieren. Aus dem oberen Ausdruck für $\mathrm{d}S$ ist also das Wegdifferential $\overrightarrow{\mathrm{d}s}$ abzuspalten. Zu diesem Zweck erweitern wir den mittleren Summanden mit ρ:

$$\frac{\partial S}{\mathrm{d}\varphi}\mathrm{d}\varphi = \frac{\partial S}{\rho\,\mathrm{d}\varphi}\rho\,\mathrm{d}\varphi\,.$$

Wenn wir nun

$$\mathrm{d}S = \frac{\partial S}{\partial\rho}\mathrm{d}\rho + \frac{\partial S}{\rho\,\mathrm{d}\varphi}\rho\,\mathrm{d}\varphi + \frac{\partial S}{\partial z}\mathrm{d}z$$

als skalares Produkt

$$\mathrm{d}S = \left(\boldsymbol{e}_\rho\frac{\partial S}{\partial\rho} + \boldsymbol{e}_\varphi\frac{\partial S}{\rho\,\partial\varphi} + \boldsymbol{e}_z\frac{\partial S}{\partial z}\right)\cdot(\boldsymbol{e}_\rho\,\mathrm{d}\rho + \boldsymbol{e}_\varphi\,\rho\,\mathrm{d}\varphi + \boldsymbol{e}_z\,\mathrm{d}z)$$

schreiben, so ist der rechte Klammerausdruck nichts anderes als $\overrightarrow{\mathrm{d}s}$. Also gilt

$$\operatorname{grad} S \cdot \overrightarrow{\mathrm{d}s} = \left(\boldsymbol{e}_\rho\frac{\partial S}{\partial\rho} + \boldsymbol{e}_\varphi\frac{\partial S}{\rho\,\partial\varphi} + \boldsymbol{e}_z\frac{\partial S}{\partial z}\right)\cdot\overrightarrow{\mathrm{d}s}$$

oder

$$\left\{\operatorname{grad} S - \left(\boldsymbol{e}_\rho\frac{\partial S}{\partial\rho} + \boldsymbol{e}_\varphi\frac{\partial S}{\rho\,\partial\varphi} + \boldsymbol{e}_z\frac{\partial S}{\partial z}\right)\right\}\cdot\overrightarrow{\mathrm{d}s} = 0\,.$$

Da $\overrightarrow{\mathrm{d}s}$ beliebig wählbar ist, muß demzufolge der Ausdruck in der geschwungenen Klammer Null sein. Auf diese Weise erhalten wir als

■ Gradient in Zylinderkoordinaten

$$\operatorname{grad} S = \boldsymbol{e}_\rho\frac{\mathrm{d}S}{\partial\rho} + \boldsymbol{e}_\varphi\frac{\partial S}{\rho\,\partial\varphi} + \boldsymbol{e}_z\frac{\partial S}{\partial z}\,. \qquad [57\mathrm{a}]$$

Durch symbolisches Ausklammern von S ergibt sich als

■ Nabla-Operator in Zylinderkoordinaten

$$\nabla = \boldsymbol{e}_\rho\frac{\partial}{\partial\rho} + \boldsymbol{e}_\varphi\frac{\partial}{\rho\,\partial\varphi} + \boldsymbol{e}_z\frac{\partial}{\partial z}\,. \qquad [57\mathrm{b}]$$

Um uns an den Umgang mit Zylinderkoordinaten zu gewöhnen, sei $\operatorname{grad} S$ noch auf eine andere Art und Weise, nämlich unter Berücksichtigung von [46a] mittels eines Grenzüberganges hergeleitet:

$$\operatorname{grad} S = \nabla S = \lim_{V\to 0}\frac{1}{V}\oint S\,\overrightarrow{\mathrm{d}f}\,.$$

Dem Integrationsbereich geben wir die in Abb. 134 dargestellte Form. Sein Volumen ist in erster Näherung das eines Quaders mit den Kantenlängen $\Delta\rho$, $\rho\Delta\varphi$ und Δz, also $V \approx \rho\,\Delta\rho\,\Delta\varphi\,\Delta z$. Der genaue Wert von V ergibt sich durch Hinzufügen eines Korrekturfaktors, der sich mit kleiner werdendem V immer mehr dem Wert 1 nähert und ihn für $V \to 0$ schließlich erreicht. Unter Benutzung der Differentiale $\mathrm{d}\rho$, $\mathrm{d}\varphi$, $\mathrm{d}z$ schreibt man daher für das

■ Volumenelement in Zylinderkoordinaten

$$\mathrm{d}V = \rho\,\mathrm{d}\rho\,\mathrm{d}\varphi\,\mathrm{d}z \qquad [58]$$

* Das Symbol Δ nicht verwechseln mit dem Laplace Operator Δ!

Das Hüllenintegral $\oint S\,d\vec{f}$ erstrecken wir nun über die Begrenzungsflächen des gewählten Bereiches. Dabei betrachten wir die einzelnen Flächen im Hinblick auf den durchzuführenden Grenzübergang als eben und rechteckig, und die einzelnen Flächenintegrale stellen wir als skalare Produkte aus einem Flächenvektor und einem entsprechenden Mittelwert von S dar. Das Vorgehen hat also eine gewisse Ähnlichkeit wie das bei der Berechnung der Divergenz in kartesischen Koordinaten (Seite 127). Dabei soll bedeuten

$\langle S(\rho + \Delta\rho)\rangle$ ... Mittelwert von S über die Fläche I, die sich im Abstand $\rho + \Delta\rho$ von der z-Achse befindet

$\langle S(\rho)\rangle$ ... Mittelwert von S über die Fläche II (also im Abstand ρ von der z-Achse)

$\langle \boldsymbol{e}_\rho(\rho + \Delta\rho)\rangle$ mittlerer Einsvektor der Fläche I

$\langle -\boldsymbol{e}_\rho(\rho)\rangle$ ... mittlerer Einsvektor der Fläche II

usw.

Die runde Klammer dient hier also lediglich zur Angabe von variabel anzusehenden Koordinaten. Für Faktoren wird die geschwungene Klammer verwendet; $\{\rho + \Delta\rho\}$ ist demnach im Gegensatz zu $(\rho + \Delta\rho)$ als ein Faktor zu verstehen.

Wir berechnen nun die einzelnen Flächenintegrale:

$$
\begin{aligned}
\text{I} &\ldots \langle S(\rho + \Delta\rho)\rangle\langle \boldsymbol{e}_\rho(\rho + \Delta\rho)\rangle\{\rho + \Delta\rho\}\Delta\varphi\,\Delta z\\
\text{II} &\ldots \langle S(\rho)\rangle\langle -\boldsymbol{e}_\rho(\rho)\rangle\rho\,\Delta\varphi\,\Delta z\\
\text{III} &\ldots \langle S(\varphi + \Delta\varphi)\rangle\langle \boldsymbol{e}_\varphi(\varphi + \Delta\varphi)\rangle\,\Delta\rho\,\Delta z\\
\text{IV} &\ldots \langle S(\varphi)\rangle\langle -\boldsymbol{e}_\varphi(\varphi)\rangle\,\Delta\rho\,\Delta z\\
\text{V} &\ldots \langle S(z + \Delta z)\rangle\langle \boldsymbol{e}_z(z + \Delta z)\rangle\rho\,\Delta\varphi\,\Delta\rho\\
\text{VI} &\ldots \langle S(z)\rangle\langle -\boldsymbol{e}_z(z)\rangle\rho\,\Delta\varphi\,\Delta\rho
\end{aligned}
$$

Wie man sich anhand von Abb. 134 leicht klarmachen kann, ist

$$\langle \boldsymbol{e}_\rho(\rho + \Delta\rho)\rangle = \langle \boldsymbol{e}_\rho(\rho)\rangle \quad \text{und} \quad \langle \boldsymbol{e}_z(z + \Delta z)\rangle = \langle \boldsymbol{e}_z(z)\rangle,$$

wofür wir im folgenden kurz $\boldsymbol{e}_\rho$ bzw. $\boldsymbol{e}_z$ schreiben. Bei $\langle \boldsymbol{e}_\varphi(\varphi + \Delta\varphi)\rangle$ und $\langle \boldsymbol{e}_\varphi(\varphi)\rangle$, lassen wir lediglich die Spitzklammer weg, da sie (wie auch bei $\boldsymbol{e}_z$) dort unnötig ist. Gleichsetzen allerdings darf man $\boldsymbol{e}_\varphi(\varphi + \Delta\varphi)$ mit $\boldsymbol{e}_\varphi(\varphi)$ nicht, denn die Richtung ist bei beiden verschieden.

Das durch V dividierte Hüllenintegral wird damit

$$
\begin{aligned}
\frac{1}{V}\oint S\,d\vec{f} = {} & \frac{\langle S(\rho + \Delta\rho)\rangle\{\rho + \Delta\rho\} - \langle S(\rho)\rangle\rho}{\rho\Delta\rho}\boldsymbol{e}_\rho + \\
& + \frac{\langle S(\varphi + \Delta\varphi)\rangle\boldsymbol{e}_\varphi(\varphi + \Delta\varphi) - \langle S(\varphi)\rangle\boldsymbol{e}_\varphi(\varphi)}{\rho\Delta\varphi} + \\
& + \frac{\langle S(z + \Delta z)\rangle - \langle S(z)\rangle}{\Delta z}\boldsymbol{e}_z .
\end{aligned}
$$

Bei Durchführung des Grenzüberganges $V \to 0$ geht dies in

$$\operatorname{grad} S = \frac{1}{\rho}\frac{\partial(S\rho)}{\partial\rho}\boldsymbol{e}_\rho + \frac{1}{\rho}\frac{\partial(S\boldsymbol{e}_\varphi)}{\partial\varphi} + \frac{\partial S}{\partial z}\boldsymbol{e}_z$$

über. Wir führen die Differentiationen der beiden ersten Glieder rechts noch weiter aus:

$$\operatorname{grad} S = \frac{\partial S}{\partial\rho}\boldsymbol{e}_\rho + \frac{S}{\rho}\boldsymbol{e}_\rho + \frac{1}{\rho}\frac{\partial S}{\partial\varphi}\boldsymbol{e}_\varphi + \frac{S}{\rho}\frac{\partial\boldsymbol{e}_\varphi}{\partial\varphi} + \frac{\partial S}{\partial z}\boldsymbol{e}_z;$$

wir erhalten schließlich wegen $\partial\boldsymbol{e}_\varphi/\partial\varphi = -\boldsymbol{e}_\rho$ als Gradient in Zylinderkoordinaten wiederum den Ausdruck [57a].

Die Divergenz in Zylinderkoordinaten. Unter Benützung von [57b] können wir für ein Vektorfeld $A = A(r) = A(\rho, \varphi, z)$ sofort die Divergenz in Zylinderkoordinaten ausdrücken. Mit

$$A = e_\rho A_\rho + e_\varphi A_\varphi + e_z A_z$$

ist

$$\operatorname{div} A = \nabla \cdot A = \left(e_\rho \frac{\partial}{\partial \rho} + e_\varphi \frac{\partial}{\rho \partial \varphi} + e_z \frac{\partial}{\partial z}\right) \cdot (e_\rho A_\rho + e_\varphi A_\varphi + e_z A_z).$$

Jetzt aber müssen wir beachten, daß die Koordinatenvektoren nicht überall im Raume konstant sind, sondern Funktionen der Koordinaten. Damit erhalten wir ganz allgemein

$$\operatorname{div} A = e_\rho \cdot \frac{\partial}{\partial \rho}(e_\rho A_\rho + e_\varphi A_\varphi + e_z A_z) + e_\varphi \cdot \frac{\partial}{\rho \partial \varphi}(e_\rho A_\rho + e_\varphi A_\varphi + e_z A_z) + {}$$
$$+ e_z \cdot \frac{\partial}{\partial z}(e_\rho A_\rho + e_\varphi A_\varphi + e_z A_z).$$

Bei Zylinderkoordinaten sind nur zwei Koordinatenvektoren, nämlich e_ρ und e_φ örtlich verschieden und außerdem nur Funktionen von φ. Berücksichtigt man diesen Sachverhalt und läßt man auch alle Glieder weg, die wegen der Orthogonalität verschiedener Koordinatenvektoren bei der Bildung des skalaren Produktes verschwinden, so bleibt

$$\operatorname{div} A = \frac{\partial A_\rho}{\partial \rho} + e_\varphi \cdot \frac{\partial e_\rho}{\partial \varphi} A_\rho + e_\varphi \cdot \frac{\partial e_\varphi}{\partial \varphi} A_\varphi + \frac{\partial A_\varphi}{\rho \partial \varphi} + \frac{\partial A_z}{\partial z}.$$

Hierin ist nun

$$\partial e_\rho / \partial \varphi = e_\varphi \quad \text{und} \quad \partial e_\varphi / \partial \varphi = -e_\rho,$$

und man erhält schließlich als

■ Divergenz in Zylinderkoordinaten

$$\operatorname{div} A = \frac{\partial A_\rho}{\partial \rho} + \frac{A_\rho}{\rho} + \frac{\partial A_\varphi}{\rho \partial \varphi} + \frac{\partial A_z}{\partial z}, \qquad [59a]$$

was man auch als

■
$$\operatorname{div} A = \frac{\partial(\rho A_\rho)}{\rho \partial \rho} + \frac{\partial A_\varphi}{\rho \partial \varphi} + \frac{\partial A_z}{\partial z} \qquad [59b]$$

(Divergenz in Zylinderkoordinaten)

schreiben kann.

Wem die hier gegebene formale Ableitung von $\operatorname{div} A$ mit Hilfe des aus $\operatorname{grad} S$ gefundenen Nabla-Operators unbefriedigend erscheint, dem sagt vielleicht eine unmittelbare Ableitung unter Zugrundelegung von [46a] mehr zu. Sie wird deshalb zusätzlich noch gegeben, wobei auf die Ähnlichkeit zur Ableitung von $\operatorname{grad} S$ in Zylinderkoordinaten (S. 185), speziell auf Abb. 134 hingewiesen sei. Man erhält

$$\operatorname{div} A = \lim_{V \to 0} \frac{1}{V} \oint A \cdot \mathrm{d}\vec{f} = \lim_{V \to 0} \frac{\langle A_\rho(\rho + \Delta\rho)\rangle \{\rho + \Delta\rho\} - \langle A_\rho(\rho)\rangle \rho}{V} \Delta\varphi \, \Delta z + {}$$
$$+ \lim_{V \to 0} \frac{\langle A_\varphi(\varphi + \Delta\varphi)\rangle - \langle A_\varphi(\varphi)\rangle}{V} \Delta\rho \, \Delta z + \lim_{V \to 0} \frac{\langle A_z(z + \Delta z)\rangle - \langle A_z(z)\rangle}{V} \rho \, \Delta\rho \, \Delta\varphi .$$

Setzt man hier die erste Näherung für V, nämlich

$$V = \rho \, \Delta\rho \, \Delta\varphi \, \Delta z$$

ein, und führt man den Grenzübergang durch, so ergibt sich

$$\operatorname{div} A = \frac{\partial(\rho A_\rho)}{\rho\,\partial\rho} + \frac{\partial A_\varphi}{\rho\,\partial\varphi} + \frac{\partial A_z}{\partial z},$$

also der Ausdruck [59b]. Durch Ausführung der Differentiation im ersten Summanden geht er in [59a] über.

Der Laplace-Operator in Zylinderkoordinaten. Wir erhalten ihn unter Berücksichtigung von [50c] und [57b] wie folgt:

$$\Delta = \nabla\cdot\nabla = \left(e_\rho\frac{\partial}{\partial\rho} + e_\varphi\frac{\partial}{\rho\,\partial\varphi} + e_z\frac{\partial}{\partial z}\right)\cdot\left(e_\rho\frac{\partial}{\partial\rho} + e_\varphi\frac{\partial}{\rho\,\partial\varphi} + e_z\frac{\partial}{\partial z}\right).$$

Nun ist wiederum zu beachten, daß e_ρ und e_φ Funktionen von φ sind, also bei der Operation $\partial/\partial\varphi$ mitberücksichtigt werden müssen. Das ergibt

$$\Delta = \frac{\partial^2}{\partial\rho^2} + e_\varphi\cdot\frac{\partial}{\rho\,\partial\varphi}\left(e_\rho\frac{\partial}{\partial\rho} + e_\varphi\frac{\partial}{\rho\,\partial\varphi}\right) + \frac{\partial^2}{\partial z^2} =$$

$$= \frac{\partial^2}{\partial\rho^2} + \left(e_\varphi\cdot\frac{\partial e_\rho}{\rho\,\partial\varphi}\right)\frac{\partial}{\partial\rho} + \left(e_\varphi\cdot\frac{\partial e_\varphi}{\rho\,\partial\varphi}\right)\frac{\partial}{\rho\,\partial\varphi} + \frac{\partial^2}{\rho^2\,\partial\varphi^2} + \frac{\partial^2}{\partial z^2};$$

mit $\partial e_\rho/\partial\varphi = e_\varphi$ und $\partial e_\varphi/\partial\varphi = -e_\rho$ wird daraus schließlich der
■ LAPLACE-Operator in Zylinderkoordinaten

$$\Delta = \frac{\partial^2}{\partial\rho^2} + \frac{\partial}{\rho\,\partial\rho} + \frac{\partial^2}{\rho^2\,\partial\varphi^2} + \frac{\partial^2}{\partial z^2} \quad [60]$$

Die Divergenz des Gradienten von $S = S(r) = S(\rho,\varphi,z)$ ist dann

$$\operatorname{div}\operatorname{grad} S = \Delta S = \frac{\partial^2 S}{\partial\rho^2} + \frac{1}{\rho}\frac{\partial S}{\partial\rho} + \frac{1}{\rho^2}\frac{\partial^2 S}{\partial\varphi^2} + \frac{\partial^2 S}{\partial z^2}.$$

Die ersten beiden Glieder auf der rechten Seite lassen sich auch schreiben als $\frac{1}{\rho}\frac{\partial}{\partial\rho}\left(\rho\frac{\partial S}{\partial\rho}\right)$, wie man sich durch Ausdifferenzieren dieses Ausdrucks leicht überzeugen kann. Damit läßt sich div grad S auch schreiben als

$$\operatorname{div}\operatorname{grad} S = \Delta S = \frac{1}{\rho}\frac{\partial}{\partial\rho}\left(\rho\frac{\partial S}{\partial\rho}\right) + \frac{1}{\rho^2}\frac{\partial^2 S}{\partial\varphi^2} + \frac{\partial^2 S}{\partial z^2}.$$

Die Rotation in Zylinderkoordinaten. Der Ausdruck für die Rotation in Zylinderkoordinaten läßt sich auf verschiedene Art und Weise finden. Wir leiten ihn im folgenden auf zweierlei Wegen ab.

Zum einen bilden wir rot A als formales Vektorprodukt $\nabla\times A$:

$$\operatorname{rot} A = \nabla\times A = \left(e_\rho\frac{\partial}{\partial\rho} + e_\varphi\frac{\partial}{\rho\,\partial\varphi} + e_z\frac{\partial}{\partial z}\right)\times(e_\rho A_\rho + e_\varphi A_\varphi + e_z A_z).$$

Da e_ρ und e_φ Funktionen von φ sind, läßt sich das angeschriebene Vektorprodukt nicht in der gleichen Art wie bei kartesischen Koordinaten, also nicht analog zu [43] darstellen. Wir müssen es daher im folgenden Schritt für Schritt ausrechnen. Berücksichtigt man, daß

$$e_\rho\times e_\varphi = e_z,\quad e_\varphi\times e_z = e_\rho,\quad e_z\times e_\rho = e_\varphi$$

ist, sowie

$$\frac{\partial e_\rho}{\partial \rho} = \frac{\partial e_\rho}{\partial z} = \frac{\partial e_\varphi}{\partial \rho} = \frac{\partial e_\varphi}{\partial z} = \frac{\partial e_z}{\partial \rho} = \frac{\partial e_z}{\partial \varphi} = \frac{\partial e_z}{\partial z} = 0,$$

so erhält man:

$$1.\ e_\rho \frac{\partial}{\partial \rho} \times (e_\rho A_\rho + e_\varphi A_\varphi + e_z A_z) = e_z \frac{\partial A_\varphi}{\partial \rho} - e_\varphi \frac{\partial A_z}{\partial \rho}$$

$$2.\ e_\varphi \frac{\partial}{\rho \partial \varphi} \times (e_\rho A_\rho + e_\varphi A_\varphi + e_z A_z) =$$

$$= \left(e_\varphi \times A_\rho \frac{\partial e_\rho}{\rho \partial \varphi}\right) - e_z \frac{\partial A_\rho}{\rho \partial \varphi} + \left(e_\varphi \times A_\varphi \frac{\partial e_\varphi}{\rho \partial \varphi}\right) + e_\rho \frac{\partial A_z}{\rho \partial \varphi} =$$

$$= \left(e_\varphi \times A_\rho \frac{e_\varphi}{\rho}\right) - e_z \frac{\partial A_\rho}{\rho \partial \varphi} + \left(e_\varphi \times A_\varphi \frac{-e_\rho}{\rho}\right) + e_\rho \frac{\partial A_z}{\rho \partial \varphi} =$$

$$= 0 - e_z \frac{\partial A_\rho}{\rho \partial \varphi} + e_z \frac{A_\varphi}{\rho} + e_\rho \frac{\partial A_z}{\rho \partial \varphi} = e_\rho \frac{\partial A_z}{\rho \partial \varphi} + e_z \left(\frac{A_\varphi}{\rho} - \frac{\partial A_\rho}{\rho \partial \varphi}\right)$$

$$3.\ e_z \frac{\partial}{\partial z} \times (e_\rho A_\rho + e_\varphi A_\varphi + e_z A_z) = e_\varphi \frac{\partial A_\rho}{\partial z} - e_\rho \frac{\partial A_\varphi}{\partial z}$$

Die Summierung von 1. bis 3. ergibt sodann

$$\operatorname{rot} A = e_\rho \left(\frac{\partial A_z}{\rho \partial \varphi} - \frac{\partial A_\varphi}{\partial z}\right) + e_\varphi \left(\frac{\partial A_\rho}{\partial z} - \frac{\partial A_z}{\partial \rho}\right) + e_z \left(\frac{\partial A_\varphi}{\partial \rho} + \frac{A_\varphi}{\rho} - \frac{\partial A_\rho}{\rho \partial \varphi}\right).$$

Der dritte Klammerausdruck läßt sich auch schreiben als

$$\frac{\partial A_\varphi}{\partial \rho} + \frac{A_\varphi}{\rho} - \frac{\partial A_\rho}{\rho \partial \varphi} = \frac{\partial (\rho A_\varphi)}{\rho \partial \rho} - \frac{\partial A_\rho}{\rho \partial \varphi},$$

so daß man

$$\operatorname{rot} A = e_\rho \left(\frac{\partial A_z}{\rho \partial \varphi} - \frac{\partial A_\varphi}{\partial z}\right) + e_\varphi \left(\frac{\partial A_\rho}{\partial z} - \frac{\partial A_z}{\partial \rho}\right) + e_z \left(\frac{\partial (\rho A_\varphi)}{\rho \partial \rho} - \frac{\partial A_\rho}{\rho \partial \varphi}\right).$$

erhält. Dem so gewonnenen Ergebnis für rot A in Zylinderkoordinaten scheint keine übersichtliche Systematik innezuwohnen. Man erhält eine solche jedoch, wenn man aus dem ganzen Ausdruck den Kehrwert von ρ in geeigneter Weise ausklammert. Das ergibt

$$\operatorname{rot} A = \frac{1}{\rho} \left\{ e_\rho \left(\frac{\partial A_z}{\partial \varphi} - \frac{\partial (\rho A_\varphi)}{\partial z}\right) + \rho\, e_\varphi \left(\frac{\partial A_\rho}{\partial z} - \frac{\partial A_z}{\partial \rho}\right) + e_z \left(\frac{\partial (\rho A_\varphi)}{\partial \rho} - \frac{\partial A_\rho}{\partial \varphi}\right)\right\}$$

und läßt sich in Determinantenform schreiben. Somit ist die

■ Rotation in Zylinderkoordinaten

$$\operatorname{rot} A = \frac{1}{\rho} \begin{vmatrix} e_\rho & \rho\, e_\varphi & e_z \\ \partial/\partial \rho & \partial/\partial \varphi & \partial/\partial z \\ A_\rho & \rho A_\varphi & A_z \end{vmatrix} \qquad [61]$$

Die andere, für manchen vielleicht anschaulichere Methode zur Ableitung von rot A in Zylinderkoordinaten besteht in der Berechnung der einzelnen Rotorkomponenten $\operatorname{rot}_\rho A$, $\operatorname{rot}_\varphi A$, $\operatorname{rot}_z A$, die ja nichts anderes sind als die Zirkulationsdichten für entsprechende orientierte Flächen (Vergl. Seite 143 und Seite 144). In Abb. 135 sind diese Flächen dargestellt. Die Zirkulationsdichten berechnen sich jeweils durch die Grenzübergänge

$$\zeta = \lim_{f \to 0} \frac{1}{f} \oint A \cdot \vec{ds}.$$

Im Hinblick auf diese Grenzübergänge wollen wir die Flächen von vornherein als ebene, rechteckige Flächendifferentiale behandeln und die Umlaufintegrale als Summen längs ihrer vier Seiten.

Die einzelnen Flächen sind somit

$$\begin{aligned} \mathrm{d}f_\rho &= \rho\,\mathrm{d}\varphi\,\mathrm{d}z \\ \mathrm{d}f_\varphi &= \mathrm{d}\rho\,\mathrm{d}z \\ \mathrm{d}f_z &= \rho\,\mathrm{d}\rho\,\mathrm{d}\varphi \end{aligned}$$

Wenn wir unter $A_\varphi(z)$ und $A_\varphi(z + \mathrm{d}z)$ den (gemittelten) Wert von A_φ längs derjenigen Seiten von $\mathrm{d}f_\rho$ verstehen, die durch z und $z + \mathrm{d}z$ gekennzeichnet sind, und wenn wir analoge Bezeichnungen auch längs aller anderen Seiten der Flächendifferentiale verwenden, so erhalten wir:

$$\begin{aligned} \mathrm{rot}_\rho A &= \frac{1}{\rho\,\mathrm{d}\varphi\,\mathrm{d}z}\left\{A_\varphi(z)\rho\,\mathrm{d}\varphi - A_\varphi(z+\mathrm{d}z)\rho\,\mathrm{d}\varphi + A_z(\varphi+\mathrm{d}\varphi)\mathrm{d}z - A_z(\varphi)\mathrm{d}z\right\} = \\ &= \frac{A_z(\varphi+\mathrm{d}\varphi) - A_z(\varphi)}{\rho\,\mathrm{d}\varphi} - \frac{A_\varphi(z+\mathrm{d}z) - A_\varphi(z)}{\mathrm{d}z} = \frac{\partial A_z}{\rho\,\partial\varphi} - \frac{\partial A_\varphi}{\partial z} \end{aligned}$$

$$\begin{aligned} \mathrm{rot}_\varphi A &= \frac{1}{\mathrm{d}\rho\,\mathrm{d}z}\left\{A_\rho(z+\mathrm{d}z)\mathrm{d}\rho - A_\rho(z)\,\mathrm{d}\rho + A_z(\rho)\,\mathrm{d}z - A_z(\rho+\mathrm{d}\rho)\,\mathrm{d}z\right\} = \\ &= \frac{A_\rho(z+\mathrm{d}z) - A_\rho(z)}{\mathrm{d}z} - \frac{A_z(\rho+\mathrm{d}\rho) - A_z(\rho)}{\mathrm{d}\rho} = \frac{\partial A_\rho}{\partial z} - \frac{\partial A_z}{\partial \rho} \end{aligned}$$

$$\begin{aligned} \mathrm{rot}_z A &= \frac{1}{\rho\,\mathrm{d}\rho\,\mathrm{d}\varphi}\left\{A_\varphi(\rho+\mathrm{d}\rho)\,\{\rho+\mathrm{d}\rho\}\,\mathrm{d}\varphi - A_\varphi(\rho)\,\rho\,\mathrm{d}\varphi + A_\rho(\varphi)\,\mathrm{d}\rho - A_\rho(\varphi+\mathrm{d}\varphi)\,\mathrm{d}\rho\right\} = \\ &= \frac{A_\varphi(\rho+\mathrm{d}\rho)\,\{\rho+\mathrm{d}\rho\} - A_\varphi(\rho)\,\rho}{\rho\,\mathrm{d}\rho} - \frac{A_\rho(\varphi+\mathrm{d}\varphi) - A_\rho(\varphi)}{\rho\,\mathrm{d}\varphi} = \frac{\partial(\rho A_\varphi)}{\rho\,\mathrm{d}\rho} - \frac{\partial A_\rho}{\rho\,\mathrm{d}\varphi} \end{aligned}$$

Die Summierung

$$\mathrm{rot}\,A = e_\rho \mathrm{rot}_\rho A + e_\varphi \mathrm{rot}_\varphi A + e_z \mathrm{rot}_z A$$

führt schließlich zum gleichen Ausdruck für $\mathrm{rot}\,A$ in Zylinderkoordinaten, wie wir ihn durch Bildung von $\nabla \times A$ bereits auf anderem Wege erhalten haben.

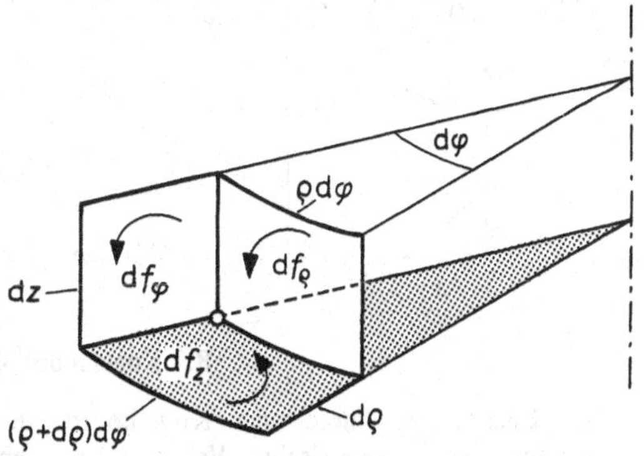

Abb. 135. Zur Bildung von rot A in Zylinderkoordinaten

Die Zweckmäßigkeit der Zylinderkoordinaten für zylindersymmetrische Felder. Ist in einem Skalarfeld die Ortsfunktion S nur von ρ abhängig, also

$$S = S(r) = \mathrm{S}(\rho)\,,$$

so vereinfacht sich $\mathrm{grad}\,S$ zu

$$\mathrm{grad}\,S = e_\rho\,\partial S/\partial\rho\,,$$

und für $\operatorname{div}\operatorname{grad} S$ erhält man

$$\operatorname{div}\operatorname{grad} S = \Delta S = \frac{\partial^2 S}{\partial \rho^2} + \frac{1}{\rho}\frac{\partial S}{\partial \rho} = \frac{1}{\rho}\frac{\partial}{\partial \rho}\left(\rho \frac{\partial S}{\partial \rho}\right).$$

In zylindersymmetrischen Vektorfeldern

$$\boldsymbol{A} = \boldsymbol{A}(\boldsymbol{r}) = \boldsymbol{A}(\rho)$$

gilt die Beschränkung der Abhängigkeit von ρ für jede Komponente. Das führt zu

$$\operatorname{div} \boldsymbol{A} = \partial A_\rho / \partial \rho + A_\rho / \rho$$

und

$$\operatorname{rot} \boldsymbol{A} = -\boldsymbol{e}_\varphi \frac{\partial A_z}{\partial \rho} + \boldsymbol{e}_z \frac{1}{\rho}\frac{\partial(\rho A_\varphi)}{\partial \rho}.$$

Die räumlichen Ableitungen der Feldgrößen sind bei zylindersymmetrischen Feldern in Zylinderkoordinaten also einfacher als in kartesischen Koordinaten.

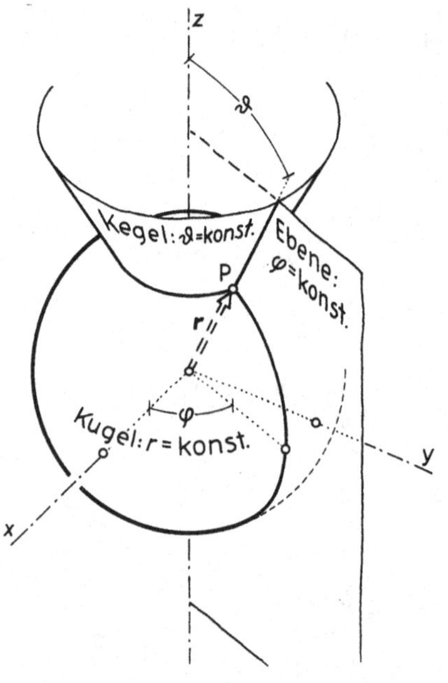

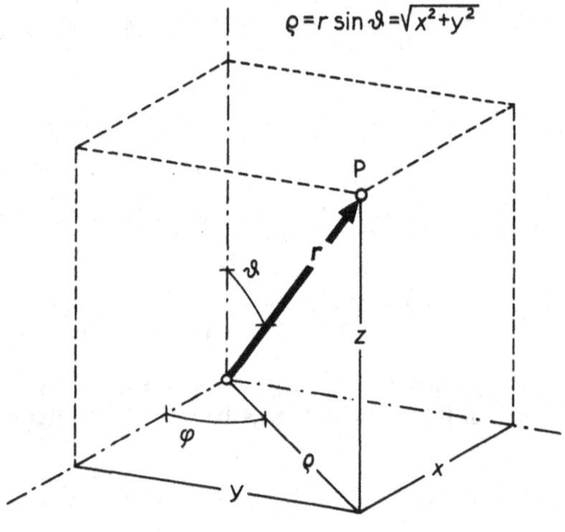

Abb. 137. Zu den Transformationsgleichungen für Kugelkoordinaten

Abb. 136. Koordinatenflächen bei Kugelkoordinaten

8.3 Kugelkoordinaten

Die Koordinaten-Umrechnung. Kugelkoordinaten eignen sich besonders gut zur Behandlung kugelsymmetrischer Vektorfelder. Abb. 136 zeigt die Koordinatenflächen, nämlich

eine Kugelfläche $r = \text{konst}$,
eine Kegelfläche $\vartheta = \text{konst}$,
eine Meridianebene $\varphi = \text{konst}$.

Der Punkt P ist damit durch die Kugelkoordinaten r, ϑ, φ gekennzeichnet. Ähnlich wie bei Zylinderkoordinaten müssen auch die Kugelkoordinaten auf bestimmte Wertbereiche eingeschränkt werden, wenn alle Punkte des Raumes nur einmal erfaßt werden sollen. Man schränkt z. B. wie folgt ein:

$$r \geqq 0; \quad 0 \leqq \vartheta \leqq \pi; \quad -\pi < \varphi \leqq +\pi .$$

Nach Abb. 137 ergeben sich die

■ Transformationsgleichungen von kartesischen auf Kugelkoordinaten

$$\begin{aligned} r &= \sqrt{x^2 + y^2 + z^2} \\ \vartheta &= \arccos\left(z/\sqrt{x^2 + y^2 + z^2}\right) \\ \varphi &= \arctan\frac{y}{x} = \arcsin\frac{y}{\sqrt{x^2 + y^2}} = \arccos\frac{x}{\sqrt{x^2 + y^2}} \end{aligned} \qquad [62\text{a}]$$

bzw. umgekehrt

$$\begin{aligned} x &= r\sin\vartheta\cos\varphi \\ y &= r\sin\vartheta\sin\varphi \\ z &= r\cos\vartheta . \end{aligned} \qquad [62\text{b}]$$

■

Die Transformationsgleichungen für Vektoren. Die Transformationsgleichungen für die Koordinaten-Einsvektoren $\boldsymbol{e}_r$, $\boldsymbol{e}_\vartheta$, $\boldsymbol{e}_\varphi$ (Abb. 138) findet man leicht wie folgt. Setzt man in

$$\boldsymbol{e}_r = \frac{\boldsymbol{r}}{r} = \frac{\boldsymbol{i}\,x + \boldsymbol{j}\,y + \boldsymbol{k}\,z}{r}$$

für x, y, z die Ausdrücke aus [62b] ein, so erhält man

$$\boldsymbol{e}_r = \boldsymbol{i}\sin\vartheta\cos\varphi + \boldsymbol{j}\sin\vartheta\sin\varphi + \boldsymbol{k}\cos\vartheta ;$$

der Einsvektor $\boldsymbol{e}_\varphi$ ist der gleiche wie bei Zylinderkoordinaten. Wir entnehmen ihn aus [54a]:

$$\boldsymbol{e}_\varphi = -\boldsymbol{i}\sin\varphi + \boldsymbol{j}\cos\varphi .$$

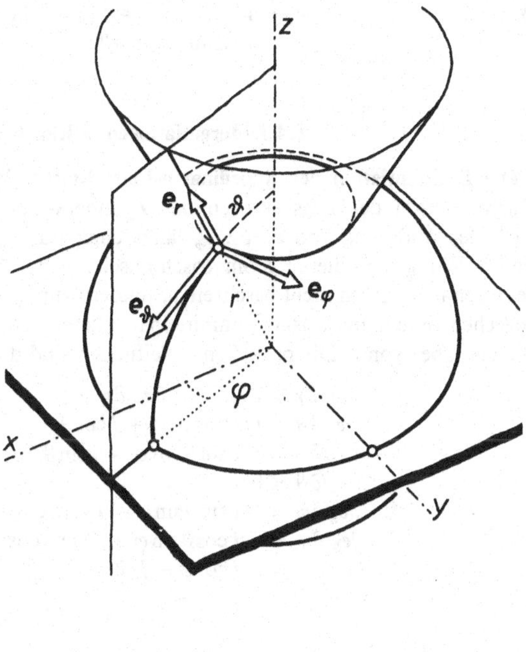

Abb. 138. Die Koordinaten-Einsvektoren bei Kugelkoordinaten

Wie man an Hand der Abb. 138 sofort erkennt, bilden $\boldsymbol{e}_r$, $\boldsymbol{e}_\vartheta$, $\boldsymbol{e}_\varphi$ ein orthogonales Dreibein. Infolgedessen ergibt sich $\boldsymbol{e}_\vartheta$ als das Vektorprodukt

$$\boldsymbol{e}_\vartheta = \boldsymbol{e}_\varphi \times \boldsymbol{e}_r = \boldsymbol{i}\cos\vartheta\cos\varphi + \boldsymbol{j}\cos\vartheta\sin\varphi - \boldsymbol{k}\sin\vartheta\,.$$

Zusammengefaßt lauten also die

■ Transformationsgleichungen für Koordinaten-Einsvektoren bei Kugelkoordinaten:

$$\begin{aligned} \boldsymbol{e}_r &= \boldsymbol{i}\sin\vartheta\cos\varphi + \boldsymbol{j}\sin\vartheta\sin\varphi + \boldsymbol{k}\cos\vartheta \\ \boldsymbol{e}_\vartheta &= \boldsymbol{i}\cos\vartheta\cos\varphi + \boldsymbol{j}\cos\vartheta\sin\varphi - \boldsymbol{k}\sin\vartheta \\ \boldsymbol{e}_\varphi &= -\boldsymbol{i}\sin\varphi + \boldsymbol{j}\cos\varphi \end{aligned} \qquad [63\,\mathrm{a}]$$

bzw. umgekehrt

■
$$\begin{aligned} \boldsymbol{i} &= \boldsymbol{e}_r\sin\vartheta\cos\varphi + \boldsymbol{e}_\vartheta\cos\vartheta\cos\varphi - \boldsymbol{e}_\varphi\sin\varphi \\ \boldsymbol{j} &= \boldsymbol{e}_r\sin\vartheta\sin\varphi + \boldsymbol{e}_\vartheta\cos\vartheta\sin\varphi + \boldsymbol{e}_\varphi\cos\varphi \\ \boldsymbol{k} &= \boldsymbol{e}_r\cos\vartheta - \boldsymbol{e}_\vartheta\sin\vartheta\,. \end{aligned} \qquad [63\,\mathrm{b}]$$

Aus

$$\boldsymbol{V} = \boldsymbol{e}_r V_r + \boldsymbol{e}_\vartheta V_\vartheta + \boldsymbol{e}_\varphi V_\varphi$$

findet man durch skalare Multiplikation mit $\boldsymbol{e}_r$ bzw. $\boldsymbol{e}_\vartheta$ bzw. $\boldsymbol{e}_\varphi$ die Vektorkomponenten in Kugelkoordinaten:

$$V_r = \boldsymbol{V}\cdot\boldsymbol{e}_r;\quad V_\vartheta = \boldsymbol{V}\cdot\boldsymbol{e}_\vartheta;\quad V_\varphi = \boldsymbol{V}\cdot\boldsymbol{e}_\varphi\,.$$

Setzt man hierin $\boldsymbol{V} = \boldsymbol{i}\,V_x + \boldsymbol{j}\,V_y + \boldsymbol{k}\,V_z$, und für die Einsvektoren $\boldsymbol{e}_r$, $\boldsymbol{e}_\vartheta$, $\boldsymbol{e}_\varphi$ die Ausdrücke aus [63a] ein, so kommt man zu den

■ Transformationsgleichungen der Vektorkomponenten in Kugelkoordinaten:

$$\begin{aligned} V_r &= V_x\sin\vartheta\cos\varphi + V_y\sin\vartheta\sin\varphi + V_z\cos\vartheta \\ V_\vartheta &= V_x\cos\vartheta\cos\varphi + V_y\cos\vartheta\sin\varphi - V_z\sin\vartheta \\ V_\varphi &= -V_x\sin\varphi + V_y\cos\varphi \end{aligned} \qquad [64\,\mathrm{a}]$$

bzw. umgekehrt

■
$$\begin{aligned} V_x &= V_r\sin\vartheta\cos\varphi + V_\vartheta\cos\vartheta\cos\varphi - V_\varphi\sin\varphi \\ V_y &= V_r\sin\vartheta\sin\varphi + V_\vartheta\cos\vartheta\sin\varphi + V_\varphi\cos\varphi \\ V_z &= V_r\cos\vartheta - V_\vartheta\sin\vartheta\,. \end{aligned} \qquad [64\,\mathrm{b}]$$

8.4 Differentiationen in Kugelkoordinaten

Die Differentiation der Koordinaten-Einsvektoren. Wir könnten analog wie bei der Differentiation der Einsvektoren der Zylinderkoordinaten (Seite 182) vorgehen und nach der Änderung von $\boldsymbol{e}_r$, $\boldsymbol{e}_\vartheta$, $\boldsymbol{e}_\varphi$ längs einer durch $\boldsymbol{r} = \boldsymbol{r}(t)$ festgelegten Raumkurve fragen. Wir wollen diesen geometrisch anschaulichen Weg zur Differentiation der Einsvektoren hier jedoch nicht beschreiten, sondern zur Abwechslung einmal rein algebraisch vorgehen. Wie man an [63a] unmittelbar erkennt, sind $\boldsymbol{e}_r$, $\boldsymbol{e}_\vartheta$, $\boldsymbol{e}_\varphi$ Funktionen von ϑ und φ, nicht aber von r. Die partiellen Ableitungen sind demnach

$$\begin{aligned} &\partial\boldsymbol{e}_r/\partial r = \partial\boldsymbol{e}_\vartheta/\partial r = \partial\boldsymbol{e}_\varphi/\partial r = 0; \\ &\partial\boldsymbol{e}_r/\partial\vartheta = \boldsymbol{i}\cos\vartheta\cos\varphi + \boldsymbol{j}\cos\vartheta\sin\varphi - \boldsymbol{k}\sin\vartheta = \boldsymbol{e}_\vartheta\,; \\ &\partial\boldsymbol{e}_\vartheta/\partial\vartheta = -\boldsymbol{i}\sin\vartheta\cos\varphi - \boldsymbol{j}\sin\vartheta\sin\varphi - \boldsymbol{k}\cos\vartheta = -\boldsymbol{e}_r\,; \\ &\partial\boldsymbol{e}_\varphi/\partial\vartheta = 0; \\ &\partial\boldsymbol{e}_r/\partial\varphi = -\boldsymbol{i}\sin\vartheta\sin\varphi + \boldsymbol{j}\sin\vartheta\cos\varphi = \boldsymbol{e}_\varphi\sin\vartheta\,; \\ &\partial\boldsymbol{e}_\vartheta/\partial\varphi = -\boldsymbol{i}\cos\vartheta\sin\varphi + \boldsymbol{j}\cos\vartheta\cos\varphi = \boldsymbol{e}_\varphi\cos\vartheta\,; \\ &\partial\boldsymbol{e}_\varphi/\partial\varphi = -\boldsymbol{i}\cos\varphi - \boldsymbol{j}\sin\varphi\,; \end{aligned}$$

Substituiert man im letzten Differentialquotienten für $\boldsymbol{i}$ und $\boldsymbol{j}$ aus [63b], so erhält man auch hier einen Ausdruck in Kugelkoordinaten, nämlich $\partial \boldsymbol{e}_\varphi/\partial\varphi = -\boldsymbol{e}_r \sin\vartheta - \boldsymbol{e}_\vartheta \cos\vartheta$.

Die Differentiale $\mathrm{d}\boldsymbol{e}_r$, $\mathrm{d}\boldsymbol{e}_\vartheta$, $\mathrm{d}\boldsymbol{e}_\varphi$ ergeben sich zu

$$\mathrm{d}\boldsymbol{e}_r = \frac{\partial \boldsymbol{e}_r}{\partial\vartheta}\mathrm{d}\vartheta + \frac{\partial \boldsymbol{e}_r}{\partial\varphi}\mathrm{d}\varphi = \boldsymbol{e}_\vartheta\,\mathrm{d}\vartheta + \boldsymbol{e}_\varphi \sin\vartheta\,\mathrm{d}\varphi\,;$$

$$\mathrm{d}\boldsymbol{e}_\vartheta = \frac{\partial \boldsymbol{e}_\vartheta}{\partial\vartheta}\mathrm{d}\vartheta + \frac{\partial \boldsymbol{e}_\vartheta}{\partial\varphi}\mathrm{d}\varphi = -\boldsymbol{e}_r\,\mathrm{d}\vartheta + \boldsymbol{e}_\varphi \cos\vartheta\,\mathrm{d}\varphi\,;$$

$$\mathrm{d}\boldsymbol{e}_\varphi = \frac{\partial \boldsymbol{e}_\varphi}{\partial\vartheta}\mathrm{d}\vartheta + \frac{\partial \boldsymbol{e}_\varphi}{\partial\varphi}\mathrm{d}\varphi = -(\boldsymbol{e}_r \sin\vartheta + \boldsymbol{e}_\vartheta \cos\vartheta)\,\mathrm{d}\varphi\,.$$

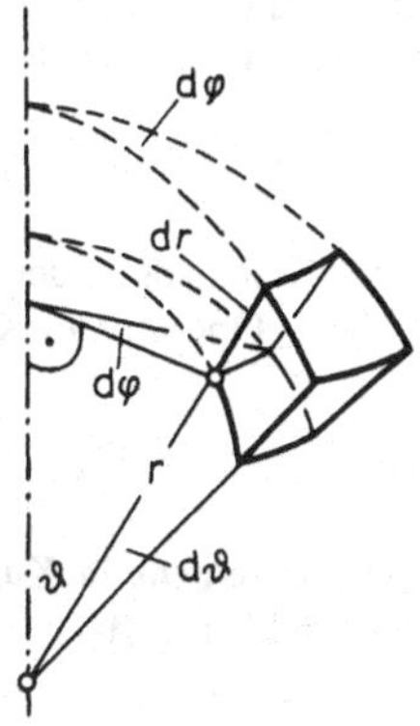

Abb. 139. Zum Volumenelement in Kugelkoordinaten

Der Gradient in Kugelkoordinaten. Die Herleitung der räumlichen Ableitungen in Kugelkoordinaten kann auf die gleiche Art und Weise erfolgen wie bei Zylinderkoordinaten. Der Gradient einer skalaren Ortsfunktion $S = S(\boldsymbol{r})$ müßte demnach aus

$$\operatorname{grad} S = \lim_{V\to 0}\frac{1}{V}\oint S\,\mathrm{d}\vec{f}$$

ermittelt werden. Als Integrationsvolumen wäre dabei das Volumendifferential gemäß Abb. 139 zu nehmen. Wie man leicht erkennt, ist dieses, als Quader anzusehende

■ Volumenelement in Kugelkoordinaten:

$$\mathrm{d}V = r^2 \sin\vartheta\,\mathrm{d}r\,\mathrm{d}\vartheta\,\mathrm{d}\varphi\,. \qquad [65]$$

Diese Herleitung wird hier jedoch nicht durchgeführt.

Zum gleichen Ausdruck für $\operatorname{grad} S$ gelangt man nämlich bequemer, wenn man das totale Differential

$$\mathrm{d}S = \frac{\partial S}{\partial r}\mathrm{d}r + \frac{\partial S}{\partial\vartheta}\mathrm{d}\vartheta + \frac{\partial S}{\partial\varphi}\mathrm{d}\varphi$$

als skalares Produkt, welches das Wegelement $\mathrm{d}\vec{s}$ als Faktor enthält, darstellt und den zweiten Faktor dann im Hinblick auf [30] ähnlich wie bei der Herleitung für Zylinderkoordinaten (Seite 184) als $\operatorname{grad} S$ interpretiert.

Wir bilden also zunächst das Wegdifferential $\mathrm{d}\vec{s}$. Es ist nichts anderes als die Vektorsumme der drei Kanten des quaderförmigen Volumenelements in Abb. 139:

■ $$\mathrm{d}\vec{s} = \boldsymbol{e}_r\,\mathrm{d}r + \boldsymbol{e}_\vartheta\,r\,\mathrm{d}\vartheta + \boldsymbol{e}_\varphi\,r \sin\vartheta\,\mathrm{d}\varphi \qquad [66]$$

(Wegelement in Kugelkoordinaten)

Den zweiten Summanden in

$$dS = \frac{\partial S}{\partial r}dr + \frac{\partial S}{\partial \vartheta}d\vartheta + \frac{\partial S}{\partial \varphi}d\varphi$$

müssen wir demnach mit r und den dritten mit $r\sin\vartheta$ erweitern, um wie beabsichtigt

$$dS = \frac{\partial S}{\partial r}dr + \frac{\partial S}{r\partial \vartheta}r\,d\vartheta + \frac{\partial S}{r\sin\vartheta\,\partial \varphi}r\sin\vartheta\,d\varphi =$$

$$= \left(e_r\frac{\partial S}{\partial r} + e_\vartheta\frac{\partial S}{r\partial\vartheta} + e_\varphi\frac{\partial S}{r\sin\vartheta\,\partial\varphi}\right)\cdot(e_r\,dr + e_\vartheta\,r\,d\vartheta + e_\varphi\,r\sin\vartheta\,d\varphi) = \operatorname{grad} S\cdot \vec{ds}$$

setzen zu können. Damit ist der

■ Gradient in Kugelkoordinaten

$$\operatorname{grad} S = e_r\frac{\partial S}{\partial r} + e_\vartheta\frac{\partial S}{r\partial\vartheta} + e_\varphi\frac{\partial S}{r\sin\vartheta\,\partial\varphi}, \qquad [67\,a]$$

woraus auch sofort der

■ Nabla-Operator in Kugelkoordinaten

$$\nabla = e_r\frac{\partial}{\partial r} + e_\vartheta\frac{\partial}{r\partial\vartheta} + e_\varphi\frac{\partial}{r\sin\vartheta\,\partial\varphi} \qquad [67\,b]$$

folgt.

Die Divergenz in Kugelkoordinaten. Unter Benutzung von [67b] erhält man für ein Vektorfeld $A = A(r) = A(r,\vartheta,\varphi)$ die Divergenz in Kugelkoordinaten. Es ist

$$\operatorname{div} A = \nabla\cdot A = \left(e_r\frac{\partial}{\partial r} + e_\vartheta\frac{\partial}{r\partial\vartheta} + e_\varphi\frac{\partial}{r\sin\vartheta\,\partial\varphi}\right)\cdot(e_r A_r + e_\vartheta A_\vartheta + e_\varphi A_\varphi).$$

Beim Auflösen der Klammern wollen wir schrittweise vorgehen;

1. $e_r\dfrac{\partial}{\partial r}\cdot(e_r A_r + e_\vartheta A_\vartheta + e_\varphi A_\varphi) =$

$$= e_r\cdot\frac{\partial e_r}{\partial r}A_r + e_r\cdot e_r\frac{\partial A_r}{\partial r} + e_r\cdot\frac{\partial e_\vartheta}{\partial r}A_\vartheta + e_r\cdot e_\vartheta\frac{\partial A_\vartheta}{\partial r} + e_r\cdot\frac{\partial e_\varphi}{\partial r}A_\varphi + e_r\cdot e_\varphi\frac{\vartheta A_\varphi}{\partial r} =$$

$$= 0 + \frac{\partial A_r}{\partial r} + 0 + 0 + 0 + 0 = \frac{\partial A_r}{\partial r};$$

2. $e_\vartheta\dfrac{\partial}{r\partial\vartheta}\cdot(e_r A_r + e_\vartheta A_\vartheta + e_\varphi A_\varphi) =$

$$= \frac{1}{r}\left(e_\vartheta\cdot\frac{\partial e_r}{\partial\vartheta}A_r + e_\vartheta\cdot e_r\frac{\partial A_r}{\partial\vartheta} + e_\vartheta\cdot\frac{\partial e_\vartheta}{\partial\vartheta}A_\vartheta + e_\vartheta\cdot e_\vartheta\frac{\partial A_\vartheta}{\partial\vartheta} + e_\vartheta\cdot\frac{\partial e_\varphi}{\partial\vartheta}A_\varphi + \right.$$

$$\left. + e_\vartheta\cdot e_\varphi\frac{\partial A_\varphi}{\partial\vartheta}\right) = \frac{1}{r}\left(e_\vartheta\cdot e_\vartheta A_r + 0 - e_\vartheta\cdot e_r A_\vartheta + \frac{\partial A_\vartheta}{\partial\vartheta} + 0 + 0\right) = \frac{A_r}{r} + \frac{\partial A_\vartheta}{r\partial\vartheta};$$

3. $e_\varphi\dfrac{\partial}{r\sin\vartheta\,\partial\varphi}\cdot(e_r A_r + e_\vartheta A_\vartheta + e_\varphi A_\varphi) =$

$$= \frac{1}{r\sin\vartheta}\left(e_\varphi\cdot\frac{\partial e_r}{\partial\varphi}A_r + e_\varphi\cdot e_r\frac{\partial A_r}{\partial\varphi} + e_\varphi\cdot\frac{\partial e_\vartheta}{\partial\varphi}A_\vartheta + e_\varphi\cdot e_\vartheta\frac{\partial A_\vartheta}{\partial\varphi} + e_\varphi\cdot\frac{\partial e_\varphi}{\partial\varphi}A_\varphi + e_\varphi\cdot e_\varphi\frac{\partial A_\varphi}{\partial\varphi}\right) =$$

$$= \frac{1}{r\sin\vartheta}\left\{e_\varphi\cdot e_\varphi\sin\vartheta A_r + 0 + e_\varphi\cdot e_\varphi\cos\vartheta A_\vartheta + 0 - e_\varphi\cdot(e_r\sin\vartheta + e_\vartheta\cos\vartheta)A_\varphi + \frac{\partial A_\varphi}{\partial\varphi}\right\} =$$

$$= \frac{A_r}{r} + 0 + \frac{A_\vartheta\cos\vartheta}{r\sin\vartheta} + 0 - 0 + \frac{\partial A_\varphi}{r\sin\vartheta\,\partial\varphi} = \frac{A_r}{r} + \frac{A_\vartheta\cos\vartheta}{r\sin\vartheta} + \frac{\partial A_\varphi}{r\sin\vartheta\,\partial\varphi};$$

Die Summe von 1 bis 3 ergibt die

■ Divergenz in Kugelkoordinaten

$$\operatorname{div} A = \frac{\partial A_r}{\partial r} + \frac{2A_r}{r} + \frac{\partial A_\vartheta}{r\partial\vartheta} + \frac{A_\vartheta \cos\vartheta}{r\sin\vartheta} + \frac{\partial A_\varphi}{r\sin\vartheta\,\partial\varphi}, \qquad [68\,\mathrm{a}]$$

was man auch als

■ $$\operatorname{div} A = \frac{1}{r^2}\frac{\partial(r^2 A_r)}{\partial r} + \frac{1}{r\sin\vartheta}\frac{\partial(A_\vartheta \sin\vartheta)}{\partial\vartheta} + \frac{1}{r\sin\vartheta}\frac{\partial A_\varphi}{\partial\varphi} \qquad [68\,\mathrm{b}]$$

(Divergenz in Kugelkoordinaten)

schreiben kann. Man kann sich leicht durch Ausführen der Differentiationen in den beiden ersten Gliedern von [68 b] davon überzeugen, daß [68 b] mit [68 a] übereinstimmt.

Eine andere Möglichkeit zur Herleitung von $\operatorname{div} A$ in Kugelkoordinaten besteht in der Anwendung der Formel

$$\operatorname{div} A = \lim_{V\to 0}\frac{1}{V}\oint A\cdot \mathrm{d}\vec{f}$$

auf das Volumenelement $\mathrm{d}V = r^2\sin\vartheta\,\mathrm{d}r\,\mathrm{d}\vartheta\,\mathrm{d}\varphi$ gemäß Abb. 139. Bei den Zylinderkoordinaten haben wir dieses Vorgehen erläutert (Seite 186), hier wollen wir darauf verzichten.

Der Laplace-Operator in Kugelkoordinaten. Mit Hilfe von [50 c] und [67 b] erhalten wir

$$\Delta = \nabla\cdot\nabla = \left(e_r\frac{\partial}{\partial r} + e_\vartheta\frac{\partial}{r\partial\vartheta} + e_\varphi\frac{\partial}{r\sin\vartheta\,\partial\varphi}\right)\cdot\left(e_r\frac{\partial}{\partial r} + e_\vartheta\frac{\partial}{r\partial\vartheta} + e_\varphi\frac{\partial}{r\sin\vartheta\,\partial\varphi}\right),$$

was wir wiederum schrittweise ausrechnen wollen:

$$1.\; e_r\frac{\partial}{\partial r}\cdot\left(e_r\frac{\partial}{\partial r} + e_\vartheta\frac{\partial}{r\partial\vartheta} + e_\varphi\frac{\partial}{r\sin\vartheta\,\partial\varphi}\right) = e_r\cdot\frac{\partial e_r}{\partial r}\frac{\partial}{\partial r} + e_r\cdot e_r\frac{\partial^2}{\partial r^2} +$$
$$+ e_r\cdot\frac{\partial e_\vartheta}{\partial r}\frac{\partial}{r\partial\vartheta} + e_r\cdot e_\vartheta\frac{\partial^2}{r\partial r\partial\vartheta} + e_r\cdot\frac{\partial e_\varphi}{\partial r}\frac{\partial}{r\sin\vartheta\,\partial\varphi} + e_r\cdot e_\varphi\frac{\partial^2}{r\sin\vartheta\,\partial r\,\partial\varphi} =$$
$$= 0 + \frac{\partial^2}{\partial r^2} + 0 + 0 + 0 + 0 = \frac{\partial^2}{\partial r^2};$$

$$2.\; e_\vartheta\frac{\partial}{r\partial\vartheta}\cdot\left(e_r\frac{\partial}{\partial r} + e_\vartheta\frac{\partial}{r\partial\vartheta} + e_\varphi\frac{\partial}{r\sin\vartheta\,\partial\varphi}\right) = \frac{1}{r}\left(e_\vartheta\cdot\frac{\partial e_r}{\partial\vartheta}\frac{\partial}{\partial r} + e_\vartheta\cdot e_r\frac{\partial^2}{r\partial r\partial\vartheta} +\right.$$
$$\left.+ e_\vartheta\cdot\frac{\partial e_\vartheta}{\partial\vartheta}\frac{\partial}{r\partial\vartheta} + e_\vartheta\cdot e_\vartheta\frac{\partial^2}{r\partial\vartheta^2} + e_\vartheta\cdot\frac{\partial e_\varphi}{\partial\vartheta}\frac{\partial}{r\sin\vartheta\,\partial\varphi} + e_\vartheta\cdot e_\varphi\frac{\partial^2}{r\sin\vartheta\,\partial\vartheta\,\partial\varphi}\right) =$$
$$= \frac{1}{r}\left(e_\vartheta\cdot e_\vartheta\frac{\partial}{\partial r} + 0 - e_\vartheta\cdot e_r\frac{\partial}{r\partial\vartheta} + \frac{\partial^2}{r\partial\vartheta^2} + 0 + 0\right) = \frac{\partial}{r\partial r} + \frac{\partial^2}{r^2\partial\vartheta^2};$$

$$3.\; e_\varphi\frac{\partial}{r\sin\vartheta\,\partial\varphi}\cdot\left(e_r\frac{\partial}{\partial r} + e_\vartheta\frac{\partial}{r\partial\vartheta} + e_\varphi\frac{\partial}{r\sin\vartheta\,\partial\varphi}\right) = \frac{1}{r\sin\vartheta}\left(e_\varphi\frac{\partial e_r}{\partial\varphi}\frac{\partial}{\partial r} +\right.$$
$$+ e_\varphi\cdot e_r\frac{\partial^2}{\partial r\partial\varphi} + e_\varphi\cdot\frac{\partial e_\vartheta}{\partial\varphi}\frac{\partial}{r\partial\vartheta} + e_\varphi\cdot e_\vartheta\frac{\partial^2}{r\partial\vartheta\partial\varphi} + e_\varphi\cdot\frac{\partial e_\varphi}{\partial\varphi}\frac{\partial}{r\sin\vartheta\,\partial\varphi} +$$
$$\left.+ e_\varphi\cdot e_\varphi\frac{\partial^2}{r\sin\vartheta\,\partial\varphi^2}\right) = \frac{1}{r\sin\vartheta}\left\{e_\varphi\cdot e_\varphi\sin\vartheta\frac{\partial}{\partial r} + 0 + e_\varphi\cdot e_\varphi\cos\vartheta\frac{\partial}{r\partial\vartheta} + 0 -\right.$$
$$\left.- e_\varphi\cdot(e_r\sin\vartheta + e_\vartheta\cos\vartheta)\frac{\partial}{r\sin\vartheta\,\partial\varphi} + \frac{\partial^2}{r\sin\vartheta\,\partial\varphi^2}\right\} =$$
$$= \frac{\partial}{r\partial r} + \frac{\cos\vartheta}{r^2\sin\vartheta}\frac{\partial}{\partial\vartheta} + \frac{1}{r^2\sin^2\vartheta}\frac{\partial^2}{\partial\varphi^2}.$$

Die Summierung von 1 bis 3 ergibt den
■ LAPLACE-Operator in Kugelkoordinaten

$$\Delta = \frac{\partial^2}{\partial r^2} + \frac{2\partial}{r\partial r} + \frac{\partial^2}{r^2\partial \vartheta^2} + \frac{\cos\vartheta}{r^2\sin\vartheta}\frac{\partial}{\partial\vartheta} + \frac{1}{r^2\sin^2\vartheta}\frac{\partial^2}{\partial\varphi^2} \qquad [69]$$

Die Divergenz des Gradienten von $S = S(\boldsymbol{r}) = S(r, \vartheta, \varphi)$ ist dann

$$\operatorname{div}\operatorname{grad} S = \Delta S = \frac{\partial^2 S}{\partial r^2} + \frac{2}{r}\frac{\partial S}{\partial r} + \frac{1}{r^2}\frac{\partial^2 S}{\partial\vartheta^2} + \frac{\cos\vartheta}{r^2\sin\vartheta}\frac{\partial S}{\partial\vartheta} + \frac{1}{r^2\sin^2\vartheta}\frac{\partial^2 S}{\partial\varphi^2}.$$

Dies kann man auch wie folgt schreiben:

$$\Delta S = \frac{1}{r^2}\frac{\partial}{\partial r}\left(r^2\frac{\partial S}{\partial r}\right) + \frac{1}{r^2\sin\vartheta}\frac{\partial}{\partial\vartheta}\left(\sin\vartheta\frac{\partial S}{\partial\vartheta}\right) + \frac{1}{r^2\sin^2\vartheta}\frac{\partial^2 S}{\partial\varphi^2}.$$

Durch Ausführen der Differentiation in den beiden ersten Gliedern dieses Ausdrucks überzeugt man sich leicht, daß er mit [69] übereinstimmt.

Die Rotation in Kugelkoordinaten. Wir finden für das Vektorfeld $\boldsymbol{A} = \boldsymbol{A}(\boldsymbol{r}) = \boldsymbol{A}(r, \vartheta, \rho)$ den Rotor in Kugelkoordinaten mit Hilfe des Nabla-Operators nach [67b]. Es ist

$$\operatorname{rot}\boldsymbol{A} = \nabla\times\boldsymbol{A} = \left(\boldsymbol{e}_r\frac{\partial}{\partial r} + \boldsymbol{e}_\vartheta\frac{\partial}{r\partial\vartheta} + \boldsymbol{e}_\varphi\frac{\partial}{r\sin\vartheta\partial\varphi}\right)\times(\boldsymbol{e}_r A_r + \boldsymbol{e}_\vartheta A_\vartheta + \boldsymbol{e}_\varphi A_\varphi).$$

Die Auflösung der Klammern, die man ähnlich wie zur Gewinnung von div $\boldsymbol{A}$ und $\Delta\boldsymbol{A}$ in Kugelkoordinaten schrittweise vornimmt, ergibt

$$\begin{aligned}\operatorname{rot}\boldsymbol{A} = \boldsymbol{e}_r&\left(\frac{1}{r}\frac{\partial A_\varphi}{\partial\vartheta} + \frac{\cos\vartheta}{r\sin\vartheta}A_\varphi - \frac{1}{r\sin\vartheta}\frac{\partial A_\vartheta}{\partial\varphi}\right) + \\ + \boldsymbol{e}_\vartheta&\left(\frac{1}{r\sin\vartheta}\frac{\partial A_r}{\partial\varphi} - \frac{\partial A_\varphi}{\partial r} - \frac{1}{r}A_\varphi\right) + \\ + \boldsymbol{e}_\varphi&\left(\frac{\partial A_\vartheta}{\partial r} + \frac{1}{r}A_\vartheta - \frac{1}{r}\frac{\partial A_r}{\partial\vartheta}\right).\end{aligned}$$

Die einzelnen Komponenten von rot $\boldsymbol{A}$ lassen sich weiter umformen. Erweitert man den ersten Summanden in der r-Komponente mit $\sin\vartheta$, so ergibt sich für diese:

$$\begin{aligned}\operatorname{rot}_r\boldsymbol{A} &= \frac{1}{r\sin\vartheta}\frac{\sin\vartheta\,\partial A_\varphi}{\partial\vartheta} + \frac{1}{r\sin\vartheta}\cos\vartheta A_\varphi - \frac{1}{r\sin\vartheta}\frac{\partial A_\vartheta}{\partial\varphi} = \\ &= \frac{1}{r\sin\vartheta}\left\{\left(\sin\vartheta\frac{\partial A_\varphi}{\partial\vartheta} + \cos\vartheta A_\varphi\right) - \frac{\partial A_\vartheta}{\partial\varphi}\right\},\end{aligned}$$

was sich auch als

$$\operatorname{rot}_r\boldsymbol{A} = \frac{1}{r\sin\vartheta}\left(\frac{\partial(A_\varphi\sin\vartheta)}{\partial\vartheta} - \frac{\partial A_\vartheta}{\partial\varphi}\right)$$

schreiben läßt.

Bei der ϑ-Komponente erweitern wir den zweiten Summanden mit r:

$$\begin{aligned}\operatorname{rot}_\vartheta\boldsymbol{A} &= \frac{1}{r\sin\vartheta}\frac{\partial A_r}{\partial\varphi} - \frac{1}{r}\frac{r\partial A_\varphi}{\partial r} - \frac{1}{r}A_\varphi = \\ &= \frac{1}{r\sin\vartheta}\frac{\partial A_r}{\partial\varphi} - \frac{1}{r}\left(r\frac{\partial A_\varphi}{\partial r} + A_\varphi\right) = \frac{1}{r\sin\vartheta}\frac{\partial A_r}{\partial\varphi} - \frac{1}{r}\frac{\partial(A_\varphi r)}{\partial\vartheta}.\end{aligned}$$

Die φ-Komponente formen wir durch Erweiterung des ersten Summanden mit r um:

$$\operatorname{rot}_\varphi A = \frac{1}{r}\frac{r\,\partial A_\vartheta}{\partial r} + \frac{1}{r}A_\vartheta - \frac{1}{r}\frac{\partial A_r}{\partial \vartheta} =$$

$$= \frac{1}{r}\left\{\left(r\frac{\partial A_\vartheta}{\partial r} + A_\vartheta\right) - \frac{\partial A_r}{\partial \vartheta}\right\} = \frac{1}{r}\left(\frac{\partial (A_\vartheta r)}{\partial r} - \frac{\partial A_r}{\partial \vartheta}\right).$$

Zwar sind durch diese Umformungen die Komponenten von rot A etwas übersichtlicher geworden, eine einfache Systematik ist aber noch immer nicht erkennbar.

Wir betrachten deshalb einmal die einzelnen partiellen Ableitungen genauer: Soweit A_r betroffen ist, finden wir $\partial A_r/\partial\varphi$ und $\partial A_r/\partial\vartheta$, also die partiellen Ableitungen von A_r allein. Bei A_ϑ dagegen tritt neben $\partial A_\vartheta/\partial_\varphi$ auch $\partial(A_\vartheta r)/\partial r$ auf. Zur Vereinheitlichung erweitern wir daher $\partial A_\vartheta/\partial\varphi$ mit r:

$$\frac{\partial A_\vartheta}{\partial\varphi} = \frac{1}{r}\frac{\partial (A_\vartheta r)}{\partial \varphi}.$$

A_φ schließlich finden wir in $\partial(A_\varphi \sin\vartheta)/\partial\vartheta$ und in $\partial(A_\varphi r)/\partial r$. Hier erweitern wir in beiden Ausdrücken, und zwar im ersten mit r, im zweiten mit $\sin\vartheta$:

$$\frac{\partial (A_\varphi \sin\vartheta)}{\partial\vartheta} = \frac{1}{r}\frac{\partial (A_\varphi r\sin\vartheta)}{\partial\vartheta}$$

und

$$\frac{\partial (A_\varphi r)}{\partial r} = \frac{1}{\sin\vartheta}\frac{\partial (A_\varphi r\sin\vartheta)}{\partial\vartheta}.$$

Damit erhalten wir

$$\operatorname{rot} A = \frac{e_r}{r^2\sin\vartheta}\left(\frac{\partial (A_\varphi r\sin\vartheta)}{\partial\vartheta} - \frac{\partial (A_\vartheta r)}{\partial\varphi}\right) +$$
$$+ \frac{e_\vartheta}{r\sin\vartheta}\left(\frac{\partial A_r}{\partial\varphi} - \frac{\partial (A_\varphi r\sin\vartheta)}{\partial r}\right) + \frac{e_\varphi}{r}\left(\frac{\partial (A_\vartheta r)}{\partial r} - \frac{\partial A_r}{\partial\vartheta}\right).$$

Erweitert man nun noch die ϑ-Komponente vor der Klammer mit r und die φ-Komponente mit $r\sin\vartheta$, läßt sich $1/(r^2\sin\vartheta)$ ausklammern und der Rest als Determinante schreiben. Damit ist die

■ Rotation in Kugelkoordinaten

$$\operatorname{rot} A = \frac{1}{r^2\sin\vartheta}\begin{vmatrix} e_r & e_\vartheta r & e_\varphi r\sin\vartheta \\ \partial/\partial r & \partial/\partial\vartheta & \partial/\partial\varphi \\ A_r & A_\vartheta r & A_\varphi r\sin\vartheta \end{vmatrix} \qquad [70]$$

Auf eine Berechnung von rot A aus den Zirkulationsdichten, ähnlich wie wir sie bei den Zylinderkoordinaten auf Seite 188 zusätzlich noch durchgeführt hatten, soll hier bei den Kugelkoordinaten verzichtet werden.

Die Zweckmäßigkeit von Kugelkoordinaten bei kugelsymmetrischen Feldern. Wir hatten auf Seite 190 zwar erwähnt, daß Kugelkoordinaten bei kugelsymmetrischen Feldern besonders handlich sind, den Beweis für diese Behauptung haben wir aber dort nicht erbracht. Ihn nachzuholen, fällt uns nun nicht schwer. Die Kugelsymmetrie eines Feldes kommt darin zum Ausdruck, daß die Feldvariable nur eine Funktion von r ist. Infolgedessen sind alle partiellen Ableitungen nach ϑ und nach φ Null.

Für ein kugelsymmetrisches Skalarfeld

$$S = S(\boldsymbol{r}) = S(r)$$

erhält man demzufolge

$$\operatorname{grad} S = \boldsymbol{e}_r \, \partial S/\partial r\,,$$

was man wegen der alleinigen Abhängigkeit der Ortsfunktion S von r auch als

$$\operatorname{grad} S = \boldsymbol{e}_r \, \mathrm{d}S/\mathrm{d}r$$

schreiben kann.

Für div grad S erhält man bei Kugelsymmetrie

$$\operatorname{div} \operatorname{grad} S = \Delta S = \frac{\partial^2 S}{\partial r^2} + \frac{2}{r}\frac{\partial S}{\partial r} = \frac{1}{r^2}\frac{\partial}{\partial r}\left(r^2 \frac{\partial S}{\partial r}\right),$$

bzw.

$$\operatorname{div} \operatorname{grad} S = \frac{\mathrm{d}^2 S}{\mathrm{d}r^2} + \frac{2}{r}\frac{\mathrm{d}S}{\mathrm{d}r} = \frac{1}{r^2}\frac{\mathrm{d}}{\mathrm{d}r}\left(r^2 \frac{\mathrm{d}S}{\mathrm{d}r}\right).$$

Für kugelsymmetrische Vektorfelder gilt nicht nur $\boldsymbol{A} = \boldsymbol{A}(r)$, es müssen – weil das Feld ja unabhängig von der Lage der Koordinatenachsen sein muß – außerdem A_ϑ und A_φ überall verschwinden. Denn die Komponenten $\boldsymbol{e}_\vartheta A_\vartheta$ und $\boldsymbol{e}_\varphi A_\varphi$ könnten niemals zu allen beliebigen z- und x-Achsen gleiche Orientierung haben. Damit ergibt sich

$$\operatorname{div} \boldsymbol{A} = \frac{\partial A_r}{\partial r} + \frac{2 A_r}{r} = \frac{1}{r^2}\frac{\partial (r^2 A_r)}{\partial r}\,,$$

bzw.

$$\operatorname{div} \boldsymbol{A} = \frac{\mathrm{d}A_r}{\mathrm{d}r} + \frac{2 A_r}{r} = \frac{1}{r^2}\frac{\mathrm{d}(r^2 A_r)}{\mathrm{d}r}\,,$$

und

$$\operatorname{rot} \boldsymbol{A} = 0\,.$$

8.5 Flächen- und Volumenintegrale in Zylinder- und Kugelkoordinaten

Das Flächenintegral über eine Kreisfläche. Die Zylinderkoordinaten wird man hierbei so wählen, daß die Kreisfläche in irgendeiner Ebene z = konst liegt, und daß die z-Achse des Koordinatensystems durch den Kreismittelpunkt geht. Eine skalare Funktion $S = S(\rho, \varphi, z)$ hängt dann auf der Fläche z = konst nur noch von ρ und φ ab. Das Flächenelement auf der Kreisfläche ist nach Abb. 140a

$$\mathrm{d}f = \rho \, \mathrm{d}\rho \, \mathrm{d}z\,,$$

und das über den Kreis mit dem Radius a erstreckte Flächenintegral ist damit

$$\int S \, \mathrm{d}f = \iint S(\rho, \varphi)\, \rho \, \mathrm{d}\rho \, \mathrm{d}\varphi = \int_0^{2\pi} \left\{ \int_0^a S(\rho, \varphi)\, \rho \, \mathrm{d}\rho \right\} \mathrm{d}\varphi\,.$$

Der Ausdruck $\left\{ \int_0^a S \rho \, \mathrm{d}\rho \right\} \mathrm{d}\varphi$ bedeutet die Integration lediglich über einen infinitesimalen Kreissektor gemäß Abb. 140b. Bei konstantem φ läuft hierbei ρ von Null bis a. Bei der hernach erfolgenden Summierung über alle derartigen infinitesimalen Sektoren ist φ zwischen den Grenzen 0 und 2π (oder $-\pi$ und $+\pi$) zu nehmen.

Die Integrationsreihenfolge läßt sich auch umkehren. Bei der Rechnung

$$\int S \, \mathrm{d}f = \int_0^a \left\{ \int_0^{2\pi} S \, \mathrm{d}\varphi \right\} \rho \, \mathrm{d}\rho$$

wird zunächst mit $\left\{ \int_0^{2\pi} S \, \mathrm{d}\varphi \right\} \rho \, \mathrm{d}\rho$ über einen infinitesimalen Kreisring mit dem Radius

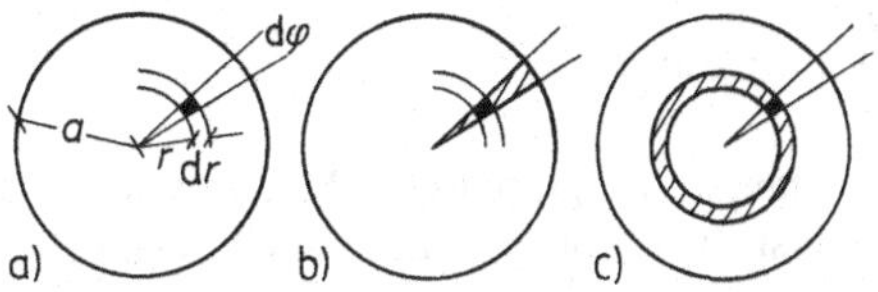

Abb. 140. Zum Flächenintegral über eine Kreisfläche (anstelle von r müßte hier ρ stehen)

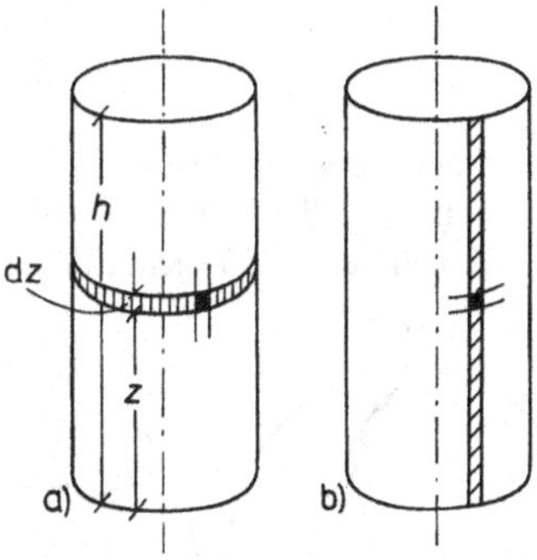

Abb. 141. Zum Flächenintegral über einen Zylindermantel

ρ und der Breite $\mathrm{d}\rho$ gemäß Abb. 140c integriert und erst dann über alle Kreisringe von $\rho = 0$ bis $\rho = a$.

Das Flächenintegral über eine Zylinderfläche. Man wählt hierbei das Zylinderkoordinatensystem so, daß die betrachtete Zylinderfläche eine Koordinatenfläche ist. Für die eine Berandung der Fläche wählt man $z = 0$, die andere ist dann durch $z = h$ gekennzeichnet, wobei h die Zylinderhöhe ist. Das Flächenelement auf der Zylinderfläche (vgl. Abb. 135) ist

$$\mathrm{d}f = \mathrm{d}f_\rho = \rho\,\mathrm{d}\varphi\,\mathrm{d}z = a\,\mathrm{d}\varphi\,\mathrm{d}z\,,$$

wenn a der Zylinderradius ist. Die Funktion $S = S(\rho, \varphi, z)$ hängt auf der Zylinderfläche nur von φ und z ab.

Somit ergibt sich

$$\int S\,\mathrm{d}f = \iint S(\varphi, z)\,a\,\mathrm{d}\varphi\,\mathrm{d}z = a\int\limits_0^h \left\{\int\limits_0^{2\pi} S\,\mathrm{d}\varphi\right\}\mathrm{d}z\,.$$

Der Ausdruck $a\left\{\int\limits_0^{2\pi} S\,\mathrm{d}\varphi\right\}\mathrm{d}z$ erstreckt sich über einen infinitesimalen Querstreifen der Breite $\mathrm{d}z$, der in der Höhe z um den Zylinder herumläuft (Abb. 141a). Hernach wird dann über alle diese Streifen von $z = 0$ bis $z = h$ integriert.

Bei Vertauschung der Integrationsreihenfolge ergibt sich

$$\int S\,\mathrm{d}f = a\int\limits_0^{2\pi} \left\{\int\limits_0^h S\,\mathrm{d}z\right\}\mathrm{d}\varphi\,,$$

also zunächst die Summation über ein infinitesimalen Längsstreifen, wie er in Abb. 141b eingezeichnet ist, und anschließend dann die Integration über alle Längsstreifen von $\varphi = 0$ bis $\varphi = 2\pi$.

Das Flächenintegral über eine Kugelfläche. Wählt man diese Kugelfläche als Koordinatenfläche in einem Kugelkoordinatensystem, so ist ein Flächenelement auf ihr (vgl. Abb. 139)

$$\mathrm{d}f = \mathrm{d}f_r = r^2 \sin\vartheta\,\mathrm{d}\vartheta\,\mathrm{d}\varphi = a^2 \sin\vartheta\,\mathrm{d}\vartheta\,\mathrm{d}\varphi\,,$$

wenn a der Kugelradius ist. Die Funktion $S(r, \vartheta, \varphi)$ hängt auf der Kugelfläche nur von ϑ und φ ab. Man erhält

$$\oint S\,\mathrm{d}f = \iint S(\vartheta, \varphi)\,r^2 \sin\vartheta\,\mathrm{d}\vartheta\,\mathrm{d}\varphi = a^2\int\limits_0^{2\pi}\left\{\int\limits_0^{\pi} S\sin\vartheta\,\mathrm{d}\vartheta\right\}\mathrm{d}\varphi$$

oder

$$\oint S\,\mathrm{d}f = a^2 \int_0^{\pi} \left\{ \int_0^{2\pi} S\,\mathrm{d}\varphi \right\} \sin\vartheta\,\mathrm{d}\vartheta\,,$$

je nachdem, ob man zuerst über Zonen konstanter „geographischer Länge" φ (Zonenbreite $a\sin\vartheta\,\mathrm{d}\varphi$) gemäß Abb. 142a oder zuerst über Zonen konstanten Polwinkels ϑ (Zonenbreite $a\,\mathrm{d}\vartheta$) gemäß Abb. 142b aufsummiert.

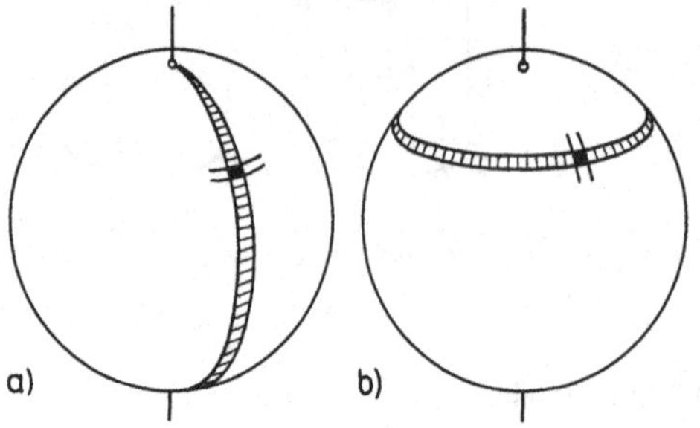

Abb. 142. Zum Flächenintegral über eine Kugeloberfläche

Das Volumenintegral über einen zylindrischen Bereich. Das Volumenelement in Zylinderkoordinaten ist gemäß [58]

$$\mathrm{d}V = \rho\,\mathrm{d}\rho\,\mathrm{d}\varphi\,\mathrm{d}z\,,$$

und bei passend gewähltem Koordinatensystem erstreckt sich ρ von Null bis a ($a \cdots$ Zylinderradius), φ von Null bis 2π (oder von $-\pi$ bis $+\pi$) und z von Null bis h ($h \cdots$ Zylinderhöhe). Je nachdem, in welcher Reihenfolge man über die einzelnen Volumenelemente integriert, ergibt sich das Volumenintegral zu

$$\int S\,\mathrm{d}V = \iiint S(\rho,\varphi,z)\,\rho\,\mathrm{d}\rho\;\mathrm{d}\varphi\;\mathrm{d}z = \int_0^{h} \left\{ \int_0^{2\pi} \left[\int_0^{a} S\,\rho\,d\rho \right] \mathrm{d}\varphi \right\} \mathrm{d}z$$

oder

$$\int S\,\mathrm{d}V = \int_0^{2\pi} \left\{ \int_0^{a} \left[\int_0^{h} S\,\mathrm{d}z \right] \rho\,\mathrm{d}\rho \right\} \mathrm{d}\varphi$$

usw.

Es gibt insgesamt sechs verschiedene Integrationsreihenfolgen. Bei

$$\int S\,\mathrm{d}V = \int_0^{2\pi} \left\{ \int_0^{h} \left[\int_0^{a} S\,\rho\,\mathrm{d}\rho \right] \mathrm{d}z \right\} \mathrm{d}\varphi$$

beispielsweise wird zuerst über ein „Kuchenstück" gemäß Abb. 143a summiert, sodann über den Sektorkeil gemäß Abb. 143b und schließlich über den ganzen Zylinder.

Es ist nicht schwer, sich die entsprechenden Teilvolumina bei den anderen Integrationsreihenfolgen auszumalen. Dies sei dem Leser überlassen.

Das Volumenintegral über eine Kugel. Hierbei wird man den Koordinatenursprung eines Kugelkoordinatensystems in den Kugelmittelpunkt legen. Das Volumenelement ist nach [65]

$$\mathrm{d}V = r^2 \sin\vartheta\,\mathrm{d}r\,\mathrm{d}\vartheta\,\mathrm{d}\varphi\,.$$

Ist a der Kugelradius, so gilt z. B.

$$\int S\,\mathrm{d}V = \iiint S(r,\vartheta,\varphi)\,r^2 \sin\vartheta\,\mathrm{d}r\;\mathrm{d}\vartheta\;\mathrm{d}\varphi = \int_0^{2\pi} \left\{ \int_0^{\pi} \left[\int_0^{a} S\,r^2\,\mathrm{d}r \right] \sin\vartheta\,\mathrm{d}\vartheta \right\} \mathrm{d}\varphi\,,$$

was in diesem Fall der in Abb. 144 angedeuteten Integrationsreihenfolge entspricht: Zuerst über das Raumwinkelelement (die viereckige „Tüte") in Abb. 144a, hierauf über die „Melonenscheibe" Abb. 144b und schließlich über die ganze Kugel. Daneben sind weitere fünf verschiedene Reihenfolgen möglich, die auch hier wieder der Leser sich selbst ausmalen möge.

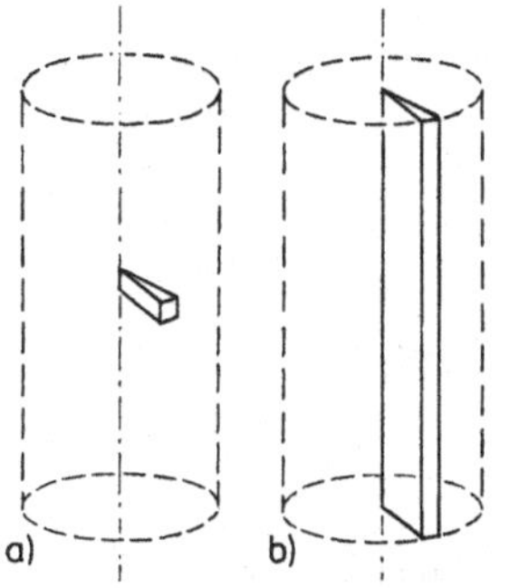

Abb. 143. Zum Volumenintegral über einen zylindrischen Bereich

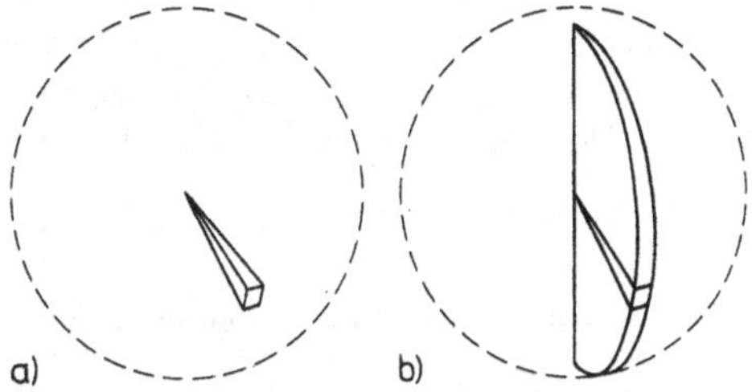

Abb. 144. Zum Volumenintegral über eine Kugel

8.6 Anwendungsbeispiele

Das Hagen-Poiseuillesche Gesetz. Die EULERsche Grundgleichung (Seite 116)

$$\frac{\partial \mathbf{v}}{\partial t} + \mathbf{v} \cdot \operatorname{grad} \mathbf{v} = \mathbf{g} - \frac{1}{\rho} \operatorname{grad} p$$

gilt nur für reibungslos strömende Medien. Soll die innere Richtung berücksichtigt werden, so sind auf der rechten Seite noch zwei Glieder hinzuzufügen, die den Viskositätskoeffizienten η (auch dynamische Zähigkeit genannt) enthalten. Auf die Herleitung dieser zusätzlichen Glieder muß hier verzichtet werden, da sie sich auf die in diesem Buch nicht ausführlich genug behandelte Tensorrechnung stützt. Die erweiterte Gleichung lautet jedenfalls

$$\frac{\partial \mathbf{v}}{\partial t} + \mathbf{v} \cdot \operatorname{grad} \mathbf{v} = \mathbf{g} - \frac{1}{\rho} \operatorname{grad} p - \frac{\eta}{\rho} \Delta \mathbf{v} + \frac{\eta}{3\rho} \operatorname{grad} \operatorname{div} \mathbf{v}.$$

Sie wird *Navier-Stokessche Gleichung* genannt.

Wir wollen sie zur Herleitung des Gesetzes verwenden, nach dem eine inkompressible zähe Flüssigkeit unter Einfluß eines Überdruckes $(p_2 - p_1)$ ohne Einwirkung der Schwere durch eine horizontale Kapillare mit dem Radius a und der Länge l stationär strömt. Die NAVIER-STOKESsche Gleichung vereinfacht sich für dieses Problem wie folgt:

Der Wegfall des Schwere-Einflusses ergibt $\mathbf{g} = 0$;

wegen der Inkompressibilität ist $\operatorname{div} \mathbf{v} = 0$;

da wir nur die zeitlich unveränderliche Strömung betrachten, ist $\partial \mathbf{v}/\partial t = 0$.

Wir machen weiterhin die naheliegende Annahme, daß $\mathbf{v}$ überall recht klein sei, daß also auch der Vektorgradient $\operatorname{grad} \mathbf{v}$ überall klein bleibt und somit $\mathbf{v} \cdot \operatorname{grad} \mathbf{v}$ gegenüber den übrigen Gliedern der Gleichung vernachlässigbar ist. Damit bleibt von der ursprünglichen NAVIER-STOKESschen Gleichung nur noch

$$\Delta \mathbf{v} = -\frac{1}{\eta} \operatorname{grad} p.$$

Wir legen nun die z-Achse eines Zylinderkoordinatensystems in die Mittelachse der Kapillare, und berücksichtigen im übrigen, daß das gestellte Problem eine Zylindersymmetrie aufweist. Hinzu kommt, daß ein Druckabfall nur in Richtung der z-Achse vorhanden ist und daß er überall in der Kapillare konstant ist. Das bedeutet

$$\operatorname{grad} p = \boldsymbol{e}_z \operatorname{grad}_z p = \boldsymbol{e}_z \, \mathrm{d}p/\mathrm{d}z = \boldsymbol{e}_z (p_2 - p_1)/l .$$

Schließlich setzen wir voraus, daß die Strömung überall nur in z-Richtung erfolgt, daß also

$$\boldsymbol{v} = \boldsymbol{e}_z v$$

ist, eine Annahme, die ebenfalls recht naheliegt.

Wir erhalten damit für den Betrag v die Gleichung

$$\Delta v = -\frac{1}{\eta} \frac{p_2 - p_1}{l}$$

oder in Zylinderkoordinaten unter Berücksichtigung der Zylindersymmetrie

$$\frac{1}{r} \frac{\mathrm{d}}{\mathrm{d}r} \left(r \frac{\mathrm{d}v}{\mathrm{d}r} \right) = -\frac{1}{\eta} \frac{p_2 - p_1}{l},$$

wobei wir unter r jetzt nicht den Abstand vom Koordinatenursprung, sondern von der z-Achse verstehen*). Die Multiplikation mit r ergibt

$$\frac{\mathrm{d}}{\mathrm{d}r} \left(r \frac{\mathrm{d}v}{\mathrm{d}r} \right) = -\frac{1}{\eta} \frac{p_2 - p_1}{l} r,$$

was sich unmittelbar integrieren läßt zu

$$r \frac{\mathrm{d}v}{\mathrm{d}r} = -\frac{1}{\eta} \frac{p_2 - p_1}{l} \frac{r^2}{2} + C_1,$$

bzw.

$$\frac{\mathrm{d}v}{\mathrm{d}r} = -\frac{1}{2\eta} \frac{p_2 - p_1}{l} r + \frac{C_1}{r}.$$

Hierin ist C_1 eine Integrationskonstante, ebenso wie bei der folgenden, zweiten Integration die weitere Konstante C_2 eingeführt werden muß. Diese zweite Integration ergibt

$$v = -\frac{1}{2\eta} \frac{p_2 - p_1}{l} \frac{r^2}{2} + C_1 \ln r + C_2 .$$

Die beiden Integrationskonstanten ergeben sich daraus, daß man wegen der Reibung zwischen Kapillarwand (also für $r = a$) und strömendem Stoff dort $v = 0$ annehmen muß, und daß auf der Achse (also für $r = 0$) v einen endlichen Wert hat. Die erste Bedingung führt zu

$$C_2 = \frac{p_2 - p_1}{4\eta l} a^2 - C_1 \ln a,$$

woraus zunächst

$$v = \frac{p_2 - p_1}{4\eta l} (a^2 - r^2) + C_1 \ln \frac{r}{a}$$

folgt. Die zweite Randbedingung ist nur erfüllt, wenn $C_1 = 0$ ist. Man erhält somit

$$v = \frac{p_2 - p_1}{4\eta l} (a^2 - r^2) = v_0 (a^2 - r^2) .$$

Dies bezeichnet man als das *Hagen-Poiseuillesche Gesetz*. Das Geschwindigkeitsprofil über den Querschnitt einer Kapillare ist nach ihm eine Parabel (Abb. 145).

*) Wir haben also anstelle von ρ hier r geschrieben.

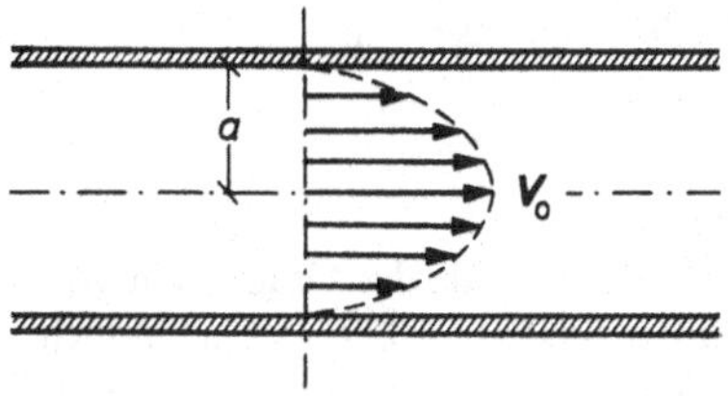

Abb. 145. Geschwindigkeitsprofil der laminaren Rohrströmung

Eine besondere Eigenschaft der Funktion $S = 1/r$. Wir fragen nach div grad S. Wegen der Kugelsymmetrie von $S = 1/r$ erhalten wir

$$\operatorname{div} \operatorname{grad} S = \Delta S = \frac{d^2 A}{dr^2} + \frac{2}{r}\frac{dS}{dr} = \frac{2}{r^3} - \frac{2}{r^3} = \frac{0}{r^3} \quad {}^{*)}$$

Für alle Werte $r \neq 0$ ist also $\Delta(1/r) = 0$. Wie aber verhält es sich mit $\Delta(1/r)$ im Koordinatenursprung? Dort ergibt sich nach der obigen Rechnung der unbestimmte Ausdruck 0/0.

Wir müssen deshalb einen Grenzübergang durchführen. Zu diesem Zweck integrieren wir ΔS über einen kugelförmigen Bereich um O und formen das Volumenintegral nach dem GAUSSschen Satz [39] ein Oberflächenintegral um:

$$\int \Delta S \, dV = \int \operatorname{div}(\operatorname{grad} S) \, dV = \oint \operatorname{grad} S \cdot d\vec{f}.$$

Das Oberflächenintegral ergibt mit

$$\operatorname{grad} S = \operatorname{grad}(1/r) = -\boldsymbol{e}_r/r^2$$

den Wert

$$\oint \operatorname{grad} S \cdot d\vec{f} = -\oint \frac{\boldsymbol{e}_r}{r^2} \cdot \boldsymbol{e}_r \, df = -\oint \frac{df}{r^2}.$$

Weil aber r überall auf der Kugel den gleichen Wert hat, läßt sich $1/r^2$ vor das Integral ziehen, und man erhält

$$\oint \frac{df}{r^2} = \frac{1}{r^2} \oint df = \frac{4\pi r^2}{r^2} = 4\pi.$$

Damit ist

$$\int \Delta S \, dV = -4\pi,$$

und zwar unabhängig von der Größe des Kugelvolumens. Unter Einführung eines Mittelwertes $\langle \Delta S \rangle$ schreiben wir nun das Integral links als

$$\int \Delta S \, dV = \langle \Delta S \rangle \int dV = \langle \Delta S \rangle \cdot 4\pi r^3/3,$$

woraus durch Gleichsetzen mit dem rechts stehenden Wert -4π für den Mittelwert

$$\langle \Delta S \rangle = -3/r^3$$

folgt. Im Grenzfall $r \to 0$ geht der Mittelwert $\langle \Delta S \rangle$ in den Funktionswert ΔS an der

*) Verwendet man die Formel $\Delta S = \frac{1}{r^2}\frac{d}{dr}\left(r^2 \frac{dS}{dr}\right)$, so erhält man $\Delta S = 0/r^2$. Das kommt vom Kürzen des in der Klammer entstehenden Ausdrucks $(-r^2/r^2)$, was nur bei endlichem r zulässig ist. In diesem Fall ist aber $0/r^2 = 0/r^3 = 0$, die Ergebnisse stimmen also überein. Für $r = 0$ ist ebenfalls Übereinstimmung vorhanden, nämlich 0/0 = unbestimmt.

Stelle $r = 0$ über, was

$$\Delta S = \lim_{r\to 0}\langle \Delta S\rangle = \lim_{r\to 0}\frac{-3}{r^3} = \infty$$

ergibt.

Die Divergenz des Gradienten von $S = 1/r$ verschwindet also überall im Raum außer an der Stelle $r = 0$, wo sie unendlich ist. Dieses singuläre Verhalten macht es möglich, den Funktionswert einer anderen skalaren Ortsfunktion $T = T(\boldsymbol{r})$ an der Stelle $r = 0$ durch ein Volumenintegral zum Ausdruck zu bringen:

Wir formen zu diesem Zweck das Volumenintegral $\int T \Delta S \,\mathrm{d}V$ mit Hilfe eines über den (kugelförmig um O gedachten) Integrationsbereich gebildeten Mittelwertes $\langle T\rangle$ zunächst um:

$$\int T \Delta S \,\mathrm{d}V = \langle T\rangle \int \Delta S \,\mathrm{d}V.$$

Das Integral $\int \Delta S \,\mathrm{d}V$ ergibt – wie wir oben gezeigt haben – unabhängig von der Größe des Bereiches – den Wert -4π, so daß also

$$\int T \Delta S \,\mathrm{d}V = -4\pi\langle T\rangle$$

ist, was im Grenzfall $V \to 0$ in

$$\int T \Delta S \,\mathrm{d}V = \int T \Delta(1/r) \,\mathrm{d}V = -4\pi T_{(r=0)}$$

übergeht. Wir werden im folgenden von diesem „Trick" Gebrauch machen.

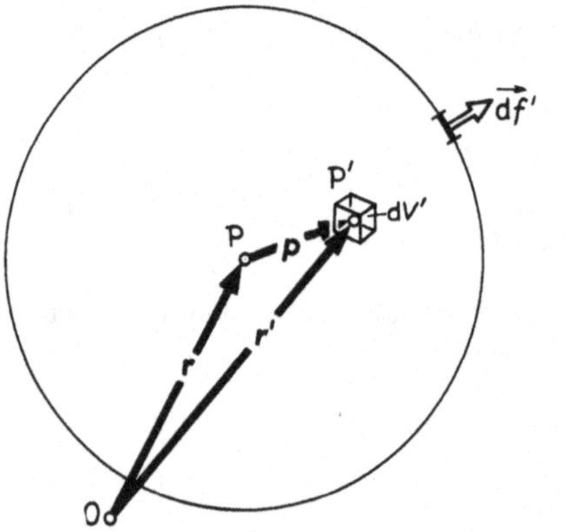

Abb. 146. Zur Integration der Poissongleichung

Anwendung des Greenschen Satzes zur Integration der Poissongleichung. Gegeben sei überall im Raum die elektrische Ladungsdichte $\rho = \rho(\boldsymbol{r})$, gesucht ist das elektrische Potential $\varphi = \varphi(\boldsymbol{r})$. Es handelt sich also darum, die Poissongleichung (Seite 163/164)

$$\Delta\varphi = -\rho(\boldsymbol{r})/\varepsilon_0$$

zu integrieren. Wir müssen zur Durchführung der Integration die zusätzliche Annahme machen, daß die gesamte Ladung $Q = \int \rho \,\mathrm{d}V$ endlich sei, was gleichbedeutend damit ist, daß die Ladungsdichte im Unendlichen verschwindet, daß also

$$\rho(\infty) = 0$$

ist. Außerdem beschränken wir die Rechnung auf den Fall, daß die Ladungsdichte im Endlichen überall endlich sei, daß also keine Punktladungen in streng mathematischem

Sinn vorhanden sind. Schließlich schreiben wir dem elektrischen Potential im Unendlichen den Wert Null zu:

$$\varphi(\infty) = 0\,.$$

Wir betrachten zur Lösung der gestellten Aufgabe einen Raumpunkt P mit dem Ortsvektor $\boldsymbol{r}$, den sogenannten *Aufpunkt*, und einen zweiten Punkt P′ mit dem Ortsvektor $\boldsymbol{r}'$, den wir aus später ersichtlichen Gründen *Quellpunkt* nennen wollen (Abb. 146). Der Vektor von P nach P′ sei mit $\boldsymbol{p}$ bezeichnet. Es ist also $\boldsymbol{p}' = \boldsymbol{r}' - \boldsymbol{r}$, bzw. der Betrag ist $p' = |\boldsymbol{r}' - \boldsymbol{r}|$.

Wir denken uns nun im Raum ein willkürlich gewähltes skalares Feld $\psi = \psi(\boldsymbol{r}')$, und schreiben für dieses und für das gesuchte Potentialfeld φ den zweiten GREENschen Satz [52] an:

$$\int (\psi\,\Delta\varphi - \varphi\,\Delta\psi)\,\mathrm{d}V' = \oint (\psi\,\mathrm{grad}\,\varphi - \varphi\,\mathrm{grad}\,\psi)\cdot \overrightarrow{\mathrm{d}f}'\,.$$

Als Integrationsbereich denken wir uns hierbei eine Kugel um den Aufpunkt P, deren Radius gegen unendlich geht. Die Integration erstreckt sich bei festgehaltenem $\boldsymbol{r}$ über die gestrichenen Größen p' bzw. $\mathrm{d}V'$ und $\overrightarrow{\mathrm{d}f}'$.

Nunmehr versuchen wir, über ψ so zu verfügen, daß sich φ aus der Gleichung ermitteln läßt. Wir sehen uns zu diesem Zweck die vier Summanden $\int \psi\,\Delta\varphi\;\mathrm{d}V'$, $\int \varphi\,\Delta\psi\;\mathrm{d}V'$, $\oint \psi\,\mathrm{grad}\,\varphi \cdot \overrightarrow{\mathrm{d}f}'$, $\oint \varphi\,\mathrm{grad}\,\psi \cdot \overrightarrow{\mathrm{d}f}'$ im einzelnen an:

Der letzte Ausdruck, nämlich $\oint \varphi\,\mathrm{grad}\,\psi \cdot \overrightarrow{\mathrm{d}f}'$ wird z. B. Null, wenn $\mathrm{grad}\,\psi$ im Unendlichen – also auf der Oberfläche der Integrationskugel – nicht unendlich groß wird. Denn voraussetzungsgemäß ist ja $\varphi(\infty) = 0$.

Der vorletzte Ausdruck $\oint \psi$ grad $\varphi \cdot \overrightarrow{\mathrm{d}f}'$ wird sicher zu Null, wenn man ψ so wählt, daß $\psi(\infty) = 0$ ist.

Damit bleibt die Gleichung

$$\int \varphi\,\Delta\psi\;\mathrm{d}V' = \int \psi\,\Delta\varphi\;\mathrm{d}V'$$

übrig. Wählen wir jetzt

$$\psi = 1/p'\,,$$

so sind nicht nur die Bedingungen $\psi(\infty) = 0$ und $\mathrm{grad}\,\psi \neq \infty$, wenn $p' = \infty$, erfüllt, wir können aufgrund der im vorhergehenden Abschnitt erkannten Eigentümlichkeit der Funktion $1/r$ auch φ aus dem Integral $\int \varphi\,\Delta\psi\;\mathrm{d}V'$ „herausholen“. Denn es ist

$$\int \varphi\,\Delta\psi\;\mathrm{d}V' = \int \varphi\,\Delta(1/p')\;\mathrm{d}V' = -4\pi\,\varphi_{(p'=0)}\,,$$

also

$$\int \varphi\,\Delta\psi\,\mathrm{d}V' = -4\pi\,\varphi(\boldsymbol{r})\,.$$

Berücksichtigen wir nun die eingangs gegebene Funktion $\Delta\varphi = -\rho(\boldsymbol{r})/\varepsilon_0$ bzw. $-\rho(\boldsymbol{r}')/\varepsilon_0$, so ist die Aufgabe, φ aufzufinden, durch das Integral

$$\varphi(\boldsymbol{r}) = -\frac{1}{4\pi}\int \psi\,\Delta\varphi\;\mathrm{d}V' = \frac{1}{4\pi\varepsilon_0}\int \frac{\rho(\boldsymbol{r}')}{p'}\;\mathrm{d}V'\,,$$

bzw. durch

$$\varphi(\boldsymbol{r}) = \frac{1}{4\pi\varepsilon_0}\int \frac{\rho(\boldsymbol{r}')}{|\boldsymbol{r}' - \boldsymbol{r}|}\;\mathrm{d}V'$$

gelöst.

Wir wenden diese Formel nun auf einen Sonderfall an, nämlich auf eine Punktladung $Q = \lim\limits_{\substack{V' \to 0\\ \rho \to \infty}} \int \rho\;\mathrm{d}V'$ an der Stelle $r = 0$. Das Integral $\int \frac{\rho(\boldsymbol{r}')}{|\boldsymbol{r}' - \boldsymbol{r}|}\;\mathrm{d}V'$ verschwindet in diesem

Fall an allen Stellen $r' \neq 0$, und es verbleibt allein der Beitrag an der Stelle $r' = 0$:

$$\int \frac{\rho(\boldsymbol{r}')}{|-\boldsymbol{r}|}\,\mathrm{d}V' = \int \frac{\rho(\boldsymbol{r}')}{r}\,\mathrm{d}V'.$$

Hierin ist r als Koordinate des Aufpunktes eine Konstante, was zu

$$\int \frac{\rho(\boldsymbol{r}')}{r}\,\mathrm{d}V' = \frac{1}{r}\int \rho(\boldsymbol{r}')\,\mathrm{d}V' = \frac{Q}{r}$$

führt. Damit ist das Potential im Felde um eine punktförmige Ladung Q gleich

$$\varphi = \frac{1}{4\pi\varepsilon_0}\frac{Q}{r}$$

(wobei wir nicht vergessen wollen, daß wir $\varphi(\infty) = 0$ willkürlich festgelegt hatten).

Aufgrund dieser Formel läßt sich die Integration

$$\varphi(\boldsymbol{r}) = \frac{1}{4\pi\varepsilon_0}\int \frac{\rho(\boldsymbol{r}')}{|\boldsymbol{r}-\boldsymbol{r}'|}\,\mathrm{d}V'$$

auch so interpretieren, daß sich das Potential am Aufpunkt aus einzelnen, von den verschiedenen Quellpunkten (Volumenelementen an den Quellpunkten) herrührenden Teilpotentialen

$$\mathrm{d}\varphi = \frac{1}{4\pi\varepsilon_0}\frac{\rho(\boldsymbol{r}')\,\mathrm{d}V'}{|\boldsymbol{r}-\boldsymbol{r}'|}$$

zusammensetzt. Damit wird die Bezeichnung Quellpunkt verständlich. Die infinitesimalen Ladungen $\rho\,\mathrm{d}V'$ an den Quellpunkten (gekennzeichnet durch $\boldsymbol{r}'$) sind jeweils Ursache für einen Beitrag $\mathrm{d}\varphi$ zum Potential $\varphi(\boldsymbol{r})$ an der Stelle $\boldsymbol{r}$.

Aufbau eines Vektorfeldes aus seinen Quellen und Wirbeln. Von einem Vektorfeld

$$\boldsymbol{v} = \boldsymbol{v}(\boldsymbol{r})$$

seien die Quellendichte

$$q = q(\boldsymbol{r}) = \operatorname{div}\boldsymbol{v}$$

und die Wirbelstärke

$$\boldsymbol{w} = \boldsymbol{w}(\boldsymbol{r}) = \operatorname{rot}\boldsymbol{v}$$

gegeben. Es läßt sich – worauf wir hier aber verzichten wollen – zeigen, daß aus q und $\boldsymbol{w}$ eine eindeutige Bestimmung von $\boldsymbol{v}$ möglich ist, wenn entweder die Normalkomponente überall auf der Hüllfläche des Integrationsbereiches bekannt ist, oder wenn bei unendlich großem Integrationsbereich $\boldsymbol{v}$ mit einer höheren als der zweiten Potenz von r gegen Null geht.

Gegeben seien also die Funktionen $q(\boldsymbol{r})$ und $\boldsymbol{w}(\boldsymbol{r})$, und sie seien im Endlichen überall endlich und mögen im Unendlichen verschwinden.

Zur Ermittlung von $\boldsymbol{v}$ versuchen wir den Ansatz

$$\boldsymbol{v} = \boldsymbol{v}_q + \boldsymbol{v}_w,$$

worin der Anteil $\boldsymbol{v}_q$ wirbelfrei (also $\operatorname{rot}\boldsymbol{v}_q = 0$) und der Anteil $\boldsymbol{v}_w$ quellenfrei (also $\operatorname{div}\boldsymbol{v}_w = 0$) sein soll. Aus $\operatorname{rot}\boldsymbol{v}_q = 0$ folgt

$$\operatorname{rot}\boldsymbol{v} = \operatorname{rot}(\boldsymbol{v}_q + \boldsymbol{v}_w) = \operatorname{rot}\boldsymbol{v}_w.$$

und aus $\operatorname{div}\boldsymbol{v}_w = 0$ folgt

$$\operatorname{div}\boldsymbol{v} = \operatorname{div}(\boldsymbol{v}_q + \boldsymbol{v}_w) = \operatorname{div}\boldsymbol{v}_q.$$

Aus $q = \operatorname{div} \boldsymbol{v}$ läßt sich also der Anteil $\boldsymbol{v}_q$ ermitteln, aus $\boldsymbol{w} = \operatorname{rot} \boldsymbol{v}$ der Anteil $\boldsymbol{v}_w$, was den oben gewählten Ansatz $\boldsymbol{v} = \boldsymbol{v}_q + \boldsymbol{v}_w$ rechtfertigt.

1. Die Ermittlung von $\boldsymbol{v}_q$ stützt sich auf das Verfahren, das wir bereits auf Seite 205 zur Bestimmung des Potentials angewandt hatten. Wir hatten auf Seite 206 dann

$$\varphi = \frac{1}{4\pi} \int \frac{\rho/\varepsilon_0}{|\boldsymbol{r}' - \boldsymbol{r}|} \, \mathrm{d}V'$$

gefunden, was wir jetzt mit $\Delta\varphi = -\rho/\varepsilon_0$ in der Form

$$\varphi = -\frac{1}{4\pi} \int \frac{\Delta\varphi}{|\boldsymbol{r}' - \boldsymbol{r}|} \, \mathrm{d}V'$$

schreiben wollen.

Die Anwendung dieser Formel auf die Ermittlung von $\boldsymbol{v}_q$ geschieht in der Weise, daß wir – was wegen $\operatorname{rot} \boldsymbol{v}_q = 0$ zulässig ist –

$$\boldsymbol{v}_q = -\operatorname{grad} \varphi \, {}^{*)}$$

setzen. Damit erhalten wir

$$\boldsymbol{v}_q = -\operatorname{grad} \varphi = \frac{1}{4\pi} \operatorname{grad} \int \frac{\Delta\varphi}{|\boldsymbol{r}' - \boldsymbol{r}|} \, \mathrm{d}V',$$

was schließlich mit

$$\Delta\varphi = \operatorname{div} \operatorname{grad} \varphi = -\operatorname{div} \boldsymbol{v}_q = -q$$

in

$$\boldsymbol{v}_q = -\frac{1}{4\pi} \operatorname{grad} \int \frac{q}{|\boldsymbol{r}' - \boldsymbol{r}|} \, \mathrm{d}V'$$

übergeht.

Zur Ermittlung von $\boldsymbol{v}_w$ setzen wir – was jetzt wegen $\operatorname{div} \boldsymbol{v}_w = 0$ zulässig ist –

$$\boldsymbol{v}_w = \operatorname{rot} \boldsymbol{A};$$

dann ist

$$\boldsymbol{w} = \operatorname{rot} \boldsymbol{v}_w = \operatorname{rot} \operatorname{rot} \boldsymbol{A} = \operatorname{grad} \operatorname{div} \boldsymbol{A} - \Delta \boldsymbol{A},$$

worin der als Vektorpotential bezeichnete Vektor $\boldsymbol{A} = \boldsymbol{A}(\boldsymbol{r})$ aufgrund der auf Seite 171/172 wiedergegebenen Zusammenhänge so eichbar ist, daß überall im Raum

$$\operatorname{div} \boldsymbol{A} = 0$$

wird. Unter dieser Voraussetzung ist dann

$$\Delta \boldsymbol{A} = -\boldsymbol{w}.$$

Multipliziert man $\boldsymbol{A}$ skalar mit irgendeinem *konstanten* Vektor $\boldsymbol{C}$, so gilt

$$\Delta(\boldsymbol{C} \cdot \boldsymbol{A}) = \boldsymbol{C} \cdot \Delta \boldsymbol{A},$$

wovon man sich z. B. durch Ausrechnen in kartesischen Koordinaten überzeugt (vergl. Aufgabe Nr. 125 und Nr. 126 auf Seite 178). Demzufolge ist

$$\Delta(\boldsymbol{C} \cdot \boldsymbol{A}) = -\boldsymbol{C} \cdot \boldsymbol{w}.$$

Der Skalar $\boldsymbol{C} \cdot \boldsymbol{A}$ läßt sich so wie das Potential φ nach

$$\boldsymbol{C} \cdot \boldsymbol{A} = -\frac{1}{4\pi} \int \frac{\Delta(\boldsymbol{C} \cdot \boldsymbol{A})}{|\boldsymbol{r}' - \boldsymbol{r}|} \, \mathrm{d}V' = \frac{1}{4\pi} \int \frac{\boldsymbol{C} \cdot \boldsymbol{w}}{|\boldsymbol{r}' - \boldsymbol{r}|} \, \mathrm{d}V'$$

---

*) Das negative Vorzeichen ist willkürlich, es ist ohne besondere mathematische Bedeutung.

ermitteln. Schreibt man diese Gleichung als

$$\boldsymbol{C} \cdot \boldsymbol{A} - \frac{1}{4\pi} \int \frac{\boldsymbol{C} \cdot \boldsymbol{w}}{|\boldsymbol{r}' - \boldsymbol{r}|} \, \mathrm{d}V' = 0,$$

so läßt sich $\boldsymbol{C}$ wegen seiner räumlichen Konstanz vor das Integral schreiben und dann ausklammern:

$$\boldsymbol{C} \cdot \left(\boldsymbol{A} - \frac{1}{4\pi} \int \frac{\boldsymbol{w}}{|\boldsymbol{r}' - \boldsymbol{r}|} \, \mathrm{d}V' \right) = 0.$$

Wegen der Beliebigkeit von $\boldsymbol{C}$ kann dieses skalare Produkt aber nur Null sein, wenn

$$\boldsymbol{A} = \frac{1}{4\pi} \int \frac{\boldsymbol{w}}{|\boldsymbol{r}' - \boldsymbol{r}|} \, \mathrm{d}V'$$

ist. Da wir $\boldsymbol{v}_w = \operatorname{rot} \boldsymbol{A}$ gesetzt hatten, ist schließlich

$$\boldsymbol{v}_w = \frac{1}{4\pi} \operatorname{rot} \int \frac{\boldsymbol{w}}{|\boldsymbol{r}' - \boldsymbol{r}|} \, \mathrm{d}V'.$$

Das Vektorfeld $\boldsymbol{v} = \boldsymbol{v}(\boldsymbol{r})$ läßt sich aus seinen Quellen und Wirbeln demnach durch die über den gesamten Raum zu erstreckende Integration

$$\boldsymbol{v} = \frac{1}{4\pi} \left\{ \operatorname{rot} \int \frac{\boldsymbol{w}}{|\boldsymbol{r}' - \boldsymbol{r}|} \mathrm{d}V' - \operatorname{grad} \int \frac{q}{|\boldsymbol{r}' - \boldsymbol{r}|} \, \mathrm{d}V' \right\}$$

ermitteln.

8.7 Übungsaufgaben

131. Man beweise durch Rechnung in kartesischen Koordinaten die Orthogonalität der Einsvektoren $\boldsymbol{e}_\rho$, $\boldsymbol{e}_\varphi$, $\boldsymbol{e}_z$.
132. Wenn $\boldsymbol{r}$ der Ortsvektor ist, so bezeichnet man den Ausdruck $\partial \boldsymbol{r}/\partial u$ bei allgemeinen Koordinaten als den Koordinatenvektor $\boldsymbol{a}_u$. Er ist im allgemeinen kein Einsvektor. Man berechne mit $u = \rho$, bzw. φ, bzw. z die drei Koordinatenvektoren im Zylinderkoordinaten-System.
133. Man berechne mittels Zylinderkoordinaten

$$\operatorname{rot}(\boldsymbol{e}_\varphi/\rho); \quad \operatorname{rot}(\boldsymbol{e}_\varphi); \quad \operatorname{rot}(\rho\, \boldsymbol{e}_\varphi); \quad \operatorname{rot}(\rho^n \boldsymbol{e}_\varphi).$$

134. Man berechne im Vektorfeld

$$\boldsymbol{A} = \rho(\boldsymbol{e}_\rho + \boldsymbol{e}_\varphi + \boldsymbol{e}_z)$$

in Zylinderkoordinaten $\operatorname{rot} \boldsymbol{A}$ und $\operatorname{rot}\operatorname{rot} \boldsymbol{A}$.

135. Das uneigentliche Integral $I = \int_{-\infty}^{+\infty} e^{-x^2} \mathrm{d}x$ läßt sich mit Hilfe von Zylinderkoordinaten berechnen. Es gilt

$$\frac{I}{2} = \int_0^\infty e^{-x^2} \mathrm{d}x,$$

aber ebenso

$$\frac{I}{2} = \int_0^\infty e^{-y^2} \mathrm{d}y.$$

Multipliziert man beide Gleichungen miteinander, so folgt daraus

$$\frac{I^2}{4} = \int_0^\infty \int_0^\infty e^{-(x^2+y^2)} \mathrm{d}x\, \mathrm{d}y = \int e^{-(x^2+y^2)} \mathrm{d}f.$$

Dieses Integral erstreckt sich in der x-y-Ebene über einen Quadranten bis ins Unendliche.

Man führe nun die Zylinderkoordinaten ρ und φ in dieser Ebene ein und drücke auch $\mathrm{d}f$ in Zylinderkoordinaten aus. Dann läßt sich $I^2/4$ (und damit I) berechnen.

136. Die Bahngeschwindigkeit eines Punktes in einem rotierenden starren Körper sei $\boldsymbol{v} = \boldsymbol{e}_z\, \omega \times \boldsymbol{r}$, wobei $\boldsymbol{r}$ der Ortsvektor des Punktes ist. Man berechne mit Hilfe von Zylinderkoordinaten rot $\boldsymbol{v}$.

137. Ein Vektorfeld sei durch
$$\boldsymbol{v} = \frac{\boldsymbol{e}_z \times \boldsymbol{r}}{\rho^2}$$
gegeben. $\boldsymbol{r}$ ist der Ortsvektor, ρ die ihm entsprechende Zylinderkoordinate.
Man zeige zunächst, daß $\boldsymbol{v}$ stets die Richtung von $\boldsymbol{e}_\varphi$ hat, daß die Feldlinien also Kreise sind. Hierauf weise man durch Rechnung in Zylinderkoordinaten nach, daß das Feld dennoch wirbelfrei ist.

138. Man drücke $\boldsymbol{e}_r$, $\boldsymbol{e}_\vartheta$, $\boldsymbol{e}_\varphi$ in Zylinderkoordinaten aus.

139. Man beweise durch Rechnung in kartesischen Koordinaten die Orthogonalität von $\boldsymbol{e}_r$, $\boldsymbol{e}_\vartheta$, $\boldsymbol{e}_\varphi$.

140. Analog zu Aufgabe Nr. 132 sind für $u = r$, bzw. ϑ, bzw. φ die drei Koordinatenvektoren $\partial \boldsymbol{r}/\partial u$ für das Kugelkoordinaten-System anzugeben.

141. Man bilde mit Hilfe von Kugelkoordinaten grad (ar); grad (ar^2); grad (a/r), worin a eine Konstante ist.

142. Mit Hilfe von Kugelkoordinaten ist zu untersuchen, ob das Feld $\boldsymbol{v} = \boldsymbol{r}/r^2$ Wirbel enthält oder nicht.

143. In Kugelkoordinaten ist div $(\boldsymbol{e}_r/r)$ und div $(\boldsymbol{e}_r/r^2)$ auszurechnen $(r \neq 0)$.

144. Welchen Wert hat div $(\boldsymbol{e}_r/r^2)$ an der Stelle $r = 0$?
Hinweis: Zur Beantwortung dieser Frage stütze man sich auf Formel [46a], wähle als Integrationsbereich eine Kugel um den Koordinatenursprung und lasse dann r gegen Null gehen.

145. Man berechne unter Berücksichtigung der Ergebnisse der Aufgaben 143 und 144 das Volumenintegral $\int \operatorname{div}(\boldsymbol{e}_r/r^2)\,\mathrm{d}V$
a) für den Fall, daß der Integrationsbereich den Koordinatenursprung nicht enthält,
b) für den Fall, daß der Koordinatenursprung innerhalb des Integrationsbereiches liegt.
Hinweis: Im Fall b) zerlegt man den Integrationsbereich in zwei Teile, in eine Kugel um den Koordinatenursprung und in den übrigbleibenden Bereich. Das Volumenintegral über die Kugel muß nach dem Gaussschen Satz in ein Hüllenintegral umgewandelt werden.

146. Man bestätige in Kugelkoordinaten die Quellenfreiheit eines Coulombfeldes außerhalb einer punktförmigen elektrischen Ladung Q. Man gehe von der Formel für das elektrische Potential in diesem Felde aus:
$$\varphi = \frac{1}{4\pi\varepsilon_0} \cdot \frac{Q}{r} \quad (\varphi \text{ ist hier nicht die Kugelkoordinate!})$$

147. Es ist der Anteil der in Abb. 142b skizzierten infinitesimalen Ringzone an der gesamten Kugeloberfläche zu berechnen. Der Polwinkel der Zone sei ϑ, die infinitesimale Breite betrage $r\,\mathrm{d}\vartheta$.

148. Man untersuche mittels Kugelkoordinaten die beiden Vektorfelder $\boldsymbol{u} = \boldsymbol{e}_\vartheta$ und $\boldsymbol{v} = \boldsymbol{e}_\varphi$ auf ihre Quellendichte und Wirbelstärke.

Lösungen

Bei den folgenden Lösungen ist – abweichend vom Text des Buches – die partielle Differentiation (z. B. $\partial/\partial x$) stets mit einem aufrechten ∂ zum Ausdruck gebracht. Damit kommt der Operator-Charakter dieses Symbols zum Ausdruck. Im Lehrbuchtext, der von der zweiten Auflage her übernommen ist, wurde aus drucktechnischen Gründen auf eine entsprechende Korrektur verzichtet.

1. $|\boldsymbol{A} + \boldsymbol{B}| < |\boldsymbol{A} - \boldsymbol{B}|$

2. Vektor von P nach Q: $\boldsymbol{B} - \boldsymbol{A}$; Vektor von Q nach P: $\boldsymbol{A} - \boldsymbol{B}$

3. $\boldsymbol{M} = (\boldsymbol{A} + \boldsymbol{B})/2$.

4. Es sei $\boldsymbol{M}_1$ ... Ortsvektor zu Punkt 1,
$\boldsymbol{M}_2$ ... Ortsvektor zu Punkt 2,
usw.

Voraussetzung: $\boldsymbol{M}_1 = (\boldsymbol{D} + \boldsymbol{A})/2$; $\boldsymbol{M}_2 = (\boldsymbol{A} + \boldsymbol{B})/2$;
$\boldsymbol{M}_3 = (\boldsymbol{B} + \boldsymbol{C})/2$; $\boldsymbol{M}_4 = (\boldsymbol{C} + \boldsymbol{D})/2$

Behauptung: $\boldsymbol{a} = -\boldsymbol{c}$; $\boldsymbol{b} = -\boldsymbol{d}$

Beweis: $\boldsymbol{a} = \boldsymbol{M}_2 - \boldsymbol{M}_1 = (\boldsymbol{B} - \boldsymbol{D})/2$
$\boldsymbol{c} = \boldsymbol{M}_4 - \boldsymbol{M}_3 = (\boldsymbol{D} - \boldsymbol{B})/2$
also $\boldsymbol{a} = -\boldsymbol{c}$.

Der Beweis für $\boldsymbol{b} = -\boldsymbol{d}$ läuft analog.

5. Voraussetzung: $\boldsymbol{a} - \boldsymbol{v} - \boldsymbol{b} + \boldsymbol{u} = 0$ ...(1)

$$\boldsymbol{m} = \boldsymbol{b} + \frac{\boldsymbol{v}}{2} - \frac{\boldsymbol{u}}{2} \quad \text{...(2)}$$

Behauptung: $\boldsymbol{m} \neq \mathrm{f}(\boldsymbol{u}, \boldsymbol{v})$

Beweis: Berechnet man aus (1) z. B. $\boldsymbol{u} = \boldsymbol{b} + \boldsymbol{v} - \boldsymbol{a}$ und substituiert dies in (2), so folgt $\boldsymbol{m} = (\boldsymbol{a} + \boldsymbol{b})/2$.
Damit ist der Beweis erbracht.

6. Voraussetzung: $\boldsymbol{m} = \boldsymbol{A} + (\boldsymbol{B} + \boldsymbol{D})/2$
$\boldsymbol{n} = \boldsymbol{B} + (\boldsymbol{C} + \boldsymbol{A})/2$

Behauptung: $\frac{\boldsymbol{A}}{2} + \frac{\boldsymbol{n}}{2} - \frac{\boldsymbol{m}}{2} + \frac{\boldsymbol{D}}{2} = 0$
(man betrachte hierzu das gerasterte Viereck)

Beweis: Man setze die Ausdrücke für $\boldsymbol{m}$ und $\boldsymbol{n}$ aus der Voraussetzung in die Behauptung ein. Das ergibt tatsächlich null, denn $\boldsymbol{A} + \boldsymbol{B} + \boldsymbol{C} + \boldsymbol{D}$ bilden ja einen geschlossenen Linienzug.

7. Voraussetzung: $\boldsymbol{a} = (\boldsymbol{C} - \boldsymbol{B})/2$; $\boldsymbol{b} = (\boldsymbol{A} - \boldsymbol{C})/2$; $\boldsymbol{c} = (\boldsymbol{B} - \boldsymbol{A})/2$

Behauptung: $\boldsymbol{a} + \boldsymbol{b} + \boldsymbol{c} = 0$

Beweis: Man substituiere die Ausdrücke für $\boldsymbol{a}$, $\boldsymbol{b}$, $\boldsymbol{c}$ aus der Voraussetzung in die Behauptung!

8. Man betrachte Abb. 32!
Voraussetzung: $\boldsymbol{a} = (\boldsymbol{C} - \boldsymbol{B})/2;\ \boldsymbol{b} = (\boldsymbol{A} - \boldsymbol{C})/2;\ \boldsymbol{c} = (\boldsymbol{B} - \boldsymbol{A})/2$

Behauptung: z. B. $\frac{2}{3}\boldsymbol{a} + \frac{1}{3}\boldsymbol{c} - \frac{1}{2}\boldsymbol{C} = 0$

Beweis: Man substituiere die Ausdrücke für $\boldsymbol{a}$ und $\boldsymbol{c}$ aus der Voraussetzung in die Behauptung. Das ergibt

$$-\boldsymbol{A}/6 - \boldsymbol{B}/6 - \boldsymbol{C}/6 = 0 \Rightarrow \boldsymbol{A} + \boldsymbol{B} + \boldsymbol{C} = 0;$$

damit ist der Beweis erbracht, denn $\boldsymbol{A}$, $\boldsymbol{B}$, $\boldsymbol{C}$ bilden ja das (geschlossene) Dreieck.

9. $a + b + c = 0$

10. $\varphi = \arccos(1/\sqrt{3}) \approx 54{,}7°$

11. $(e_A)_x = 6/7;\ (e_A)_y = -2/7;\ (e_A)_z = 3/7$
$\alpha = \arccos(6/7) \approx 31°$
$\beta = \arccos(-2/7) \approx 106{,}6°$
$\gamma = \arccos(3/7) \approx 64{,}6°$

12. Aus Symmetriegründen haben die Koordinaten der gesuchten vier Ortsvektoren alle den gleichen Betrag. Er sei zunächst b. Aus Abb. 34 erkennt man:

$$\left.\begin{array}{l} \boldsymbol{r}_1 + \boldsymbol{r}_2 = 2b\boldsymbol{k} \\ \boldsymbol{r}_1 + \boldsymbol{r}_3 = 2b\boldsymbol{i} \\ \boldsymbol{r}_1 + \boldsymbol{r}_4 = -2b\boldsymbol{j} \\ \text{usw.} \end{array}\right\} \Rightarrow \left.\begin{array}{l} r_{1x} = r_{3x} = b \\ r_{1y} = r_{4y} = -b \\ r_{1z} = r_{2z} = b \\ \text{usw.} \end{array}\right\} \Rightarrow$$

$$\begin{array}{l} \boldsymbol{r}_1 = b(\boldsymbol{i} - \boldsymbol{j} + \boldsymbol{k}) \\ \boldsymbol{r}_2 = b(-\boldsymbol{i} + \boldsymbol{j} + \boldsymbol{k}) \\ \text{usw.} \end{array}$$

Der Wert für b ergibt sich aus der Kantenlänge $\sqrt{2}$:

$$\text{z. B.}\quad \sqrt{2} = |\boldsymbol{r}_1 - \boldsymbol{r}_2| = |2b\boldsymbol{i} - 2b\boldsymbol{j}| = 2b\sqrt{2} \Rightarrow b = 1/2$$

Also

$$\begin{aligned} \boldsymbol{r}_1 &= (\boldsymbol{i} - \boldsymbol{j} + \boldsymbol{k})/2 \\ \boldsymbol{r}_2 &= (-\boldsymbol{i} + \boldsymbol{j} + \boldsymbol{k})/2 \\ \boldsymbol{r}_3 &= (\boldsymbol{i} + \boldsymbol{j} - \boldsymbol{k})/2 \\ \boldsymbol{r}_4 &= (-\boldsymbol{i} - \boldsymbol{j} - \boldsymbol{k})/2 \end{aligned}$$

13. $\boldsymbol{F}_a = (-\frac{16}{5}\boldsymbol{i} - \frac{64}{15}\boldsymbol{j}) \cdot 10\,\text{N};\ |\boldsymbol{F}_a| \approx 53{,}2\,\text{N}$
$\boldsymbol{F}_b = (\frac{16}{5}\boldsymbol{i} - \frac{4}{3}\boldsymbol{j}) \cdot 10\,\text{N};\ |\boldsymbol{F}_b| \approx 34{,}6\,\text{N}$

14. Die Stäbe sind durch folgende Vektoren darstellbar:

$$\begin{aligned} \boldsymbol{a} &= (\boldsymbol{i} + 2\boldsymbol{j} + 2\boldsymbol{k})\text{m} \\ \boldsymbol{b} &= (-\boldsymbol{i} - 2\boldsymbol{j} + 2\boldsymbol{k})\text{m} \\ \boldsymbol{c} &= (-2\boldsymbol{i} + \boldsymbol{j} + 2\boldsymbol{k})\text{m} \end{aligned}$$

Die Stabkräfte sind zu diesen Vektoren kollinear:

$$\boldsymbol{F}_a = \alpha\boldsymbol{a};\quad \boldsymbol{F}_b = \beta\boldsymbol{b};\quad \boldsymbol{F}_c = \gamma\boldsymbol{c}$$

Aus

$$\boldsymbol{F} = \boldsymbol{F}_a + \boldsymbol{F}_b + \boldsymbol{F}_c = \alpha\boldsymbol{a} + \beta\boldsymbol{b} + \gamma\boldsymbol{c}$$

folgen für die skalaren Komponenten die drei Gleichungen

$$\begin{aligned} \alpha - \beta - 2\gamma &= 0 & & \alpha = 2{,}45\,\mathrm{kN/M} \\ 2\alpha - 2\beta + \gamma &= 12\,\mathrm{kN/m} & \Rightarrow\quad & \beta = -2{,}35\,\mathrm{kN/m} \\ 2\alpha + 2\beta + 2\gamma &= 5\,\mathrm{kN/m} & & \gamma = 2{,}4\,\mathrm{kN/m} \end{aligned}$$

Somit

$$\begin{aligned} \boldsymbol{F}_a &= 0{,}245\,\boldsymbol{a} = 2{,}45(\boldsymbol{i} + 2\boldsymbol{j} + 2\boldsymbol{k})\,\mathrm{kN}; && \text{Zug} \\ \boldsymbol{F}_b &= -0{,}235\,\boldsymbol{b} = 2{,}35(\boldsymbol{i} + 2\boldsymbol{j} - 2\boldsymbol{k})\,\mathrm{kN}; && \text{Druck} \\ \boldsymbol{F}_c &= 0{,}24\,\boldsymbol{c} = 2{,}4(-2\boldsymbol{i} + \boldsymbol{j} + 2\boldsymbol{k})\,\mathrm{kN}; && \text{Zug} \end{aligned}$$

15. $\boldsymbol{V} = \boldsymbol{B} - \dfrac{\boldsymbol{A} \cdot \boldsymbol{B}}{\boldsymbol{A} \cdot \boldsymbol{C}}\boldsymbol{C}$

16. Behauptung: $\boldsymbol{V} = \boldsymbol{B} - \boldsymbol{A}(\boldsymbol{A} \cdot \boldsymbol{B})/A^2$
$\boldsymbol{V} \perp \boldsymbol{A}$

Beweis: $\boldsymbol{V} \cdot \boldsymbol{A} = \boldsymbol{B} \cdot \boldsymbol{A} - \dfrac{A^2(\boldsymbol{A} \cdot \boldsymbol{B})}{A^2} = 0$

Damit ist der Beweis erbracht.

17. Voraussetzung: $\boldsymbol{a} \cdot \boldsymbol{b} = 0$
$\boldsymbol{a} + \boldsymbol{b} = \boldsymbol{c}$

Behauptung: $a^2 + b^2 = c^2$

Beweis: $c^2 = \boldsymbol{c} \cdot \boldsymbol{c} = (\boldsymbol{a} + \boldsymbol{b}) \cdot (\boldsymbol{a} + \boldsymbol{b}) = \boldsymbol{a} \cdot \boldsymbol{a} + 2\boldsymbol{a} \cdot \boldsymbol{b} + \boldsymbol{b} \cdot \boldsymbol{b} = a^2 + 2\boldsymbol{a} \cdot \boldsymbol{b} + b^2$

Wegen $\boldsymbol{a} \cdot \boldsymbol{b} = 0$ folgt daraus

$$c^2 = a^2 + b^2$$

18. Diagonale 1: $\boldsymbol{D} = \boldsymbol{A} + \boldsymbol{B}$
Diagonale 2: $\boldsymbol{E} = \boldsymbol{A} - \boldsymbol{B}$

Bedingung: $\boldsymbol{D} \cdot \boldsymbol{E} = 0$

Daraus folgt: $(\boldsymbol{A} + \boldsymbol{B}) \cdot (\boldsymbol{A} - \boldsymbol{B}) = A^2 - B^2 = 0$, also $A = B$

19. Diagonale 1: $\boldsymbol{D} = \boldsymbol{A} + \boldsymbol{B}$
Diagonale 2: $\boldsymbol{E} = \boldsymbol{A} - \boldsymbol{B}$

Bedingung: $D^2 = E^2$

Daraus folgt: $(\boldsymbol{A} + \boldsymbol{B}) \cdot (\boldsymbol{A} + \boldsymbol{B}) = (\boldsymbol{A} - \boldsymbol{B}) \cdot (\boldsymbol{A} - \boldsymbol{B})$
$A^2 + 2\boldsymbol{A} \cdot \boldsymbol{B} + B^2 = A^2 - 2\boldsymbol{A} \cdot \boldsymbol{B} + B^2 \Rightarrow \boldsymbol{A} \cdot \boldsymbol{B} = 0$, also $\boldsymbol{A} \perp \boldsymbol{B}$

20. Voraussetzung: $\boldsymbol{D} = \boldsymbol{A} + \boldsymbol{B}$
$\boldsymbol{E} = \boldsymbol{A} - \boldsymbol{B}$

Behauptung: $D^2 - E^2 = 4A\,B_A = 4\boldsymbol{A} \cdot \boldsymbol{B}$

Beweis durch Substitution der Ausdrücke für $\boldsymbol{D}$ und $\boldsymbol{E}$ in die Behauptung.

21. $\boldsymbol{V} = \dfrac{\boldsymbol{A} \cdot \boldsymbol{B}}{\boldsymbol{B} \cdot \boldsymbol{B}}\boldsymbol{B}$

22. $\cos\varphi = \boldsymbol{e}_1 \cdot \boldsymbol{e}_2 = \cos\alpha_1 \cos\alpha_2 + \cos\beta_1 \cos\beta_2 + \cos\gamma_1 \cos\gamma_2$

23. $\varphi = \arccos\dfrac{\boldsymbol{R} \cdot \boldsymbol{S}}{RS} = \arccos\dfrac{17}{2\sqrt{91}} \approx 27°$

24. $\lambda = 3$

25. $\varphi = \arc\cos \dfrac{\boldsymbol{D}_1 \cdot \boldsymbol{D}_2}{D_1 D_2} = \arc\cos(1/2) = 60°$

26. $\varphi = \arc\cos \dfrac{\boldsymbol{D}_1 \cdot \boldsymbol{D}_2}{D_1 D_2} = \arc\cos(1/3) = 70{,}5°$

27. $\varphi = \arc\cos \dfrac{\sqrt{3}+1}{2\sqrt{2}} = 15°$

28. $\boldsymbol{n} = -\frac{2}{21}\boldsymbol{i} + \frac{2}{7}\boldsymbol{j} + \frac{1}{7}\boldsymbol{k}$ oder $\boldsymbol{n} = \frac{2}{21}\boldsymbol{i} - \frac{2}{7}\boldsymbol{j} - \frac{1}{7}\boldsymbol{k}$

29. Es seien: $\boldsymbol{A}$ ... Ortsvektor des Punktes A
$\boldsymbol{B}$ ... Ortsvektor des Punktes B
$\boldsymbol{r}_0$ ... Ortsvektor des Punktes $(-7; -3; 2)$

Gleichung der Ebene: $\boldsymbol{r} \cdot \boldsymbol{n} = p$

$$\boldsymbol{n} = (\boldsymbol{A} - \boldsymbol{B})/|\boldsymbol{A} - \boldsymbol{B}| = \tfrac{1}{7}(6\boldsymbol{i} - 2\boldsymbol{j} - 3\boldsymbol{k})$$
$$[\text{oder } \boldsymbol{n} = (\boldsymbol{B} - \boldsymbol{A})/|\boldsymbol{B} - \boldsymbol{A}| = -\tfrac{1}{7}(6\boldsymbol{i} - 2\boldsymbol{j} - 3\boldsymbol{k})]$$
$$p = \boldsymbol{n} \cdot \boldsymbol{r}_0 = -6$$
$$[\text{oder } p = 6]$$

Mit $\boldsymbol{r} = x\boldsymbol{i} + y\boldsymbol{j} + z\boldsymbol{k}$ ist dann die Gleichung der Ebene:

$$6x - 2y - 3z = -42$$

30. $\boldsymbol{n} = -\boldsymbol{A}/A$

$p = B/(-A) = 3$

31. Normalen-Vektoren auf die Ebenen sind $\boldsymbol{A}$ und $\boldsymbol{C}$; somit

$$\varphi = \arc\cos(\boldsymbol{A} \cdot \boldsymbol{C}/AC)$$

32. $\lambda = -1/2$; $\mu = 3$

33. Aus den Orthogonalitätsbedingungen ergeben sich die Transformationskoeffizienten:

$$\begin{array}{lll} \cos\alpha_1 = \frac{1}{2}\sqrt{3} & \cos\beta_1 = 0 & \cos\gamma_1 = -\frac{1}{2} \\ \cos\alpha_2 = -\frac{1}{4}\sqrt{3} & \cos\beta_2 = \frac{1}{2} & \cos\gamma_2 = -\frac{3}{4} \\ \cos\alpha_3 = \frac{1}{4} & \cos\beta_3 = \frac{1}{2}\sqrt{3} & \cos\gamma_3 = \frac{1}{4}\sqrt{3} \end{array}$$

Damit ist

$$V_x' = 10\sqrt{3} + 6; \quad V_y = -5\sqrt{3} + 13; \quad V_z = \sqrt{3} + 5$$

34. In einem nicht gedrehten, aber um $\boldsymbol{s}$ verschobenen System ist

$$\boldsymbol{r}' = \boldsymbol{r} - \boldsymbol{s} = 6\boldsymbol{i} - 4\boldsymbol{k}.$$

Die Transformationskoeffizienten für das gedrehte Koordinatensystem sind nun

$$\begin{array}{lll} \cos\alpha_1 = 1 & \cos\beta_1 = 0 & \cos\gamma_1 = 0 \\ \cos\alpha_2 = 0 & \cos\beta_2 = \frac{1}{2}\sqrt{3} & \cos\gamma_2 = \frac{1}{2} \\ \cos\alpha_3 = 0 & \cos\beta_3 = -\frac{1}{2} & \cos\gamma_3 = \frac{1}{2}\sqrt{3} \end{array}$$

Also ist der Ortsvektor $\boldsymbol{r}'$ im gedrehten System

$$\boldsymbol{r}' = 6\boldsymbol{i}' - 2\boldsymbol{j}' + 2\sqrt{3}\boldsymbol{k}'$$

35. 1. Tetraeder: $\boldsymbol{A}_1 + \boldsymbol{A}_2 + \boldsymbol{A}_3 + \boldsymbol{A}_4 = 0$
2. Tetraeder: $\boldsymbol{B}_1 + \boldsymbol{B}_2 + \boldsymbol{B}_3 + \boldsymbol{B}_4 = 0$

Tetraeder 2 ist so beschaffen, daß z. B. $\boldsymbol{A}_1 // \boldsymbol{B}_1$ und $\boldsymbol{A}_2 = -\boldsymbol{B}_2$

Zusammenfügen mit den Flächen A_2 und B_2 ergibt einen Fünfflächner mit den Flächenvektoren

$$C_1 = A_1 + B_1; \quad C_2 = A_3; \quad C_3 = A_4; \quad C_4 = B_3; \quad C_5 = B_4$$

Damit ist

$$C_1 + C_2 + C_3 + C_4 + C_5 = -A_2 - B_2 = 0$$

Analog ergibt sich für jedes Polyeder als Vektorsumme der Flächenvektoren null.

36. $(A + B) \times (A - B) = (A \times A) + (B \times A) - (A \times B) - (B \times B) = (B \times A) - (A \times B)$
$= (B \times A) + (B \times A) = 2(B \times A)$

37. a) Eine Determinante, die zwei gleiche Reihen enthält, hat den Wert null.
b) Werden in einer Determinante zwei Reihen miteinander vertauscht, so ändert ihr Wert sein Vorzeichen.

38. a) $2k + j$ b) $5i$ c) $3i + 12j - 5k$

39. $A = \frac{1}{2}|(r_a - r_b) \times (r_a - r_c)| = 10$

40. $n = \frac{2}{7}i - \frac{3}{7}j - \frac{6}{7}k$

41. a) $\mathrm{P} = \dfrac{AA}{A^2}$ b) $V_A = \dfrac{AA \cdot V}{A^2}$

42. $\mathrm{P} = \frac{1}{10}ii - \frac{3}{10}ik - \frac{3}{10}ki + \frac{9}{10}kk$
$V_A = \mathrm{P} \cdot V = -\frac{1}{2}i + \frac{3}{2}k$

43. $AB = 2ij - ik + 2jj - jk + 4kj - kk$

$AB \cdot C = 6i + 6j + 12k$

$C \cdot AB = 6j - 3k$

44. $$\frac{\mathrm{d}}{\mathrm{d}t}(AB) = \lim_{\Delta t \to 0} \frac{(A + \Delta A)(B + \Delta B) - AB}{\Delta t}$$

$$= \lim_{\Delta t \to 0} A \frac{B + \Delta B - B}{\Delta t} + \lim_{\Delta t \to 0} \frac{\Delta A}{\Delta t}(B + \Delta B)$$

$$= \lim_{\Delta t \to 0} A \frac{\Delta B}{\Delta t} + \frac{\mathrm{d}A}{\mathrm{d}t} \lim_{\Delta t \to 0} (B + \Delta B) = A \frac{\mathrm{d}B}{\mathrm{d}t} + \frac{\mathrm{d}A}{\mathrm{d}t} B$$

45. a) $\dot{r}$ ist die Geschwindigkeit; sie ist kollinear zu r; die Bahnkurve ist eine Gerade durch O.
b) die Geschwindigkeit ist senkrecht zu r; die Bahnkurve ist ein Kreis um O.

46. $a' = \vec{\omega} \times (\vec{\omega} \times r)$

47. Da $\mathrm{d}A/\mathrm{d}t = (r \times v)/2$ ist, ist $r \times v =$ konstant. Folglich ist der Drehimpuls L des Massenpunktes bezüglich Z

$$L = r \times p = r \times mv = m(r \times v) = \text{konstant.}$$

48. Voraussetzung: $v = \vec{\omega} \times \vec{\rho}; \quad \vec{\omega} \perp \vec{\rho};$
$\vec{\omega} =$ konstant, also auch $\omega =$ konstant;
$\rho =$ konstant

Behauptung: $|\mathrm{d}v| = \mathrm{d}|v|$

Beweis: a) $\dfrac{\mathrm{d}\vec{v}}{\mathrm{d}t} = \left(\dfrac{\mathrm{d}\vec{\omega}}{\mathrm{d}t} \times \vec{\rho}\right) + \left(\vec{\omega} \times \dfrac{\mathrm{d}\vec{\rho}}{\mathrm{d}t}\right) = \vec{\omega} \times \dfrac{\mathrm{d}\vec{\rho}}{\mathrm{d}t} = \vec{\omega} \times v \Rightarrow \mathrm{d}v = (\vec{\omega} \times v)\mathrm{d}t \neq 0.$

b) $v = \omega\rho = \text{konstant}$
$\mathrm{d}v/\mathrm{d}t = 0$
$\Rightarrow \mathrm{d}v = \mathrm{d}|\boldsymbol{v}| = 0$
Somit $|\mathrm{d}\boldsymbol{v}| \neq \mathrm{d}|\boldsymbol{v}|$

49. $$\frac{\mathrm{d}}{\mathrm{d}t}(\boldsymbol{A}\cdot\boldsymbol{B}) = \frac{\mathrm{d}}{\mathrm{d}t}(A_xB_x + A_yB_y + A_zB_z)$$
$$= \left(\frac{\mathrm{d}A_x}{\mathrm{d}t}B_x + \frac{\mathrm{d}A_y}{\mathrm{d}t}B_y + \frac{\mathrm{d}A_z}{\mathrm{d}t}B_z\right) + \left(A_x\frac{\mathrm{d}B_x}{\mathrm{d}t} + A_y\frac{\mathrm{d}B_y}{\mathrm{d}t} + A_z\frac{\mathrm{d}B_z}{\mathrm{d}t}\right)$$
$$= \left(\boldsymbol{i}\frac{\mathrm{d}A_x}{\mathrm{d}t} + \boldsymbol{j}\frac{\mathrm{d}A_y}{\mathrm{d}t} + \boldsymbol{k}\frac{\mathrm{d}A_z}{\mathrm{d}t}\right)\cdot(\boldsymbol{i}B_x + \boldsymbol{j}B_y + \boldsymbol{k}B_z)$$
$$+ (\boldsymbol{i}A_x + \boldsymbol{j}A_y + \boldsymbol{k}A_z)\cdot\left(\boldsymbol{i}\frac{\mathrm{d}B_x}{\mathrm{d}t} + \boldsymbol{j}\frac{\mathrm{d}B_y}{\mathrm{d}t} + \boldsymbol{k}\frac{\mathrm{d}B_z}{\mathrm{d}t}\right)$$
$$= \frac{\mathrm{d}\boldsymbol{A}}{\mathrm{d}t}\cdot\boldsymbol{B} + \boldsymbol{A}\cdot\frac{\mathrm{d}\boldsymbol{B}}{\mathrm{d}t}$$

50. Rechnung vollkommen analog zu Aufg. 49. Allerdings hätte man in Aufg. 49 die Faktoren vertauschen dürfen, in Aufg. 50 darf man es nicht.

51. Man beginne mit der rechten Seite:
$$v\frac{\mathrm{d}v}{\mathrm{d}t} = \sqrt{v_x^2 + v_y^2 + v_z^2}\,\frac{\mathrm{d}}{\mathrm{d}t}\sqrt{v_x^2 + v_y^2 + v_z^2} = v_x\frac{\mathrm{d}v_x}{\mathrm{d}t} + v_y\frac{\mathrm{d}v_y}{\mathrm{d}t} + v_z\frac{\mathrm{d}v_z}{\mathrm{d}t}$$
$$= (\boldsymbol{i}v_x + \boldsymbol{j}v_y + \boldsymbol{k}v_z)\cdot\left(\boldsymbol{i}\frac{\mathrm{d}v_x}{\mathrm{d}t} + \boldsymbol{j}\frac{\mathrm{d}v_y}{\mathrm{d}t} + \boldsymbol{k}\frac{\mathrm{d}v_z}{\mathrm{d}t}\right) = \boldsymbol{v}\cdot\frac{\mathrm{d}\boldsymbol{v}}{\mathrm{d}t}.$$

52. $$|\boldsymbol{v}\times\boldsymbol{a}| = |\boldsymbol{r}'v \times \mathrm{d}(\boldsymbol{r}'v)/\mathrm{d}t| = v|\boldsymbol{r}' \times (v\mathrm{d}\boldsymbol{r}'/\mathrm{d}t + \boldsymbol{r}'\mathrm{d}v/\mathrm{d}t)|$$
$$= v|(\boldsymbol{r}' \times v^2\boldsymbol{r}'') + (\boldsymbol{r}' \times \boldsymbol{r}')\mathrm{d}v/\mathrm{d}t| = v^3|\boldsymbol{r}' \times \boldsymbol{r}''|.$$

Da $\boldsymbol{r}' = \mathrm{d}\boldsymbol{r}/\mathrm{d}s = \mathrm{d}\boldsymbol{r}/\mathrm{d}|\boldsymbol{r}|$ ein Einsvektor ist, muß $\mathrm{d}\boldsymbol{r}''$ orthogonal zu ihm sein. Folglich ist $|\boldsymbol{r}' \times \boldsymbol{r}''| = |\boldsymbol{r}''|$; das ergibt schließlich $|\boldsymbol{v} \times \boldsymbol{a}| = v^3|\boldsymbol{r}''|$.

53. $\boldsymbol{r}(t) = a(\boldsymbol{i}\cos\omega t + \boldsymbol{j}\sin\omega t)$

$\boldsymbol{v}(t) = a\omega(-\boldsymbol{i}\sin\omega t + \boldsymbol{j}\cos\omega t)$.

54. $\boldsymbol{v}(t) = a\omega(-\boldsymbol{i}\sin\omega t + \boldsymbol{j}\cos\omega t) + \boldsymbol{k}c$;

$v = \sqrt{a^2\omega^2 + c^2}$.

55. $$\boldsymbol{t} = \frac{a\omega(-\boldsymbol{i}\sin\omega t + \boldsymbol{j}\cos\omega t) + \boldsymbol{k}c}{\sqrt{a^2\omega^2 + c^2}}.$$
$$\boldsymbol{n} = \frac{\mathrm{d}\boldsymbol{t}}{|\mathrm{d}\boldsymbol{t}|} = \frac{\mathrm{d}\boldsymbol{t}/\mathrm{d}t}{|\mathrm{d}\boldsymbol{t}/\mathrm{d}t|} = \frac{\dot{\boldsymbol{t}}}{|\dot{\boldsymbol{t}}|} = -\boldsymbol{i}\cos\omega t - \boldsymbol{j}\sin\omega t.$$

(man beachte $\boldsymbol{t}$ ... Tangentenvektor, t ... Zeit).
$$\boldsymbol{b} = \boldsymbol{t}\times\boldsymbol{n} = \frac{1}{\sqrt{a^2\omega^2 + c^2}}(\boldsymbol{i}c\sin\omega t - \boldsymbol{j}c\cos\omega t + \boldsymbol{k}a\omega).$$

56. Wenn A, B, C und der allgemeine Punkt P in einer Ebene liegen, sind z. B. die drei Vektoren $(\boldsymbol{a} - \boldsymbol{r})$, $(\boldsymbol{a} - \boldsymbol{b})$ und $(\boldsymbol{a} - \boldsymbol{c})$ komplanar. Daraus folgt
$$[(\boldsymbol{a} - \boldsymbol{r})(\boldsymbol{a} - \boldsymbol{b})(\boldsymbol{a} - \boldsymbol{c})] = 0.$$

Das ist bereits eine der möglichen Formen für die Vektorgleichung der Ebene durch A, B und C. Es gilt nun, sie wie verlangt umzuformen. Dazu zerlegt man das Spatprodukt $[(\boldsymbol{a}-\boldsymbol{r})(\boldsymbol{a}-\boldsymbol{b})(\boldsymbol{a}-\boldsymbol{c})]$ nach dem Distributivgesetz. Das ergibt

$$[\boldsymbol{a}\boldsymbol{a}\boldsymbol{a}]-[\boldsymbol{a}\boldsymbol{a}\boldsymbol{c}]-[\boldsymbol{a}\boldsymbol{b}\boldsymbol{a}]+[\boldsymbol{a}\boldsymbol{b}\boldsymbol{c}]-[\boldsymbol{r}\boldsymbol{a}\boldsymbol{a}]+[\boldsymbol{r}\boldsymbol{a}\boldsymbol{c}]+[\boldsymbol{r}\boldsymbol{b}\boldsymbol{a}]-[\boldsymbol{r}\boldsymbol{b}\boldsymbol{c}]=0.$$

Unter Berücksichtigung, daß Spatprodukte, die zwei gleiche Vektoren enthalten, null sind, kommt man dann leicht zu dem verlangten Ergebnis.

57. Wir weisen zunächst nach, daß $(\boldsymbol{B}\times\boldsymbol{R})\cdot\boldsymbol{A}=\boldsymbol{R}^2$ ist:

$$(\boldsymbol{B}\times\boldsymbol{R})\cdot\boldsymbol{A}=[\boldsymbol{B}\boldsymbol{R}\boldsymbol{A}]=[\boldsymbol{R}\boldsymbol{A}\boldsymbol{B}]=\boldsymbol{R}\cdot(\boldsymbol{A}\times\boldsymbol{B})=\boldsymbol{R}\cdot\boldsymbol{R}=\boldsymbol{R}^2.$$

Daß weiter $\dfrac{\boldsymbol{R}^2}{|\boldsymbol{B}\times\boldsymbol{R}|}=\dfrac{R}{B}$ ist, folgt aus $\boldsymbol{A}\times\boldsymbol{B}=\boldsymbol{R}$. Gemäß dieser Voraussetzung ist $\boldsymbol{R}\perp\boldsymbol{B}$, und somit $|\boldsymbol{B}\times\boldsymbol{R}|=BR$. Also

$$\frac{\boldsymbol{R}^2}{|\boldsymbol{B}\times\boldsymbol{R}|}=\frac{R^2}{BR}=\frac{R}{B}.$$

58. Aus $\boldsymbol{A}\times\boldsymbol{B}=\boldsymbol{R}$ folgt $\boldsymbol{A}\perp\boldsymbol{R}$ und $\boldsymbol{R}\cdot\boldsymbol{B}=0$;
aus $\boldsymbol{A}\cdot\boldsymbol{S}=0$ folgt $\boldsymbol{A}\perp\boldsymbol{S}$.

Der Vektor $\boldsymbol{A}$ steht somit senkrecht auf $\boldsymbol{R}$ und auf $\boldsymbol{S}$. Geht man mit dem daraus folgenden Ansatz $\boldsymbol{A}=\lambda(\boldsymbol{R}\times\boldsymbol{S})$ in die Gleichung $\boldsymbol{A}\times\boldsymbol{B}=\boldsymbol{R}$ ein, so ergibt sich eine Bestimmungsgleichung für λ:

$\lambda(\boldsymbol{R}\times\boldsymbol{S})\times\boldsymbol{B}=\boldsymbol{R}\Rightarrow\lambda\{\boldsymbol{S}(\boldsymbol{R}\cdot\boldsymbol{B})-\boldsymbol{R}(\boldsymbol{S}\cdot\boldsymbol{B})\}=\boldsymbol{R}$; wegen $\boldsymbol{R}\cdot\boldsymbol{B}=0$ folgt hieraus $\lambda=-1/(\boldsymbol{S}\cdot\boldsymbol{B})$, und für $\boldsymbol{A}$ ergibt sich dann

$$\boldsymbol{A}=\frac{\boldsymbol{S}\times\boldsymbol{R}}{\boldsymbol{S}\cdot\boldsymbol{B}}$$

59. a) $$n\begin{vmatrix}A_x & A_y & A_z\\ B_x & B_y & B_z\\ C_x & C_y & C_z\end{vmatrix}=n[\boldsymbol{A}\boldsymbol{B}\boldsymbol{C}]=n\boldsymbol{A}\cdot(\boldsymbol{B}\times\boldsymbol{C})=(n\boldsymbol{A})\cdot(\boldsymbol{B}\times\boldsymbol{C})$$

$$=[(n\boldsymbol{A})\boldsymbol{B}\boldsymbol{C}]=\begin{vmatrix}nA_x & nA_y & nA_z\\ B_x & B_y & B_z\\ C_x & C_y & C_z\end{vmatrix}$$

b) $$\begin{vmatrix}A_x & A_y & A_z\\ A_x & A_y & A_z\\ C_x & C_y & C_z\end{vmatrix}=[\boldsymbol{A}\boldsymbol{A}\boldsymbol{C}]=0$$

c) $$\begin{vmatrix}A_x & A_y & A_z\\ \lambda A_x & \lambda A_y & \lambda A_z\\ C_x & C_y & C_z\end{vmatrix}=\lambda[\boldsymbol{A}\boldsymbol{A}\boldsymbol{C}]=0$$

d) $$\begin{vmatrix}A_x & A_y & A_z\\ B_x+A_x & B_y+A_y & B_z+A_z\\ C_x & C_y & C_z\end{vmatrix}=[\boldsymbol{A}(\boldsymbol{B}+\boldsymbol{A})\boldsymbol{C}]=(\boldsymbol{A}+\boldsymbol{B})\cdot(\boldsymbol{C}\times\boldsymbol{A})$$

$$=\boldsymbol{A}\cdot(\boldsymbol{C}\times\boldsymbol{A})+\boldsymbol{B}\cdot(\boldsymbol{C}\times\boldsymbol{B})$$

$$=[\boldsymbol{A}\boldsymbol{C}\boldsymbol{A}]+[\boldsymbol{B}\boldsymbol{C}\boldsymbol{A}]=[\boldsymbol{A}\boldsymbol{B}\boldsymbol{C}]=\begin{vmatrix}A_x & A_y & A_z\\ B_x & B_y & B_z\\ C_x & C_y & C_z\end{vmatrix}$$

e) $$\begin{vmatrix} A_x & A_y & A_z \\ B_x + \mu A_x & B_y + \mu A_y & B_z + \mu A_z \\ C_x & C_y & C_z \end{vmatrix} = [\boldsymbol{A}(\boldsymbol{B} + \mu \boldsymbol{A})\boldsymbol{C}] = [\boldsymbol{ABC}] + \mu[\boldsymbol{AAC}]$$

$$= [\boldsymbol{ABC}] = \begin{vmatrix} A_x & A_y & A_z \\ B_x & B_y & B_z \\ C_x & C_y & C_z \end{vmatrix}$$

60. $$[\boldsymbol{ABC}] = \begin{vmatrix} 3 & -1 & -6 \\ 1 & 2 & -2 \\ -1 & 5 & 2 \end{vmatrix} = 0$$

61. $(\boldsymbol{A} \cdot \boldsymbol{B})^2 + (\boldsymbol{A} \times \boldsymbol{B})^2 = A^2 B^2 \cos^2 \alpha + A^2 B^2 \sin^2 \alpha = A^2 B^2$

62. Aus Aufg. 61 folgen die beiden Formeln

$$(\boldsymbol{R} \cdot \boldsymbol{S})^2 = \boldsymbol{R}^2 \boldsymbol{S}^2 - (\boldsymbol{R} \times \boldsymbol{S})^2 \ldots \text{(a)}$$

bzw.

$$(\boldsymbol{R} \times \boldsymbol{S})^2 = \boldsymbol{R}^2 \boldsymbol{S}^2 - (\boldsymbol{R} \cdot \boldsymbol{S})^2 \ldots \text{(b)}$$

Nach (a) ist

$$[\boldsymbol{ABC}]^2 = \{(\boldsymbol{A} \times \boldsymbol{B}) \cdot \boldsymbol{C}\}^2 = (\boldsymbol{A} \times \boldsymbol{B})^2 \boldsymbol{C}^2 - \{(\boldsymbol{A} \times \boldsymbol{B}) \times \boldsymbol{C}\}^2;$$

nach (b) ist

$$(\boldsymbol{A} \times \boldsymbol{B})^2 \boldsymbol{C}^2 = \boldsymbol{A}^2 \boldsymbol{B}^2 \boldsymbol{C}^2 - \boldsymbol{C}^2 (\boldsymbol{A} \cdot \boldsymbol{B})^2;$$

und mit dem Entwicklungssatz erhält man

$$\{(\boldsymbol{A} \times \boldsymbol{B}) \times \boldsymbol{C}\}^2 = \boldsymbol{B}^2 (\boldsymbol{C} \cdot \boldsymbol{A})^2 + \boldsymbol{A}^2 (\boldsymbol{B} \cdot \boldsymbol{C})^2 + 2(\boldsymbol{A} \cdot \boldsymbol{B})(\boldsymbol{B} \cdot \boldsymbol{C})(\boldsymbol{C} \cdot \boldsymbol{A}).$$

Das ergibt schließlich

$$[\boldsymbol{ABC}]^2 = \boldsymbol{A}^2 \boldsymbol{B}^2 \boldsymbol{C}^2 - \boldsymbol{A}^2 (\boldsymbol{B} \cdot \boldsymbol{C}) - \boldsymbol{B}^2 (\boldsymbol{C} \cdot \boldsymbol{A}) - \boldsymbol{C}^2 (\boldsymbol{A} \cdot \boldsymbol{B}) - 2(\boldsymbol{A} \cdot \boldsymbol{B})(\boldsymbol{B} \cdot \boldsymbol{C})(\boldsymbol{C} \cdot \boldsymbol{A}).$$

63. $(\boldsymbol{A} \times \boldsymbol{B}) \times (\boldsymbol{C} \times \boldsymbol{D}) = (\boldsymbol{BA} - \boldsymbol{AB}) \cdot (\boldsymbol{C} \times \boldsymbol{D}) = \boldsymbol{B}[\boldsymbol{ACD}] - \boldsymbol{A}[\boldsymbol{BCD}]$;
eine andere Form der Lösung ist $\boldsymbol{C}[\boldsymbol{ABD}] - \boldsymbol{D}[\boldsymbol{ABC}]$.

64. Nach Seite 88 oben ist

$$\boldsymbol{v} = \frac{\mu \boldsymbol{E} + \mu^2 (\boldsymbol{E} \times \boldsymbol{B}) + \mu^3 \boldsymbol{B}(\boldsymbol{E} \cdot \boldsymbol{B})}{1 + \mu^2 B^2}.$$

Dies vereinfacht sich im vorliegenden Fall wegen $\boldsymbol{E} \perp \boldsymbol{B}$ zu

$$\boldsymbol{v} = \frac{\mu \boldsymbol{E} + \mu^2 (\boldsymbol{E} \times \boldsymbol{B})}{1 + \mu^2 B^2}.$$

Man erhält hieraus

$$v_{\boldsymbol{E}} = \frac{\boldsymbol{v} \cdot \boldsymbol{E}}{E} = \frac{\mu E}{1 + \mu^2 B^2}$$

$$v_{\boldsymbol{B}} = \frac{\boldsymbol{v} \cdot \boldsymbol{B}}{B} = 0$$

$$v_{\boldsymbol{E} \times \boldsymbol{B}} = \frac{\boldsymbol{v} \cdot (\boldsymbol{E} \times \boldsymbol{B})}{|\boldsymbol{E} \times \boldsymbol{B}|} = \frac{\mu^2 |\boldsymbol{E} \times \boldsymbol{B}|}{1 + \mu^2 B^2}.$$

Die Querablenkung durch das Magnetfeld wird durch $v_{\boldsymbol{E} \times \boldsymbol{B}}$ beschrieben. Diese Komponente hängt von μ^2 ab, ist also vom Vorzeichen für μ unabhängig.

65. Aus $\boldsymbol{A} \times (\boldsymbol{B} \times \boldsymbol{C}) = (\boldsymbol{A} \times \boldsymbol{B}) \times \boldsymbol{C}$ folgt $\{(\boldsymbol{A} \times \boldsymbol{B}) \times \boldsymbol{C}\} - \{\boldsymbol{A} \times (\boldsymbol{B} \times \boldsymbol{C})\} = 0.$

Man formt mittels des Entwicklungssatzes um:

$$\{(\boldsymbol{A} \times \boldsymbol{B}) \times \boldsymbol{C}\} - \{\boldsymbol{A} \times (\boldsymbol{B} \times \boldsymbol{C})\} = \boldsymbol{B}(\boldsymbol{A} \cdot \boldsymbol{C}) - \boldsymbol{A}(\boldsymbol{B} \cdot \boldsymbol{C}) - (\boldsymbol{A} \cdot \boldsymbol{C})\boldsymbol{B} + (\boldsymbol{A} \cdot \boldsymbol{B})\boldsymbol{C}$$
$$= \boldsymbol{C}(\boldsymbol{A} \cdot \boldsymbol{B}) - \boldsymbol{A}(\boldsymbol{C} \cdot \boldsymbol{B}) = (\boldsymbol{A} \times \boldsymbol{C}) \times \boldsymbol{B}$$

Damit ist der Nachweis erbracht.

66. $V = 0{,}932\,\mathrm{nm}^3$; $\boldsymbol{a}^* = (1{,}93\boldsymbol{i} + 0{,}184\boldsymbol{k})\,\mathrm{nm}^{-1}$; $\boldsymbol{b}^* = 1{,}109\boldsymbol{j}\,\mathrm{nm}^{-1}$; $\boldsymbol{c}^* = 0{,}501\,\boldsymbol{k}\,\mathrm{nm}$.

67. $\operatorname{grad} S(\boldsymbol{r}) = 2xy\,\boldsymbol{i} + (x^2 - 4yz^3)\boldsymbol{j} - 6y^2z^2\,\boldsymbol{k}$

$\operatorname{grad} S(\boldsymbol{r})|_{(1,2,-1)} = 4\,\boldsymbol{i} + 9\boldsymbol{j} - 24\,\boldsymbol{k}$.

68. $$\operatorname{grad} r = \operatorname{grad}\sqrt{x^2 + y^2 + z^2} = \frac{\boldsymbol{i}\,x + \boldsymbol{j}\,y + \boldsymbol{k}\,z}{\sqrt{x^2 + y^2 + z^2}} = \frac{\boldsymbol{r}}{r} = \boldsymbol{e}_r\,.$$

69. $\operatorname{grad}(\boldsymbol{a} \cdot \boldsymbol{r}) = \operatorname{grad}(a_x x + a_y y + a_z z) = \boldsymbol{i}\,a_x + \boldsymbol{j}\,a_y + \boldsymbol{k}\,a_z = \boldsymbol{a}$.

70. $$\operatorname{grad}(\ln r) = \boldsymbol{i}\frac{\partial}{\partial x}\ln\sqrt{x^2 + y^2 + z^2} + \boldsymbol{j}\ldots$$
$$= \boldsymbol{i} \cdot \frac{1}{\sqrt{x^2 + y^2 + z^2}} \cdot \frac{x}{\sqrt{x^2 + y^2 + z^2}} + \boldsymbol{j}\ldots$$
$$= \frac{\boldsymbol{i}\,x}{r^2} + \frac{\boldsymbol{j}\,y}{r^2} + \frac{\boldsymbol{k}\,z}{r^2} = \frac{\boldsymbol{r}}{r^2}\,.$$

71. $\operatorname{grad}\varphi = (2xy + 2z)\,\boldsymbol{i} + x^2\boldsymbol{j} + 2x\,\boldsymbol{k}$

$\operatorname{grad}\varphi|_{(2,-2,3)} = -2\,\boldsymbol{i} + 4\boldsymbol{j} + 4\,\boldsymbol{k}$

$$\cos\alpha = \frac{\operatorname{grad}_x \varphi}{|\operatorname{grad}\varphi|} = -\frac{1}{3}$$
$$\cos\beta = \frac{\operatorname{grad}_y \varphi}{|\operatorname{grad}\varphi|} = \frac{2}{3}$$
$$\cos\gamma = \frac{\operatorname{grad}_z \varphi}{|\operatorname{grad}\varphi|} = \frac{2}{3}\,.$$

72. Die Richtungsableitung einer Ortsfunktion ist definitionsgemäß in Richtung ihres Gradienten maximal:

$$\operatorname{grad}\varphi = 2xyz^3\,\boldsymbol{i} + x^2z^3\,\boldsymbol{j} + 3x^2yz^2\,\boldsymbol{k}$$
$$\operatorname{grad}\varphi|_{(2,1,-1)} = -4\,\boldsymbol{i} - 4\boldsymbol{j} + 12\,\boldsymbol{k}$$
$$\boldsymbol{e} = \frac{\operatorname{grad}\varphi}{|\operatorname{grad}\varphi|} = -\frac{1}{\sqrt{11}}\boldsymbol{i} - \frac{1}{\sqrt{11}}\boldsymbol{j} + \frac{3}{\sqrt{11}}\boldsymbol{k}$$

73. $$\operatorname{grad}(\varphi + \psi) = \operatorname{grad}\varphi + \operatorname{grad}\psi = \left(\frac{1}{r} + 2e^{r^2}\right)\boldsymbol{r}$$

$$\operatorname{grad}\varphi\psi = \varphi\operatorname{grad}\psi + \psi\operatorname{grad}\varphi = \left(2re^{r^2} + \frac{e^{r^2}}{r}\right)\boldsymbol{r} = \left(2r + \frac{1}{r}\right)e^{r^2}\,\boldsymbol{r}\,.$$

74. $\operatorname{grad} u^n = n u^{n-1} \operatorname{grad} u$

$\operatorname{grad}(u^n v) = v \operatorname{grad} u^n + u^n \operatorname{grad} v = v n u^{n-1} \operatorname{grad} u + u^n \operatorname{grad} v$

$\operatorname{grad} \frac{u}{v} = \frac{v \operatorname{grad} u - u \operatorname{grad} v}{v^2}.$

75. $\mathrm{d}\varphi$ muß auf die Form $\operatorname{grad} \varphi \cdot \mathrm{d}\boldsymbol{r}$ gebracht werden:

$$\mathrm{d}\varphi = \frac{\partial \varphi}{\partial u} \mathrm{d}u + \frac{\partial \varphi}{\partial v} \mathrm{d}v,$$

wobei

$$\mathrm{d}u = \frac{\partial u}{\partial x} \mathrm{d}x + \frac{\partial u}{\partial y} \mathrm{d}y + \frac{\partial u}{\partial z} \mathrm{d}z = \operatorname{grad} u \cdot \mathrm{d}\boldsymbol{r}$$

$$\mathrm{d}v = \frac{\partial v}{\partial x} \mathrm{d}x + \frac{\partial v}{\partial y} \mathrm{d}y + \frac{\partial v}{\partial z} \mathrm{d}z = \operatorname{grad} v \cdot \mathrm{d}\boldsymbol{r};$$

also

$$\mathrm{d}\varphi = \underbrace{\left(\frac{\partial \varphi}{\partial u} \operatorname{grad} u + \frac{\partial \varphi}{\partial v} \operatorname{grad} v\right)}_{= \operatorname{grad} \varphi\,!} \cdot \mathrm{d}\boldsymbol{r}$$

76. Wegen $\mathrm{d}\varphi = \operatorname{grad} \varphi \cdot \mathrm{d}\boldsymbol{r} = 0$ muß auch überall $\operatorname{grad} \varphi = 0$ sein;

$$\Rightarrow \frac{\partial \varphi}{\partial u} \operatorname{grad} u + \frac{\partial \varphi}{\partial v} \operatorname{grad} v = 0$$

$$\Rightarrow \operatorname{grad} v = -\frac{\partial v}{\partial \varphi} \frac{\partial \varphi}{\partial u} \operatorname{grad} u$$

$$\operatorname{grad} u \times \operatorname{grad} v = -\frac{\partial v}{\partial \varphi} \frac{\partial \varphi}{\partial u} (\operatorname{grad} u \times \operatorname{grad} u) = 0.$$

77. Gleichung der Fläche $f(x,y,z) = 0$;

Orthogonaler Einsvektor $\boldsymbol{e} = \frac{\operatorname{grad} f}{|\operatorname{grad} f|}$;

$$\operatorname{grad} f = (4 + 3y - 2z^2)\,\boldsymbol{i} + 3x\,\boldsymbol{j} - 4xz\,\boldsymbol{k}$$

$$\operatorname{grad} f|_{(1,-1,2)} = -7\,\boldsymbol{i} + 3\,\boldsymbol{j} - 8\,\boldsymbol{k}$$

$$\boldsymbol{e} = -\frac{7}{\sqrt{122}}\boldsymbol{i} + \frac{3}{\sqrt{122}}\boldsymbol{j} - \frac{8}{\sqrt{122}}\boldsymbol{k}.$$

78. $z = +\sqrt{169 - 9 - 16} = 12$; $f(x,y,z) = x^2 + y^2 + z^2 - 169 = 0.$

Gleichung der Tangentialebene:

$$(\boldsymbol{r}_0 - \boldsymbol{r}) \cdot \operatorname{grad} f_{(\boldsymbol{r}=\boldsymbol{r}_0)} = 0$$

$$\operatorname{grad} f = 2x\,\boldsymbol{i} + 2y\,\boldsymbol{j} + 2z\,\boldsymbol{k}$$

$$\operatorname{grad} f_{(\boldsymbol{r}=\boldsymbol{r}_1)} = 2(3\,\boldsymbol{i} + 4\,\boldsymbol{j} + 12\,\boldsymbol{k})$$

$$\{(3 - x)\,\boldsymbol{i} + (4 - y)\,\boldsymbol{j} + (12 - z)\,\boldsymbol{k}\} \cdot \{3\,\boldsymbol{i} + 4\,\boldsymbol{j} + 12\,\boldsymbol{k}\} = 0$$

$$\Rightarrow 3x + 4y + 12z - 169 = 0.$$

79. $\dfrac{d\varphi}{ds} = \boldsymbol{e}\cdot \operatorname{grad}\varphi = \dfrac{1}{\sqrt{3}}(\boldsymbol{i}+\boldsymbol{j}+\boldsymbol{k})\cdot\{2(1-e^{-x})e^{-x}\boldsymbol{i}+2y\boldsymbol{j}+6z\boldsymbol{k}\}$

$$= \frac{1}{\sqrt{3}}\{2(1-e^{-x})e^{-x}+2y+6z\}$$

$$\left.\frac{d\varphi}{ds}\right|_{(\ln 2,\frac{5}{2},0)} = \frac{11}{6}\sqrt{3}$$

80. $\operatorname{grad}(x+y^2+z^2)|_{(-1,1,0)} = \boldsymbol{i}+2\boldsymbol{j} \quad (=\boldsymbol{v}_1)$

$\operatorname{grad}(x^2+2y^2+2z^2-3)|_{(-1,1,0)} = -2\boldsymbol{i}+4\boldsymbol{j} \quad (=\boldsymbol{v}_2)$

$\cos\alpha = \dfrac{\boldsymbol{v}_1}{v_1}\cdot\dfrac{\boldsymbol{v}_2}{v_2} = 0{,}6 \quad \Rightarrow \alpha \approx 53°.$

81. a) Längs des Weges gilt $x = 1$, also $\overrightarrow{ds} = \boldsymbol{j}\,dy$ und $\boldsymbol{v} = \boldsymbol{i}+\boldsymbol{j}\,y$

$$\int_{P_1}^{P_2} \boldsymbol{v}\cdot\overrightarrow{ds} = \int_{y=0}^{1}(\boldsymbol{i}+\boldsymbol{j}\,y)\cdot\boldsymbol{j}\,dy = \int_0^1 y\,dy = \frac{1}{2}$$

b) Längs des Weges gilt $y = x-1$, also $dy = dx$, also $\overrightarrow{ds} = \boldsymbol{i}\,dx+\boldsymbol{j}\,dy = (\boldsymbol{i}+\boldsymbol{j})\,dx$ und $\boldsymbol{v} = \boldsymbol{i}\,x+\boldsymbol{j}\;x(x-1)$

$$\int_{P_1}^{P_2} \boldsymbol{v}\cdot\overrightarrow{ds} = \int_{x=1}^{2}(\boldsymbol{i}\,x+\boldsymbol{j}\,x^2-\boldsymbol{j}\,x)\cdot(\boldsymbol{i}+\boldsymbol{j})\,dx = \int_1^2 x^2\,dx = \frac{7}{3}.$$

82.

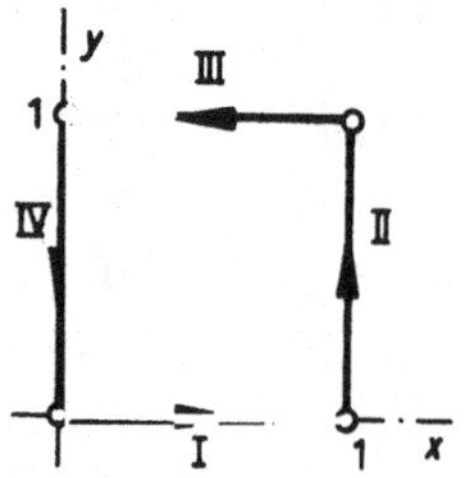

$\boldsymbol{v} = \boldsymbol{i}\,y$

$\boldsymbol{w} = 8x\boldsymbol{i}+3\boldsymbol{j}$

Für $\oint \boldsymbol{v}\cdot\overrightarrow{ds}$ gilt

auf dem Weg I: $\boldsymbol{v} = 0$ also ${}_{\text{I}}\int \boldsymbol{v}\cdot\overrightarrow{ds} = 0$

auf dem Weg II: $\overrightarrow{ds} = \boldsymbol{j}\,dy$ also ${}_{\text{II}}\int \boldsymbol{v}\cdot\overrightarrow{ds} = \int_0^1 \boldsymbol{i}\,y\cdot\boldsymbol{j}\,dy = 0$

auf dem Weg III: $y = 1$; $\overrightarrow{ds} = \boldsymbol{i}\,dx$ also ${}_{\text{III}}\int \boldsymbol{v}\cdot\overrightarrow{ds} = \int_1^0 \boldsymbol{i}\cdot\boldsymbol{i}\,dx = \int_1^0 dx = -1$

auf dem Weg IV: $\overrightarrow{ds} = \boldsymbol{j}\,dy$ also ${}_{\text{IV}}\int \boldsymbol{v}\cdot\overrightarrow{ds} = \int_1^0 \boldsymbol{i}\,y\cdot\boldsymbol{j}\,dy = 0.$

Somit ist $\oint \boldsymbol{v}\cdot\overrightarrow{ds} = -1$.

Der Vektor $\boldsymbol{v} = \boldsymbol{i}\,y$ läßt sich *nicht* als grad Φ darstellen, denn dafür müßte ja auf *jedem* geschlossenen Weg $\oint \boldsymbol{v}\cdot\overrightarrow{ds} = 0$ sein!

Für $\oint \boldsymbol{w}\cdot\overrightarrow{ds}$ gilt

auf dem Weg I: $\overrightarrow{ds} = \boldsymbol{i}\,dx$ also ${}_{\text{I}}\int \boldsymbol{w}\cdot\overrightarrow{ds} = \int_0^1 (8x\boldsymbol{i}+3\boldsymbol{j})\cdot\boldsymbol{i}\,dx = 4$

auf dem Weg II: $x = 1;\ \vec{ds} = \boldsymbol{j}\,dy$ also $_{\text{II}}\int \boldsymbol{w}\cdot\vec{ds} = \int_0^1 (8\boldsymbol{i} + 3\boldsymbol{j})\cdot\boldsymbol{j}\,dy = 3$

auf dem Weg III: $\vec{ds} = \boldsymbol{i}\,dx$ also $_{\text{III}}\int \boldsymbol{w}\cdot\vec{ds} = \int_1^0 (8x\boldsymbol{i} + 3\boldsymbol{j})\cdot\boldsymbol{i}\,dx = -4$

auf dem Weg IV: $x = 0;\ \vec{ds} = \boldsymbol{j}\,dy$ also $_{\text{IV}}\int \boldsymbol{w}\cdot\vec{ds} = \int_1^0 3\boldsymbol{j}\cdot\boldsymbol{j}\,dy = -3.$

Somit ist $\oint \boldsymbol{w}\cdot\vec{ds} = 0$.

83. $\boldsymbol{v} = (3x^2y + 4xy^2)\boldsymbol{i} + (x^3 + 4x^2y)\boldsymbol{j}$.

In Abb. 102 links skizzierter Weg:

$$\int \boldsymbol{v}\cdot\vec{ds} = \int_1^2 (1 + 4y)\,dy + \int_1^2 (6x^2 + 16x)\,dx = 45.$$

In Abb. 102 rechts skizzierter Weg: hier gilt $y = x$; $\vec{ds} = \boldsymbol{i}\,dx + \boldsymbol{j}\,dy = (\boldsymbol{i} + \boldsymbol{j})\,dx$. Also

$$\int \boldsymbol{v}\cdot\vec{ds} = \int_1^2 \{(3x^3 + 4x^3)\boldsymbol{i} + (x^3 + 4x^3)\boldsymbol{j}\}\cdot(\boldsymbol{i} + \boldsymbol{j})\,dx = 45.$$

Das Wegintegral ist von den beiden gewählten Wegen unabhängig. Man kann vermuten, daß $\boldsymbol{v}$ als grad Φ darstellbar ist.

84. $\boldsymbol{v} = (3x^2y + 4xy^2)\boldsymbol{i} + (x^3 + 4x^2y)\boldsymbol{j}$

$$\begin{aligned}\Phi(x,y,z) - \Phi(x_1,y_1,z_1) &= \int_{x_1}^{x} (3x^2y_1 + 4xy_1^2)\,dx + \int_{y_1}^{y} (x^3 + 4x^2y)\,dy + \int_{z_1}^{z} 0\cdot dz\\ &= x^3y + 2x^2y^2 + C - (x_1^3y_1 + 2x_1^2y_1^2 + C)\\ \Rightarrow \Phi(x,y,z) &= x^3y + 2x^2y^2 + C.\end{aligned}$$

85.
$$\begin{aligned}\Phi(\boldsymbol{r}) - \Phi(\boldsymbol{r}_1) &= -\int_{x_1}^{x} \frac{x\,dx}{x^2 + y_1^2 + z_1^2} - \int_{y_1}^{y} \frac{y\,dy}{x^2 + y^2 + z_1^2} - \int_{z_1}^{z} \frac{z\,dz}{x^2 + y^2 + z^2}\\ &= \{-\tfrac{1}{2}\ln(x^2 + y^2 + z^2) + C\} - \{-\tfrac{1}{2}\ln(x_1^2 + y_1^2 + z_1^2) + C\}\\ &= \{-\ln r + C\} - \{-\ln r_1 + C\}\\ \Rightarrow \Phi(\boldsymbol{r}) &= -\ln r + C.\end{aligned}$$

Für $r = a$ soll $\Phi = 0$ sein $\Rightarrow C = \ln a$ $\Rightarrow \Phi(\boldsymbol{r}) = \ln \dfrac{a}{r}$.

86. Zur Vereinfachung der Rechnung sei hier $\boldsymbol{r}_1 = 0$ gewählt:

$$\begin{aligned}\Phi(\boldsymbol{r}) - \Phi(0) &= \int_0^x 0\cdot dx + \int_0^y x^2\,dy + \int_0^z 3xz^2\,dz\\ &= x^2y + xz^3\\ \Rightarrow \Phi(\boldsymbol{r}) &= x^2y + xz^3 + C.\end{aligned}$$

87. $\operatorname{grad} \boldsymbol{A} = 6x\,\boldsymbol{i}\boldsymbol{i} + y^2\,\boldsymbol{i}\boldsymbol{j} + 2xy\,\boldsymbol{j}\boldsymbol{k} + \boldsymbol{k}\boldsymbol{i} - 4\,\boldsymbol{k}\boldsymbol{k}$

$$\begin{aligned}d\boldsymbol{A} &= d\boldsymbol{r}\cdot\operatorname{grad}\boldsymbol{A} = (\boldsymbol{i}\,dx + \boldsymbol{j}\,dy + \boldsymbol{k}\,dz)\cdot\operatorname{grad}\boldsymbol{A}\\ &= (6x\,dx + dz)\boldsymbol{i} + y^2\,dx\,\boldsymbol{j} + (2xy\,dy - 4\,dz)\boldsymbol{k}.\end{aligned}$$

88.
$$\frac{\mathrm{d}V}{\mathrm{d}s} = \frac{\mathrm{d}\boldsymbol{r}}{\mathrm{d}s} \cdot \operatorname{grad} V = \boldsymbol{e}_s \cdot \operatorname{grad} V$$
$$= (\tfrac{12}{13}\boldsymbol{i} + \tfrac{4}{13}\boldsymbol{j} + \tfrac{3}{13}\boldsymbol{k}) \cdot (26x\,\boldsymbol{i}\,\boldsymbol{i} + z\,\boldsymbol{j}\,\boldsymbol{j} + 13\,\boldsymbol{j}\,\boldsymbol{k} + y\,\boldsymbol{k}\,\boldsymbol{j} + 2z\,\boldsymbol{k}\,\boldsymbol{k})$$
$$= 24x\,\boldsymbol{i} + (\tfrac{3}{13}y + \tfrac{4}{13}z)\boldsymbol{j} + (\tfrac{6}{13}z + 4)\boldsymbol{k}\,.$$

Speziell im Punkt (1,2, −2) ergibt sich

$$\frac{\mathrm{d}V}{\mathrm{d}s} = 24\,\boldsymbol{i} - \tfrac{2}{13}\boldsymbol{j} + \tfrac{40}{13}\boldsymbol{k}\,.$$

89. a)
$$\operatorname{grad}\frac{\boldsymbol{r}}{r} = \frac{1}{r^3}\{(y^2+z^2)\,\boldsymbol{i}\,\boldsymbol{i} - xy\,\boldsymbol{i}\boldsymbol{j} - xz\,\boldsymbol{i}\,\boldsymbol{k}$$
$$- yx\,\boldsymbol{j}\,\boldsymbol{i} + (z^2+x^2)\,\boldsymbol{j}\boldsymbol{j} - yz\,\boldsymbol{j}\,\boldsymbol{k}$$
$$- zx\,\boldsymbol{k}\,\boldsymbol{i} - zy\,\boldsymbol{k}\boldsymbol{j} + (x^2+y^2)\,\boldsymbol{k}\,\boldsymbol{k}\}\,.$$

b)
$$\operatorname{grad}\frac{\boldsymbol{r}}{r^2} = \frac{1}{r^4}\{(-x^2+y^2+z^2)\,\boldsymbol{i}\,\boldsymbol{i} - 2xy\,\boldsymbol{i}\boldsymbol{j} - 2xz\,\boldsymbol{i}\,\boldsymbol{k}$$
$$- 2yx\,\boldsymbol{j}\,\boldsymbol{i} + (x^2-y^2+z^2)\,\boldsymbol{j}\boldsymbol{j} - 2yz\,\boldsymbol{j}\,\boldsymbol{k}$$
$$- 2zx\,\boldsymbol{k}\,\boldsymbol{i} - 2zy\,\boldsymbol{k}\boldsymbol{j} + (x^2+y^2-z^2)\,\boldsymbol{k}\,\boldsymbol{k}\}\,.$$

c)
$$\operatorname{grad}\frac{\boldsymbol{r}}{r^3} = \frac{1}{r^5}\{(-2x^2+y^2+z^2)\,\boldsymbol{i}\,\boldsymbol{i} - 3xy\,\boldsymbol{i}\boldsymbol{j} - 3xz\,\boldsymbol{i}\,\boldsymbol{k}\quad \text{usw.}\}\,.$$

d)
$$\operatorname{grad}(\boldsymbol{e}\times\boldsymbol{r}) = \operatorname{grad}\{\boldsymbol{i}(z\cos\beta - y\cos\gamma) + \boldsymbol{j}(x\cos\gamma - z\cos\alpha)$$
$$+ \boldsymbol{k}(y\cos\alpha - x\cos\beta)\}$$
$$= \boldsymbol{i}\boldsymbol{j}\cos\gamma - \boldsymbol{i}\,\boldsymbol{k}\cos\beta - \boldsymbol{j}\,\boldsymbol{i}\cos\gamma + \boldsymbol{j}\,\boldsymbol{k}\cos\alpha + \boldsymbol{k}\,\boldsymbol{i}\cos\beta - \boldsymbol{k}\boldsymbol{j}\cos\alpha\,.$$

90.
$$(\boldsymbol{A}\cdot\operatorname{grad})\,\Phi = \left\{(\boldsymbol{i}A_x + \boldsymbol{j}A_y + \boldsymbol{k}A_z)\cdot\left(\boldsymbol{i}\frac{\partial}{\partial x} + \boldsymbol{j}\frac{\partial}{\partial y} + \boldsymbol{k}\frac{\partial}{\partial z}\right)\Phi\right.$$
$$= \left(A_x\frac{\partial}{\partial x} + A_y\frac{\partial}{\partial y} + A_z\frac{\partial}{\partial z}\right)\Phi = A_x\frac{\partial\Phi}{\partial x} + A_y\frac{\partial\Phi}{\partial y} + A_z\frac{\partial\Phi}{\partial z}$$
$$\left.= (\boldsymbol{i}A_x + \boldsymbol{j}A_y + \boldsymbol{k}A_z)\cdot\left(\boldsymbol{i}\frac{\partial\Phi}{\partial x} + \boldsymbol{j}\frac{\partial\Phi}{\partial y} + \boldsymbol{k}\frac{\partial\Phi}{\partial z}\right)\right\} = \boldsymbol{A}\cdot\operatorname{grad}\Phi\,.$$

91. $\varphi = \ln r$

$$\varphi + \Delta\varphi = \varphi + \frac{1}{1!}(\Delta\boldsymbol{r}\cdot\operatorname{grad})\,\varphi + \frac{1}{2!}(\Delta\boldsymbol{r}\cdot\operatorname{grad})^2\,\varphi + \cdots$$
$$= \ln r + \left(\Delta x\frac{\partial}{\partial x} + \Delta y\frac{\partial}{\partial y} + \Delta z\frac{\partial}{\partial z}\right)\ln r$$
$$+ \left(\Delta x\frac{\partial}{\partial x} + \Delta y\frac{\partial}{\partial y} + \Delta z\frac{\partial}{\partial z}\right)^2\ln r + \cdots$$
$$= \ln r + \left(\Delta x\frac{\partial}{\partial x} + \Delta y\frac{\partial}{\partial y} + \Delta z\frac{\partial}{\partial z}\right)\ln r$$
$$+ \left(\Delta x^2\frac{\partial^2}{\partial x^2} + \Delta y^2\frac{\partial^2}{\partial y^2} + \Delta z^2\frac{\partial^2}{\partial z^2}\right.$$
$$\left.+ 2\Delta x\,\Delta y\frac{\partial^2}{\partial x\,\partial y} + 2\Delta y\,\Delta z\frac{\partial^2}{\partial y\,\partial z} + 2\Delta z\,\Delta x\frac{\partial^2}{\partial z\,\partial x}\right)\ln r + \cdots$$

$$= \ln r + \frac{1}{r^2}(x\,\Delta x + y\,\Delta y + z\,\Delta z) +$$

$$+ \frac{1}{r^4}\{(-x^2 + y^2 + z^2)\Delta x^2 + (x^2 - y^2 + z^2)\Delta y^2 + (x^2 + y^2 - z^2)\Delta^2$$

$$- 2xy\,\Delta x\,\Delta y - 2yz\,\Delta y\,\Delta z - 2zx\,\Delta z\,\Delta x) + \cdots$$

92. Allgemein: $\operatorname{div} \boldsymbol{A} = 2xz - 6y^2 z + xy^2$; im Punkt (1; −1; 1): $\operatorname{div} \boldsymbol{A} = -3$.

93. $$\operatorname{div}\frac{\boldsymbol{r}}{r} = \operatorname{div}\left(\frac{\boldsymbol{i}\,x}{\sqrt{x^2+y^2+z^2}} + \frac{\boldsymbol{j}\,y}{\sqrt{x^2+y^2+z^2}} + \frac{\boldsymbol{k}\,z}{\sqrt{x^2+y^2+z^2}}\right)$$

$$= \frac{2}{\sqrt{x^2+y^2+z^2}} = \frac{2}{r}.$$

94. Für $\boldsymbol{r} \neq 0$: $$\operatorname{div}\frac{\boldsymbol{r}}{r^3} = \operatorname{div}\frac{\boldsymbol{i}\,x + \boldsymbol{j}\,y + \boldsymbol{k}\,z}{(x^2+y^2+z^2)^{3/2}} = \frac{0}{(x^2+y^2+z^2)^{5/2}} = \frac{0}{r^{5/2}} = 0.$$

Für $r = 0$ ergäbe sich nach obiger Formel die unbestimmte Form $\operatorname{div} \boldsymbol{r}/r^3 = 0/0$. Also muß ein Grenzübergang gemacht werden. Dazu geht man von der Definitionsformel $\operatorname{div} \boldsymbol{A} = \lim\limits_{V\to 0} \frac{1}{V} \oint \boldsymbol{A}\cdot \overrightarrow{\mathrm{d}f}$ aus. Wählt man als Volumen eine Kugel um den Koordinatenursprung und läßt man $r \to 0$ gehen, dann erhält man den gesuchten Wert für $\operatorname{div} \boldsymbol{r}/r^3$ an der Stelle $r = 0$.

Es ist dann $V = \frac{4}{3} r^3 \pi$ und $\boldsymbol{A}\cdot\overrightarrow{\mathrm{d}f} = \frac{\boldsymbol{r}}{r^3}\cdot\overrightarrow{\mathrm{d}f} = \frac{\mathrm{d}f}{r^2}$, weil ja $\overrightarrow{\mathrm{d}f}$ auf der Kugeloberfläche stets die Richtung von $\boldsymbol{r}$ hat. Somit ist

$$\operatorname{div}\frac{\boldsymbol{r}}{r^3} = \lim_{r\to 0}\frac{3}{4\pi r^3}\oint\frac{\mathrm{d}f}{r^2} = \lim_{r\to 0}\frac{3}{4\pi r^5}\oint \mathrm{d}f = \lim_{r\to 0}\frac{3}{4\pi r^5}\cdot 4\pi r^2 = \infty.$$

95. $$\operatorname{div}(\operatorname{rot}\boldsymbol{A}) = \operatorname{div}\left\{\boldsymbol{i}\left(\frac{\partial A_z}{\partial y} - \frac{\partial A_y}{\partial z}\right) + \boldsymbol{j}\left(\frac{\partial A_x}{\partial z} - \frac{\partial A_z}{\partial x}\right) + \boldsymbol{k}\left(\frac{\partial A_y}{\partial z} - \frac{\partial A_z}{\partial x}\right)\right\}$$

$$= \frac{\partial}{\partial x}\left(\frac{\partial A_z}{\partial y} - \frac{\partial A_y}{\partial z}\right) + \frac{\partial}{\partial y}\left(\frac{\partial A_x}{\partial z} - \frac{\partial A_z}{\partial x}\right) + \frac{\partial}{\partial z}\left(\frac{\partial A_y}{\partial z} - \frac{\partial A_z}{\partial x}\right) = 0.$$

96. $$\operatorname{div}(\boldsymbol{A} + \boldsymbol{B}) = \frac{\partial}{\partial x}(A_x + B_x) + \frac{\partial}{\partial y}(A_y + B_y) + \frac{\partial}{\partial z}(A_z + B_z)$$

$$= \frac{\partial A_x}{\partial x} + \frac{\partial A_y}{\partial y} + \frac{\partial A_z}{\partial z} + \frac{\partial B_x}{\partial x} + \frac{\partial B_y}{\partial y} + \frac{\partial B_z}{\partial z}$$

$$= \operatorname{div}\boldsymbol{A} + \operatorname{div}\boldsymbol{B}.$$

97. $$\operatorname{div} C\boldsymbol{A} = \frac{\partial}{\partial x}CA_x + \frac{\partial}{\partial y}CA_y + \frac{\partial}{\partial z}CA_z = C\left(\frac{\partial A_x}{\partial x} + \frac{\partial A_y}{\partial y} + \frac{\partial A_z}{\partial z}\right)$$

$$= C\operatorname{div}\boldsymbol{A}.$$

98. $$\operatorname{div}\varphi\boldsymbol{A} = \frac{\partial}{\partial x}(\varphi A_x) + \frac{\partial}{\partial y}(\varphi A_y) + \frac{\partial}{\partial z}(\varphi A_z)$$

$$= \frac{\partial\varphi}{\partial x}A_x + \varphi\frac{\partial A_x}{\partial x} + \frac{\partial\varphi}{\partial y}A_y + \varphi\frac{\partial A_y}{\partial y} + \frac{\partial\varphi}{\partial z}A_z + \varphi\frac{\partial A_z}{\partial z}$$

$$= \left(\frac{\partial\varphi}{\partial x}A_x + \frac{\partial\varphi}{\partial y}A_y + \frac{\partial\varphi}{\partial z}A_z\right) + \left(\varphi\frac{\partial A_x}{\partial x} + \varphi\frac{\partial A_y}{\partial y} + \varphi\frac{\partial A_z}{\partial z}\right)$$

$$= (\boldsymbol{i} A_x + \boldsymbol{j} A_y + \boldsymbol{k} A_z) \cdot \left(\boldsymbol{i} \frac{\partial \varphi}{\partial x} + \boldsymbol{j} \frac{\partial \varphi}{\partial y} + \boldsymbol{k} \frac{\partial \varphi}{\partial z} \right)$$

$$+ \varphi \left(\frac{\partial A_x}{\partial x} + \frac{\partial A_y}{\partial y} + \frac{\partial A_z}{\partial z} \right) = \boldsymbol{A} \cdot \operatorname{grad} \varphi + \varphi \operatorname{div} \boldsymbol{A}\,.$$

99. $\operatorname{div} \boldsymbol{U} = 0; \Rightarrow$ quellenfrei,
$\operatorname{div} \boldsymbol{V} = x^2 + 4xy^2z; \Rightarrow$ nicht quellenfrei.

100. $0 = \operatorname{div} \boldsymbol{S} = 1 + a; \Rightarrow a = -1.$

101. $0 = \operatorname{div} \boldsymbol{v} = 2 + c; \Rightarrow c = -2.$

102.

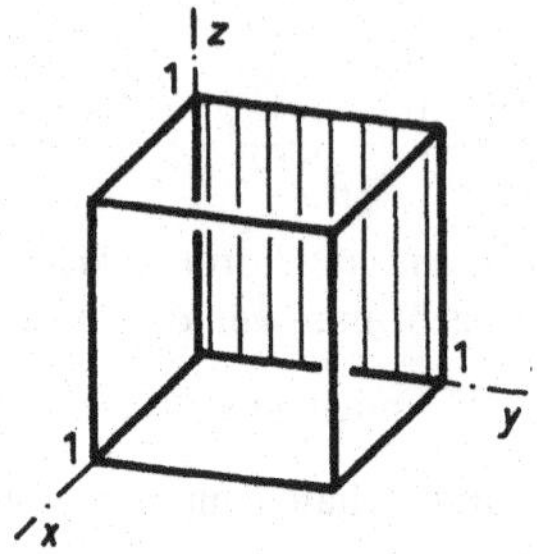

Volumen $V = 1$

a) $\boldsymbol{A} = x\boldsymbol{i} + y\boldsymbol{j} + z\boldsymbol{k};$
$\operatorname{div} \boldsymbol{A} = 3;$
$\int \operatorname{div} \boldsymbol{A}\, \mathrm{d}V = 3 \int \mathrm{d}V = 3\,.$

Das Oberflächenintegral wird zunächst für jede Würfelfläche gesondert berechnet:

Rückfläche: $x = 0;\ \overrightarrow{\mathrm{d}f_1} = -\boldsymbol{i}\, \mathrm{d}y\, \mathrm{d}z;$

$$\int \boldsymbol{A} \cdot \overrightarrow{\mathrm{d}f_1} = \int_{z=0}^{1} \int_{y=0}^{1} (y\boldsymbol{j} + z\boldsymbol{k}) \cdot (-\boldsymbol{i}\, \mathrm{d}y\, \mathrm{d}z) = 0$$

Vorderfläche: $x = 1;\ \overrightarrow{\mathrm{d}f_2} = +\boldsymbol{i}\, \mathrm{d}y\, \mathrm{d}z;$

$$\int \boldsymbol{A} \cdot \overrightarrow{\mathrm{d}f_2} = \int_{z=0}^{1} \int_{y=0}^{1} (\boldsymbol{i} + y\boldsymbol{j} + z\boldsymbol{k}) \cdot (\boldsymbol{i}\, \mathrm{d}y\, \mathrm{d}z) = 1$$

linke Seitenfläche: $y = 0;\ \overrightarrow{\mathrm{d}f_3} = -\boldsymbol{j}\, \mathrm{d}z\, \mathrm{d}x;$

$$\int \boldsymbol{A} \cdot \overrightarrow{\mathrm{d}f_3} = \int_{x=0}^{1} \int_{z=0}^{1} (x\boldsymbol{i} + z\boldsymbol{k}) \cdot (-\boldsymbol{j}\, \mathrm{d}z\, \mathrm{d}x) = 0$$

rechte Seitenfläche: $y = 1;\ \overrightarrow{\mathrm{d}f_4} = +\boldsymbol{j}\, \mathrm{d}z\, \mathrm{d}x;$

$$\int \boldsymbol{A} \cdot \overrightarrow{\mathrm{d}f_4} = \int_{x=0}^{1} \int_{z=0}^{1} (x\boldsymbol{i} + \boldsymbol{j} + z\boldsymbol{k}) \cdot (\boldsymbol{j}\, \mathrm{d}z\, \mathrm{d}x) = 1$$

Grundfläche: $z = 0;\ \overrightarrow{\mathrm{d}f_5} = -\boldsymbol{k}\, \mathrm{d}x\, \mathrm{d}y;$

$$\int \boldsymbol{A} \cdot \overrightarrow{\mathrm{d}f_5} = \int_{y=0}^{1} \int_{x=0}^{1} (x\boldsymbol{i} + y\boldsymbol{j}) \cdot (-\boldsymbol{k}\, \mathrm{d}x\, \mathrm{d}y) = 0$$

Deckfläche: $z = 1;\ \overrightarrow{\mathrm{d}f_6} = +\boldsymbol{k}\, \mathrm{d}x\, \mathrm{d}y;$

$$\int \boldsymbol{A} \cdot \overrightarrow{\mathrm{d}f_6} = \int_{y=0}^{1} \int_{x=0}^{1} (x\boldsymbol{i} + y\boldsymbol{j} + \boldsymbol{k}) \cdot (\boldsymbol{k}\, \mathrm{d}x\, \mathrm{d}y) = 1$$

Insgesamt

$$\oint \boldsymbol{A} \cdot \overrightarrow{\mathrm{d}f} = 0 + 1 + 0 + 1 + 0 + 1 = 3\,.$$

Also tatsächlich $\int \operatorname{div} \boldsymbol{A}\, \mathrm{d}V = \oint \boldsymbol{A} \cdot \overrightarrow{\mathrm{d}f}$.

b) $\boldsymbol{A} = x^2 \boldsymbol{i} + 2xy\boldsymbol{j}$; $\operatorname{div} \boldsymbol{A} = 4x$

$$\int \operatorname{div} \boldsymbol{A}\, \mathrm{d}V = \int_{z=0}^{1} \int_{y=0}^{1} \int_{x=0}^{1} 4x\, \mathrm{d}x\, \mathrm{d}y\, \mathrm{d}z = 2.$$

Oberflächenintegrale einzeln:

Rückfläche: $x = 0$; $\Rightarrow \boldsymbol{A} = 0$; $\Rightarrow \int \boldsymbol{A} \cdot \overrightarrow{\mathrm{d}f_1} = 0$

Vorderfläche: $x = 1$; $\overrightarrow{\mathrm{d}f_2} = \boldsymbol{i}\, \mathrm{d}y\, \mathrm{d}z$;

$$\int \boldsymbol{A} \cdot \overrightarrow{\mathrm{d}f_2} = \int_{z=0}^{1} \int_{y=0}^{1} (\boldsymbol{i} + 2y\boldsymbol{j}) \cdot (\boldsymbol{i}\, \mathrm{d}y\, \mathrm{d}z) = 1$$

linke Seitenfläche: $y = 0$; $\overrightarrow{\mathrm{d}f_3} = -\boldsymbol{j}\, \mathrm{d}z\, \mathrm{d}x$;

$$\int \boldsymbol{A} \cdot \overrightarrow{\mathrm{d}f_3} = \int_{x=0}^{1} \int_{z=0}^{1} (x^2 \boldsymbol{i}) \cdot (-\boldsymbol{j}\, \mathrm{d}z\, \mathrm{d}x) = 0.$$

rechte Seitenfläche: $y = 1$; $\overrightarrow{\mathrm{d}f_4} = \boldsymbol{j}\, \mathrm{d}z\, \mathrm{d}x$;

$$\int \boldsymbol{A} \cdot \overrightarrow{\mathrm{d}f_4} = \int_{x=0}^{1} \int_{z=0}^{1} (x^2 \boldsymbol{i} + 2x\boldsymbol{j}) \cdot (\boldsymbol{j}\, \mathrm{d}z\, \mathrm{d}x) = 1$$

Grundfläche: $z = 0$; $\overrightarrow{\mathrm{d}f_5} = -\boldsymbol{k}\, \mathrm{d}x\, \mathrm{d}y$;

$$\int \boldsymbol{A} \cdot \overrightarrow{\mathrm{d}f_5} = \int_{y=0}^{1} \int_{x=0}^{1} (x^2 \boldsymbol{i} + 2xy\boldsymbol{j}) \cdot (-\boldsymbol{k}\, \mathrm{d}x\, \mathrm{d}y) = 0$$

Deckfläche: $z = 1$; $\overrightarrow{\mathrm{d}f_6} = \boldsymbol{k}\, \mathrm{d}x\, \mathrm{d}y$;

$$\int \boldsymbol{A} \cdot \overrightarrow{\mathrm{d}f_6} = \int_{y=0}^{1} \int_{x=0}^{1} (x^2 \boldsymbol{i} + 2xy\boldsymbol{j}) \cdot (\boldsymbol{k}\, \mathrm{d}x\, \mathrm{d}y) = 0.$$

Insgesamt

$$\oint \boldsymbol{A} \cdot \overrightarrow{\mathrm{d}f} = 0 + 1 + 0 + 1 + 0 + 0 = 2.$$

Also

$$\int \operatorname{div} \boldsymbol{A}\, \mathrm{d}V = \oint \boldsymbol{A} \cdot \overrightarrow{\mathrm{d}f}.$$

103. a) ist lediglich in den Variablen zyklisch vertauscht gegenüber Aufgabe 102b.

b) $\operatorname{div} \boldsymbol{A} = 4z - y$.

Als Wert der beiden Integrale $\int \operatorname{div} \boldsymbol{A}\, \mathrm{d}V$ und $\int \boldsymbol{A} \cdot \overrightarrow{\mathrm{d}f}$ erhält man jedesmal 3/2. Im einzelnen für das Oberflächenintegral über die

Rückfläche ... 0
Vorderfläche ... 2
linke Seitenfläche ... 0
rechte Seitenfläche ... -1
Grundfläche ... 0
Deckfläche ... 1/2.

104. $\int \operatorname{div} \frac{\boldsymbol{r}}{r^3}\, \mathrm{d}V = \oint \frac{\boldsymbol{r}}{r^3} \cdot \overrightarrow{\mathrm{d}f}$.

Weil $\boldsymbol{r}$ und $\overrightarrow{\mathrm{d}f}$ beide radial gerichtet sind, ist $\boldsymbol{r} \cdot \overrightarrow{\mathrm{d}f} = r\, \mathrm{d}f$; auf der Kugeloberfläche ist außerdem überall $r = a$. Also

$$\oint \frac{\boldsymbol{r}}{r^3} \cdot \overrightarrow{\mathrm{d}f} = \oint \frac{\mathrm{d}f}{a^2} = \frac{1}{a^2} \oint \mathrm{d}f = \frac{1}{a^2} \cdot 4\pi a^2 = 4\pi.$$

105. $\operatorname{rot} \boldsymbol{A} = \operatorname{rot}(2xy^2\,\boldsymbol{i} - yz\,\boldsymbol{j} + 3xy^3\,\boldsymbol{k})$

$$= \boldsymbol{i}\left(\frac{\partial A_z}{\partial y} - \frac{\partial A_y}{\partial z}\right) + \boldsymbol{j}\left(\frac{\partial A_x}{\partial z} - \frac{\partial A_z}{\partial x}\right) + \boldsymbol{k}\left(\frac{\partial A_y}{\partial x} - \frac{\partial A_x}{\partial y}\right)$$
$$= \boldsymbol{i}(9xy^2 + y) + \boldsymbol{j}(-3y^3) + \boldsymbol{k}(-4xy)$$
$$= \boldsymbol{i}(9xy^2 + y) - \boldsymbol{j}\cdot 3y^3 - \boldsymbol{k}\cdot 4xy$$

speziell im Punkt (1; 1; 1)

$$\operatorname{rot} \boldsymbol{A} = 10\,\boldsymbol{i} - 3\,\boldsymbol{j} - 4\,\boldsymbol{k}\,.$$

106. $\operatorname{rot} r\,\boldsymbol{r} = \operatorname{rot}\{\sqrt{x^2 + y^2 + z^2}\,(\boldsymbol{i}\,x + \boldsymbol{j}\,y + \boldsymbol{k}\,z)\} = 0\,.$

107. $$\operatorname{rot} \boldsymbol{A}(r) = \boldsymbol{i}\left(\frac{\mathrm{d}A_z}{\mathrm{d}r}\frac{\partial r}{\partial y} - \frac{\mathrm{d}A_y}{\mathrm{d}r}\frac{\partial r}{\partial z}\right) + \boldsymbol{j}\left(\frac{\mathrm{d}A_x}{\mathrm{d}r}\frac{\partial r}{\partial z} - \frac{\mathrm{d}A_z}{\mathrm{d}r}\frac{\partial r}{\partial x}\right)$$
$$+ \boldsymbol{k}\left(\frac{\mathrm{d}A_y}{\mathrm{d}r}\frac{\partial r}{\partial x} - \frac{\mathrm{d}A_x}{\mathrm{d}r}\frac{\partial r}{\partial y}\right)$$
$$= \frac{1}{r}\left\{\boldsymbol{i}\left(\frac{\mathrm{d}A_z}{\mathrm{d}r}y - \frac{\mathrm{d}A_y}{\mathrm{d}r}z\right) + \boldsymbol{j}\left(\frac{\mathrm{d}A_x}{\mathrm{d}r}z - \frac{\mathrm{d}A_z}{\mathrm{d}r}x\right)\right.$$
$$\left. + \boldsymbol{k}\left(\frac{\mathrm{d}A_y}{\mathrm{d}r}x - \frac{\mathrm{d}A_x}{\mathrm{d}r}y\right)\right\}.$$

108. $$\operatorname{rot}(\operatorname{grad}\varphi) = \begin{vmatrix} \boldsymbol{i} & \boldsymbol{j} & \boldsymbol{k} \\ \partial/\partial x & \partial/\partial y & \partial/\partial z \\ \partial\varphi/\partial x & \partial\varphi/\partial y & \partial\varphi/\partial z \end{vmatrix} = 0\,.$$

109. $\operatorname{div}(\boldsymbol{A} \times \boldsymbol{r}) = \operatorname{div}\{\boldsymbol{i}(A_y z - A_z y) + \boldsymbol{j}(A_z x - A_x z) + \boldsymbol{k}(A_x y - A_y z)\} = \cdots$

$$= x\left(\frac{\partial A_z}{\partial y} - \frac{\partial A_y}{\partial z}\right) + y\left(\frac{\partial A_x}{\partial z} - \frac{\partial A_z}{\partial x}\right) + z\left(\frac{\partial A_y}{\partial x} - \frac{\partial A_x}{\partial y}\right)$$
$$= (\boldsymbol{i}\,x + \boldsymbol{j}\,y + \boldsymbol{k}\,z)$$
$$\cdot\left\{\boldsymbol{i}\left(\frac{\partial A_z}{\partial y} - \frac{\partial A_y}{\partial z}\right) + \boldsymbol{j}\left(\frac{\partial A_x}{\partial z} - \frac{\partial A_z}{\partial x}\right) + \boldsymbol{k}\left(\frac{\partial A_y}{\partial x} - \frac{\partial A_x}{\partial y}\right)\right\}$$

$= \boldsymbol{r}\cdot\operatorname{rot}\boldsymbol{A} = 0$, weil ja $\operatorname{rot}\boldsymbol{A} = 0$ vorausgesetzt ist.

110. $\operatorname{rot}\boldsymbol{v} = \operatorname{rot}(\vec{\omega} \times \boldsymbol{r})$

$$= \operatorname{rot}\{\boldsymbol{i}(\omega_y z - \omega_z y) + \boldsymbol{j}(\omega_z x - \omega_x z) + \boldsymbol{k}(\omega_x y - \omega_y x)\}$$
$$= \boldsymbol{i}(\omega_x + \omega_x) + \boldsymbol{j}(\omega_y + \omega_y) + \boldsymbol{k}(\omega_z + \omega_z) = 2\vec{\omega}\,.$$

111. $$\operatorname{rot} C\boldsymbol{A} = \boldsymbol{i}\left\{\frac{\partial(CA_z)}{\partial y} - \frac{\partial(CA_y)}{\partial z}\right\} + \boldsymbol{j}\left\{\frac{\partial(CA_x)}{\partial z} - \frac{\partial(CA_z)}{\partial x}\right\}$$
$$+ \boldsymbol{k}\left\{\frac{\partial(CA_y)}{\partial x} - \frac{\partial(CA_x)}{\partial y}\right\}$$
$$= C\left\{\boldsymbol{i}\left(\frac{\partial A_z}{\partial y} - \frac{\partial A_y}{\partial z}\right) + \boldsymbol{j}\left(\frac{\partial A_x}{\partial z} - \frac{\partial A_z}{\partial x}\right) + \boldsymbol{k}\left(\frac{\partial A_y}{\partial x} - \frac{\partial A_x}{\partial y}\right)\right\}$$
$$= C\operatorname{rot}\boldsymbol{A}\,.$$

112. $$\operatorname{rot}(\boldsymbol{A} + \boldsymbol{B}) = \boldsymbol{i}\left\{\frac{\partial(A_z + B_z)}{\partial y} - \frac{\partial(A_y + B_y)}{\partial z}\right\} + \boldsymbol{j}\left\{\frac{\partial(A_x + B_x)}{\partial z} - \frac{\partial(A_z + B_z)}{\partial x}\right\}$$
$$+ \boldsymbol{k}\left\{\frac{\partial(A_y + B_y)}{\partial x} - \frac{\partial(A_x + B_x)}{\partial y}\right\}$$

$$= \boldsymbol{i}\left(\frac{\partial A_z}{\partial y} - \frac{\partial A_y}{\partial z}\right) + \boldsymbol{j}\left(\frac{\partial A_x}{\partial z} - \frac{\partial A_z}{\partial x}\right) + \boldsymbol{k}\left(\frac{\partial A_y}{\partial x} - \frac{\partial A_x}{\partial y}\right)$$

$$+ \boldsymbol{i}\left(\frac{\partial B_z}{\partial y} - \frac{\partial B_y}{\partial z}\right) + \boldsymbol{j}\left(\frac{\partial B_x}{\partial z} - \frac{\partial B_z}{\partial x}\right) + \boldsymbol{k}\left(\frac{\partial B_y}{\partial x} - \frac{\partial B_x}{\partial y}\right)$$

$$= \operatorname{rot} \boldsymbol{A} + \operatorname{rot} \boldsymbol{B}.$$

113. $\operatorname{rot} \frac{\boldsymbol{r}}{r^2} = \operatorname{rot}\left(\boldsymbol{i}\frac{x}{x^2+y^2+z^2} + \boldsymbol{j}\frac{y}{x^2+y^2+z^2} + \boldsymbol{k}\frac{z}{x^2+y^2+z^2}\right)$

$$= \boldsymbol{i}\left(\frac{-z\cdot 2y}{r^4} - \frac{-y\cdot 2z}{r^4}\right) + \boldsymbol{j}\left(\frac{-x\cdot 2z}{r^4} - \frac{-z\cdot 2x}{r^4}\right)$$

$$+ \boldsymbol{k}\left(\frac{-y\cdot 2x}{r^4} - \frac{-x\cdot 2y}{r^4}\right) = 0.$$

Das Feld $\boldsymbol{v} = \boldsymbol{r}/r^2$ ist wirbelfrei.

114. $\boldsymbol{v} = (c+1)x^2 y\,\boldsymbol{i} + (x^3 - cyz)\boldsymbol{j} - (c-2)y^2\,\boldsymbol{k}$

$\operatorname{rot}_x \boldsymbol{v} = 0 \quad \Rightarrow \quad -2(c-2)y + cy = 0 \quad \Rightarrow c = 4$

$\operatorname{rot}_y \boldsymbol{v} = 0$ ergibt keine Bestimmungsgleichung für c

$\operatorname{rot}_z \boldsymbol{v} = 0 \quad \Rightarrow \quad 3x^2 - (c-1)x^2 = 0 \quad \Rightarrow c = 4.$

Beide Bestimmungsgleichungen ($\operatorname{rot}_x \boldsymbol{v} = 0$ und $\operatorname{rot}_z \boldsymbol{v} = 0$) ergeben denselben Wert für c. Das Vektorfeld kann also durch $c = 4$ wirbelfrei gemacht werden.

115. $\int \boldsymbol{V}\cdot \mathrm{d}f = \iint (2\boldsymbol{i} + x^2\boldsymbol{j} + y\boldsymbol{k})\cdot(\boldsymbol{k}\,\mathrm{d}x\,\mathrm{d}y) = \iint y\,\mathrm{d}x\,\mathrm{d}y.$

Man teilt den Integrationsbereich z. B. in Streifen parallel zur y-Achse ein und integriert dann bei konstant gehaltenem x zunächst über einen solchen Streifen von $y = 0$ bis $y = +\sqrt{x}$:

$$\int \boldsymbol{V}\cdot \overrightarrow{\mathrm{d}f} = \int_{x=0}^{a^2}\left[\int_{y=0}^{+\sqrt{x}} y\,\mathrm{d}y\right]\mathrm{d}x = \int_0^{a^2}\frac{x}{2}\,\mathrm{d}x = \frac{a^4}{4}.$$

116. Das Umlaufintegral wird in vier Teilintegrale längs der vier Begrenzungsgeraden zerlegt:

Diagonale von O nach rechts oben: Hier gilt $z = x$; $y = 0$; also $\overrightarrow{\mathrm{d}s} = \boldsymbol{i}\,\mathrm{d}x + \boldsymbol{k}\,\mathrm{d}z = (\boldsymbol{i}+\boldsymbol{k})\,\mathrm{d}x$ und $\boldsymbol{A} = -\boldsymbol{j}x$; wegen $\boldsymbol{A}\cdot\overrightarrow{\mathrm{d}s} = -\boldsymbol{j}x\cdot(\boldsymbol{i}+\boldsymbol{k})\,\mathrm{d}x = 0$ ist ${}_1\!\int \boldsymbol{A}\cdot\overrightarrow{\mathrm{d}s} = 0$.

Rechte obere Würfelkante: Hier gilt $x = 1$; $z = 1$; also $\overrightarrow{\mathrm{d}s} = \boldsymbol{j}\,\mathrm{d}y$ und $\boldsymbol{A} = \boldsymbol{i}y - \boldsymbol{j}$;

$${}_2\!\int \boldsymbol{A}\cdot\overrightarrow{\mathrm{d}s} = \int_{y=0}^{1}(\boldsymbol{i}y - \boldsymbol{j})\cdot\boldsymbol{j}\,\mathrm{d}y = -\int_0^1 \mathrm{d}y = -1.$$

Hintere obere Würfelkante: Hier gilt $y = 1$; $z = 1$; also $\overrightarrow{\mathrm{d}s} = \boldsymbol{i}\,\mathrm{d}x$ und $\boldsymbol{A} = \boldsymbol{i} - \boldsymbol{j}x$;

$${}_3\!\int \boldsymbol{A}\cdot\overrightarrow{\mathrm{d}s} = \int_{x=1}^{0}(\boldsymbol{i} - \boldsymbol{j}x)\cdot\boldsymbol{i}\,\mathrm{d}x = \int_1^0 \mathrm{d}x = -1$$

(der Durchlaufungssinn kommt in den Integralgrenzen zum Ausdruck; das Wegdifferential $\overrightarrow{\mathrm{d}s}$ wird *ohne* Berücksichtigung des Durchlaufungssinns gebildet!)

Diagonale von links oben nach O: Hier gilt $x = 0$; $z = y$; also $\overrightarrow{\mathrm{d}s} = \boldsymbol{j}\,\mathrm{d}y + \boldsymbol{k}\,\mathrm{d}z = (\boldsymbol{j}+\boldsymbol{k})\,\mathrm{d}y$ und $\boldsymbol{A} = \boldsymbol{i}y$; wegen $\boldsymbol{A}\cdot\overrightarrow{\mathrm{d}s} = \boldsymbol{i}y\cdot(\boldsymbol{j}+\boldsymbol{k})\,\mathrm{d}y = 0$ ist ${}_4\!\int \boldsymbol{A}\cdot\overrightarrow{\mathrm{d}s} = 0$ (Wegdifferential $\overrightarrow{\mathrm{d}s}$ wie oben rein formal, also ohne Berücksichtigung des Durchlaufungssinns gebildet).

Das Randintegral ist schließlich

$$\oint \boldsymbol{A}\cdot\overrightarrow{\mathrm{d}s} = {}_1\!\int \boldsymbol{A}\cdot\overrightarrow{\mathrm{d}s} + {}_2\!\int \boldsymbol{A}\cdot\overrightarrow{\mathrm{d}s} + {}_3\!\int \boldsymbol{A}\cdot\overrightarrow{\mathrm{d}s} + {}_4\!\int \boldsymbol{A}\cdot\overrightarrow{\mathrm{d}s} = -2.$$

Für rot A ergibt sich rot $A = -2\,k$; die Flächenintegrale über die dreieckigen Teilflächen sind null, weil dort überall $\overrightarrow{df}$ senkrecht auf rot A steht. Somit verbleibt nur das Integral über die Deckfläche des Würfels:

$$\int \text{rot}\,A \cdot \overrightarrow{df} = \int(-2\,k)\cdot k\,df = -2\int df = -2\,.$$

117. Wegintegrale:

Raumdiagonale von O nach links oben: Hier gilt $x = y = z$; also $\overrightarrow{ds} = (i + j + k)\,dx$ und $A = -14x^2\,i + (6x + 3x^2)j + 20x^3\,k$;

$$_1\int A\cdot ds = \int_{x=0}^{1} (-14x^2\,i + 6xj + 3x^2 j + 20x^3\,k)\cdot(i + j + k)\,dx$$
$$= \int_0^1 (20x^3 - 11x^2 + 6x)\,dx = \tfrac{13}{3}\,;$$

linke vertikale Kante: Hier gilt $x = 1$; $y = 1$; also $ds = k\,dz$ und $A = -14z\,i + 9j + 20z^2\,k$;

$$_2\int A\cdot\overrightarrow{ds} = \int_{z=1}^{0} (-14z\,i + 9j + 20z^2\,k)\cdot k\,dz = \int_1^0 20z^2\,dz = -\tfrac{20}{3}\,;$$

untere Vorderkante: Hier gilt $y = 1$; $z = 0$; also $\overrightarrow{ds} = i\,dx$ und $A = (6x + 3)j$; wegen $A\cdot\overrightarrow{ds} = (6x + 3)j\cdot i\,dx = 0$ ist $_3\int A\cdot\overrightarrow{ds} = 0$;

rechte untere Seitenkante: Hier gilt $x = 0$; $z = 0$; also $\overrightarrow{ds} = j\,dy$ und $A = 3y^2 j$;

$$_4\int A\cdot\overrightarrow{ds} = \int_{y=1}^{0} 3y^2 j\cdot j\,dy = \int_1^0 3y^2\,dy = -1\,.$$

Das Randintegral ist schließlich

$$\oint A\cdot\overrightarrow{ds} = {_1\int} A\cdot\overrightarrow{ds} + {_2\int} A\cdot\overrightarrow{ds} + {_3\int} A\cdot\overrightarrow{ds} + {_4\int} A\cdot\overrightarrow{ds} = -\tfrac{10}{3}\,.$$

Für rot A ergibt sich rot $A = 20z^2\,i - 14xj + 6\,k$.

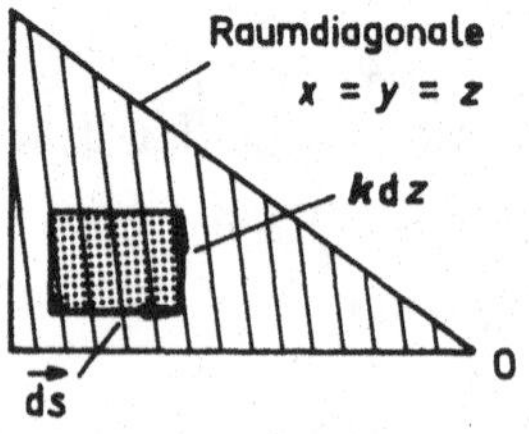

Auf dieser Fläche gilt $x = y$; entsprechend dem gewählten Umlaufsinn zeigt $\overrightarrow{df}$ nach vorn: $\overrightarrow{df} = \overrightarrow{ds} \times k\,dz$, wobei

$$\overrightarrow{ds} = -(i\,dx + j\,dy) = -(i + j)\,dx$$
$$\Rightarrow \overrightarrow{df} = (-i + j)\,dx\,dz\,;$$

$$_1\int \text{rot}\,A\cdot\overrightarrow{df} = \iint (20z^2\,i - 14xj + 6\,k)\cdot(-i + j)\,dx\,dz$$
$$= \int_{x=0}^{1}\int_{z=0}^{1} (-20z^2 - 14x)\,dz\,dx = -\tfrac{19}{3}\,.$$

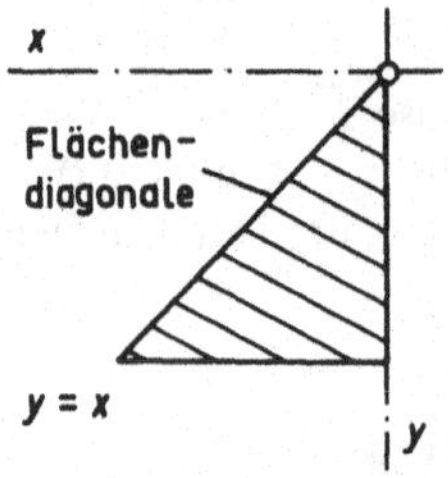

Auf dieser Fläche gilt $z = 0$; entsprechend dem gewählten Umlaufsinn zeigt $\overrightarrow{df}$ nach oben: $\overrightarrow{df} = k\,dx\,dy$; rot A vereinfacht sich zu rot $A = -14xj + 6k$;

$${}_2\!\int \operatorname{rot} \boldsymbol{A} \cdot \overrightarrow{\mathrm{d}f} = \int\limits_{x=0}^{1} \int\limits_{y=0}^{x} (-14x\boldsymbol{j} + 6\boldsymbol{k}) \cdot \boldsymbol{k}\, \mathrm{d}y\, \mathrm{d}x = \int\limits_{x=0}^{1} \int\limits_{y=0}^{x} 6\, \mathrm{d}y\, \mathrm{d}x = 3\,.$$

Somit $\int \operatorname{rot} \boldsymbol{A} \cdot \overrightarrow{\mathrm{d}f} = {}_1\!\int \operatorname{rot} \boldsymbol{A} \cdot \overrightarrow{\mathrm{d}f} + {}_2\!\int \operatorname{rot} \boldsymbol{A} \cdot \overrightarrow{\mathrm{d}f} = -\frac{10}{3}$.

118.

$$\begin{aligned}
\operatorname{grad}(S\,T) &= \boldsymbol{i}\frac{\partial}{\partial x}(S\,T) + \boldsymbol{j}\frac{\partial}{\partial y}(S\,T) + \boldsymbol{k}\frac{\partial}{\partial z}(S\,T) \\
&= T\left(\boldsymbol{i}\frac{\partial S}{\partial x} + \boldsymbol{j}\frac{\partial S}{\partial y} + \boldsymbol{k}\frac{\partial S}{\partial z}\right) + S\left(\boldsymbol{i}\frac{\partial T}{\partial x} + \boldsymbol{j}\frac{\partial T}{\partial y} + \boldsymbol{k}\frac{\partial T}{\partial z}\right) \\
&= T \operatorname{grad} S + S \operatorname{grad} T\,,
\end{aligned}$$

$$\begin{aligned}
\operatorname{div}(S\,\boldsymbol{A}) &= \frac{\partial}{\partial x}(S A_x) + \frac{\partial}{\partial y}(S A_y) + \frac{\partial}{\partial z}(S A_z) \\
&= A_x\frac{\partial S}{\partial x} + A_y\frac{\partial S}{\partial y} + A_z\frac{\partial S}{\partial z} + S\left(\frac{\partial A_x}{\partial x} + \frac{\partial A_y}{\partial y} + \frac{\partial A_z}{\partial z}\right) \\
&= \boldsymbol{A} \cdot \operatorname{grad} S + S \operatorname{div} \boldsymbol{A}\,,
\end{aligned}$$

$$\begin{aligned}
\operatorname{rot}(S\,\boldsymbol{A}) &= \boldsymbol{i}\left\{\frac{\partial}{\partial y}(S A_z) - \frac{\partial}{\partial z}(S A_y)\right\} + \boldsymbol{j}\left\{\frac{\partial}{\partial z}(S A_x) - \frac{\partial}{\partial x}(S A_z)\right\} \\
&\quad + \boldsymbol{k}\left\{\frac{\partial}{\partial x}(S A_y) - \frac{\partial}{\partial y}(S A_x)\right\} \\
&= \boldsymbol{i}\left\{A_z\frac{\partial S}{\partial y} + S\frac{\partial A_z}{\partial y} - A_y\frac{\partial S}{\partial z} - S\frac{\partial A_y}{\partial z}\right\} + \boldsymbol{j}\{\ldots\} + \boldsymbol{k}\{\ldots\} \\
&= \boldsymbol{i}\left\{S\left(\frac{\partial A_z}{\partial y} - \frac{\partial A_y}{\partial z}\right) - \left(A_y\frac{\partial S}{\partial z} - A_z\frac{\partial S}{\partial y}\right)\right\} + \boldsymbol{j}\{\ldots\} + \boldsymbol{k}\{\ldots\} \\
&= S\left\{\boldsymbol{i}\left(\frac{\partial A_z}{\partial y} - \frac{\partial A_y}{\partial z}\right) + \boldsymbol{j}\left(\frac{\partial A_x}{\partial z} - \frac{\partial A_z}{\partial x}\right) + \boldsymbol{k}\left(\frac{\partial A_y}{\partial x} - \frac{\partial A_x}{\partial y}\right)\right\} \\
&\quad - (\boldsymbol{i} A_x + \boldsymbol{j} A_y + \boldsymbol{k} A_z) \times \left(\boldsymbol{i}\frac{\partial S}{\partial x} + \boldsymbol{j}\frac{\partial S}{\partial y} + \boldsymbol{k}\frac{\partial S}{\partial z}\right) \\
&= S \operatorname{rot} \boldsymbol{A} + \boldsymbol{A} \times \operatorname{grad} S\,,
\end{aligned}$$

$$\begin{aligned}
\operatorname{div}(\boldsymbol{A} \times \boldsymbol{B}) &= \frac{\partial}{\partial x}(A_y B_z - A_z B_y) + \frac{\partial}{\partial y}(A_z B_x - A_x B_z) + \frac{\partial}{\partial z}(A_x B_y - A_y B_x) \\
&= B_x\left(\frac{\partial A_z}{\partial y} - \frac{\partial A_y}{\partial z}\right) + B_y\left(\frac{\partial A_x}{\partial z} - \frac{\partial A_z}{\partial x}\right) + B_z\left(\frac{\partial A_y}{\partial x} - \frac{\partial A_x}{\partial y}\right) \\
&\quad - A_x\left(\frac{\partial B_z}{\partial y} - \frac{\partial B_y}{\partial z}\right) + A_y\left(\frac{\partial B_x}{\partial z} - \frac{\partial B_z}{\partial x}\right) + A_z\left(\frac{\partial B_y}{\partial x} - \frac{\partial B_x}{\partial y}\right) \\
&= \boldsymbol{B} \cdot \operatorname{rot} \boldsymbol{A} - \boldsymbol{A} \cdot \operatorname{rot} \boldsymbol{B}\,,
\end{aligned}$$

$$\begin{aligned}
\operatorname{rot}(\boldsymbol{A} \times \boldsymbol{B}) &= \boldsymbol{i}\left\{\frac{\partial}{\partial y}(A_x B_y - A_y B_x) - \frac{\partial}{\partial z}(A_z B_x - A_x B_z)\right\} \\
&\quad + \boldsymbol{j}\left\{\frac{\partial}{\partial z}(A_y B_z - A_z B_y) - \frac{\partial}{\partial x}(A_x B_y - A_y B_x)\right\} \\
&\quad + \boldsymbol{k}\left\{\frac{\partial}{\partial x}(A_z B_x - A_x B_z) - \frac{\partial}{\partial y}(A_y B_z - A_z B_y)\right\} \\
&= \boldsymbol{i}\left\{A_x\left(\frac{\partial B_y}{\partial y} + \frac{\partial B_z}{\partial z}\right) - A_y\frac{\partial B_x}{\partial y} - A_z\frac{\partial B_x}{\partial z}\right. \\
&\quad \left. - B_x\left(\frac{\partial A_y}{\partial y} + \frac{\partial A_z}{\partial z}\right) + B_y\frac{\partial A_x}{\partial y} + B_z\frac{\partial A_z}{\partial z}\right\} + \boldsymbol{j}\{\ldots\} + \boldsymbol{k}\{\ldots\}\,.
\end{aligned}$$

Zu den Ausdrücken in der geschweiften Klammer hinter $\boldsymbol{i}$ wird

$$A_x \frac{\partial B_x}{\partial x} - A_x \frac{\partial B_x}{\partial x} (= 0), \quad \text{sowie} \quad B_x \frac{\partial A_x}{\partial x} - B_x \frac{\partial A_x}{\partial x} (= 0)$$

hinzugefügt. Analog in den Klammern hinter $\boldsymbol{j}$ und $\boldsymbol{k}$. Das ergibt

$$\begin{aligned}
\operatorname{rot}(\boldsymbol{A} \times \boldsymbol{B}) &= \boldsymbol{i}\left\{A_x\left(\frac{\partial B_x}{\partial x} + \frac{\partial B_y}{\partial y} + \frac{\partial B_z}{\partial z}\right) - \left(A_x \frac{\partial}{\partial x} + A_y \frac{\partial}{\partial y} + A_z \frac{\partial}{\partial z}\right) B_x\right\} \\
&\quad - \boldsymbol{i}\left\{B_x \left(\frac{\partial A_x}{\partial x} + \frac{\partial A_y}{\partial y} + \frac{\partial A_z}{\partial z}\right) - \left(B_x \frac{\partial}{\partial x} + B_y \frac{\partial}{\partial y} + B_z \frac{\partial}{\partial z}\right) A_x\right\} \\
&\quad + \boldsymbol{j}\{\ldots\} - \boldsymbol{j}\{\ldots\} + \boldsymbol{k}\{\ldots\} - \boldsymbol{k}\{\ldots\} \\
&= \boldsymbol{A} \operatorname{div} \boldsymbol{B} - \boldsymbol{A} \cdot \operatorname{grad} \boldsymbol{B} - \boldsymbol{B} \operatorname{div} \boldsymbol{A} + \boldsymbol{B} \cdot \operatorname{grad} \boldsymbol{A} \\
&= \boldsymbol{B} \cdot \operatorname{grad} \boldsymbol{A} - \boldsymbol{B} \operatorname{div} \boldsymbol{A} + \boldsymbol{A} \operatorname{div} \boldsymbol{B} - \boldsymbol{A} \cdot \operatorname{grad} \boldsymbol{B},
\end{aligned}$$

$$\begin{aligned}
\operatorname{grad}(\boldsymbol{A} \cdot \boldsymbol{B}) &= \operatorname{grad}(A_x B_x + A_y B_y + A_z B_z) = A_x\left(\boldsymbol{i}\frac{\partial}{\partial x} + \boldsymbol{j}\frac{\partial}{\partial y} + \boldsymbol{k}\frac{\partial}{\partial z}\right) B_x \\
&\quad + A_y\left(\boldsymbol{i}\frac{\partial}{\partial x} + \boldsymbol{j}\frac{\partial}{\partial y} + \boldsymbol{k}\frac{\partial}{\partial z}\right) B_y + A_z\left(\boldsymbol{i}\frac{\partial}{\partial x} + \boldsymbol{j}\frac{\partial}{\partial y} + \boldsymbol{k}\frac{\partial}{\partial z}\right) B_z \\
&\quad + B_x(\ldots)A_x + B_y(\ldots)A_y + B_z(\ldots)A_z.
\end{aligned}$$

Nun werden die Summanden im Hinblick auf das Ergebnis entsprechend angeordnet, die konstanten Einsvektoren werden hinter die Differentiationssymbole geschrieben. Das ergibt

$$\begin{aligned}
\operatorname{grad}(\boldsymbol{A} \cdot \boldsymbol{B}) &= \left\{A_x \frac{\partial}{\partial x}(\boldsymbol{i} B_x) + A_y \frac{\partial}{\partial y}(\boldsymbol{j} B_y) + A_z \frac{\partial}{\partial z}(\boldsymbol{k} B_z)\right\} \\
&\quad + \left\{A_x \frac{\partial}{\partial y}(\boldsymbol{j} B_x) + A_x \frac{\partial}{\partial z}(\boldsymbol{k} B_x) + A_y \frac{\partial}{\partial x}(\boldsymbol{i} B_y) + A_y \frac{\partial}{\partial z}(\boldsymbol{k} B_y)\right. \\
&\quad \left. + A_z \frac{\partial}{\partial x}(\boldsymbol{i} B_z) + A_z \frac{\partial}{\partial y}(\boldsymbol{j} B_z)\right\} + \{\ldots\} + \{\ldots\}.
\end{aligned}$$

Zu den Ausdrücken in der ersten geschweiften Klammer werden die im folgenden erkennbaren Terme hinzugefügt, in der zweiten geschweiften Klammer werden sie wieder abgezogen. Analog wird in den Klammern 3 und 4 vorgegangen. Die Einsvektoren werden in den Klammern 2 und 4 wieder *vor* das Differentiationssymbol gesetzt:

$$\begin{aligned}
\operatorname{grad}(\boldsymbol{A} \cdot \boldsymbol{B}) &= \left\{A_x \frac{\partial}{\partial x}(\boldsymbol{i} B_x) + A_x \frac{\partial}{\partial x}(\boldsymbol{j} B_y) + A_x \frac{\partial}{\partial x}(\boldsymbol{k} B_z)\right. \\
&\quad + A_y \frac{\partial}{\partial y}(\boldsymbol{i} B_x) + A_y \frac{\partial}{\partial y}(\boldsymbol{j} B_y) + A_y \frac{\partial}{\partial y}(\boldsymbol{k} B_z) \\
&\quad \left. + A_z \frac{\partial}{\partial z}(\boldsymbol{i} B_x) + A_z \frac{\partial}{\partial z}(\boldsymbol{j} B_y) + A_z \frac{\partial}{\partial z}(\boldsymbol{k} B_z)\right\} \\
&\quad + \left\{\boldsymbol{i} A_z \frac{\partial B_z}{\partial x} - \boldsymbol{i} A_z \frac{\partial B_x}{\partial z} + \boldsymbol{i} A_y \frac{\partial B_y}{\partial x} - \boldsymbol{i} A_y \frac{\partial B_x}{\partial y}\right. \\
&\quad + \boldsymbol{j} A_x \frac{\partial B_x}{\partial y} - \boldsymbol{j} A_x \frac{\partial B_y}{\partial x} + \boldsymbol{j} A_z \frac{\partial B_z}{\partial y} - \boldsymbol{j} A_z \frac{\partial B_y}{\partial z} \\
&\quad \left. + \boldsymbol{k} A_y \frac{\partial B_y}{\partial z} - \boldsymbol{k} A_y \frac{\partial B_x}{\partial y} + \boldsymbol{k} A_x \frac{\partial B_x}{\partial z} - \boldsymbol{k} A_x \frac{\partial B_z}{\partial x}\right\} + \{\ldots\} + \{\ldots\}
\end{aligned}$$

$$= \left\{A_x\left(\frac{\partial}{\partial x}+\frac{\partial}{\partial y}+\frac{\partial}{\partial z}\right)\boldsymbol{B} + A_y\left(\frac{\partial}{\partial x}+\frac{\partial}{\partial y}+\frac{\partial}{\partial z}\right)\boldsymbol{B}\right.$$

$$\left. + A_z\left(\frac{\partial}{\partial x}+\frac{\partial}{\partial y}+\frac{\partial}{\partial z}\right)\boldsymbol{B}\right\}$$

$$+\left\{\boldsymbol{i}\left[A_y\left(\frac{\partial B_y}{\partial x}-\frac{\partial B_x}{\partial y}\right) - A_z\left(\frac{\partial B_x}{\partial z}-\frac{\partial B_z}{\partial x}\right)\right]\right.$$

$$+\boldsymbol{j}\left[A_z\left(\frac{\partial B_z}{\partial y}-\frac{\partial B_y}{\partial z}\right) - A_x\left(\frac{\partial B_y}{\partial x}-\frac{\partial B_x}{\partial y}\right)\right]$$

$$\left.+\boldsymbol{k}\left[A_x\left(\frac{\partial B_x}{\partial z}-\frac{\partial B_z}{\partial x}\right) - A_y\left(\frac{\partial B_z}{\partial y}-\frac{\partial B_y}{\partial z}\right)\right]\right\}$$

$$+\{\ldots\}+\{\ldots\}+\{\ldots\}+\{\ldots\}$$

$$= \boldsymbol{A}\cdot\operatorname{grad}\boldsymbol{B} + \boldsymbol{A}\times\left\{\boldsymbol{i}\left(\frac{\partial B_z}{\partial y}-\frac{\partial B_y}{\partial z}\right)+\boldsymbol{j}\left(\frac{\partial B_x}{\partial z}-\frac{\partial B_z}{\partial x}\right)\right.$$

$$\left.+\boldsymbol{k}\left(\frac{\partial B_y}{\partial x}-\frac{\partial B_x}{\partial y}\right)\right\} + \boldsymbol{B}\cdot\operatorname{grad}\boldsymbol{A} + \boldsymbol{B}\times\{\ldots\}$$

$$= \boldsymbol{A}\cdot\operatorname{grad}\boldsymbol{B} + \boldsymbol{A}\times\operatorname{rot}\boldsymbol{B} + \boldsymbol{B}\cdot\operatorname{grad}\boldsymbol{A} + \boldsymbol{B}\times\operatorname{rot}\boldsymbol{A},$$

$$\operatorname{div}(\boldsymbol{A}\,\boldsymbol{B}) = \left(\boldsymbol{i}\frac{\partial}{\partial x}+\boldsymbol{j}\frac{\partial}{\partial y}+\boldsymbol{k}\frac{\partial}{\partial z}\right)\cdot(\boldsymbol{i}\,\boldsymbol{i}\,A_xB_x + \boldsymbol{i}\boldsymbol{j}\,A_xB_y + \boldsymbol{i}\,\boldsymbol{k}\,A_xB_z$$

$$+\boldsymbol{j}\,\boldsymbol{i}\,A_yB_x + \boldsymbol{j}\boldsymbol{j}\,A_yB_y + \boldsymbol{j}\,\boldsymbol{k}\,A_yB_z + \boldsymbol{k}\,\boldsymbol{i}\,A_zB_x + \boldsymbol{k}\boldsymbol{j}\,A_zB_y + \boldsymbol{k}\,\boldsymbol{k}\,A_zB_z)$$

$$= \boldsymbol{i}\frac{\partial}{\partial x}(A_xB_x) + \boldsymbol{j}\frac{\partial}{\partial x}(A_xB_y) + \boldsymbol{k}\frac{\partial}{\partial x}(A_xB_z)$$

$$+ \boldsymbol{i}\frac{\partial}{\partial y}(A_yB_x) + \boldsymbol{j}\frac{\partial}{\partial y}(A_yB_y) + \boldsymbol{k}\frac{\partial}{\partial y}(A_yB_z)$$

$$+ \boldsymbol{i}\frac{\partial}{\partial z}(A_zB_x) + \boldsymbol{j}\frac{\partial}{\partial z}(A_zB_y) + \boldsymbol{k}\frac{\partial}{\partial z}(A_zB_z)$$

$$= A_x\frac{\partial}{\partial x}(\boldsymbol{i}\,B_x+\boldsymbol{j}\,B_y+\boldsymbol{k}\,B_z) + (\boldsymbol{i}\,B_x+\boldsymbol{j}\,B_y+\boldsymbol{k}\,B_z)\frac{\partial A_x}{\partial x}$$

$$+ A_y\frac{\partial}{\partial y}(\boldsymbol{i}\,B_x+\boldsymbol{j}\,B_y+\boldsymbol{k}B_z) + (\boldsymbol{i}\,B_x+\boldsymbol{j}\,B_y+\boldsymbol{k}B_z)\frac{\partial A_x}{\partial y}$$

$$+ A_z\frac{\partial}{\partial z}(\boldsymbol{i}\,B_x+\boldsymbol{j}\,B_y+\boldsymbol{k}\,B_z) + (\boldsymbol{i}\,B_x+\boldsymbol{j}\,B_y+\boldsymbol{k}\,B_z)\frac{\partial A_z}{\partial z}$$

$$= \left(A_x\frac{\partial}{\partial x}+A_y\frac{\partial}{\partial y}+A_z\frac{\partial}{\partial z}\right)\boldsymbol{B} + \boldsymbol{B}\left(\frac{\partial A_x}{\partial x}+\frac{\partial A_y}{\partial y}+\frac{\partial A_z}{\partial z}\right)$$

$$= (\boldsymbol{A}\cdot\operatorname{grad})\boldsymbol{B} + \boldsymbol{B}\operatorname{div}\boldsymbol{A} = \boldsymbol{A}\cdot\operatorname{grad}\boldsymbol{B} + \boldsymbol{B}\operatorname{div}\boldsymbol{A}.$$

119. Bei mehrmaliger partieller Differentiation einer entsprechend stetigen Funktion nach verschiedenen Variablen ist nach dem Schwarzschen Satz deren Reihenfolge ohne Einfluß auf das Ergebnis. Der Schwarzsche Satz wird im vorliegenden Buch allerdings nicht besprochen; er wird für das folgende vorausgesetzt.

$$\operatorname{rot}\operatorname{grad} S = \begin{vmatrix} \boldsymbol{i} & \boldsymbol{j} & \boldsymbol{k} \\ \partial/\partial x & \partial/\partial y & \partial/\partial z \\ \partial S/\partial x & \partial S/\partial y & \partial S/\partial z \end{vmatrix}$$

$$= \boldsymbol{i}\left(\frac{\partial^2 S}{\partial x\,\partial y} - \frac{\partial^2 S}{\partial x\,\partial y}\right) + \boldsymbol{j}(\ldots) + \boldsymbol{k}(\ldots) = 0,$$

$$
\begin{aligned}
\operatorname{div}\operatorname{rot}\boldsymbol{A} &= \operatorname{div}\left\{\boldsymbol{i}\left(\frac{\partial A_z}{\partial y}-\frac{\partial A_y}{\partial z}\right)+\boldsymbol{j}\left(\frac{\partial A_x}{\partial z}-\frac{\partial A_z}{\partial x}\right)+\boldsymbol{k}\left(\frac{\partial A_y}{\partial x}-\frac{\partial A_x}{\partial y}\right)\right\}\\
&= \frac{\partial}{\partial x}\left(\frac{\partial A_z}{\partial y}-\frac{\partial A_y}{\partial z}\right)+\frac{\partial}{\partial y}\left(\frac{\partial A_x}{\partial z}-\frac{\partial A_z}{\partial x}\right)+\frac{\partial}{\partial z}\left(\frac{\partial A_y}{\partial x}-\frac{\partial A_x}{\partial y}\right)\\
&= \cdots = 0\,,
\end{aligned}
$$

$$
\begin{aligned}
\Delta\boldsymbol{A} &= \left(\frac{\partial^2}{\partial x^2}+\frac{\partial^2}{\partial y^2}+\frac{\partial^2}{\partial z^2}\right)(\boldsymbol{i}\,A_x+\boldsymbol{j}\,A_y+\boldsymbol{k}\,A_z)\\
&= \frac{\partial}{\partial x}\left(\boldsymbol{i}\frac{\partial A_x}{\partial x}+\boldsymbol{j}\frac{\partial A_y}{\partial x}+\boldsymbol{k}\frac{\partial A_z}{\partial x}\right)+\frac{\partial}{\partial y}\left(\boldsymbol{i}\frac{\partial A_x}{\partial y}+\boldsymbol{j}\frac{\partial A_y}{\partial y}+\boldsymbol{k}\frac{\partial A_z}{\partial y}\right)\\
&\quad+\frac{\partial}{\partial z}\left(\boldsymbol{i}\frac{\partial A_x}{\partial z}+\boldsymbol{j}\frac{\partial A_y}{\partial z}+\boldsymbol{k}\frac{\partial A_z}{\partial z}\right)\\
&= \left\{\boldsymbol{i}\frac{\partial}{\partial x}\frac{\partial A_x}{\partial x}+\boldsymbol{j}\frac{\partial}{\partial x}\frac{\partial A_y}{\partial y}+\boldsymbol{k}\frac{\partial}{\partial z}\frac{\partial A_z}{\partial z}\right\}+\left\{\boldsymbol{i}\left(\frac{\partial}{\partial y}\frac{\partial A_x}{\partial y}+\frac{\partial}{\partial z}\frac{\partial A_x}{\partial z}\right)\right.\\
&\quad\left.+\boldsymbol{j}\left(\frac{\partial}{\partial z}\frac{\partial A_y}{\partial z}+\frac{\partial}{\partial x}\frac{\partial A_y}{\partial x}\right)+\boldsymbol{k}\left(\frac{\partial}{\partial x}\frac{\partial A_z}{\partial x}+\frac{\partial}{\partial y}\frac{\partial A_z}{\partial y}\right)\right\}.
\end{aligned}
$$

In der ersten geschwungenen Klammer werden die Terme

$$
\boldsymbol{i}\frac{\partial}{\partial x}\left(\frac{\partial A_y}{\partial y}+\frac{\partial A_z}{\partial z}\right),\quad \boldsymbol{j}\frac{\partial}{\partial y}\left(\frac{\partial A_z}{\partial z}+\frac{\partial A_x}{\partial x}\right),\quad \boldsymbol{k}\frac{\partial}{\partial z}\left(\frac{\partial A_x}{\partial x}+\frac{\partial A_y}{\partial y}\right)
$$

hinzugefügt, in der zweiten geschwungenen Klammer müssen sie folglich abgezogen werden. Das ergibt

$$
\begin{aligned}
\Delta\boldsymbol{A} &= \left\{\left(\boldsymbol{i}\frac{\partial}{\partial x}+\boldsymbol{j}\frac{\partial}{\partial y}+\boldsymbol{k}\frac{\partial}{\partial z}\right)\left(\frac{\partial A_x}{\partial x}+\frac{\partial A_y}{\partial y}+\frac{\partial A_z}{\partial z}\right)\right\}\\
&\quad+\left\{\boldsymbol{i}\left(\frac{\partial}{\partial y}\frac{\partial}{\partial y}A_x+\frac{\partial}{\partial z}\frac{\partial}{\partial z}A_x-\frac{\partial}{\partial x}\frac{\partial}{\partial y}A_y-\frac{\partial}{\partial x}\frac{\partial}{\partial z}A_z\right)\right.\\
&\quad\left.+\boldsymbol{j}(\ldots)+\boldsymbol{k}(\ldots)\right\}\\
&= \operatorname{grad}\operatorname{div}\boldsymbol{A}+\boldsymbol{i}\left\{\frac{\partial}{\partial y}\left(\frac{\partial A_x}{\partial y}-\frac{\partial A_y}{\partial z}\right)-\frac{\partial}{\partial z}\left(\frac{\partial A_z}{\partial x}-\frac{\partial A_x}{\partial z}\right)\right\}\\
&\quad+\boldsymbol{j}\{\ldots\}+\boldsymbol{k}\{\ldots\}\\
&= \operatorname{grad}\operatorname{div}\boldsymbol{A}+\begin{vmatrix}\boldsymbol{i} & \boldsymbol{j} & \boldsymbol{k}\\ \partial/\partial x & \partial/\partial y & \partial/\partial z\\ \left(\frac{\partial A_y}{\partial z}-\frac{\partial A_z}{\partial y}\right) & \left(\frac{\partial A_z}{\partial x}-\frac{\partial A_x}{\partial z}\right) & \left(\frac{\partial A_x}{\partial y}-\frac{\partial A_y}{\partial x}\right)\end{vmatrix}\\
&= \operatorname{grad}\operatorname{div}\boldsymbol{A}+\operatorname{rot}\begin{vmatrix}\boldsymbol{i} & \boldsymbol{j} & \boldsymbol{k}\\ \partial/\partial x & \partial/\partial y & \partial/\partial z\\ -A_x & -A_y & -A_z\end{vmatrix}\\
&= \operatorname{grad}\operatorname{div}\boldsymbol{A}-\operatorname{rot}\operatorname{rot}\boldsymbol{A}\,.
\end{aligned}
$$

120. Koordinatenfrei gerechnet:

$$
\begin{aligned}
\Delta(S\,\boldsymbol{A}) &= (\nabla\cdot\nabla)(S\,\boldsymbol{A}) = \nabla\cdot\{\nabla(S\,\boldsymbol{A})\} = \nabla\cdot\{\overset{\curvearrowright}{\nabla(S}\,\boldsymbol{A})+\overset{\curvearrowright}{\nabla(S\,\boldsymbol{A}})\}\\
&= \nabla\cdot\{(\nabla S)\,\boldsymbol{A}+S(\nabla\boldsymbol{A})\}\\
&= \overset{\curvearrowright}{\nabla\cdot(\nabla} S)\,\boldsymbol{A}+\overset{\curvearrowright}{\nabla\cdot(\nabla S)\,\boldsymbol{A}}+\overset{\curvearrowright}{\nabla\cdot S}(\nabla\boldsymbol{A})+\nabla\cdot S(\nabla\boldsymbol{A})
\end{aligned}
$$

$$= (\Delta S)\boldsymbol{A} + (\nabla S)\cdot(\nabla \boldsymbol{A}) + (\nabla S)\cdot(\nabla \boldsymbol{A}) + S(\Delta \boldsymbol{A})$$
$$= \boldsymbol{A}\,\Delta S + 2\nabla S\cdot\nabla \boldsymbol{A} + S\Delta \boldsymbol{A}$$

in kartesischen Koordinaten gerechnet:

$$\Delta(S\boldsymbol{A}) = \left(\frac{\partial^2}{\partial x^2} + \frac{\partial^2}{\partial y^2} + \frac{\partial^2}{\partial z^2}\right)(\boldsymbol{i}\,SA_x + \boldsymbol{j}\,SA_y + \boldsymbol{k}\,SA_z)$$
$$= \frac{\partial}{\partial x}\left\{\frac{\partial S}{\partial x}(\boldsymbol{i}\,A_x + \boldsymbol{j}\,A_y + \boldsymbol{k}\,A_z) + S\frac{\partial}{\partial x}(\boldsymbol{i}\,A_x + \boldsymbol{j}\,A_y + \boldsymbol{k}\,A_z)\right\}$$
$$+ \frac{\partial}{\partial y}\left\{\frac{\partial S}{\partial y}(\boldsymbol{i}\,A_x + \boldsymbol{j}\,A_y + \boldsymbol{k}\,A_z) + S\frac{\partial}{\partial y}(\boldsymbol{i}\,A_x + \boldsymbol{j}\,A_y + \boldsymbol{k}\,A_z)\right\}$$
$$+ \frac{\partial}{\partial z}\left\{\frac{\partial S}{\partial z}(\boldsymbol{i}\,A_x + \boldsymbol{j}\,A_y + \boldsymbol{k}\,A_z) + S\frac{\partial}{\partial z}(\boldsymbol{i}\,A_x + \boldsymbol{j}\,A_y + \boldsymbol{k}\,A_z)\right\}$$
$$= \frac{\partial^2 S}{\partial x^2}\boldsymbol{A} + 2\frac{\partial S}{\partial x}\frac{\partial}{\partial x}\boldsymbol{A} + S\frac{\partial^2}{\partial x^2}\boldsymbol{A}$$
$$+ \frac{\partial^2 S}{\partial y^2}\boldsymbol{A} + 2\frac{\partial S}{\partial y}\frac{\partial}{\partial y}\boldsymbol{A} + S\frac{\partial^2}{\partial y^2}\boldsymbol{A}$$
$$+ \frac{\partial^2 S}{\partial z^2}\boldsymbol{A} + 2\frac{\partial S}{\partial z}\frac{\partial}{\partial z}\boldsymbol{A} + S\frac{\partial^2}{\partial y^2}\boldsymbol{A}$$
$$= \left(\frac{\partial^2 S}{\partial x^2} + \frac{\partial^2 S}{\partial y^2} + \frac{\partial^2 S}{\partial z^2}\right)\boldsymbol{A} + 2\left(\frac{\partial S}{\partial x}\frac{\partial}{\partial x} + \frac{\partial S}{\partial y}\frac{\partial}{\partial y} + \frac{\partial S}{\partial z}\frac{\partial}{\partial z}\right)\boldsymbol{A}$$
$$+ S\left(\frac{\partial^2}{\partial x^2} + \frac{\partial^2}{\partial y^2} + \frac{\partial^2}{\partial z^2}\right)\boldsymbol{A}$$
$$= (\Delta S)\boldsymbol{A} + 2(\operatorname{grad} S\cdot\operatorname{grad})\boldsymbol{A} + S\,\Delta\boldsymbol{A}$$
$$= \boldsymbol{A}\Delta S + 2\nabla S\cdot\nabla\boldsymbol{A} + S\Delta\boldsymbol{A}.$$

121. $S = e^{i(\boldsymbol{K}\cdot\boldsymbol{r} - \omega t)} = e^{i(K_x x + K_y y + K_z z - \omega t)}$;

$$\frac{\partial S}{\partial x} = iK_x e^{i(\boldsymbol{K}\cdot\boldsymbol{r} - \omega t)}; \quad \frac{\partial^2 S}{\partial x^2} = -K_x^2 e^{i(\boldsymbol{K}\cdot\boldsymbol{r} - \omega t)};$$
$$\Delta S = -\boldsymbol{K}^2 e^{i(\boldsymbol{K}\cdot\boldsymbol{r} - \omega t)} = -\boldsymbol{K}^2 S.$$

122. a) $\varphi = r^n$; $\quad \dfrac{\partial \varphi}{\partial x} = nr^{n-2}x$; $\quad \dfrac{\partial^2 \varphi}{\partial x^2} = nr^{n-4}\{(n-2)x^2 + r^2\}$;

$$\Delta\varphi = n(n+1)r^{n-2};$$

b) $\varphi = \ln\dfrac{r}{r_0}$; $\quad \dfrac{\partial\varphi}{\partial x} = \dfrac{x}{r^2}$; $\quad \dfrac{\partial^2\varphi}{\partial x^2} = \dfrac{r^2 - 2x^2}{r^4}$;

$$\Delta\varphi = \frac{1}{r^2}.$$

123. $\boldsymbol{e}_r = \dfrac{\boldsymbol{r}}{r} = \dfrac{\boldsymbol{i}\,x + \boldsymbol{j}\,y + \boldsymbol{k}\,z}{r}$; $\quad \dfrac{\partial(x/r)}{\partial x} = \dfrac{r^2 - x^2}{r^3}$;

$$\operatorname{div}\boldsymbol{e}_r = \frac{2}{r}; \quad \frac{\partial(2/r)}{\partial x} = -\frac{2x}{r^3}$$

$$\operatorname{grad}\operatorname{div}\boldsymbol{e}_r = -\frac{2\boldsymbol{r}}{r^3} = -\frac{2\boldsymbol{e}_r}{r^2}.$$

124. Man zeigt z. B. zuerst für drei Vektoren A, B, C:

$$(A\,B)\cdot C = A\,(B\cdot C) = (B\cdot C)\,A = (C\cdot B)\,A = C\cdot(B\,A).$$

Analog ist dann

$$\overset{\curvearrowleft}{(A\,B)\cdot\nabla} = \nabla\cdot(B\,A) = B\cdot\operatorname{grad} A + A\operatorname{div} B$$

(vgl. Aufgabe 118, letztes Beispiel).

Man kann auch unmittelbar rechnen:

$$\overset{\curvearrowleft}{(A\,B)\cdot\nabla} = (\overset{\curvearrowleft}{A\,B)\cdot\nabla} + (A\,\overset{\curvearrowleft}{B)\cdot\nabla} = \overset{\curvearrowleft}{A(\underbrace{B\cdot\nabla}_{\text{Skalarer Operator}})} + A\,(\underbrace{\overset{\curvearrowleft}{B\cdot\nabla}}_{\text{Skalares Produkt}})$$

$$= (B\cdot\nabla)\,A + A\,(\nabla\cdot B) = B\cdot\nabla A + A\nabla\cdot B$$

$$= B\cdot\operatorname{grad} A + A\operatorname{div} B\,.$$

125. $\Delta(A\cdot B) = (\nabla\cdot\nabla)(A\cdot C) = \nabla\cdot\{\nabla(A\cdot C)\} = \nabla\cdot(C\cdot\nabla A) = C\cdot\nabla\cdot\nabla A = C\cdot\Delta A\,.$

126. $$\Delta(A\cdot C) = \left(\frac{\partial^2}{\partial x^2} + \frac{\partial^2}{\partial y^2} + \frac{\partial^2}{\partial z^2}\right)(A_x C_x + A_y C_y + A_z C_z)$$

$$= \frac{\partial}{\partial x}\left(C_x\frac{\partial A_x}{\partial x} + C_y\frac{\partial A_y}{\partial y} + C_z\frac{\partial A_z}{\partial x}\right) + \frac{\partial}{\partial y}(\ldots) + \frac{\partial}{\partial z}(\ldots)$$

$$= C_x\frac{\partial^2 A_x}{\partial x^2} + C_y\frac{\partial^2 A_y}{\partial x^2} + C_z\frac{\partial^2 A_z}{\partial x^2} + C_x\frac{\partial^2 A_x}{\partial y^2} + C_y\frac{\partial^2 A_y}{\partial y^2} + C_z\frac{\partial^2 A_z}{\partial y^2}$$

$$+ C_x\frac{\partial^2 A_x}{\partial z^2} + C_y\frac{\partial^2 A_y}{\partial z^2} + C_z\frac{\partial^2 A_z}{\partial z^2}$$

$$= C_x\Delta A_x + C_y\Delta A_y + C_z\Delta A_z = C\cdot\Delta A\,.$$

127. $$\operatorname{rot}(u\operatorname{grad} u) = \nabla\times\{u(\nabla u)\} = \overset{\frown}{\nabla\times\{u}(\nabla u)\} + \overset{\frown}{\nabla\times\{u(\nabla} u)\}$$

$$= (\nabla u)\times(\nabla u) + \overset{\frown}{\nabla\times\{(\nabla} u)u\} = \underbrace{(\nabla u)\times(\nabla u)}_{=0} + u\underbrace{(\nabla\times\nabla)}_{=0}u = 0\,.$$

Daß $\nabla\times\nabla = 0$ ist, folgt rein formal aus der Tatsache, daß ∇ wie ein Vektor zu behandeln ist. Darauf ist Seite 163 im Zusammenhang mit $\operatorname{div}\operatorname{rot} A = [\nabla\nabla A] = 0$ hingewiesen. Man kann das anderweitig hergeleitete Ergebnis $\operatorname{div}\operatorname{rot} A = 0$ auch als Beweis für die Richtigkeit von $[\nabla\nabla A] = (\nabla\times\nabla)\cdot A = 0$ ansehen. Wenn A beliebig ist, muß dann notwendigerweise $\nabla\times\nabla = 0$ sein.

128. $$A\times\operatorname{grad} B = (i\,x^2 - j\,y^2 + k\,z)\times\left(i\frac{\partial}{\partial x} + j\frac{\partial}{\partial y} + k\frac{\partial}{\partial z}\right)(i\,y + 2j\,xz - k\,x)$$

$$= -i\,i\,z + i\,j\cdot 2xy^2 + j\,j\,(2z^2 - 2x^3) - j\,k\,z + k\,i\,x^2$$

$$+ k\,j\cdot 2y^2 z - k\,k\,y^2$$

$$= i\,i + 2\,i\,j + j\,k + k\,i - 2\,k\,j - k\,k\,.$$

129. Auf Seite 157 ist bewiesen, daß $\nabla = \nabla'$, daß also

$$i\frac{\partial}{\partial x} + j\frac{\partial}{\partial y} + k\frac{\partial}{\partial z} = i'\frac{\partial}{\partial x'} + j'\frac{\partial}{\partial y'} + k'\frac{\partial}{\partial z'}$$

ist. Skalare Multiplikation jeder Seite der Gleichung mit sich selbst ergibt sofort

$$\frac{\partial^2}{\partial x^2} + \frac{\partial^2}{\partial y^2} + \frac{\partial^2}{\partial z^2} = \frac{\partial^2}{\partial x'^2} + \frac{\partial^2}{\partial y'^2} + \frac{\partial^2}{\partial z'^2}, \quad \text{also} \quad \Delta = \Delta'\,.$$

130. $\operatorname{div}(\operatorname{grad} S \times \operatorname{grad} T) = \nabla\cdot(\nabla S \times \nabla T) = \overset{\curvearrowright}{\nabla\cdot(\nabla} S \times \nabla T) + \overset{\curvearrowright}{\nabla\cdot(\nabla S \times \nabla} T)$

$$= [\overset{\curvearrowright}{\nabla(\nabla} S)(\nabla T)] - [\overset{\curvearrowright}{\nabla(\nabla} T)(\nabla S)]\,;$$

nach zyklischer Vertauschung innerhalb der Spatprodukt-Klammern folgt weiter

$$\begin{aligned}\operatorname{div}(\operatorname{grad} S \times \operatorname{grad} T) &= [(\nabla T)\nabla(\nabla S)] - [(\nabla S)\nabla(\nabla T)]\\ &= \nabla T\cdot(\nabla \times \nabla S) - \nabla S\cdot(\nabla \times \nabla T)\\ &= \nabla T\cdot\underbrace{(\nabla \times \nabla)}_{=0}S - \nabla S\cdot\underbrace{(\nabla \times \nabla)}_{=0}T = 0\,.\end{aligned}$$

131. $\boldsymbol{e}_\rho = \boldsymbol{i}\cos\varphi + \boldsymbol{j}\sin\varphi\,;\quad \boldsymbol{e}_\varphi = -\boldsymbol{i}\sin\varphi + \boldsymbol{j}\cos\varphi\,;\quad \boldsymbol{e}_z = \boldsymbol{k}\,.$

Der Beweis wird z. B. dadurch geführt, daß man das Spatprodukt aus den drei Einsvektoren bildet. Es muß den Wert eins haben:

$$[\boldsymbol{e}_\sigma\,\boldsymbol{e}_\varphi\,\boldsymbol{e}_z] = \begin{vmatrix}\cos\varphi & -\sin\varphi & 0\\ \sin\varphi & \cos\varphi & 0\\ 0 & 0 & 1\end{vmatrix} = \cos^2\varphi + \sin^2\varphi = 1\,.$$

132. $\boldsymbol{a}_\rho = \partial\boldsymbol{r}/\partial\rho = \boldsymbol{e}_\rho\,;\quad \boldsymbol{a}_\varphi = \partial\boldsymbol{r}/\partial\varphi = \rho\,\boldsymbol{e}_\varphi\,;\quad \boldsymbol{a}_z = \partial\boldsymbol{r}/\partial z = \boldsymbol{e}_z\,.$

133. $\operatorname{rot}(\boldsymbol{e}_\varphi/\rho) = 0\,;\quad \operatorname{rot}\boldsymbol{e}_\varphi = \boldsymbol{e}_z/\rho\,;\quad \operatorname{rot}(\rho\,\boldsymbol{e}_\varphi) = 2\,\boldsymbol{e}_z\,;\quad \operatorname{rot}(\rho^n\,\boldsymbol{e}_\varphi) = (n+1)\rho^{n-1}\,\boldsymbol{e}_z\,.$

134. $\operatorname{rot}\boldsymbol{A} = -\boldsymbol{e}_\varphi + 2\,\boldsymbol{e}_z\,;\quad \operatorname{rot}\operatorname{rot}\boldsymbol{A} = -\boldsymbol{e}_z/\rho\,.$

135. $I = \int\limits_0^\infty\int\limits_0^\infty \mathrm{e}^{-(x^2+y^2)}\,\mathrm{d}x\,\mathrm{d}y = \int\limits_{\varphi=0}^{\pi/2}\int\limits_{\rho=0}^{\infty} \mathrm{e}^{-\rho^2}\rho\,\mathrm{d}\rho\,\mathrm{d}\varphi = \dfrac{\pi}{2}\int\limits_0^\infty \mathrm{e}^{-\rho^2}\rho\,\mathrm{d}\rho = \dfrac{\pi}{4}\,.$

136. $\boldsymbol{v} = \omega\,\boldsymbol{e}_z \times \boldsymbol{r} = \omega\,\boldsymbol{e}_z \times (\rho\,\boldsymbol{e}_\rho + z\,\boldsymbol{e}_z) = \omega\rho\,\boldsymbol{e}_\varphi\,;\quad \operatorname{rot}\boldsymbol{v} = 2\omega\,\boldsymbol{e}_z\,.$

137. $\boldsymbol{v} = \dfrac{\boldsymbol{e}_z \times (\rho\,\boldsymbol{e}_\rho + z\,\boldsymbol{e}_z)}{\rho^2} = \dfrac{\boldsymbol{e}_\varphi}{\rho}\,;\quad \operatorname{rot}\boldsymbol{v} = 0\,.$

138. $\boldsymbol{e}_r = (\rho\,\boldsymbol{e}_\rho + z\,\boldsymbol{e}_z)/\sqrt{\rho^2+z^2}\,;\quad \boldsymbol{e}_\vartheta = (z\,\boldsymbol{e}_\rho - \rho\,\boldsymbol{e}_z)/\sqrt{\rho^2+z^2}\,;\quad \boldsymbol{e}_\varphi = \boldsymbol{e}_\varphi\,.$

139. $[\boldsymbol{e}_r\,\boldsymbol{e}_\vartheta\,\boldsymbol{e}_\varphi] = \begin{vmatrix}\sin\vartheta\cos\varphi & \cos\vartheta\cos\varphi & -\sin\varphi\\ \sin\vartheta\,\sin\varphi & \cos\vartheta\,\sin\varphi & \cos\varphi\\ \cos\vartheta & -\sin\vartheta & 0\end{vmatrix} = \begin{vmatrix}\sin\vartheta\cos\varphi & \cos\vartheta\cos\varphi\\ \sin\vartheta\,\sin\varphi & \cos\vartheta\,\sin\varphi\end{vmatrix} = 0\,.$

140. $\boldsymbol{a}_r = \partial\boldsymbol{r}/\partial r = \boldsymbol{e}_r\,;\quad \boldsymbol{a}_\vartheta = \partial\boldsymbol{r}/\partial\vartheta = r\,\boldsymbol{e}_\vartheta\,;\quad \boldsymbol{a}_\varphi = \partial\boldsymbol{r}/\partial\varphi = r\sin\vartheta\,\boldsymbol{e}_\varphi\,.$

141. $\operatorname{grad}(ar) = a\,\boldsymbol{e}_r\,;\quad \operatorname{grad}(ar^2) = 2ar\,\boldsymbol{e}_r\,;\quad \operatorname{grad}(a/r) = -a\,\boldsymbol{e}_r/r^2\,.$

142. $\boldsymbol{v} = \boldsymbol{r}/r^2 = \boldsymbol{e}_r/r\,;\quad \operatorname{rot}\boldsymbol{v} = 0\,.$

143. $\operatorname{div}(\boldsymbol{e}_r/r) = 1/r^2\,;\quad \operatorname{div}(\boldsymbol{e}_r/r^2) = 0\,.$

144.
$$\begin{aligned}\operatorname{div}(\boldsymbol{e}_r/r^2) &= \lim_{V\to 0}\frac{1}{V}\oint \mathrm{d}\vec{f}\cdot\boldsymbol{e}_r/r^2\,;\\ V &= 4\pi r^3/3\,;\\ \mathrm{d}\vec{f} &= \boldsymbol{e}_r\,r^2\sin\vartheta\,\mathrm{d}\vartheta\,\mathrm{d}\varphi\,;\end{aligned}$$

$$\operatorname{div}(\boldsymbol{e}_r/r^2)\big|_{r=0} = \lim_{r\to 0}\frac{3}{4\pi r^2}\int\limits_{\varphi=0}^{2\pi}\int\limits_{\vartheta=0}^{\pi}\sin\vartheta\,\mathrm{d}\vartheta\,\mathrm{d}\varphi = \infty\,.$$

145. a) Koordinatenursprung liegt außerhalb des Integrationsbereichs:

$$\int \operatorname{div}(\boldsymbol{e}_r/r^2)\,\mathrm{d}V = 0\,,$$

weil überall im Integrationsbereich $\operatorname{div}(\boldsymbol{e}_r/r^2) = 0$ ist;

b) Integrationsbereich ist zunächst eine Kugel um O:

$$\int \operatorname{div}(e_r/r^2)\,\mathrm{d}V = \oint (e_r/r^2)\cdot \overrightarrow{\mathrm{d}f} = \int_{\varphi=0}^{2\pi}\int_{\vartheta=0}^{\pi} \sin\vartheta\,\mathrm{d}\vartheta\,\mathrm{d}\varphi = 4\pi\,.$$

Dieses Ergebnis gilt auch für jeden anderen, beliebig umgrenzten Integrationsbereich, sofern er den Koordinatenursprung enthält; man kann ihn dann in zwei Bereiche gemäß der Abbildung aufteilen. Bereich I ist eine Kugel um O. Dann gilt

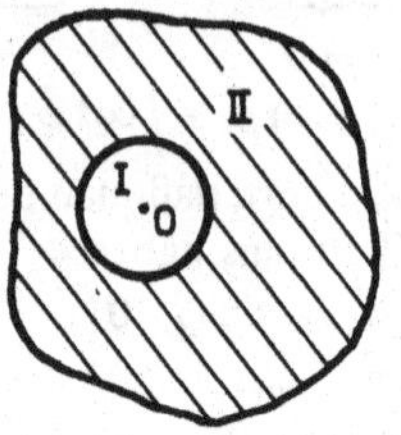

$$\int \operatorname{div}(e_r/r^2)\,\mathrm{d}V = {}_{\mathrm{I}}\!\int \operatorname{div}(e_r/r^2)\,\mathrm{d}V + {}_{\mathrm{II}}\!\int \operatorname{div}(e_r/r^2)\,\mathrm{d}V = 4\pi + 0 = 4\pi\,.$$

146. $\varphi = \dfrac{1}{4\pi\varepsilon_0}\cdot\dfrac{Q}{r}$; $\quad \operatorname{div}\operatorname{grad}\varphi = \dfrac{\partial^2\varphi}{\partial r^2} + \dfrac{2}{r}\dfrac{\partial\varphi}{\partial r} = 0\,.$

147. Anteil $= \dfrac{1}{4\pi r^2}\displaystyle\int_{\varphi=0}^{2\pi} r^2\sin\vartheta\,\mathrm{d}\vartheta\,\mathrm{d}\varphi = \dfrac{1}{2}\sin\vartheta\,\mathrm{d}\vartheta\,.$

148. $\operatorname{div} e_\vartheta = \dfrac{\cos\vartheta}{r\sin\vartheta} = \dfrac{1}{r}\cot\vartheta\,;\quad \operatorname{rot} e_\vartheta = \dfrac{e_\varphi}{r}\,;$

$\operatorname{div} e_\varphi = 0\,;\quad \operatorname{rot} e_\varphi = \dfrac{e_r\cos\vartheta - e_\vartheta\sin\vartheta}{r\sin\vartheta}\,.$

Sachverzeichnis

Printed in the United States
By Bookmasters